KB139194

RCM

세계적 수준의 유지 보수 기술

RCM-GATEWAY TO WORLD CLASS MAINTENANCE

RCM-GATEWAY TO WORLD CLASS MAINTENANCE

Anthony M. Smith and Glenn R. Hinchcliffe

Elsevier Butterworth-Heinemann
200 Wheeler Road, Burlington, MA 01803, USA
Linacre House, Jordan Hill, Oxford OX2 8DP, UK

Copyright © 2004, Elsevier Inc. All rights reserved.

No part of this publication may be reproduced, stored in a retrieval system,
or transmitted in any form or by any means, electronic, mechanical,
photocopying, recording or otherwise, without prior permission of the
publisher.

Translated by Dae Ga Publishing Co.
Translated Edition ISBN : 0-7506-7461-X
Printed in Korea

이 책의 한국어판 저작권은 도서출판 대가에 있습니다.
저작권법에 의해 한국 내에서 보호를 받는 저작물이므로 무단전재와 불법복제를 금합니다.

RCM

세계적 수준의 유지 보수 기술

Anthony M. Smith · Glenn R. Hinchcliffe 공저

윤기봉 · 최정우 · 박교식 · 김범신 공역

머리말

Anthony M.(Mac) Smith와 나는 신뢰성 중심의 유지 보수(RCM)의 장점과 유익성에 대한 공통된 믿음을 갖고 있다. 1970년대 유나이티드 항공사(UA)에서 유지 보수 계획 부문 부사장이던 Thomas D. Matteson에게서, Mac과 나는 아낌없는 조언을 받았다. Tom은 RCM이라고 일컫는 방법론에 일찍이 몸 담아 이제는 이 분야의 최고봉인 인물이다. 1971년 Tom은 UA 전문가(F. Stanley Nowlan, Howard F. Heap과 그 외의 전문가)와 내가 일하고 있는 미 해군성의 대표와의 회의를 주선했다. 그 회의 주제는 747 유지 보수 운영위원회(Maintenance Steering Group, MSG)와 새로운 항공 운송 협회 R&M 분과위원회의 작업 및 그 결과 내용에 대한 검토였다. 우리는 이 그룹이 UA 멤버를 통해서 제작한 문서(MSG 1 핸드북 : 유지 보수 평가 및 프로그램 개발, MSG 2 항공사/제작사 유지 보수 프로그램 계획 문서)를 이미 익힌 상태였다. 이는 Nowlan과 Heap이 미 국방성에 제출한 독창적인 보고서가 신뢰성 중심의 유지 보수라는 이름의 저서로 출간되기 7년 전의 일이다.

해군 대표부가 원했던 것은 이전의 문서에서 제안한 내용들이 미국에서 이미 사용 중인 핵 추진 탄도 미사일 잠수함에 신뢰성 있고 효율적으로 수행될 수 있을 것인지에 대한 지적이었다. 이 잠수함은 미국의 전쟁 억제력 시스템의 세 가지(대류간 탄도 미사일과 전략 폭격기를 포함하여)로서, 진적으로 가장 완결 하다고 한 것이었다. 문제는 당시 베트남 전에 드는 비용을 포함하여 다른 국방비와 비교하여 본다고 해도, 이들 잠수함의 유지 보수비용이 엄청나게 들었다는 것이었다. 가장 우선시한 전략적 시스템임에도 불구하고 국방 예산은 종전 후에는 더욱 더 얻어내기 힘들 것이라고 (정확하게) 예상되었고, 결국 재정적으로 기적적인 상황이 필요했었다.

유지 보수나 그와 관련된 신뢰성에 대한 중요한 전기가 되었던 시점이 있었다면, UA 전문가와의 1971년 회의를 들 수 있다. 그 이후 그 회의에서 협의된 원칙과 방법론은 해군에서 오랫동안 군함을 유지 보수하던 방법을 바꾸기 위해 우리가 개발하고 수행한 계획의 주요 항목이 되었다. 그 결과, 재검토된 유지 보수 프로그램으로 초기에 짜여진 31개의 군함의 유지 보수 비용이 엄청나게 줄었다(어림잡아 1988년까지 127억 달러, 이전에 총 수명동안 드는 유지 보수 과제의 약 15%). 또한 해군에서는 당초 계획한 비용 보다 5% 이상을 전쟁 억제 임무에 사용할 수 있었다. 이들 군함 중에는 그 예상 수명인 25년보다 8에서 10년 더 확실하게 사용할 수 있게 되었다. RCM은 향후 21세기에도 지속적으로 이어질 핵 추진 탄도 미사일 잠수함에 지대한 영향을 미치게 되었다.

1981년 내가 근무하고 있는 잠수함 모니터링, 유지 보수 및 지원부(Submarine Monitoring, Maintenance and Support Office, SMMSO)는 RCM을 핵 추진 공격 잠수함에 적용하기 시작했다. 이를 적용한 것은 실제 USS 달라스급 잠수함이었다. 이 잠수함은 톰 클랜시 소설을 영화화 한 붉은 10월(The Hunt for Red October)에서 미국의 공격용 잠수함으로 등장해 유명해졌다. 지금도 지속되고 있는 조업과 유지 보수 관점에서의 결과를 보면, RCM이 적용되는 동급의 미사일 잠수함 모두가 동일한 내용의 결과를 보였다. 총 비용에 비해 수명이 짧았고 신뢰성과 유용성의 개선이 필요했다.

1981년에는 Mac Smith와 Tom Matteson이 RCM 방법론을 핵 설비 발전소에 적용하고자 미국 전력연구원(Electric Power Research Institute, EPRI)의 핵심 전문가를 만난 해이기도 하다. 이해는 펜실베니아의 Three Mile Island 핵 발전소 발전기 공장(TMI-II)에서 반응기 코어 융해 사건이 있은 지 꼭 2년만의 일이다. EPRI는 10여 년간 그리 유용한 결과를 내지 못하는 제품을 만드는 연구 개발 보다는, 즉각적으로 이익을 낼 수 있는 좀 더 실질적인 과제에 중점을 두기를 원하는 주주들의 압력을 받고 있었다. RCM은 경제성과 신뢰성에 영향을 주는 단기 수익을 제공했다. 이러한 방법을 적용함으로써 민간 상업용 원자력 발전소에 대한 일반인의 확신을 쌓는 것과 원자력 발전소를 반대하는 비판의 목소리를 잠재우는 데에도 도움을 주었다.

Mac Smith와 Tom Matteson에 의해 시도된 RCM 초기 과제의 결과는 그 방법론에 있어서 무엇보다도 설비 인력에 초점을 맞추었다. 이 초기 과제는 Florida Power & Light(FPL) Turkey Point Nuclear Generating Station과 Duke Power Company McGuire Nuclear Station에서 실시되었다. 1981년, 이미 앞에서 언급한, Mac과 Tom이 시작했던 일련의 과제에 대한 확신성 때문에 EPRI와 그 외의 설비 업제들이 이 과제에 공동 후원을 했다. RCM 분식 결과에 대한 자세한 보고서는 1985년과 1986년에 출간되어 설비 산업과 이를 지원하는 기업들에게 신선한 충격을 주었다. 거의 모든 컨설팅 업체가 RCM 관련의 유사 RCM 서비스와 자료를 제공하기 시작했다. RCM은 전력 설비에서 한 부분이 되었다. EPRI는 이와 관련된 정보를 교류하기 위해 RCM 사용자 그룹을 만들었다. 많은 수의 전력 설비 기업 경영자가 관심을 가졌으며 각 기업의 기반 조직에서 RCM과 관련된 행동을 추진하기 시작했다.

시간이 지나자 원자력 설비에서 점점 중요해지는 RCM은 이러한 적용이 연방 정부 관리 감독자(원자력 감시 위원회(Nuclear Regulatory Commission, NRC) 사람들)에게 어떤 식으로 비추어 질 것인가에 영향을 미쳤다. 여기에 설비 산업 감시자 기구(원자력 발전소 운영 협회(Institute for Nuclear Plant Operations, INPO)가 발족되어 TMI-II 사건을 담당하게 되었다. INPO의 비공식 목적은 민간 원자력 발전소 산업을 도와 운용과 유지 보수(Operations and Maintenance, O&M)에 대한 훈련 부족으로 사장되지 않도록 하는 것이었다. INPO는 RCM이 원자력 설비를 구원하는 다양한 방법 중 하나라는 것을 인식하기 시작했다.

관리 감독자가 묻기 시작해서 **INPO** 산업 조언자가 설비 업자로부터 대답을 할 수 있도록 도와 주는 주요 질문 중 하나는 『각 기업이 원자력 발전소를 운용함에 있어서 유지 보수 프로그램의 가장 근본은 무엇인가?』라는 것이었다. 설비 전문가가 임계(중대) 시스템에 대한 **RCM** 분석 전반에 대해 포괄적으로 이해를 하고 있다면, 또 그 결과를 적절히 수행하고 있다면, 수긍할 만한 대답을 할 수 있었을 것이다. 그렇지 않다면 **NRC** 관리 감독자나 그간 민간 원자력 발전소의 운용과 유지 보수를 같이 해 왔던 **INPO** 조언자들을 설득하기가 매우 어려웠을 것이다.

많은 **NRC** 전문가와 심지어 다수의 **INPO** 전문가(수년간 기업을 경영해 온 최고 경영자를 포함하여)들은 핵 잠수함 경력자들이었다. 그들은 손때 묻은 **O&M** 경력자들로 어떤 부분에 대해서는 잠수함을 책임지는 일과 같이 완벽한 유지 보수 프로그램에 대한 수행 과정의 전반에 정통한 사람들이다. 1990년 중반까지 소위 말하는 『유지 보수 법칙』을 만들어낸 그들의 영향력은 원자력 설비의 규칙을 따르게 한 법과도 같았다. 연방 규정 규범에 박혀 있는 내용을 보면 민간 원자력 발전소는 발전소의 구조, 시스템 및 부속의 가동율(Availability), 수행성(Performance) 및 신뢰성(Reliability)을 유지 또는 복구를 실시하는 유지 보수 행위를 보증하기 위한 잘 정의된 효율적인 프로그램을 갖추어야 했다. Tom Matteson 역시 이 부분에서 역할을 수행했다. 1990년 나는 Tom의 검토 동료로서 **NRC**를 위해 일한 바 있다. 우리는 위탁 기술자와 그들의 주요 계약자들이 앞서 관리 감독이 언급한 내용을 충족시키기 위해 원자력 발전소에서 이미 실시하고 있는 확률적 위험 평가와 **RCM**이 어떤 식으로 결합되어야 하는지에 대한 정의를 내리는 일을 도왔다.

FPL내의 화력(석유, 가스) 발전소를 지원하던 Glenn Hinchcliffe(그리고 관련자들)가 Turkey Point Staion에서 초기 과제의 결과를 얻어낼 즈음에, 다른 27개의 화력 발전소에도 RCM을 적용함으로써 수익을 낼 수 있을지 여부를 고민하기 시작했다. 그 결과와 기본 방법론을 연구한 끝에 Glenn은 모든 형식의 시스템에 RCM 논리와 훈련을 적용하는 것이 가장 효과적이라는 믿음을 갖게 되었다. 그는 보일러, 터빈, 발전기, 모터 그리고 그 외의 주요 부속과 시스템에 대한 전문가 12명으로 구성된 팀에서 화력 발전소 내의 모든 RCM 적용을 책임지는 FPL의 책임자로 임명되었다. 그는 Mac Smith를 선임하도록 했다. Mac과 Glenn의 지침에 따라 FPL 전문가는 그들만의 훈련 프로그램과 Nowlan과 Heap이 저술한 내용을 통합하여 『고전적』 RCM 방법에 대한 RCM 기본 형식을 개발했다.

1989년 RCM 분야에서 Glenn Hinchcliffe에 의해 이루어진 작업은 모두가 염원하는 일본 과학 기술 연합에서 수상하는 Deming Application Prize(Total Quality Control 분야)를 FPL이 받게 한 핵심 요소였다. 이상은 일본이 제조 전문 기술과 세계적 수준의 경쟁력을 확보하게 한 저명한 미국인 W. Edwards Deming 박사의 이름을 본 딴 것이다. 이와 같은 위대한 상을 일본이 아닌 외국 기업으로는 FPL이 처음으로 수상했다. 이후 지금까지 일본 외의 기업이 수상한 경우는 극소수에 불과하다.

1980년대 말부터 1992년까지 Mac Smith는 신뢰성 중심의 유지 보수라는 이름의 저서를 집필했다. 이는 McGraw-Hill에서 1993년 출간되었다. FPL에서 실제로 많은 RCM 경험을 했던 Glenn Hinchcliffe가 그 저서 내용에 상당한 역할을 했으며 편집 과정에서 새로운 사항에 대해 많은 조언을 했다. 그 때 까지 Nowlan과 Heap에 의해 작성된 원래의 보고서가 같은 제목으로 된 인쇄판이 있었다. 비록 대부분의 중요한 원칙이 그대로 적용되기는 했지만, 민간 항공기에 적용하는 것에는 유지 보수 전문가들도 어려워했으며 이를 관리하는 방법과 적용하는 방법을 판매하는 산업에서는 그리 매력적인 내용이 아니었다. Mac이 저술한 책은(다른 유사한 책들 역시) RCM을 적용함으로써 충분한 효과를 볼 수 있다고 모든 기관과 투자자들을 설득하는 데에 상당히 힘들었다. 이와 같은 노력의 일환으로, Glenn이 그 책의 내용을 읽고 연구하는 시간이 아깝지 않도록 충분할 만큼 유용하고 의미 있는 지침을 제공한다는 것을 보증하기 위해 공동저작권에 대한 모든 책임을 공유하고 있다. 나 역시 Glenn과 Mac이 그러한 시간을 투자할 만큼 수작을 만들었다고 생각한다.

공동 저자는 이 책이 모든 독자에게 흥미를 가질 수 있도록 각 장에 대한 초안을 나누어서 만들었다. Mac과 Glenn은 개선을 위한 추천과 피드백을 다양한 분야에서 해주길 바랬다. 독자가 보내준 결과는 공동 저자의 의견과 경험에 따라 다시 정리된다. 특별히 강조하고 싶은 것은, 제 12장에서 보여준 사례 연구를 출간할 수 있도록 해준 이전의 고객들에게서 확인을 요구했다는 것이다. 이러한 사례 연구는 정부와 설비, 제조 부문간의 상호 원만한 교류를 할 수 있게 해 준다. 이것은 익명의 사례들이 아니다. 고객의 이름이 밝혀져 있다. 각각의 사례는 출간 전에 고객으로부터 확인을 받은, 실제로 보고 얻을 수 있는 내용을 반영하고 있다.

독자들이 특히 관심을 가져야 할 부분은 각 사례 연구 내용 중에서 PM 작업 유사성 개요(고장 양상별)로 보여준 통계적 결과에 대한 것이다. 이 내용은 결정적으로 RCM으로 분석해야할 대상 시스템에 무엇이 실시되어야 하는 지를 보여준다. 이전에 유지 보수 작업을 개선하고자 실시했던 어떠한 빙법으로도 이와 같은 결과를 얻이내지 못했다면, 가능성이 있는 혹은 명확한 뭔가를 아직 이루지 못했다고 볼 수밖에 없다.

유지 보수와 신뢰성에 대한 전문가는 다음과 같은 질문을 함으로써 스스로의 전문성을 확인할 수 있는 방법이 있다. 내가 속한 조직 내에서 생산성과 품질, 비용 그리고 환경적 안전성에 영향을 주는 시스템들에 대한 유지 보수 및 신뢰성 프로그램의 기본적인 문서를 처음부터 끝까지 만들 수 있는가? 『이러한 기본 문서를 심각한 관리 심의 앞에서, 즉 내가 일하는 공장에 심대한 영향을 미치는 감독자의 면전에서 마치 죄와 벌을 다루는 법정에서처럼 설명할 수 있는가?』 이러한 질문에 확신을 갖고 대답할 수 없다면 이 책에서 보여주고 연습할 수 있는 RCM의 해법을 더 공부해야 한다.

2002년 10월, 유지 보수 및 신뢰성 전문가 협의회 10차 연례 회의에서 Mac Smith와 만나 얼굴을 마주하고 함께한 흡족한 일이 있었다. 그간 전화 연락과 이-메일을 통해 교류가 있었지만 이날은 특별했다. Mac은 이날 발표된 두 개의 논문의 공동 저자(그중 하나는 Glenn과 그 동료가 공동 저자였다)였으며, 하루 동안 진행되었던 RCM 워크샵(여기서도 Glenn과 함께 했다)의 좌장이었다. 그 날의 회의에서는 그 둘이 단연 돋보였다.

회의 세션간의 휴식시간 중에 Mac이 RCM 분야의 또 다른 거물(현재까지)인 John Moubray(본 저서의 제4장에 언급되어있다)와 심도 깊은 대화를 나누는 것을 목격했다. 그들은 거기에서 처음 만났다. 그들 간에 오가는 대화를 정말 듣고 싶었지만 감히 끼어 들지 못했다. 아마도 그 회의 동안 누군가 그 둘이 함께한 사진을 찍었을 것이다. 우리의 분야에서 이들 둘이 동시에 나타난 것은 기념비적인 일이다. 그들은 이 지구상의 각기 다른 곳, 즉 John은 남아프리카에서(지금은 미국에 거주하고 있다) Mac은 북 캘리포니아에서 RCM을 시작한 사람들이다. 그러나 이들 두 사람의 RCM 선각자로서 갖고 있는 지식의 근간은 유나이티드 항공사(UA)에서 함께 일했던 시절에 있다. John은 이미 고인이 된 Stan Nowlan에게, Mac은 Tom Matteson에게 공로를 돌렸다. 그들에게는 RCM이 모든 수익에 적용되고 인정되기를 바라는 공통의 목적이 있었다. 개인적인 생각으로는 Mac과 Moubray 모두 지난 10여 년간 세계를 통틀어 유지 보수 및 신뢰성의 개선에 가장 지대한 영향을 미친 전문가로 여겨진다. 내가 바라고, 기도하고, 또 예견하건대, 새 천년에도 이들 두 사람의 역할은 지속될 것이다. 앞으로도 해야 할 더 많은 일들이 있기 때문이다.

유지 보수 및 신뢰성 전문가들이 각자의 소속 기관에서 관리자와 최고 경영자를 지원하는 일에 대해서 이 책은 많은 것을 제공할 것이다. 모두들 본 내용에 대한 습득에 충분한 시간을 들이길 바라며, Mac Smith와 Glenn Hinchcliffe가 많은 고난의 시간을 통해, 그리고 성공 못지않게 시행착오(제9장)를 통해 얻은 경험적 교훈을 배우길 바란다.

Jack R. Nicholas, Jr, P.E., CMRP

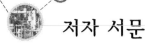

저자 서문

내가 집필한 '신뢰성 중심의 유지 보수'는 10년 전에 발간되었다(참조 1). 그 10여 년의 기간 동안 내가 알고 있던 현실적인 유지 보수 문제들이 상당히 광범위해졌다. 또한 과거 15년간 Glenn Hinchcliffe와 처음에는 고객으로서, 이후에는 동료로서 공동으로 일을 할 수 있는 특혜를 누려 왔다. Glenn은 정말 좋은 협력자로서 내가 많은 지식을 얻을 수 있도록 해 주었으며 이 책의 공동 저자로서 값어치있는 내용을 수록할 수 있다는 것에 매우 감사를 드린다.

참조 1에서는 유지 보수 개선 프로그램을 개발하는 가장 좋은 방법이 무엇인지에 대해 RCM이 제시하는 관점을 보여 주고자 했다. 10여 년이 지난 지금, Glenn과 나는 RCM이 이러한 작업을 하기에 최적화된 방법임을 주저하지 않고 말할 것이다. 또한, 한 걸음 더 나아가 세계적 수준의 유지 보수 프로그램을 성취하기 위한 5가지의 핵심 단계도 만들었다. RCM은 이러한 시나리오의 중추적 역할을 하고 있다(제1.5절).

우리가 습득한 경험은 전적으로 RCM이 성취할 수 있는 것을 믿고, 또는 이러한 유지 보수의 정상에 오르고자 막 시작한 독자 여러분들이 갖고 있는 것과 같은 지식과 일을 통해서 얻어진 것이다. 이러한 협력과 습득은 우리의 일상 생활에서 나온 경험의 산물이다. 그리고 이러한 축적된 경험을 독자 여러분과 함께 나누고 싶다.

본 저서에는 참조 1에서 처음 소개된 핵심적인 RCM 과정을 담고 있다. 하지만 유지 보수와 RCM 과정에 대한 윤곽을 쉽게 잡아내지 못해 어려움을 겪는 사람들이 있는 많은 곳에서는 추가적인 설명과 확인에 대한 논쟁이 있어 왔다. Tom Matteson에 의해 처음 나온 RCM 방법론 자체는 변화가 없었다. 과거에도 옳았고 지금도 그렇다. 다만 어떻게 하면 더 나아질 수 있을지, 심각한 오류의 함정은 어떻게 피할지 등에 많은 시간을 들였다. 본 저서의 많은 내용이 이러한 정보에 중점을 두고 집필되었다.

RCM을 정확히 실시한다면 RCM으로 얻을 수 있는 것이 무엇인지를 보여준 7가지 성공적인 사례 연구(제12장)를 발표할 수 있도록 도와준 7군데 고객의 지원에 대해 특별히 감사를 드린다. 전체 내용에서는 RCM 수행(제8장), 경험적 교훈(제9장), 살아있는 RCM 프로그램(제10장), 그리고 RCM 분석 지원 소프트웨어(제11장)와 같은 새로운 내용이 추가되었다. 물론 고전적 RCM을 수행하기 위한 기본적인 방법론(제5장) 역시 그에 대한 간단한 설명과 수영장 사례 연구(제6장)가 수록되어 있다. 또한 좀 더 원만한 가동을 하는 특정 상황에서 유용한 대체 분석 방법인 단축된 고전적 RCM 과정(제7장)이 신규 내용으로 수록되어 있다. 그리고 부록에서는 David Worledge 박사의 도움으로 예방적 유지 보수의 경제성 분석에 대한 모델도 담고 있다.

이 책을 통해 독자 여러분의 전문적인 일에 도움이 되기를 바라며, 독자의 의견을 알려주기 비린다.

Anthony M.(Mac) Smith

San Joes, California

감사의 글

본 저자는 지난 22년간 대단히 흥미로운 일들을 해 왔다. 우리의 전문적인 경력으로 인해 미국 산업 전반에 걸친 유지 보수 철학을 지탱 해온 생각의 상당 부분을 바꾸고 영향을 줄 기회를 잡아 왔다. 이러한 과정 중에 실제 수백명의 유지 보수 전문가와 기업 내의 다양한 계층의 전문가를 접할 수 있는 기회가 있었다. 이러한 전문가들과 산업의 O&M 실행을 위한 올바른(때로는 그른) 방법이 무엇인지 함께 경험하고 각자의 느낌을 공유 해왔다. 이러한 협력을 통해 이러한 책을 집필할 수 있는 다양한 배경과 실질적인 문제를 접할 수 있었다. 무엇보다도, 독자 여러분 개개인에게 진심으로 감사를 드린다.

본 저서를 집필하게 된 동기는, 이름하여 RCM WorkSaver 소프트웨어의 개발과 적용으로 우리의 작업에 궁극적으로 유용한 영향을 미친, 참조 1의 발간에서부터였다. 물론 이 신규 소프트웨어의 실질적인 수혜자는 우리의 고객이었다. 그들은 예외 없이 기존의 RCM 프로그램에 이러한 능력 있는 소프트웨어를 추가하는 것에 흡족해 했다. 우리의 사양에 맞는 RCM WorkSaver를 개발한 JMS Software의 Nick Jize,

Jim McGinnis 그리고 Joe Saba에게 감사를 드리는 바이다.

이러한 원고내용을 만드는 데에는 상당한 능력과 인내심으로 초안 자료를 정리해야 한다. 이러한 모든 일들에서 아낌없는 지원을 해주며 이러한 원고의 하나하나를 지적하며 수정해 준 Ann Mullcn괴 Paul Bernhardt에게 감사를 드린다.

마지막으로 Elsevier사의 임원진들의 노력과 이와 같은 책을 전문적으로 출간해 준 것에 대해 충심으로 감사를 드린다.

World Class Maintenance®는 HSB사의 신뢰성 기술에 대한 상표로서 등록되어 있으며, 본 교과서에서는 그들의 허가 하에 사용되었다.

차례

세계적 수준의 유지 보수
-기회와 도전

World Class Maintenance(WCM)
– Opportunity and Challenge

Chapter 1

세계적 수준의 유지 보수
-기회와 도전

1970년대 말까지 미국 산업계의 주요 기술 분야는 제품 개발과 제조 기술에 중점을 두고 있었고, 조업과 유지 보수 (Operation and Maintenance, O&M)는 기업의 성공 전략의 뒷전에 밀려있었다. 하지만 지난 20년간 이러한 경향이 바뀌어서 O&M은 제품 개발, 제조 기술 분야와 동급으로 인식되는 현상을 보여왔다. 그렇게 된 데에는 이유가 있다. 안전성과 신뢰성 그리고 환경적 상황 등을 망라하는 각종 문제들에서 O&M이 기업의 순이익을 좌지우지하는 중요한 역할을 상당 부분 맡고 있기 때문이다. O&M의 중심에 있는 예방적 유지 보수(Preventive Maintenance, PM)기법을 최적화한 WCM이 O&M 전문가들에게 전대미문의 기회와 도전을 제공하고 있다.

이 중 몇 가지는 산업 시스템 전반에 걸쳐 일반적으로 나타나는 다양한 유지 보수 문제로 대두된다. 12가지의 항목에 대해 그런 문제점들을 간략하게 언급함으로써 우리 앞에 있는 도전의 특정 분야를 알리고자 한다. 많은 사람들이 PM 최적화 및 WCM에 대한 현존하는 최고의 전략으로 신뢰성 중심의 유지 보수(Reliability-Centered Maintenance, RCM) 방법론을 거론한다. 저자 역시 이러한 관점에 전적으로 동감히는 바이며, 본 내용에서 다루고지 히는 것도 이와 맥락을 같이 한다.

1.1 역사적 관점

본 내용의 도입부는 이 책에서 지속적으로 다루고자 하는 2가지 주요 요소인 도전과 기회를 소개한다. 공장과 건물의 조업에서 일상적으로 볼 수 있는 각종 전형적인 문제점들에서 잠시 물러나 이 단어들이 무슨 의미인지 알아보자.

제2차 세계대전 말부터 미국의 산업 단지는 두 가지 인자로 특징 지워졌다. 첫 번째는 기술적 혁신으로서, 이로 말미암아 제2차 세계대전 이전에는 꿈도 꾸지 못했던 과잉생산이 초래되었다. 두 번째는 대량 생산으로서, 이로 인해 실제 미국내 소비자 가격으로 세계의 고객들에게도 제품을 공급할 수 있게 해 주었다. 동기적 관점에서 보면 대량 생산을 할 수 있는 제조 기술뿐만 아니라 제품 개발과 설계는 1960년대, 1970년대 그리고 1980년대에 걸쳐 아주 당연한 것으로 여겨졌다. 그 결과 O&M은 종종 필요악으로 치부되어 연구 개발, 예산 신청, 현지 인력 조정 그리고 관리 문제 등에 비해서 한 단계 밀려 있었다. 그 분야의 전문가들이 칭찬을 받고 자기 자리를 유지하기 위해 일이 계속 진행되도록 하려 한 측면도 있다(과장된 면이 없지 않지만). 많은 이들이 이와 유사한 경험을 가지고 있다.

한 가지 바람직한 일은 모두들 인식하는 것과 같이 지난 20년간 너무도 빨리 변화해 왔다는 것이다. 그 이유는 환경에 대한 우려, 안전 문제, 보증과 신뢰성, 규제의 문제와 같은 것들 때문이다. 하지만 무엇보다도 공장과 설비가 노후화될수록, 그리고 글로벌 경쟁이 생활화될수록 관리적 측면에서 볼 때 O&M 비용이 기업의 순이익을 갉아먹는다는 것을 인식했기 때문이다. 관리적 측면에서 보면 이것은 O&M 정책, 실행 그리고 과정 등에 대한 기술적 혁신과 비용에 대한 관심과 우려를 갖게 하는 바람직한 현상이라 하겠다. 사실 많은 제조 분야에서 제품 개발과 제조 기술에 O&M이 적절한 상황이며 WCM의 필요성이 기업의 최대 주목을 받고 있다고 언급만 하면서 지금까지 지내왔는지도 모른다. 그리고 이런 상황에 도전과 기회가 있다. 혼동하지 말기 바란다. O&M은 기업의 가장 중심에 있다. 자, 이제 무엇을 할 것인가?

이 책의 목적은 O&M 도전의 가장 중요한 관점에 대한 질문에 답을 보여 주는 것이다. 즉 공장과 설비의 예방적 유지 보수(PM) 프로그램에 소요되는 자원으로부터 어떻게 최대치를 이끌어낼 것인가에 대한 해답이다. 실행 가능한 WCM 전략은 RCM 방법론을 통한 예방적 유지 보수의 최적화라 할 수 있다. 다음 장에서는 이를 보다 자세히 설명하고 정확히 어떻게 성취될 수 있는지를 소개하겠다.

5

1.2 일반적인 유지 보수에서 볼 수 있는 문제들

O&M이 중점적으로 주목받을수록 지난 30년간의 산업 전반에 걸친 유지 보수 역사, 특히 고전적 유지 보수에 대해 돌이켜 볼 필요가 있다. 여기에 얼서한 문제들이 지금까지 발생한 모든 문제를 포함하거나 또는 모든 사람에게 적용되는 것이 아님을 주지하기 바란다. 그러나 상당히 자주 일어났던 경험을 바탕으로 하고 있다.

1. **충분하지 않은 사전(Proactive) 유지 보수** 이것은 가장 대표적인 문제이다. 교정적(Corrective) 유지 보수 분야에서 전형적으로 발생하며 공장의 유지 보수 비용 중 가장 많은 지출을 차지한다는 간단한 이유 때문이다. 달리 표현하면 대다수 공장의 유지 보수 인력은 반응 양상(Reactive Mode)*으로 일을 한다. 어떤 경우에는 관리자가 실제로 이러한 방법의 운용을 기본 철학으로 생각하기도 한다. 한 가지 흥미로운 것은 반응 양상에 의해 유지 보수가 진행되는 공장의 최종 제품은 단위 비용 측면에서 볼 때 동일 제품군 중에서 가장 비싸다는 것이다. 따라서 단위 비용에 가장 큰 영향을 미치는 것은 공장 설비를 가동 가능한 조건으로 유지하기 위한 높은 비용과, 생산 손실에 의한 피해의 조합으로 인해 발생한다. 단순한 산술적 계산만으로도 알 수 있는 사실이기 때문에 반응 양상으로 일

---

* 역자 주: 어떤 사건(여기서는 고장)이 발생한 후 이에 대해 사후 조치하는 형태를 이루는 용어로서 proactive 또는 preventive와 상반되는 개념이다.

이 지속되고 있다는 것은 놀라운 일이다. 하지만 어느 정도는 일반적인 상황으로 받아들여 볼 수도 있다.

2. **빈번한 문제 재발** 이 문제는 앞서 제기한 1항의 문제에 직접적으로 관련되어 있다. 공장의 운용 방식이 반응 양상이라면 설비는 가동 가능한 조건으로 단지 재조정될 수 있을 뿐이다. 하지만 설비의 근본적 문제에 대해서나 또는 그 문제를 완전히 해결할 수 있는 방법에 대해서는 전혀 알 길이 없다. 그 결과 같은 문제가 지속적으로 일어나게 되며 이러한 문제의 재발은 종종 근본적 원인 분석으로 치부되고, 좀 더 정확히 말해 그 자체에 대해 잘 모른다는 의미로 해석된다. 설비에 대한 문제와 그 근본 원인을 해결하지 않으면 기껏해야 임시 방편의 처리밖에 안되며 재발되는 문제는 시간이 지날수록 점점 더 심각한 문제로 발전하게 된다.

3. **유지 보수 작업의 오류 범위 설정** 인간은 누구나 실수를 범하기 때문에 예방적(Preventive) 유지 보수나 교정적(Corrective) 유지 보수에서나 오류를 범하기 마련이다. 그런데 우리가 허용할 수 있는 유지 보수의 오류 범위를 얼마로 설정할 것인가? 100번에 한 번? 1,000번에 한 번? 아니면 10번에 한 번? 그 해답은 오류로 인한 결과에 달려 있다. 비행기를 자주 타는 사람이라면 유지 보수에 의한 오류와 비행사의 오류를 합쳐서 1백만 번에 한 번이라고 믿고 싶을 것이다(그리고 실제로도 그 정도 수치의 오류 범위를 보인다). 이것을 교정적 행동이나 그로 인한 생산의 손실과 같은 경제적 관점에서 한번 보자. 대부분의 관리자들은 1백만 번에 한 번이라는 통계로 믿

고 싶겠지만 실제는 100번에 한 번 꼴로 나타난다. 공장의 긴급 정지 상황의 50%는 일시 중단(Intrusive)을 필요로 하는 형태의 유지 보수 동안 인간의 오류에 의해 일어난다. 그리고 어떤 특정 오류는 특정 장소에서 유지 보수 작업 중 두 번에 한 번 꼴로 일어나기도 한다. 놀랄 일이 아니다. 정비 기록을 보면 바로 알 수 있다. 자기가 소유한 자동차의 정비일지를 한 번 확인해 보라. 처음 고치러 갔을 때에는 필요 없었던 정비를 하러 얼마나 자주 들락거리려는지 알 수 있다. 2.5와 4.2장에서 유지 보수의 오류 범위에 대해 좀 더 자세히 다루겠다.

4. **바람직한 유지 보수 지침이지만 제도화되지 않은 경우** 인간의 오류로 인한 문제를 해결할 수 있는 한 가지 방법은, 특히 처음 입문하는 사람에게는, 확실히 실수를 방지하는 지침과 절차서에 대해 알고 있어야 하며 이런 방법을 매일의 작업 습관으로 제도화하도록 하는 것이다. 결론적으로 산업이란 소위 최상의 지침이라고 말하는 설비를 다루는 경험과 지식, 즉 설비를 공장에서 밖으로 빼내고, 해체하고, 분해하고, 재조립하여 마지막으로 공장 내에 재설치하는 방법들이 매우 많다. 보통 공장들은 개별적으로 이런 집합적 현상의 극히 일부분에만 관계된다. 게다가 알려진 바에 의하면 조업 절차나 훈련과 같은 제도화된 과정을 따르는 경우는 극히 드물다. 즉, 이런 제도에 따라 설비를 운반하고 설치하는 경우가 거의 없다는 뜻이다. 포춘지의 100대 기업과의 사업 경험에 비추어 볼 때 이런 문제가 너무도 많다는 것을 확연히 알 수 있다.

5. **불필요한 보수적 PM(Preventive Maintenance)** 언뜻 보기에 이 문제는 1번 항목과 상반되는 것처럼 여겨질 것이다. 좀 더 상세하고 좀 더 다양한 부분을 망라할 수 있는 PM이 필요하다는 점에서는 의문의 여지가 없지만, 지금 수행되고 있는 PM이 '제대로' 된 것인가에 대해서는 한 번쯤 반문할 필요가 있다. 역사적 자료들을 살펴보면 현재 수행되고 있는 PM의 상당 부분이 사실상 제대로 되지 않은 것들이다. 어떤 경우는 공장의 운용을 유지하는 데에 PM 작업 자체가 아무 필요 없는 경우도 있다(다음 장에서 작업의 적용성에 대한 문제를 다룰 것이다). PM 프로그램을 점검하는 경우는 아주 흔한 일인데, PM 작업 중 5~20% 정도는 굳이 하지 않아도 공장의 가동에 아무런 문제가 없다. 문제는 대부분의 공장에서 이런 의문을 염두에 두고 PM 작업을 재점검하지 않는다는 데에 있다. 다시 말해 '살아있는 프로그램'으로서의 PM을 하지 않는다(제10장에서 이 문제를 다룰 것이다). 이 문제의 두 번째 유형으로는 올바른 PM 작업이 너무 보수적이라는 점이다. 이것은 불필요하게 잦은 PM 작업을 실시하게 하는 원인이 된다. 주요 부품의 해체 작업을 실시할 경우에 특히 잘 나타나는 것으로, 이러한 PM 해체 작업의 50% 이상이 쓸데없이 이행되고 있음을 보여 준다. 이 점에 대해서는 5.9절에서 추가로 설명되어 있다.

6. **피상적 원리의 PM 작업** 유지 보수 담당 관리자에게 왜 PM 작업을 해야 하는지 질문을 해본 경험이 있는가? 그에 대해 수긍이 가는 대답을 들은 경우가 있는가? 그 수긍이

가는 대답과 함께 설비 공급자가 이렇게 하면 된다고 했던 초기 PM 작업 지침서와 이후의 개정된 납득할 만한 지침서를 같이 받아 본 경우가 있는가? 불행히도 공장을 운영하는 데에 근간이 되는, 추적할 수 있는 어떤 문서나 초기 PM 작업에 대한 정보가 없는 경우가 히다하다. 어느 정도 수긍할 것이다. 유지 보수(PM + CM) 비용이 적게 들거나 점점 줄어들고 있다면, 또는 공장의 긴급 정지 상황이 사실상 없는 경우라면 피상적 원리의 PM 작업이 이루어 져도 된다. 그렇다고 하더라도 PM 작업의 필요성을 무시하거나 작업 수행에 필요한 기본적인 문서 기록 능력보다 우선할 수는 없다. 예를 들어 미국연방항공국 같은 곳에서는 수십 년 전부터 비행기 인증 양식(비행기 제작과 판매용 승인)으로서 승인된 문서를 기본으로 한 PM을 요구하기도 한다. 최근에는 원자력 발전소 역시 미국 핵규제위원회에서 제기한 유지 보수 법칙 실행의 일환으로 정형화된 PM을 도입하고 있다.

7. **가시적 추적이 불가능한 유지 보수 프로그램** 공장에서 설비의 고장 원인을 정기적으로 분석하지 않거나 PM 작업에 대한 기록을 누락하게 되면 가장 심각한 두 가지 작업인 가시적인, 그리고 추적 가능한 작업을 할 수 없다. 프로그램이 이러한 범주를 넘는 경우도 있으므로 여기서는 CMMS (Computerized maintenance management system)에 대한 확실한 정보가 없는 경우를 예로 들어 보겠다. 종종 추적 가능한 PM 실행 기록과 그 비용에 대한 것을 관리자의 책상 서랍 속에 처박아 두어 찾지 못하기도 한다. 그럴 경우 관리

자가 이직을 하여 회사를 나가면 그 문서 역시 따라서 나가게 되고 영영 찾을 수 없게 된다. 요즘은 효율적이고 저렴한 컴퓨터 시스템에 주문 제작 소프트웨어가 장착되어 사용되므로, 전략적이고 전술적인 결정을 내리는 관리자들이 그런 기록들을 잃어 버렸다고 할 핑계가 거의 사라졌고 말한다.

8. **초기 설비 공급자가 제공하는 정보의 맹목적 수용** 초기 설비 공급자(Original Equipment Manufacturer, OEM)는 거의 항상 조업 및 유지 보수 지침서를 설비와 함께 제공한다. PM 입장에서 볼 때 이런 식의 지침서 제공은 크게 두 가지의 문제를 안고 있다. 첫 번째, 공급자는 PM에서 고려해야 하는 포괄적이고 효율적인 비용을 감안할 필요가 없다. 종종 공급자는 PM에 대해 설비의 보증 기간에 밀접한 관련이 있는 부분에 대해서만, 그것도 마지못해 알려준다. 이는 대다수의 보수적 PM 작업에서 볼 수 있다. 두 번째, 설비 공급자는 다양한 고객을 대한다. 이 고객들은 설비를 각양각색의 자기 방식대로 운용한다. 그 예로 연속적으로 사용하기보다는 주기적으로 사용한다든지, 또는 일반적인 상황이 아닌 매우 높은 습도 조건에서 사용한다든지 하는 경우 등이 있다. 설비 공급자는 설비를 다양한 사용 조건에 대해 고려하여 제작하지만 사용자의 가동 조건에 모두 맞추어서 제작할 수는 없다. 하지만 많은 PM 프로그램이 이러한 OEM의 PM을 맹목적으로 수용하여, 비록 OEM이 추천했던 방식이 보수적이고 공장의 운영 방법에 적용할 필요가 없다 해도 마치 설비 공급자의 지침이 최고의 방법인 것으로 알고 있다.

9. **유사공정 간의 PM 차이점** 어느 한 기업을 생각해 보자. 그 기업은 여러 개의 공장에서 생산을 진행하며 각 공장은 여러 개의 단위 공정으로 이루어져 있다. 설비 산업이 대표적인데 각 공장마다 최소 2개 이상의 발전기를 보유하는 경우이다. 이처럼 여러 개의 공장이나 한 공장 내에 여러 단위의 생산 시설이 있는 경우 대부분 공장마다 유사한 생산 시설을 갖추고 각 설비의 배치나 조업 방법에서 상당히 유사하게 가동을 하게 된다. 이런 상황의 기업에서는 비용 절감의 측면에서라도 모든 공장 또는 생산 단위에 대해 표준화된 과정, 훈련, 추가 재고 등에 대해 보편성을 갖는 동일한 PM 프로그램을 적용하게 된다. 불행히도 유사하다고 보이는 것에 대해 동일한 PM 프로그램을 적용하는 것은 바람직한 방법이 아니다. 종종 같은 기업 내에 있는 유사한 공장들도 위치에 따라 각기 고유의 O&M 특성을 보인다. 왜 기업의 관리체계가 이런 현상을 초래하는지에 대해서는 잘 알 수 없지만 공장이라는 조직 측면에서 볼 때 '우리는 그 쪽과 다르다' 라든지 '우리만의 최선의 방법이 있다' 라는 식의 각 공장과 단위의 보편성을 약화시키는 뭔가가 있다고 보인다. 유사한 생산라인을 운영하는 기업으로 이루어진 산업 전반에 걸쳐 이런 상황은 극명하게 드러난다. 각 기업의 문화와 경쟁 체계가 그들 간의 정보 교환을 막는 것으로 인한 결과로 생각하면 좀 더 쉽게 이해할 수 있다.

10. **예측 유지 보수(PdM) 기술의 비효율적 사용** 새로운 이 유지 보수 기술 분야는 수년간에 걸쳐 발전되어 왔고 보통 예

측 유지 보수(Predictive Maintenance, PdM)로 표현한다. 이 방법은 가동 조건들에 대한 감시, 그 조건을 기초로 한 유지 보수, 감시 및 진단, 수행에 대한 감시 등과 같은 일련의 일들을 포함한다. 그 이름에서 알 수 있듯이, 이 일련의 작업들은 모두 각 조업을 중지하지 않고도 그 유지 보수 기록을 위한 척도를 확인하여 한계 상황 이전에 경고를 보내는 일을 한다. 그 척도들은 각 설비의 상태나 특정 부분에 대한 이상유무를 확인할 수 있는 것들이다. 정확히 언제 유지 보수 작업이 필요한지를 알려 줄 수 있다는 측면에서 이같은 기술은 비용적인 측면에서 대단한 잠재력을 갖고 있다고 할 수 있다. 불필요한 그리고 쓸데없이 가동을 중지시키면서 실시하는 유지 보수와 같은 일들을 상당 부분 배제할 수 있다. 회전 기계들의 진동에 관련된 부분에서는 상당히 정교함이 요구되기도 하지만 필터 전후의 압력 강하와 같은 경우에는 매우 간단하기도 하다. 이 기술은 공장이나 설비에서 광범위하게 보급되고 있다. 하지만 공장에서 PdM 프로그램을 도입하는 경우에는 종종 그 정교한 측면을 전개하는 것에만 초점을 맞추어 간단한 기술에 대해서는 외면하는 경향이 있다. 또한 그러한 전개가 너무 세계적인 기술 수준을 따르려는 경향 때문에 투자 회수(Return of Investment, ROI)에 직접적인 영향을 미치는 결정적인 요인을 간과하는 경우도 적지 않다.

11. **80/20 법칙 활용 부족** 미국 내의 산업계 전반에 대한 경험에 비추어 볼 때, 대부분의 O&M 관리자나 그 조업자들은 80/20

법칙을 알고 있고 그것이 정확히 무슨 의미인지를 잘 인식하고 있다. 80/20 법칙이란, 외부로 도출된 문제 중 80%는 모든 가능한 대상 중 20%에서만 나타난다는 것이다. 예를 들어 카페트 마모의 80%는 총 카페트 면적의 20%에서만 일어난다. 왜냐하면 그 20%의 부분으로만 사람들이 지나다니기 때문이다. 공장에서도 반응적(Reactive) 유지 보수나 생산 손실 비용의 80%는 전체 시스템의 20%에서 발생한다. 소위 말하는 악역을 담당하는 시스템이다. 따라서 여기 악역을 담당하는 시스템, 즉 전체 시스템의 20%에 대해서는 이 법칙에 의해서 다른 시스템들에 비해 좀 더 많은 신경을 쓰는 것이 논리적으로 타당하다고 하겠다. 그러나 놀랍게도 이 법칙대로 수행하는 기업을 거의 볼 수 없었으며, 모든 공장이나 설비에서 매일 벌어지는 비용 절감 결정과 수행에서도 이 같은 법칙을 적용하는 사례를 찾을 수 없었다.

12. **장기적 실행의 부재** 우리의 산업 분야에서는 장기적 전술 계획이라는 것이 아주 뿌리깊게 자리잡고 있기 때문에 관리 방법에 대해 공부를 하는 사람은 누구나 앞서 언급한 내용에 대해 곧바로 예외가 있음을 경험할 것이다. 하지만 여기서 말하는 계획(Planning)과 실행(Commitment)이라는 단어의 차이를 확실히 알아 둘 필요가 있다. 이것은 O&M 분야에서 최고 계층 및 중간 계층의 관리자가 분기별 실적에 신경을 쓰는 경우에는 특히 필요하다. 보통 월스트리트 증후군으로 더 잘 알려져 있다. 낮게 달린 열매라든지 단기 수익이라든지 하는 말들은 O&M 개선을 하기 위한 자원의 실

행을 증명하기 위한 마음가짐을 너무 자주 표현한다. 물론 여기서의 문제점은 눈에 확 띄는 개선이란 단기에 얻기가 거의 불가능하다는 데에 있다. 낮게 달린 열매는 이미 오래 전에 다른 사람들이 다 따간 이후가 될 가능성이 높기 때문이다. 따라서 원천적으로 장기적 실행을 실시하고자 하는 마음 가짐을 가질 필요가 있다.

본 장에서 언급한 두 가지 기회와 도전은 앞서 열거한 12가지의 문제점들을 상당히 광범위하고 구조적으로 해결할 수 있는 방법을 제공한다.

1.3 해법의 난립

1.3.1 약어 퍼레이드

일반적으로 볼 때, 지난 수십 년간 산업과 정부에서 O&M 실행을 개선할 필요가 민감하게 증가했다. 하지만 그에 반해서 앞서 열거한 12가지 문제점들 외에 추가로 한 가지 이상의 문제를 직접적으로 거론한 O&M 결정자를 찾아보기는 어려웠다. 그보다 다소 표현의 차이는 있지만 '개선의 필요는 알지만 어디서 어떻게 시작을 하는가?' 라든지 '휴지(休止)시간 때문에 아주 골치가 아프지만 어떻게 할 방법이 없다.' 라고 말하는 관리자는 쉽게 볼 수 있었다. 이러한 일반적 우려에 대한 해법들이 최근 급격히 늘어나 비약적 개선을 위한 다양한 프로그램과 방법론이 제기되었다. 그 내용 중에 상당 부분은 어려운 약어로 표현된다. 예를 들어 여기에 열거된 단어 중 얼마나 많은 단어를 알고 있는가 또는 알려고 노력했는가.

CBM	RAV	TPM
LEM	RCFA	TPR
EVA	SMW	TQM
JIT	TPE	WIIFM
OEE		

당신이 속한 조직은 열거된 각 단어뿐만 아니라 전체 모두를 재 습득하라고 했을지도 모른다. 이것은 급진적이고 혁명적인 제안으로서 항상 조직의 혼란과 인간의 심리적 혼란을 야기한다. 변화를 추구하는 과정에서의 진보는 사업적 접근에서 매우 바람직한 것이다. 팀 컨셉, 작업자 능률 향상, 적절한 규모의 유지(종종 규모의 축소에 대한 완곡한 표현으로 사용된다), 벤치마킹, 무엇보다도 지속적 개선을 위한 프로그램과 같은 것들이 자주 제시되는 내용들이다. 이러한 지속적인 개선 프로그램에 대해서는 달리 반박할 내용이 없지만 그래도 머리 속에서 지워지지 않는 것은 '도대체 어떻게 지속적으로 할 것인가?' 라는 질문에 대한 해답이다(제10장에 몇 가지 방법이 소개된다).

저자는 고객들과 이러한 몇 가지 해법을 찾고자 했던 매우 직접적이고 개인적인 경험을 한 바 있다. 플로리다 파워 앤 라이트(Florida Power & Light, FP&L)라는 회사에서 있었던 TQM(Total Quality Management)의 '해법' 을 찾는 과정의 일환으로 실시했던 RCM 과제에서 한 가지 특별한 경험을 했었다. 이 경험에 대해서는 참조 2에 자세히 소개하였다. 비록 그 과제의 결과로 FP&L은 미국의 '데밍 상(Deming Award)'을 수상했지만 직원과 고객, 주주들, 그리고 플로리다의 PUC(Public Utility Commission)의 거센 반발에 부딪혔고, 초기의 콜로니얼 펜 보험사의 인수 합병과 같은 잘못된 실수와 겹쳐서 1980년대에 심각한 자금난을 겪었다. 실제로 참조 2의 저자는 FP&L의 전직 CEO로서 그 상을 받은 이유로 사퇴하기도 했다.

또 다른 흥미롭고 일반적인 해법은 TPM(Total Product Maintenance)이다. 참조 3에서 TPM 방법론을 선도하는 전문가인 하트만(Hartman)은 몇 가지 괜찮은 해법을 제시한다. 그는 "아무리 매 순간마다 TPM을 실시한다 해도 고장은 발생한다"고 말한다. 그는 문헌에서 '32가지의 할 일'이라는 행동지침을 담은 TPM 훈련에 대한 내용을 소개한다. 그리고 그 공장이 세계적 수준의 극에 도달하는 12가지 주요 프로그램을 설명한다. 참조 3은 읽기에 상당히 어려울 수도 있지만 동시에 왜 그 12가지 프로그램이 세계적 수준에 도달하는 데에 필요한 구성요소인지 질문을 하게 한다.

TPM으로 말하면, OEE(Overall Equipment Effectiveness) 측정은 주요 요소 중의 한 가지로서 85% 이상이면 도달했다는 의미이다. 문제는 각종 데이터를 수집, 분석하는 시스템을 만드는 방법을 찾고자 할 때와 관리자가 결정을 내릴 수 있도록 도와 주는 신뢰성 있는 OEE 측정을 하고자 할 때 발생한다. 유지 보수 분야에서 지난 20여 년간 비록 성공적으로 수행된 TPM 프로그램을 보지는 못했지만 이러한 문제는 여러 번 발생하였다. 그리고 75나 95%가 아닌, 85%라는 수치를 맞추기는 너무 어려워 보였다.

어떤 유지 보수 담당자는 유지 보수 방법이 점점 더 복잡해지는 것이야말로 WCM을 달성하기 위한 전제조건이라고 믿고 있다(참조 4). 앞서 열거한 '해법'이 지속적으로만 진행된다면 그러한 믿음을 뒷받침해 줄 수 있다. 혼자만의 외침이라고 할 수는 있지만 우리는 오히려 그 반대가 맞다고 믿는다. 다시 말해 WCM 상태의 핵심은 오히려 간단한 해법에 있다. 1.4절과 1.5절에서는 그런 관점에서 해법을 논의할 것이다. '간단하다'고 한 것이 갖고 있는 중요성은 아무리 강조해도 지나치지 않다. O&M 조직은 너무도 자주 매우 복잡한 조직화를 시험하고, 지나친 문화적 변화를 시도하거나, 상대적으로 미미하고 실현 불가능한 단기적인 투자 회수에 대해 급격하고 근시안적인 상황으로 빠지고 만다. 이런 경우는 성공적인 결과를 낼 수 없다. 참호 속에서 실제로 효과가 있는 것과 없는 것을 결정짓는 병사들은 이런 프로그램을 '오늘의 요리'라고 말한다. 다음 장에서 소개될 우리의 경험을 예로 들어 이론적 논리와 의미 있는 O&M 최적화를 실행 할 수 있는 방식에 대해 설명하겠다.

1.3.2 벤치마킹과 최상의 지침서-도우미인가, 방해물인가

최근 기업에서 흔히 하는 연습은 관련된 산업의 다른 사람과 마주 대한 당신의 상황에 대해 정의를 내리고, 특히 당신의 경쟁력을 한 단계 높이는 방법을 알아내는 것이다. 이런 실행은 보통 벤치마킹이라고 한다. 기본적인 추진력은 회사가 제대로 하고 있는지를 살피고, 벤치마크를 측정하며, 그 벤치마크가 다른 상대에 비해 평균치 이상인지 아닌지 여부를 비교하는 신뢰성 있는 벤치마크를 측정 가능한 수치로서 개발하는 것이다. 하지만 간단한 개념으로 보이는 것에서 다음과 같은 기초적인 문제가 나타난다.

1. 회사, 제품, 공정 그리고(또는) 고객에 대한 어떤 특정 매개변수를 정의함으로써 당신의 상황을 진정으로 알게 해 주는가?

2. 다른 회사를 벤치마크할 때, 그 결과가 직접적인 경쟁자가 아니더라도 의미 있는 결과를 얻을 수 있는가? 예를 들어 비행기를 제작할 때, 자동차 제조사를 벤치마크함으로써 유용한 정보를 얻을 수 있는가? A회사가 B회사를 벤치마크할 때, 과연 B회사로부터 올바른 교훈을 충분히 얻는다고 자신할 방법이 있는가? 사실 조금만 부주의해도 당신에게 해만 되는 것들을 모방하는 데에 그칠 수도 있다.

3. 엄밀히 말하면, 경쟁자를 벤치마크하게 된다. 하지만 경쟁자로부터 정보를 실제로 얻어낼 수 있는가? 혹 얻어낸다 해도 그런 정보가 신뢰성이 있는지 가치가 있는 것인지 알 수 있는가? 요즘과 같은 글로벌 경쟁에서는 유지 보수 실행과 결과에 대한 유용한 정보를 얻어내기가 점점 더 어려워지고 있다. 특히나 경쟁자로부터 얻어내는 것은 더더욱 어렵다.

4. 위의 세 가지 문제를 모두 해결할 수 있다고 가정해 보자. 그렇더라도 그 정보를 갖고 무엇을 할 것인가? 특히 당신이 평균치 이하라면? 그렇다면 이미 그 능력에서는 뒤지고 있

는 것이다. 이를 어떻게 극복할 것인가? 극복하기 위한 어떤 특정한 공정이나, 과정, 소프트웨어나 하드웨어를 갖고 있는가? 아니면 기업 문화나 관리 기법, 또는 개인의 카리스마나 리더십과 같은 근원적으로 독특한 뭔가를 갖고 있는가? 일반적으로는 벤치마크 정보는 이런 종류의 해답을 제공하지 않는다. 많은 고객들과의 만남에서 단지『가치 있는 연습』이라는 이유로 그토록 어려운 벤치마킹 프로그램에 막대한 자원을 쏟아 부었다는 사실 때문에 거론한 문제들이다. 하지만 벤치마킹으로 인해서 유지 보수에 대한 괄목할 만한 성과를 얻었다는 증거는 볼 수 없었다. IBM과 Apple 또는 Ford와 GM처럼 동일한 제품을 생산하는 기업에서조차 기본적인 사업 시행 방법이 너무도 달라 벤치마킹의 효과를 장기적으로 보여주지는 못한다.

비록 그러한 이점을 얻기 위해 확실한 벤치마킹을 할 필요까지는 없지만 벤치마킹이 유효한 면도 있다. 여기에 특정 성취, 성과, 효율성에 직접적으로 관련되는 특정 행동, 공정, 설비를 명확하게 해 주고자 하는 최상의 지침서(Best Practices)를 소개한다. 일반적으로 모든 조직은 적어도 한 가지의 최고의 실천 방법을 갖고 있다. 같은 회사 내에서 각각의 공장들이 최상의 지침서를 확실하게 반영하는 어떤 기술과 공정을 개발하는 상황을 종종 목격한다. 하지만 각각의 공장에서 이룬 성과를 회사 내의 다른 공장에 전수하는 경우는 거의 없다(참조 6에 RCM을 다룬 대표적인 예를 보라). 혹시 전수를 시도하더라도 전수받는 입장에서는 '우리와 사정이 다르다' 라든지

'그들은 우리의 문제에 대한 핵심을 모른다' 심지어 '여기에서 개발된 것이 아니다'라는 이유로 전수받기를 거부하는 경우가 있다. 1.2장의 4번 항목을 보면, 유지 보수 분야에서 마주치는 가장 큰 문제점 가운데 하나는 최상의 지침서가 제도화되지 않는다는 것이다. 그럼에도 불구하고 확실하게 검증된 경험을 교류하고자 하는 잠재력은 최고의 실천 방법을 끊임없이 추구하는 것이야말로 매우 노력할 만한 가치가 있음을 시사한다.

1.4 유지 보수 최적화 – 새로운 미래

1.4.1 동기적 요소

신규 고객을 만날 때마다 언급되는 유일무이한 단 한 가지 목적은 돈, 즉 비용이다. 여기에 동의하지 않는 사람은 없을 것이다. 하지만 고객과의 만남에서 실제로 비용에 대한 말을 주고받는 경우는 드물다. 그보다는 좀 더 빨리 기술적인 사항이나 방법론에 대한 토론에 들어가기를 원한다. 그러다 보면 비용이라는 측면에서 이상하게 결론이 나오기도 한다. 그런 예를 두 가지 들어 본다.

1. 수년간 미국 전기 설비 산업은 유지 보수 사업의 개선 방법으로 PM 비용을 절감해야 한다는 이상한 말을 해 왔다. CM 작업에 의한 비용의 증가나 공장 생산량의 감소에 대해서는 전혀 생각을 하지 못한 것이다. 최근까지도 PM 비용을 줄이

느라 다른 비용에 대해서는 염두조차 두지 않았다. 표면상으로는 유지 보수 감독자는 계획된 지출, 즉 PM의 비용을 줄이는 것이 유일한 목표였기 때문이다. 그러나 다행히도 관리 기법으로 인해 설비 고장이나 전력의 손실이 생기고 이로 인해 고객들을 비용 측면에서 유리한 경쟁자에게 빼앗긴다는 경쟁 환경에 있다는 현실을 인지하면서 변화하고 있다.

2. 고객과의 논의가 점점 비용을 주제로 한 내용으로 바뀌고 있다(우리의 경우는 RCM 프로그램 비용). 물론 예상한 일이다. 하지만 거의 항상 놓치는 관점은 투자 대비 수익률(Return on Investment, ROI)에 대한 고려이다. 왜 이런 일이 일어나는가? 예를 들어 당장 4만 불을 계약함으로써 향후 5년 내에 혹시 일어날 수 있는 단 한번의 긴급 정지 상황으로 날아가 버리는 8십만 불이 절약된다고 한다면, 추진할 만한 제안이 아니겠는가? 이는 최소 20배의 투자 수익률이다. 이 보다 낮은 수익률이라도 개인적으로 기꺼이 투자하고자 할 것이다(당신은 2001년도에 옷을 벗은 닷컴 출신 사람 중의 하나인가?).

목적이 비용이라면, O&M 개선의 개념을 PM 비용 절감에서 유지 비용에 대한 ROI로 바꾸어야 한다. 절대적이지는 않더라도 이는 유지 보수 최적화 전략의 개발에 있어서 매우 중요한 요소이다. 숨겨진 근본 이유로서, PM 비용이 CM(반응적 유지 보수)과 생산 손실(가동 불능)을 제대로 계산하지 않아서 궁극적으로 지출되는 것에 비해 상대적으로 적게 든다는 것을 인식해야 한다. 그림 1.1은 유

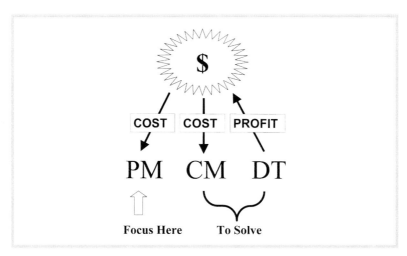

그림 1.1 Maintenance optimization strategy

지 보수 최적화 전략을 추진하는 모델을 시사하는, 간단하지만 매우 현실적인 상황을 보여준다.

그림 1.1에는 두 가지 비용 요소가 있다. 대부분의 조직에서는 이 그림의 두 가지에만 신경을 쓴다. 결국 어떻게 하든 최소화하겠지만 곤란한 지경에 처하더라도 비용의 부담을 지는 유지 보수를 사용한다. 하지만 공장의 생산이라는 제3의 요소를 포함하여 전체를 볼 수 있다면 상황이 달라진다. 생산량의 감소로 초래되는 자금 손실은 기준 생산량에 못 미칠 경우 PM이나 CM으로 어떤 형태로든 지출될 비용에 압박을 줄 수밖에 없다는 첫 번째 결론을 내릴 수 있다. 두 번째 결론은 과거 12~24개월간의 지출이 CM으로 인해 증가한다면 유지 보수로 인한 생산량 감소 방지가 가장 주요한 요소가 된다는 것이다. 다시 말해 유지 보수는 기업의 '이윤' 부문에서 과거로부터

항상 주요 요소였다는 것이다. 이는 비단 사업 진행에 따른 기업의 지출 비용의 한 부분으로서의 비용 요소라는 의미에서 한 단계 더 나아가, 유지 보수가 실질적으로 기업의 이윤에서 가장 중요한 것이라는 논란의 여지가 없음을 보여준다. 이러한 내용에 대해서는 생소할 수도 있지만, 유지 보수가 이윤의 중심에 있다는 인식이야말로 순이익에 현실적으로 영향을 미치는 요소이며, 세계적 수준의 유지 보수를 구성하는 데에 내딛는 첫 걸음이 된다.

1.4.2 전통적 유지 보수의 개념

엔지니어나 기술자는 항상 최적화가 주된 관심사다. 산업적이거나 상업적인 시장에 나오는 매일의 생산품은 뭔가가 새롭게 개선, 또는 최적화되기 때문에 이전의 물건에 비해 더 낫다는 광고를 한다. 또 설계, 제작, 시험, 조업 등을 포함한 다양한 공정과 작업 방법 그리고 기법들을 최적화한다. 설계 최적화라는 말은 기술적 분야에 속한다. 최근 유지 보수 최적화라는 어휘를 추가했다. 관리의 초점이 상당히 자주 다양한 O&M 문제로 귀결됨에 따라 유지 보수의 최적화라는 단어를 점점 더 많이 듣는다.

웹스터 사전은 최적화를 "효율적이고 완벽하게 또는 가급적이면 유용하게"라고 정의한다. 따라서 유지 보수의 최적화는 '점검과 운용, 수리 및 대체 작업을 가급적이면 효율적이고 유용하게 하는 것' 이라고 정의할 수 있다.

1950년대와 60년대 그리고 70년대를 돌이켜 보면 유지 보수 담당 엔지니어나 기술자는 설비를 항상 운용 가능한 상태로 유지하는 관점으로만 이러한 정의에 충실하고자 했다. 그리고 종종 이런 행동은 시간도 들고 인간의 오류를 범하게 되는 보수 작업에서의 일시 중지를 초래했다. 그 결과 재방문과 재점검하는 일이 증가했고 그러한 작업 중 인간의 오류로 인한 문제가 전체 문제의 50%을 넘는 놀라운 현상이 나타났다. 설비가 복잡해지고 집적화될수록 고객은 더 높은 수준의 품질과 유용성을 요구하게 된다. 글로벌 경쟁이 지속적으로 증가할수록 항상 운용 가능한 상태로 유지한다는 목적을 달성하기 위해 유지 보수 방법과 유지 보수하기 위한 자원(인력, 공구, 소프트웨어 등)의 개발 역시 필요하다.

유지 보수에 대한 개념을 개발했다는 것은 설비를 유지한다는 의미를 바탕으로 한 실행이다. 결국 모든 설비를 정상적으로 유지하고 지속적인 운용 상태로 가동할 수 있도록 유지한다는 의미가 된다.

1.4.3 유지 보수 전략에 대한 재고

1980년대는 미국 산업계 전반에 걸쳐 매우 심각한 경고가 왔다. 미국이 35여 년간 전 세계 시장을 독점하던 미국산(Made in USA) 제품의 생산 라인이 갑작스럽게 치열한 세계화 경쟁으로 바뀐 것이다. 단순히 가격에 의한 것뿐만 아니라 품질과 서비스의 요구 수준이 지속적으로 증가했기 때문이다. 많은 시장에서 미국은 그 우위를 놓치고 말았다. 수년간 아시아산 제품의 맹추격이 있었고 하나둘씩 산업이 무너졌다. 실제로 철강, 조선, 카메라, 가전과 같은 산업과 제품은 미국에서 완전히 사라졌다. 남은 거라고는 '보다 적은 자원으로 보다 많이' 라는 울부짖음밖에 없다. 여기서 규모의 축소, 규모의 최적화, 리엔지니어링, 지속적 개선, TQM, TPM과 같은 새로운 단어들이 출현히게 되었다.

이 모든 와중에 유지 보수 바로 그 자체의 정신을 변화시키는 두 가지가 생겨났다. 첫 번째는 순익 유지만 가능하다면 새로운 공장과 설비에 대한 자본 투자가 반드시 필요한 것은 아니라는 것이다. 유지 보수 측면에서 보면 이는 신뢰성과 유용성을 갖는 공장과 설비가 많아지고 있다는 의미이다. 두 번째는 앞서 나온 말처럼 유지 보수 역시 '보다 적은 자원으로 보다 많이' 라는 것에 봉착한다는 것이다. 다시 말해 설비를 유지하는 데에 자원 중심의 철학이 바뀐 것이다.

유지 보수 전략을 재고해 보면 지난 35년간의 독점을 영유해 왔던 상황에서의 설비를 유지한다는 개념이 완전히 깨지고 말았다는 것을 알 수 있다. 예를 들어 그간 놓치고 있었던 4가지 중대한 문제들은 다음과 같다.

1. 모든 것이 중요한 데도 불구하고 환경적인 것에 대해서는 소홀했다. 공장에서 사용되는 모든 밸브, 펌프, 모터 등이 생산과 안전, 그리고 품질의 중요도에 신경 쓰지 않고 운용 상태를 유지하는 데에만 급급했다.

2. 그럴 수밖에 없기도 했지만, 유지 보수를 간단히 하고자 하

는 환경을 조성했다. 전형적인 경우로 보일러와 같은 특정 유지 보수를 위해 공장을 임시 정지시키고 나서 단지 그럴 것이다라는 이유 때문에 다른 모든 설비의 유지 보수 일정을 잡기도 했다(브레이크 패드를 교체하려고 자동차 정비소에 가서 트렌스미션이 괜찮은지 한번 뜯어봐 달라고 해본 경험이 있는가?).

3. 이런 결과로 유지 보수에 대해 지나치게 보수적이었고 실제 필요 이상의 작업이 어느 정도는 있었다. 이는 종종 자원의 낭비뿐만 아니라 임시 중단 작업으로 설비를 손상시키기도 했다.

4. 규모의 축소화라는 증후군에 있어서, 모든 설비를 항상 운영 가능하도록 유지할 수 없기 때문에 설비를 유지하고자 하는 운영 방식에 사실상 지치고 만다. 계획된 유지 보수 작업은 점점 더 뒷전에 밀리게 되었고 아주 쓸모없어져 버렸다. 결국 유지 보수는 완전히 반응적 양상으로 될 수밖에 없었다. 단지 문제가 생기면 밤 새워서 고치는 일만 있었을 뿐이다.

이런 문제를 해결하기 위한 새로운 패러다임이 필요했다. 축소된 자원을 어떻게 효율적으로 사용할 것인가에 대한 면밀한 결정을 해야 했고, 유지 보수에 대한 기존의 무딘 것을 연마해 줄 완전히 새로운 기술을 도입해야 했다. 무엇보다 중요한 것은 사후(Reactive)의 개념에서 사전(Proactive)의 개념으로의 변화이다. 이 새로운 패러다임이 RCM 과정에서 구체화된다.

1.4.4 자원에 대한 관심 80/20 법칙

인력 자원은 점점 약화되고 앞으로도 그럴 것이다. 새로운 유지 보수 패러다임에 대한 염원은 일시적으로 유행하는 일이 아니다. 바로 이 시점에서 필요한 일이다. 따라서 가용 가능한 인력 자원은 최대치의 결과를 얻어내는 방식으로 적용되어야 한다. 인력 자원은 투자 수익률(ROI)의 최적화에 초점을 두어야 한다. 그리고 여전히 중요한 문제는 '어떻게 할 것인가?' 이다.

아마도 여러 가지의 가능성 중 가장 유력한 한 가지 해답은 80/20의 법칙을 적용하는 것이다. 간단히 말해서 80/20 법칙은 일반적으로 소수의 원인과 입력 또는 노력으로 다수의 결과와 출력 또는 보상을 이끌어내는 것으로 단정지을 수 있다. 역사적으로 80/20 관계에서 이러한 불균형을 볼 수 있다. 예를 들어 80%의 결과는 20%의 가능한 원인에서 나온다. 여기 두 가지 전형적인 예가 있다.

- 범죄의 20%가 전체 범죄의 80%를 대변한다.
- 기업 제품의 20%가 전체 매출액의 80%를 차지한다.

참조 7은 80/20 법칙에 대한 흥미로운 저서이다.

어떤 것들은 70/30이나 90/10의 비율이 적용된다. 하지만 중요한 점은 이러한 불균형이 있다는 것이고 기업 환경에서는 이러한 불균형이 존재한다는 것을 알아야 한다는 것이다. 유지 보수 측면에서 가

28

장 중요한 불균형은 설비의 CM으로 인한 자원의 지출에, 추가적인 생산성 감소 즉 매출액 감소는 설비의 DT에, 그리고 CM과 DT의 자원에 관련되어 있음을 인식하는 것이다. 80/20 법칙이 맞다면 CM과 DT 비용, 즉 낭비되는 비용의 80%는 전체 설비의 20%에 기인한다. 80/20 법칙은 산업 전반을 측정하는 법칙으로 적용하는 데에 매우 유용하다.

따라서 정말 중요한 우리의 '유지' 능력은 시스템의 20%가 악역을 담당하고 있음을 깨닫는 것에 있다. 그리고 나서야 인력 자원을 유용하게 하는 일에 매진할 수 있다.

여기서 제시된 유지 보수 최적화 전략은 예방적(사전) 유지 보수 (PM)에 대한 자원에 초점을 맞추기 위해 RCM 방법론을 이용한다. 그래야 CM과 DT를 줄이거나 가급적이면 없앨 수 있다. RCM은 20%의 악역 시스템에 대한 고전적 RCM 과정 적용 지침으로서 80/20 법칙을 사용한다. 다시 말해 ROI에서 가장 큰 영향을 주는 곳에 가장 포괄적인 형태의 RCM을 적용한다.

아주 잘 가동되는 시스템, 즉 80/20 법칙의 시스템을 다룰 때는 축약된 고전적 RCM(Abbreviated Classical RCM, 7.2장) 또는 경험 중심의 유지 보수(Experience-Centered Maintenance, 7.3장) 과정을 적용할 것이다. 다시 말해 효과가 그리 크지 않기 때문에 80/20 시스템에 대해서는 초기 투자를 최소화하고자 한다.

여기서의 80/20 정보는 설비 시스템의 순서를 맞추기 위해 최근의 CM과 DT 비용 내역을 사용한 파레토 다이어그램*을 통해 개발되었다(5.1장, 5.2장). 이 정보는 한 개의 설계 문제나 설비 자체로 인한 불필요한 PM을 고려해야 하는, 즉 디지털 방식의 시스템과 같은, 시스템의 선택을 가급직 피하기 위해 완회된 환경으로 가공되었다. 이러한 선택에는 최고의 투자 수익률(ROI)에 맞게 수정된 PM이 따로 적용되어야 한다.

1.5 세계적 수준의 유지 보수-이 책의 접근 방법

대부분의 세계적 수준의 유지 보수(World Class Maintenance, WCM)은 다소 길지만 품질을 보증해야 하는 요소들을 논의하게 된다. 우리의 경험에 비추어볼 때 1.1장과 1.4장의 논의는 WCM 프로그램을 완성시킬 수 있는 핵심 요소를 보여준다. WCM에 대한 접근 방법으로 여기에 간단한 다섯 가지 요소를 소개하겠다.

1. 이윤 중심으로 유지 보수를 나타내라.
2. 최고의 투자 수익률(ROI)을 위한 자원에 초점을 맞춰라.
3. 유지 보수를 위한 작업 중지를 피하라.
4. 결과를 측정하라.
5. 효율적인 관리 시스템을 도입하라.

---

* 역자 주: 전체 변수의 20%가 전체 시스템의 80%에 영향을 준다는 원리를 기초로 영향력이 작은 다수인자(Trivial Many)로부터 영향력이 큰 소수치명인자(Vital Few)를 가려내기 위한 분석방법

각각의 요소들을 살펴보면 다음과 같다.

1. **이윤 중심으로 유지 보수를 나타내라.** 이는 사업 전략과 이
    윤 목표를 달성하기 위한 계획에 있어서 유지 보수 조직이
    핵심 요소로서 다루어져야 한다는 것을 말한다. 설계, 제조,
    마케팅과 같이 다른 조직처럼 유지 보수 역시 일상의 작업을
    수행하는 데에 비용을 초래한다. 일상적인, 즉 일정 대로 유
    지 보수 작업을 적절하게 수행할 수 있다면 목표 생산량을
    초과 달성할 수 있도록 막대한 영향을 미칠 수 있다. 이는 다
    른 조직 가운데 생산(가동) 부문과 유지 보수 부문이 동격으
    로 다루어져야 함을 의미한다. 생산 부문에서 유지 보수 부
    문에 이래라 저래라 해서는 안 된다. 그보다는 공통된 합의
    점을 찾아야 하고 고객의 요구에 대한 협의에서 상호간의 역
    할을 존중해 줘야 한다. 실제로 고객이란 당신의 월급을 줄
    수 있도록 돈을 지불하는 주체이다. 유지 보수 부문이 생산
    부문을 고객으로 생각하는 일이 있어서는 절대로 안 된다.

2. **최고의 투자 수익률(ROI)을 위한 자원에 초점을 맞춰라.**
    최대의 ROI를 실현하기 위해 사전 작업 자원의 대부분을
    사용하는 결정에 구조적이고 시스템적인 과정을 이용하라.
    이 문제에 대한 연구와 적용을 20년간 실시한 결과, 고전적
    RCM 과정이 그러한 결정을 내릴 수 있게 해주는 올바른
    방법임은 의심할 여지가 없다. 도입만 잘 되면 RCM 과정은
    공장과 설비 중 악역을 담당하는 시스템을 찾아낼 뿐만 아
    니라, 신뢰성 있는 운용이 가능하도록 할 수 있는 시스템의

정확한 작업을 찾아낼 수 있다. 이후의 내용에서는 WCM이라고 일컬을 수 있는 핵심적 방법인 고전적 RCM의 적절한 사용법에 대한 설명에 중점을 둘 것이다.

3. **유지 보수를 위한 작업 중지를 피하라.** 다르면서도 연관된 문제로 현재 우리 고객들에게 도입된 PM 실행에 대한 전반적인 모습을 볼 때, 지금 시행되고 있는 대부분의 PM 작업은, 특수한 기술 분야 같은 경우, 유지 보수를 위해 작업 중지를 하는 경우가 더러 있다. 이러한 중지 작업 중 50%는 다시 작업을 해야 할 필요 상황을 발생시킨다(2.5장 위험 관리 참조). WCM 프로그램은 이러한 중지 작업을 최소화하여 설비의 정상적 가동을 위한 최소한의 범위로 줄이는 모든 가능한 방법과 기술을 포함한다. 이 작업의 최대 효과는 지금까지 확장시켜 온 PdM(예측적인 유지보수) 기술을 포함한 CD(Condition-Directed) 작업에 의해 이루어진다.

4. **결과를 측정하라.** 그 간의 경험으로 볼 때 현재 시행되는 유지 보수 프로그램이 지니는 가장 큰 문제점은 유지 보수 프로그램을 관리 감독하는 데에 필요한 기술과 비용에 대한 특정 기초 항목을 나타내주는 효율적인 데이터의 수집과 사용의 부재에 있다. 그 주요 항목 중 중요한 몇 가지를 소개한다.

   - 일련의 PM 작업을 구체화하라. 이것은 RCM을 연구함으로써 CM의 감소 내지는 배제를 하기 위한 효율성을 지속적으로 측정할 수 있다.
   - 의미 있는 설비 내력을 수집하라. 가동 시간대 고장에 대한 현황과 설치된 설비 조건을 확립하기 위해서 필요하다.

이러한 자료는 PM 작업의 주기를 결정지을 수 있고 고장에 대한 근원적 원인의 적절한 연구를 가능하게 해준다.

- CD에 의한 PM으로부터 자동화 경향의 분석을 수행하라. 설비가 고장날 수 있는 한계 상황에 거의 다다랐을 때 자동적으로 경고를 하는 것을 포함한다.

- 유지 보수 비용과 시스템 유용성 인자에 대한 실질적 경향을 추적하라. 유지 보수 최적화 프로그램 전체를 측정하고 요구 사항에 맞도록 조절는 데 필요하다.

- 이러한 측정값을 유지 보수 프로그램을 지속적으로 조절하고 개선하는 데에 사용하라(제10장 살아 있는 RCM 프로그램).

5. **효율적인 관리 시스템을 도입하라.** 유지 보수 조직의 결정적인 지원과 일반 관리 기능에 대한 효율적 사용 및 관리를 확실히 하기 위해 적절한 관리 기술과 시스템 정보를 지원받아라. 이러한 지원이 필요한 부분은 다음과 같다.

- 작업 지시 기록
- 자재 관리
- 자재 및 인력 운용
- 구매 조달
- 훈련
- 기술 인증
- 정책, 공정 및 표준서
- 일정 및 계획 문서
- 기타

이러한 내용들은 Computerized Maintenance Management System (CMMS)의 수행에서 매우 자주 쓰이게 될 것이다.

본 저서의 내용은 2번 항목, 즉 RCM을 자세히 다루는 데에 목적이 있다. 또 3, 4, 5번 항목은 RCM 과정의 수행에 대한 이해를 돕기 위해 다룰 것이다. 하지만 주목해야 할 것은 부록 C에 있는 The Economic Value of Preventive Maintenance인데, 여기서는 이윤의 관점에서 유지 보수와 생산간의 관계에 대한 좀 더 깊은 논의를 하게 된다. 그 논의는 WCM 현상으로서 1번 항목에 직접적인 도움이 된다.

Chapter **2**

예방적 유지 보수
- 정의와 구성

Preventive Maintenance
– Definition and Strueture

Chapter **2**

예방적 유지 보수
—정의와 구성

이 장에서는 PM에 대한 몇 가지 기본적 요소를 소개할 것이다. 종종 혼동하기 쉬운 CM과 차별화하기 위해서 처음에는 PM의 정의를 내릴 것이다. 그리고 보통 좁은 시각으로 보는 PM의 수행 이유에 대해 설명할 것이다. 이어서 4가지의 주요 PM 작업군에 대해 논의할 것이다. PM 프로그램을 형성하기 위한 논리적 과정과 설비 PM을 특정 짓는 현재의 실행과 통념에 대한 저자의 관점과 경험을 소개할 것이다. 마지막으로 PM 프로그램을 지원하는 관리 및 기술의 본질의 핵심적 부분에 대한 간단한 검증을 할 것이다.

2.1 예방적 유지 보수란 무엇인가?

'예방적 유지 보수란 무엇인가?' 라는 것은 언뜻 질문을 하기에는 너무 평범한 것처럼 보인다. 하지만 경험에 비추어 볼 때 막상 예방적

37

유지 보수에 대한 의미를 사용하려고 하면 상당히 혼란스러운 면이 있다. 이러한 혼란에는 여러 가지 이유가 있다. 그중 한 가지는 우리 산업계 전반의 공장과 설비가 과거로부터 오랫동안 반응적 유지 보수 양상으로 가동되어 왔기 때문이다. 다시 말하면 유지 보수 자원이 거의 대부분 예상치 못한 설비의 고장에 대응하도록 되어 있어서 예방적 활동을 전혀 하지 않았다는 뜻이다. 예방적이 아닌 교정적 (Corrective) 유지 보수가 시대의 주류를 이루었고 이 때문에 예방적인 것과 교정적인 것의 차이를 알고자 하는 경향이 무디어졌다. 극단적인 경우 어떤 공장은 긴급 정지 상황에서 급박하게 그리고 신속하게 고장을 처리하는 사람의 능력을 우대하거나, 이러한 수행에 대한 보상이 지속적으로 이루어지는 문화가 지배적인 경우도 있다. 이런 조건에서의 조업 철학은 거의 전적으로 반응적이고 교정적인, 즉 사후 대응적인 본질을 갖는다. 하지만 공장의 입장에서는 그러한 작업이 매우 효율적이고 유용하게 사후 대응작업을 수행하므로 장기적으로 긴급 정지를 '예방하는' 능력이 있다고 보기 때문에 예방적 역할로 보기도 한다. 하지만 공장의 임원진들이 인식하지 못하는 것은 동일 업종에서 가장 비싼 비용의 작업을 한다는 것이다.

이 책에서는 PM의 정의를 다음과 같이 내린다.

예방적 유지 보수(Preventive Maintenance, PM)란, 주어진 시간에 설비나 시스템의 가동 기능성을 확보하기 위해 이미 계획된, 따라서 일정표로 확정된 점검과 보수 작업을 수행하는 것이다.

이미 계획된 것의 의미는 이 정의 중에서 가장 중요한 부분이다. 다시 말해 사전 유지 보수 양상과 문화를 소개하기 위한 핵심적 요소이다. 사실 이와 같은 정의는 CM에 대한 매우 확실하고 함축적인 정의를 내리는 데 도움을 준다.

개량 유지 보수(Corrective Maintenance, CM)란, 고장난 설비나 시스템의 기능성을 재조정하기 위해 계획되지 않은, 따라서 예상하지 못하는 유지 보수 작업을 수행하는 것이다.

이 두 가지의 정의가 유지 보수 작업의 범위를 포함한다고 할 수 있다. 서로 배타적인 관계로 예방적이냐 교정적이냐의 구분은 있어도 예방적이면서 동시에 교정적인 경우는 없다.

하지만 CM과 PM에 대한 혼란스러움으로 사람들이 자주 묻는 두 가지 상충되는 요소가 있다. 그 첫 번째는 그 용어와 해석의 차이이다. 이것은 실행과 정책적인 압박에서 나타나는 비기술적 요소 같은 것으로부터 나올 수 있다. 예를 들어 어떤 공장이 주요 PM 작업을 하기 위해 계획대로 실시한 가동 정지로 인해 예상치 못한 긴급 정지 상황이 발생하여 정상 가동이 지연되는 경우, 유지 보수 정지 (Maintenance Outage, MO)로 알려진 세 번째 항목이 발생한다. MO는 대개 전력 설비 산업에서 전기 발생 장치부에 의해 나타났다. 다른 산업 분야에서도 유사한 경로에 의해 발행한다. MO는 완전히 고장을 일으키지는 않지만 수시간 또는 수일 내에 곧 일어날 수 있는 예상하지 못한 설비 결함에 의해 발생한다. 따라서 관리자는 유지 보수를 위한 가동 중지를 가급적 생산에 지장을 주지 않는 시간대로 미루게 되고 그 때까지 설비가 이상을 일으키지 않기만을 바랄 뿐이다. 생산이라는 측면에서 보면 아주 바람직한 일이다. 하지만 공장의 긴급 정지 상황에 대해 MO는 규정대로 기록될 수 없다. 어느 정도는 이미 계획된 전초전처럼 보인다. "결국 우린 다음주 토요일로 계획을 잡았어"라고 하면서 분명히 해야 할 것은 아무튼 MO를 긴급 정지 상황이며 조치를 취해야 할 항목으로 분류하는 것이다. 그렇지 않으면 아무런 의미가 없다.

두 번째는 좀 더 넓은 범위에서 혼란을 일으키는 것으로 일정대로 진행한 작업으로 감당하기 어려운 설비의 문제를 발견할 때이다. 앞서의 MO 같은 경우는 PM 작업 중에 나타난 문제이기 때문에 예외로 한다. 따라서 PM 작업이 예상치 못한 가동 문제가 일어나기 전에 설비의 전체 기능을 고치고, 재조정하는 것까지 포함한다. 고치고 재조정하는 것은 예방적인 것인가, 교정적인 것인가? 설비의 기능성을 유지하도록 하는 작업이 PM 본래의 목적임을 상기한다면 그 답은 자명하다. 고치고 재조정하는 것은 예방적인 것이다. 왜 그런가? PM 작업의 적절한 구성은 설비의 상태를 점검하는 것뿐만 아니라 문제를 발견했을 때 적절한 조치를 취하는 것을 항상 포함해야 한다. 이러한 점검은 검사와 이상 발생 발견 인자의 감시, 숨겨진 고장, 그리고 심지어 고장 날 때까지 가동될 수 있도록 설비를 재조정하는 것을 요구하는 PM 작업이다(2.3절). 불행히도 CMMS 프로그램은 PM의 일환으로 사용자가 긴급 작업을 할 수 있는 새로운 작업을 만들고 지침화하도록 가만히 놔두지 않는다. 이 추가적 PM

작업은 CM으로만 지침화된다. 이것은 최악의 경우 CM 비용을 쓸데없이 부풀리는 '수치상으로 나타나는' 것으로 PM 프로그램이 개선되어도 CM 비용이 증가하는 이유를 관리적 측면에서 알 수 없게 할 수 있다.

마치 펜조일 광고에서 "지금 지불하든지 아니면 나중에 더 많이 지불하라"라고 말하는 것처럼, 교정적 유지 보수는 예방적 유지 보수보다 대개 많은 비용을 지출하게 한다. 물론 우리 모두 "치료 보다는 예방"이라는 오랜 속담을 알고 있다. 이 문구는 무의미한 내용이 아니다. 많은 경험에서 나온 것이다. 실제 그럴까하고 의심 한다면 서로 유사한 두 개의 공장이나 시스템이, 한 군데는 예방적 유지 보수 프로그램을 적용하고 다른 한 군데는 반응적 유지 보수 프로그램을 적용하여 그 결과를 비교하면 바로 알 수 있다. 어느 쪽이 더 적은 유지 보수 비용으로 높은 신뢰성을 유지하는지 생각해 보라.

이 다음 장에서는 사전 유지 보수 프로그램에서 PM 작업의 한 가지인 Run-to-Failure가 매우 정교하게 정의되고 관리되는 환경하에서는 때때로 매우 다양하게 사용됨을 소개하고, 제5장에서 자세히 설명할 것이다. 하지만 CM이 궁극적으로 공장이나 시스템의 긴급 정지 상황을 초래하기도 한다는 점을 인지하지 못하면 PM을 하기 위해 CM을 하지 않는다는 것은 일반적으로 타당할 수 있다.

2.2 왜 PM을 해야 하는가?

이 질문 역시 표면상 평범해 보이며 심지어 필요 없을 것처럼 생각된다. 하지만 지난 15년간 고객과의 세미나와 훈련 프로그램의 한 부분으로 '왜 PM을 해야 하는가?' 라는 질문을 자주 해 본 결과 이 질문을 책의 처음 부분에서 다룰 필요가 있다고 판단했다. 항상 들어온 그 대답은 PM이 너무 한정적으로 정의된 채로 이행되고 그로 인해 PM 향상을 위한 각종 주요 기회가 배제된다는 일반적인 믿음이 주류를 이루고 있기 때문이라는 것이다.

왜 PM을 하는가라는 질문에 대다수의 유지 보수 담당자와 공장의 기술자들은 이렇게 대답한다. "설비의 고장을 막기 위해서"라고. 당신도 이와 같이 대답하겠는가? 맞는 대답이긴 하지만 완벽하지는 않다. 불행히도 우리는 설비의 모든 고장을 방지할 만큼 역량이 되지 않는다. 그렇다고 의미 있는 PM 작업을 수행하는 능력이 거기서 끝나는 것은 아니다. 실제 여기에는 3가지의 추가적인 중요한 고려 사항이 있다. 첫 번째는 비록 고장을 예방하는 방법을 모른다 해도 종종 설비의 고장이 일어나려는 조짐을 발견할 수 있는 방법을 알고 있다. 이러한 지식이 매일매일 쌓이면서 예방적 유지 보수라고 할 수 있는 완전히 새로운 분야를 만들어 낸다. 두 번째는 고장의 조짐을 알지 못한다 해도 설비를 수리하기 전에 고장이 발생하면 이를 확인할 수 있다. 설비의 가동 상태가 알아내기에 너무 늦게까지 가려져 있는 다양한 사용 대기 상태의 특수 목적 설비들이 여기에 해당한다. 따라서 숨겨진 결함의 발견은 또 다른 PM 작업이다. 잘 계획된 PM 프로그램이 있지만 경제적 또는 기술적 한계로 인해 아무런 결정을 내릴 수 없는 상황도 있다. 이는 Run-to-Failure(RTF)로 대표된다. 적절히 이행만 된다면 이 작업은 2.3절과 제5장에서 깊이 다룰 정교한 관리 조건하에서는 진행이 가능하다. 이 RTF 작업을 PM 계획에 대한 관심이 너무 지나치거나 모자라서 잠재적으로 유용한 PM 작업을 놓치는 매우 일반적인 상황과 혼동해서는 안 된다.

정리하면 PM 작업을 정의 내리고 선택하는 결정의 숨겨진 4가지 기본 요소는 다음과 같다.

1. 고장 발생을 예방 또는 완화하라.
2. 고장 발생 징후를 탐지하라.
3. 숨겨진 결함을 발견하라.
4. 타당한 한계를 넘지 마라.

2.3 PM 작업의 종류

PM 작업의 4가지 요소를 알았으므로 PM 작업의 특징으로 작업 종류를 4가지로 정의하는 단계로 넘어간다. 이 작업 종류는 PM 프로그램을 구성하는 데에 어떤 PM이 프로그램 내에 있어야 하는지를 결정 짓는 방법론에 상관없이 일반적으로 적용된다. 그 4가지 작업 종류는 다음과 같다.

1. **Time-Directed(TD)**는 고장을 예방하거나 없애는 것을 목적으로 한다.

2. **Condition-Directed(CD)**는 고장의 조짐이나 증후군을 탐지하는 것을 목적으로 한다.

3. **Failure-Finding(FF)**는 가동 이전에 숨겨진 결함을 발견하는 것을 목적으로 한다.

4. **Run-To-Failure(RTF)**는 다른 수단이 없거나 또는 경제적으로 큰 의미를 갖지 않기 때문에 고장날 때까지 운용을 하는 결정이다.

각각의 항목이 무엇을 알아내고 어떻게 사용되는지에 대해 좀 더 심도 있는 논의를 하겠다.

2.3.1 Time-Directed(TD)

얼마 전까지만 해도 궁극적인 모든 PM의 전제조건은 설비를 주기적으로 재조정하여 신규 설비나 개선된 설비를 들여와 폐기할 때까지 항상 초기와 같은 상태를 유지하는 것이었다. 이 전제조건은 설비의 정비가 PM의 유일한 방법임을 말하는 것이다. 따라서 특정 어려운 시기(P.45 역자 주 참조) 동안에는 무슨 이유가 있어도 정비가 진행된다. 이 시기는 단순한 시간이나, 특정 주기, 연중 행사나 계절, 특정 작업 전과 같은 여러 가지 형태로 지정하기도 한다. 하지만 그 규정은 다른 어떠한 조건에 대한 고려도 없이 무조건 정해진 시기에 정비를 진행하게 된다. 요즘은 이러한 방법이 항상 바람직한 것은 아니라는 것을 인식하기 시작했다. 하지만 많은 상황에서 아직도 이미 설정된 시간을 정해서 직접적으로 고장을 예방하고 방지하는 PM 작업을 실시한다. 이러한 방법이 타당한 조건은 제5장에서 다룰 것이다. 이 경우를 TD 작업이라 한다. TD 작업은 아직도 정비 작업의 기본이다. 전기 모터를 재설치하는 경우는 매우 복잡하고, 광범위하고, 높은 비용이 든다. 또 오일이나 필터를 교환하고 재조정하는 경우는 매우 간단하고 비용도 적게 든다. 이 규정 중의 첫 번째로 설비를 일시 정지할 때마다 TDI(Time-Directed Intrusive) 작업으로 대표되는 필연적인 정비 작업을 한다는 것이다. 간단한 육안 검사나 설비간의 경계나 건축과 같이 굳이 해체하지 않아도 되는 사소한 조절과 같은 TD 작업은 일시 정지가 필요 없다. 이 경우 비록 어려운 시기(Hard Time)*를 맞아 작업이 수행되어도 그 작업은 그냥 TD 작업이라 할 수 있다. 하지만 대부분의 TD 작업은 일시 정지를 필요로 하는 경향이 있다. 쉽게 상상할 수 있는 예로 자동차의 오일 교환이 있다. 드레인 플러그를 들어내고 새 오일을 보충하고 오일 필터를 바꾸는 PM 작업 동안 일시 정지를 해야 한다. 여기서 어려운 시기란 자동차의 주행 거리로서 수년간 오일의 오염과 점도 감소 등에 의해 엔진이 마모되는 것에 대한 경험에서 나오는 자동차 제조사의 제안 사항이다. 이 간단한 PM 작업, 즉 TDI 작업은 사람이 범하는 오류가 공정에 개입할 몇 가지 소지를 보여준다. 그리고 대부분의 사람들이 한 번쯤은 이런 경험을 했을 것이다. 오류에 대해 우려하는 바는 1.2절의 3항에서 이미 언급했으며 2.5절에

---

* 역자 주: 미리 지정된 시간 이전에 기기를 서비스로부터 제기해야 하는 과정. 그림 4.4 참조

서 더 다룰 것이다. 사실 이러한 WCM의 5가지 주요 항목 중 하나에 TDI 작업을 피할 모든 방법을 포함하는 잠재적인 사람의 오류에 대한 문제는 매우 인상적인 일이다. 여기서 예를 든 자동자 오일교환은 엔진의 마모 및 고장과 오일의 오염간의 관계가 아주 잘 정립되어 있어서 굳이 경제적으로 생각할 필요가 없기 때문에 이 역시 올바른 작업이라고 할 수 있다. 하지만 이처럼 정의가 확실한 경우는 매우 드물다.

TD 작업의 분류에 대한 핵심은 첫 번째로 작업과 그 주기가 이미 정해져서 그 시간이 되면 당연히 수행해야 한다는 것이고, 두 번째로 그 작업은 고장 예방이나 방지 비용에 직접적인 영향을 준다는 것을 알아야 하며, 세 번째로 그 작업은 대개 어떤 형태로든 설비의 일시 정지를 필요로 한다는 것이다.

2.3.2 Condition-Directed(CD)

직접적으로 설비의 고장을 예방하거나 방지하는 방법을 모르는 경우, 또는 그렇게 하기가 불가능한 경우에 할 수 있는 차선책은 고장 조짐을 발견하고 향후에 발생할 수 있는 고장의 시점을 예측하는 것이다. 이러한 일들은 고장의 초기 증상과 관련된 변수들의 관계로 성립된 어떤 변수를 여러 번 측정함으로써 시행한다. 이와 같은 작업을 CD(Condition-Directed) 작업이라 한다. 따라서 CD 작업은 완전한 고장을 피할 수 있도록 사전 경고를 할 수 있다. 그 경고가 사전에 충분히 나온다면 대부분 우리가 원하는 시간에 유지 보수 작업을 수행할 수 있다. 고장의 조짐을 발견한 후에 작업을 함으로써 우리가 알고 있는 고장의 조짐에 대한 사전 정보를 이용하여 시간을 갖고 미리 계획하여 작업에 임할 수 있다는 점에서 CD 작업은 MO 상황과는 현저히 다른 개념이다. MO는 완전히 무계획적인 작업이다. TD와 같이 CD 역시 측정값에서 주기성을 갖는다. 하지만 고장에 대한 초기 증상이 나타나기 전까지는 실제적인 예방적 작업을 하지 않는다. CD 작업에는 두 가지의 형태가 있다. 첫 번째는 온도나 두께와 같은 변수를 직접 측정하는 방법과 그런 변수들의 변화와 시간과 고장 조짐과의 관계를 알아내는 것이다. 두 번째는 같은 목적으로 설비 상태에 대한 외적이면서 부수적인 의미, 예를 들어 오일 분석이나 진동 상태의 측정 같은 것을 사용하는 것이다. 이와 같은 CD 작업은 모두 일시 정지를 해야 하는 상황이 아니다. CD라는 작업으로서 구분하는 핵심은 측정 가능한 변수를 지정해서 고장 조짐과의 관계를 밝힐 수 있어야 하고, 완전한 고장이 일어나기 전에 작용하는 변수들의 값을 구체화할 수 있어야 하며, 마지막으로 그 일련의 작업이 모든 설비에 대해 일시 정지를 필요로 하지 않아야 한다. 만약 디지털 전자 기기처럼 그 변수들이 계단식으로 거동을 하는 경우라면 CD 작업이 무의미할 수 있다.

CD 작업에 대한 몇 가지 예를 들어보자. 첫 번째로 자동차 타이어처럼 쉽게 볼 수 있는 비교적 간단한 상황을 살펴보자. 이것은 몇 가지 중요한 점을 시사하기 때문에 특히 흥미로운 예가 된다. 여기서의 CD 작업에는 타이어에 있는 마모 두께를 확인하는 것이다. 주기적으로 타이어를 점검하거나 자동차 서비스 센터에 갈 때마다 확인하여 그 마모 두께가 1/32인치에 다다르면 새로운 타이어로 교체한다. 여기서 주목해야 할 것은 타이어 제조사는 타이어의 교체에 대해, 예를 들면 25,000마일마다 교체해야 한다는 것(이는 곧 TD의 개념이다)과 같이 어떠한 권장도 하지 않는다는 것이다. 왜냐하면 소비자들의 사용 조건에 따라 타이어의 마모 상태가 달라지므로 적절한 주행 거리에 대한 추산이 불가능하기 때문이다. 하지만 타이어 제조사는 그 주행 거리를 최대화할 수 있도록 휠 얼라인먼트나 밸런스에 대한 TDI 작업에 대해 권장한다. 그러나 아무리 PM을 다한다 해도 자동차 수명이 다 하는 동안에 타이어의 마모를 막을 수는 없다. CD 작업을 조금이라도 더 하기 위해 한정된 운전 조건하에서 마모 두께와 거리와의 관계를 기록해서 언제쯤 교환을 해야 하는지 예측하는 것이 가능하다. 대규모의 트럭 집단에서와 같이 이런 투자 계획이 필요하다면 이런 기록 정보는 별로 유용하지 않다.

두 번째는 좀 더 기술적으로 복잡한데, 제트 엔진의 오일 분석과 같은 것을 그 예로 들 수 있다. 화학적 성분이나 고형분과 같이 엔진의 보이지 않는 부분의 마모나 고장의 초기 증상을 예측하는 변수를 측정하거나 베어링의 문제를 일으키는 샤프트에 진동 확인 센서를 부착하는 것이다.

타이어에 대한 예에서는 아무리 TDI 작업을 한다 해도 그 교체 주기는 알 수 없다. 변수가 매우 많고 소비자가 매우 다양하기 때문이다. 하지만 오일 검사나 진동 확인과 같은 경우에는 고장 메커니즘과 원인에 대한 지식은 언젠가는 확실히 효과를 볼 것으로 보인다.

그리고 이런 CD 작업은 TDI 작업으로 대체될 것이다. 현재 우리가 갖고 있는 고장 메커니즘과 원인에 대한 지식은 상당히 빈약하다. 하지만 많은 아이디어를 만든다. 따라서 CD의 적용 가능성은 충분히 있다. 우리의 지식 기반이 증가할수록 CD에서 TD나 TDI로 바뀌어야 한다. 이런 변화는 장기적인 진화 과정이다.

2.3.3 Failure-Finding(FF)

대규모의 복잡한 시스템과 설비에서는 고장이 났는데도 정상적인 작동 상태에서 어느 누구도 고장이 발생한 것을 눈치채지 못하는 설비나 시스템이 항상 있기 마련이다. 이런 상황을 숨겨진 고장(Hidden Failure)이라고 한다. 보조 시스템, 긴급 시스템, 자주 사용되지 않는 설비와 같은 것들이 이 숨겨진 고장을 구성하는 주류이다. 숨겨진 고장은 바람직한 상황이 아니다. 왜냐하면 이는 가동 중에 갑작스레 나타나기도 하고 사람의 오류에 반응하여 사고의 시작을 유발할 수도 있기 때문이다. 예를 들어 조업자가 보조 시스템이나 다른 휴지 상태의 기능을 단지 확인을 하기 위해 시동을 걸었다가 정확한 다음 단계를 이행하지 못하게 될 수 있다. 따라서 할 수만 있다면 사전에 확인일정을 잡고 적절한 운용 순서로 되어 있는지 점검한다. 이러한 작업을 FF(Failure Finding) 작업이라 한다.

숨겨진 고장과 FF 작업에 대한 몇 가지 예를 들겠다. 우선 스페어 타이어와 같은 간단한 예를 들어보자. 어떤 사람들은 일상적인 운행 거리 내에서는 타이어에 구멍이 나는 일이 일어난다고 해도 스페이 타이어의 상태에 대해 크게 신경을 쓰지 않는다. 금방이라도 갈 수 있는 자동차 정비 공장이 근처에 있기 때문이다. 예외적으로 어쩌다 한 번 죽음의 계곡(Death Valley)과 같이 가족간에 멀리 여행을 떠나는 경우가 아니라면 말이다. 또 어떤 사람들은 출발 전에 스페어 타이어를 확인한다. 이는 FF 작업이다. 이 작업은 스페어기 정상적으로 작동하는지의 여부를 결정하는 것이 목적이다. 타이어의 구멍을 예방하거나(TD 작업), 그 조짐을 알아내는(CD 작업) 것은 할 수 없다. 단지 정상적인 작동여부만 알 뿐이다. 정상적이지 않으면 고친다. 여기서는 이게 FF의 전부이다. 이 간단한 타이어의 예에서 우리에게 필요한 것은 TD나 CD의 대안이다. TD 작업으로는 스페어 타이어의 공기압을 주기적으로 확인하여 최대 압력의 공기를 넣어주는 것이다. 물론 그 최대 압력은 극단적으로 보수적인 방법을 필요로 한다. 우습겠지만 실제로 대부분의 유지 보수 기술자들은 그런 종류의 고장에 대해 매일 감각에 의존한다. 아니면 압력 센서를 이용하여 적절한 압력이 되도록 맞출 수도 있다(CD 작업). 왜 이런 작업들을 하지 않는가? TD 작업의 경우 긴급 서비스나 1년에 한 번 하는 FF 작업보다 매우 어렵기 때문이다. CD 작업의 경우 그런 작업에 대해 비용을 들이고 싶어하지 않는다. 이게 바로 미국의 모든 자동차 제조 업체가 CD 작업을 제시하지 않는 이유이다. 다시 말해 편리성과 비용을 고려하면 숨겨진 고장이 일어날 수 있는 상황에서 FF 작업이 TD나 CD 작업 대신에 사용될 수밖에 없다.

좀 더 복잡한 상황에 대한 예로 정전이 발생한 경우 정비를 해야 하는 사용 대기 중인 디젤 발생기를 들어 보자. 여기서 한 가지 어려운 점은 언제 사용할지에 대한 시점을 집어내기가 불가능하다는 것이다. 따라서 보통은 디젤 발생기를 설치하고 확실히 사용 준비가 되는 조건을 유지하기 위한 전력 공급을 할 때 주기적인 감독 작업을 하게 된다. 이러면 실제로 사용을 할 때 문제없이 가동이 된다고 확실히 보증할 수 있을까? 항상 보증할 필요는 없지만, 연구 결과 필요한 시점에 문제없이 가동될 가능성은 적절한 감독 작업(FF)을 선택함으로써 최적화할 수 있다고 알려져 있다.

세 번째 예는 발전소 시동에서 사용되는 특수 밸브의 사용이다. 이것은 비교적 일반적인 상황이다. 몇 개의 밸브가 시동을 거는 동안 유량을 조절하기 위해서 열리고 다음의 시동을 위해 다시 닫힌 상태로 돌아온다. 이 경우는 밸브의 유지 보수를 위해 비용을 쓸 필요가 없다. 다만 FF 작업을 지정하여 사용하기 며칠 전에 단순히 밸브가 정상적인지 확인하거나 문제가 있으면 고치면 된다.

2.3.4 CD와 FF(차이점)

때때로 PM 작업이 CD로 되는 때와 PM이 FF로 되는 것간의 미묘한 차이점을 알아내기 어려운 경우가 있다. 그림에서처럼 설비의 가동 내력에 대한 가상의 시간 축을 보자.

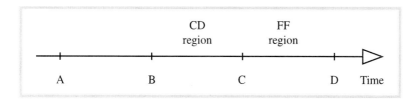

설비는 초기 T_A 지점에서 가동을 시작하여 문제없이 T_B 지점까지 가동을 한다. 어떤 운영 방법에 의해 T_B 지점에서 심각한 기능 문제를 일으킬 수 있는 고장 메커니즘이 시작되었다(어떤 설비는 그 수명이 T_B에 도달하지도 못할 수 있음을 주의하라). 하지만 이 고장 메커니즘이 지속적으로 진행되면 T_C 지점까지 도달하게 될 것이고 이 때에는 고장이 발생하여 설비의 기능이 마비된다. 여기서 T_C는 설비의 고장 시점이다. 만약 T_C가 T_B보다 한참 뒤에 있고 문제의 고장 메커니즘을 추적하는 변수를 측정할 수 있다면 CD 작업을 할 수 있는 충분한 시간을 가질 수 있다. 이것은 다음과 같이 표현된다.

$$T_C >> T_B$$ 라면, CD 작업 가능

극단적인 경우로 $T_B = T_C$이면 CD 작업을 할 시간이 없다. 텔레비전과 같은 가전제품에서 볼 수 있는 것으로 한동안 잘 나오다가 느닷없이 고장이 나는 경우가 대표적이다. 다음의 주요 인자에 대해서도 주목하기 바란다.

$$T_C = T_D$$ 라면, 고장 양상은 명확하다.
(여기서 T_D는 고장 발견 시점)

따라서 최종적으로 고장이 발생하고 나서야 조업자들은 뭔가가 잘못됐음을 안다. 하지만 $T_D > T_C$라면 고장은 밖으로 나타나지 않게 되고 이 구간에서 FF를 할 수 있다.

정리하면 T_B와 T_C 사이에서 CD 작업을 할 수 있고 T_C와 T_D 사이에서 고장 양상이 숨겨져 있다면 FF 작업을 할 수 있다.

RCM-세계적 수준의 유지 보수 기술

2.3.5 Run-To-Failure(RTF)

RTF는 말 그대로 설비가 고장을 일으킬 때까지 가동하도록 함으로써 예방적 유지 보수에 대한 어떤 일도 하지 않는 것이다. 오히려 고장이 일어난 후에야 유지 보수를 실시한다. 이 전략을 일반적으로 사용하기에는 어떤 한계가 있기도 하지만 자세한 전략은 제5장에서 좀 더 깊게 다루겠다. 이런 결정을 하게 되는 3가지 이유는 다음과 같다.

1. 비용에 관계없이 진행할 수 있는 PM 작업은 없다.
2. 하고자 하는 PM 작업 비용이 너무 많이 든다. 고장이 났을 때 고치는 비용이 더 저렴해서 RTF를 하더라도 안전성에서 문제가 없다.
3. 할당된 PM 예산안에서 설비의 고장 자체가 다른 사안들에 비해 너무 미미하다.

FF와 RTF는 확실히 구별해야 한다. FF는 고장이 숨겨져 있다가 갑자기 고장이 발생했을 때 당황하지 않기 위해서 하는 작업이다. RTF는 확연히 드러나든 아니든 간에 고장이 발생하는 것에 큰 신경을 쓰지 않는다. 단지 고장 부분을 고칠 뿐이다.

PM 작업의 종류를 결정하고 그 사용법에 대한 특성은 제5장과 제6장에서 자세히 다룰 것이다.

2.4 PM 프로그램의 개발

새로운 PM 프로그램을 만들거나 기존의 것을 개선하는 것은 근본
적으로 같은 작업이다. PM 프로그램에서 무엇을 할 것인가에 대한
결정과 이상적 프로그램을 실제 상황과 실행으로 옮기는 과정을 만
드는 것이 필요하다. 이 과정을 그림 2.1에 나타냈으며 보다 자세히
설명하겠다.

무슨 일을 하든 우선 이상적인 결과에 대해 어느 정도는 안을 가져
야 한다. 이것은 다른 제한 조건으로 인해 최적 PM 프로그램을 개
발하는데 있어 차선책을 선택하는 경우를 없애도록 하기 위한 것이
다. 예를 들어 현재의 유지 보수 기술 능력에만 맞는 PM 작업으로
국한해서는 안 된다. 나중에 더 많은 능력이 축적되었을 때 새롭게
훈련을 해야 한다든지 유능한 새로운 기술자를 고용해야 한다든지
하는 바람직하지 못한 일이 생길 수 있다. 그보다는 PM 프로그램

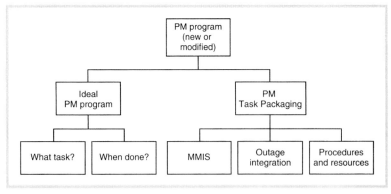

그림 2.1 Preventive maintenace program development or upgrade.

초기 단계에 수긍 가능한 최고의 프로그램을 만들어서 관리적으로 선택하게끔 하는 정보를 보여 주도록 한다. 이상적 PM의 정의를 내리는 데에 필요한 정보는 오직 두 가지밖에 없다. 단정적으로 보면 어떤 PM 작업이 실행되어야 하는가와 언제 그 작업이 이루어져야 하는가이다. 그 '실행할 작업'은 결정하는 방법이 무엇이든 간에 일련의 이 작업에 대한 정의는 내려진다. 작업 형태에 대한 내용은 2.3절에 있다. 2.5절에서는 산업 전반에 걸쳐서 역사적으로 이용되었던 '어떤' 방법에 대해 논의할 것이다. 그리고 제4장에서 여러 가지 타당한 이유로 그 궁극적인 RCM 접근 방법을 제시할 것이다.

이제 제4장, 5장, 6장에서 우리가 하고자 하는 내용과 방법론을 다루었고 PM 프로그램에 대한 정의를 내렸다고 가정해 보자. 다음으로 할 일은 그 프로그램을 가급적이면 최대한 현존하는 기업의 기반시설에 접목하여 실제적으로 일상의 가동에서 확인하는 일이다. 이상적 프로그램을 현실에 접목하는 것은 그림 2.1의 오른쪽에서 볼 수 있다. 이러한 일을 위해서는 수행하기 이전에 해결해야 할 일련의 문제들이 있다. 전형적인 문제들은 다음과 같다.

- 새로운 공정이나 기존의 공정을 변형하는 일이 필요한가?
- 기구나 윤활유 같은 표준 재료가 모두 있는가?
- 특별한 기구나 장치가 필요한가?
- 자금 개선의 여지가 조금이라도 있는가?
- 프로그램을 이행할 충분한 인력이 있는가?

- 필요한 능력을 갖추고 있는가? 훈련 과정을 거쳐야 하는가? 새로운 능력자를 고용해야 하는가?
- 새로운 또는 개선된 프로그램이 현재의 여유 인력에 영향을 주는가?
- 새로운 또는 개선된 프로그램을 CMMS에 접목하는 데에 얼마나 시간이 걸리는가? 지금의 CMMS는 CD 작업에서 시간-순서 정보를 추적하는 일과 같은 것에서 그 프로그램을 충분히 수용할 수 있는가?
- 주기적으로 전체 공장의 가동을 중지시켜야 할 경우 그 작업 시행 시간과 시행 주기를 처음의 일정에 맞출 수 있는가?
- 새로운 작업을 현재 실시하고 있는 다른 작업의 시행 주기에 맞출 필요가 있는가?

여기서 열거한 문제에서 있든 없든 간에 모든 상황은 고유의 설정을 갖는다. 하지만 그것이 무엇이든 간에 일괄 작업(Task Packaging)으로 완성해야 한다. 일괄 작업은 이상적인 PM 작업을 일상의 가동에 가급적이면 많이 적용하고자 선택된 이상적 PM 작업을 현재의 기업 기반 시설에 집적하는 특정 과정이다. 이상적인 PM 작업이 일괄 작업에 적절히 집적되어야만 우리가 구현하고자 한 실제 구동 가능한 PM 프로그램이 된다.

2.5 현재의 PM 개발 지침과 의문점

RCM 훈련 세미나에서 우리가 참가자에게 자주 묻는 질문이 있다. 그들의 PM 프로그램은 현실적으로 무엇인가에 대한 질문이다. 그 프로그램의 본질과 기초인 완벽한 기술 기반의 대답은 거의 없고 종종 "전혀 모른다"라는 솔직한 대답이 나오기도 한다.

민간 항공 산업과 같은 몇 가지의 예외를 제외하고는 기존의 PM 프로그램의 대부분은 그 본질을 따를 필요가 없다 해도 무방하다. 따른다 해도 정해진 본질은 왜 PM 작업을 하는지라는 원천적인 의문을 계속해서 낳는다. 2.1절을 다시 보면, 실제 어떤 PM 프로그램은 예방적이기보다는 교정적인 본질을 갖는 반응적 프로그램이다. 따라서 이런 반응적 프로그램은 그 본질을 말하고자 할 때 상당히 어려움을 느끼게 한다. 이것이 의미하는 것은 PM 프로그램이 불필요한 작업을 함으로써 자원을 낭비하거나, 역으로 필요한 작업을 못하게 하거나, 아니면 매우 비효율적인 방법을 하는 것인지도 모른다는 것이다. 실제 이런 의미를 뒷받침하는 경향이 있다. 반복해서 시행되는 다양한 RCM 프로그램은 대부분의 PM 프로그램이 이 모든 의미에 어느 정도 부합하는 효과를 아주 잘 보여준다. 이어서 그간 겪었던 여러 가지 경험에 대한 추가적인 논의를 하겠다.

고장 예방

아직도 유지 보수 단체에서는 모든 고장을 사전에 예방할 수 있다고 믿고 있다. 이런 믿음은 종종 고장 메커니즘이 갖고 있는 기본적

의문이나 이해를 전혀 하지 않고 해체 작업을 하도록 한다. 앞으로 설명할 것이고 제3장과 4장에서도 논의하겠지만 이런 지나친 해체 작업은 비생산적일 뿐만 아니라 해체 작업 전에는 없던 문제를 만드는 것과 같은 역효과를 초래할 수 있다. 어떤 것들은 시간이 지날수록 닳고 손상된다. 하지만 금방 감지할 수 있을 정도로 쉽게 닳고 노화되지는 않는다. 내재된 고장 메커니즘을 파악해야 하고 닳고 노화되는 메커니즘이 없을 경우에는 그것을 예방하려고 하지 말아야 한다. 비용만 낭비하는 일이다. 우리의 지식 기반이 점점 완벽해질수록 PM 작업을 통한 고장 예방 능력은 향상될 것이다. 그래도 유지 보수 자원을 잘못 사용하기 전에 PM 작업을 통해서 고장 예방에 대한 능력은 신중히 검토해야 한다.

경험

PM 작업을 정당화하기 위한 대부분의 대답은 보통 이렇다. "15년간 해오던 일입니다. 그러니 당연할 것입니다." 하지만 그 일의 전제 조건에 대해 검토해 본 적은 있을까? 대부분 없다. 경험을 바탕으로 한 주요 인자에 대해 순간이라도 실수는 하지 말자. 그 수법은 당신을 그렇게 하도록 이끄는 분석에 대한 어떤 논리적 틀 안에 있는 경험을 이용하는 것이다. 미숙한 경험은 종종 잘못된 방향으로 이끌어가고 때로는 완전히 틀리기도 한다.

판단

이것은 경험과 직결된다. 설비에 대한 새로운 또는 관련된 경험의 연장선상에 있다. 잘못된 경험이 문제를 일으킬 정도면 잘못된 판단의 결과는 어떠하겠는가. 판단을 내리는 말로는 "나는 이게 옳다고 생각해"가 보통이다. 표현은 안 해도 그 의미는 '하지만 왜 그런지는 확신 못해' 이다. 최근 연구 결과 이런 대표적인 선례로 PM 템플릿을 사용하는 것이 있다. 템플릿 방법을 사용하면 구조화된 형식에서 보이는 광범위한 PM 경험과 판단을 유용할 수 있다. 반면에 이 방법은 한 가지 방법이 모든 것을 해결한다는 일반화를 의미하기도 하며, 사람들이 그들의 공장에서 요구되는 그들만의 특정 지식을 무시하게 하고 템플릿 정보를 주요 항목으로서 성경과 같이 절대적으로 여기게 한다.

추천

이것은 주로 공급자가 이렇게 해야 한다고 한다는 식으로 설비 납품 업자(OEM)로부터 받는다. 문제는 공급자의 추천 사항은 전적으로 경험과 판단에 근거한다는 것이고, 더구나 그들은 사용자가 설비를 어떤 특정 목적으로 사용할지에 대해 잘 모른다는 것이다. 예를 들어 설비가 지속적으로 사용되도록 설계되었는데 사용자는 주기적으로 사용할 수도 있다. 공급자의 추천 작업이 맞다고 해도 주기성에 대해서는, 특히 해체 주기에 대해서는 대단히 보수적일 수밖에 없다. 그들의 입장에서는 설비의 보증을 위한 당연한 행동이다.

지나친 작업

PM 특징을 물리적으로 나타내 줄 수 있는 것이 좋은 PM 작업이라는 의견이 상당히 지배적인 것 같다. 이는 다다익선 증후군이다. 이것은 윤활유를 너무 많이 친다든지, 건드릴 필요도 없는 곳을 닦는

다든지, 아무 문제없는 부속을 바꾼다든지 하는 불필요한 일을 하게끔 한다. 불행히도 이런 불필요한 작업은 낭비일 뿐 아니라 설비의 고장을 가속화하거나 유발할 수 있다.

규정

이것은 다루기에 상당히 까다로운 부분이다. 오늘날 대부분의 제품과 서비스는 어떤 규정적 인식의 형태로 생산된다. OSHA, EPA, NRC, 지역 PUC 등이 그렇다. 그 의미에서처럼 이들은 잠재적으로 그 목적에 역행하는 PM 작업을 하라고 할 수 있다. 경제적 관점에서 잠깐 본다면, 가장 큰 문제는 PM 작업이 내포하는 위험성에 대한 인식 부족이다. 회사의 소유자나 조업자의 요구로 인한 어떤 작업으로 인해 그 규정에 대한 원칙은 다양한 문제를 없애기보다는 오히려 더욱 많이 만들 소지가 있다. 일단 그 작업에 대해 숙달되었다면 그 규정에 대한 원칙과 책임자에 대한 조치가 반드시 필요하다. 현실적으로 그러한 규정이 있기 때문에 그 조치에 대한 의무를 잊지 말아야 한다.

위험

이것은 없는 것이 최상책이다. 많은 유지 보수 담당 기술자들이 본능적으로 감지하는 것은 예방적 유지 보수가 매우 위험한 작업이라는 것이다. 여기서 말하는 위험이란 PM 작업을 하는 도중에 발생하는 다양한 형태의 결함 가능성이다. 결국 설비를 고장나게 하는 이러한 결함은 작업 중에 저지르는 사람의 오류에서 비롯된다. 그러한 위험은 다양한 형태나 크기 그리고 색으로 나타난다.

전형적인 경우는 다음과 같다.

- PM 작업 중 인근의 설비에 대한 손상
- PM 작업을 실시 중인 설비에 대한 손상
  검사, 수리 또는 조정을 위한 일시 정지 동안의 손상
  잘못된 교체 부품과 재료의 설치
  부품과 재료의 교체에 대한 잘못된 설치
  부적절한 재조립
- 교체된 부품과 재료가 갖는 원천적인 치명성
- 원래의 시스템에 설비 재설치가 잘못되어 발생하는 손상

다시 한번 자신의 기록을 살펴보면, 이러한 문제에 대한 많은 자료를 볼 수 있을 것이다. 그리고 이렇게 만들어진 결함 중에서 가장 치명적인 것은 우리도 모르는 사이에 긴급 정지 상태까지 발전을 한다는 것이다(그림 2.2와 참조 10). 이 데이터는 화력발전소에 대한 것으로 계획된 또는 유지 보수를 위한 일시 정지 이후에 나타났던 긴급 정지 상황에 대한 진도와 상황 시간을 보여 준다(2.1절에서의 MO를 다시 상기하라). 총 합계인 3,146건의 발생 건수 중 56%인 1,772건이 일주일 이내에 발생했다. 비록 이 통계가 계획된 일시 정지 상황 중 오류로 인한 발생 건수에 대한 자세한 정보는 보여주지 못하지만 90%를 넘는 건수가 계획된 일시 정지로 인한 문제임을 알 수는 있다. 동일한 예로 세척 중의 팬 블레이드 밸런스 무게 정지, 해체 조립된 펌프의 부적절한 봉합 위치, 그리고 재조립 과정 중의 부품 분실 등이 있으며, 이와 유사한 통계는 다른 산업에서도 볼 수 있

다. 그리고 참조 11은 케네디 우주 공항에서 우주 왕복선의 유효 탑재 과정 중에 나타나는 문제에 대한 분석을 설명해 주는데, 여기서 문제의 50% 정도는 그 과정 중의 사람의 오류로 인한 '만들어진 결함'에 의한 것임을 보여준다. 이것은 매우 확실한 교훈이다. 위험은 일시 정지 작업의 타고난 요소라는 것이다. PM 작업에 대한 확고한 당위성이 없이는 절대로 일시 정지에 의한 PM 작업을 해서는 안 되며, 혹시라도 실시한 이후에는 정확한 조치가 되었는지를 확인해야 한다.

지금까지 살펴본 모든 문제들로부터 교훈을 정리해 보면, 다음과 같은 결론을 내릴 수 있다. 모든 문제는 '왜 해야 하는가?' 라는 원칙보다는 '무엇을 할 수 있는가?' 라는 원칙 때문에 나타났다는 것이다. 왜 해야 하는가하는 문제에 대해서는 제4장에서 다룰 것이며, 이는 RCM으로 가는 궁극적인 인식의 원천이 된다.

Duration Time	<1 week	1 to 2 weeks	2 to 4 weeks	>1 month	Total
<1 week	1705	35	16	16	1772
1 to 2 weeks	358	5	5	2	370
2 to 3 weeks	258	8	0	1	267
3 to 4 weeks	176	0	0	1	177
1 to 2 months	324	12	2	2	340
2 to 3 months	137	3	0	1	141
>3 months	73	3	0	3	79
Total	3031	66	23	26	3146

그림 2.2 Time between planned or maintenance outatge and forced outage versus duration of forced outage.

2.6 PM 프로그램의 요소

그림 2.1은 어떻게 PM 프로그램을 개발하는지를 비교적 쉽게 보여 준다. 한 걸음 더 나아가서 이상적인 PM 프로그램과 PM 작업에 수 반되는 다른 보조적인 관리나 기술적 분야를 보자. 여기서 말하는 분야는 어떤 특정 RCM으로부터 나온 PM 프로그램이 아니라 일반 적으로 사용 가능한 PM 프로그램임을 강조한다. 하지만 이 역시 다 음 장에서 다룰 RCM 개념에 대해 유용한 것이다.

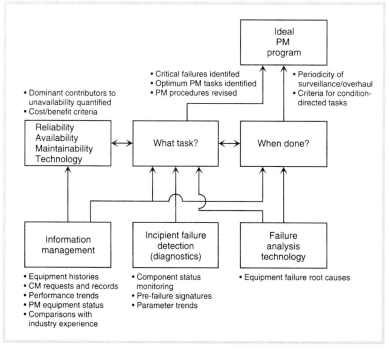

그림 2.3 Preventive maintenance optimization program.

이상적 PM 프로그램

여기에는 열거될 수 있는 보조 기술들이 있다. 중요한 것은 우리가 가장 중요하다고 믿는 것들이다. 그림 2.3에서와 같이 해야 할 작업과 수행 시점 블록을 어떻게 보조할 것인가에 대한 조합이다. 각각에 대한 설명은 다음과 같다.

고장 분석 기술

이 개념에 대해 깊이 다루어 보자. 설계가 끝나고 제조와 가동을 할 때 설계자는 그 설비가 100% 확실히 가동된다고 믿고 또 바란다. 달리 표현하면, 설계자는 완성된 설계에 유용한 모든 지식을 담은 것이다. 성공적으로 시험 가동을 마치고 실제 가동을 하게 되면 설계자는 향후 가동되는 것에 대해 상당히 만족할 것이다. 하지만 그 설계자의 지식은 설비를 더 확장시켜서 사용하는 데에는 단지 권고만 해 줄 뿐이다. 그러나 만약 문제가 발생하면 배울 수 있는 좋은 기회가 생긴다. 다시 말해 다양한 기술 분야에 대한 기술 지식의 확장을 해야 하는 어느 중요하고 좋은 기회에, 제조에 대한 오류 기능이나 고장 현상이 우리에게 다가오는 것이다. 그리고 여기에는 고장 기록, 원천적 원인 분석, 그리고 교정적 작업 피드백과 같은 포괄적인 프로그램을 시행할 수 있는 아주 중요한 몇 가지 이유가 있다. 이러한 프로그램이 없이는 문제를 해결하거나 어떤 종류의 PM을 실시할 것인지에 대한 결정을 내릴 수 없기 때문이다.

이것에 대해 예를 들어 설명해 보자. 파이프의 유량을 조절하는 모터 작동 밸브(MOV)를 생각해 보자. 이미 이런 종류의 밸브에서는 막힘에 의한 고장이 빈번하므로 원천적 원인 분석에 대한 고려를 할 것도 없이 유체의 오염이 주범이라고 가정한다. 그래서 밸브의 역류 방지 필터를 설치하고 유체 저장소에 대한 관리를 강화한다. 그랬을 경우의 결과는 어떠한가? 역시 막힘이 생긴다. 이 경우에는 그런 막힘 현상의 원인으로 외부의 이물질만큼이나 밸브 피스톤의 역할이 있음을 알기가 힘들다. 좀 더 자세히 검사를 해 보면 피스톤의 설계가 그 작동 환경에 맞게 모서리 가공이 되어 있지 않아서 그 모서리 부분이 마모되고 입자가 피스톤과 실린더 벽의 사이에 끼인다는 것을 알 수 있다. 이런 정보가 없으면 이런 문제는 전혀 해결할 수 없고 시행착오 방법에 의한 자원의 낭비만 초래할 뿐이다. 제3장의 그림 3.9에서 설명하겠지만 확실한 고장 분석 프로그램 역시 유용한 개선 프로그램에 대한 'MTBF의 유지와 증가' 부분에서 치명적인 요소이다.

고장 징후의 탐색

2.3절에서 CD(Condition-Directed) 작업에 대한 개념을 소개하면서 CD 작업의 방법에 대한 몇 가지 예를 제시하였다. CD 작업의 숨겨진 능력은 오늘날에도 아직 새로운 기술과 적용 분야에 사용되는 완전한 진단 기술이다. 일반적으로 말하는 예방적 유지 보수 기술 분야에 대한 시행과 이해, 심지어는 기여를 위한 상당한 노력이 필수적이다. 어떤 면에서는 이 책의 목적과 전혀 다를 수 있지만(참조 8, 참조 9), 내용을 살펴보기 위해 예방적 유지 보수 기술에 대한 전형적인 주요 구성 요소를 열거해 보겠다.

- 윤활유 분석
- 진동, 파동(pulse), 돌출(spike) 에너지 측정
- 음향을 이용한 누출 감지
- 열 영상 표시
- 광섬유를 이용한 검사
- 잔존 물질 감지
- 초음파를 이용한 운동 감지
- 잔해 분석
- 크리프 감시
- 동적인 방사능 측정
- 응력/변형/토크 측정
- 습도 감지
- 다이 투과 측정
- 비관입 유량 측정
- 전문가 시스템 소프트웨어를 장착한 마이크로 프로세서
- 패턴 인식

정보 관리

요즘처럼 전산화된 세상에서는 요구 수준의 가동률을 달성하기 위해서 정보의 수집, 관리 처리에 대한 자동화가 필요하다. 거대한 시스템이나 공장, 설비 등을 가동하는 경우에는 유지 보수 프로그램의 관리 시행에 대해 그런 자동화가 요구된다. CMMS(Computerized Maintenance Management System)의 설계는 이런 요구에 충분히 부합하는 것이다. 전형적인 CMMS는 다음과 같은 모습을 보여 준다.

- 자동화된 PM 작업 지시서
- PM 일지 추적과 측정
- 교정적 유지 보수의 요청과 기록
- 수행 방법
- 고장 분석 기록
- CD 작업 측정, 기준 및 경보
- 설비 내력
- 산업 설비 경험
- 스페어와 재고 기록
- 숙련도에 대한 요구와 유용성 관계
- PM 과 CM 비용 정보

그림 2.1에서 보듯이 CMMS는 PM 일괄작업의 핵심 요소임을 잊지 말아야 한다.

RAM 기술

RAM, 즉 신뢰성(Reliability)/유용성(Availability)/유지성(Maintainability) 기술은 다양한 적용성을 가지며, 신뢰성과 유용성의 개선 프로그램에 대해 많은 지원을 할 수 있다. PM을 지원하는 분야에서, 시스템과 공장의 RAM 모델은 다양한 PM 작업을 보조할 수 있는 가능한 장점을 예측하고 접근하는 방법을 지원한다. 그리고 완성된 PM 작업 중 어떤 것을 선택해야 하는가하는 것을 계산하는 방법을 지원한다. RAM 모델 개발은 완성되기까지 비용이 들 수 있기 때문에 규정대로 PM 지원의 목적만을 갖지는 않는다. 그보다는 RAM 모델이 유용한 개선 프로그램에 광범위한 적용과 지원을 하는 부분으로서 개발되어, 그 모델을 사용하는 동안 PM 지원을 할 수 있어야 한다.

PM 일괄 작업

이 문제는 제8장에서 좀 더 자세히 다룰 것이다. 여기서는 일괄 작업 또는 PM 작업을 실제로 수행하는 데에 필요한 간단한 3가지 주요 요소에 대해서만 언급하겠다.

1. **작업 사양서** 그림 2.3에서, 이상적인 PM 프로그램에서 얻을 수 있는 것이 '해야 할 작업'과 '수행 시점' 정보라는 것을 상기해 보자. 작업 사양이란 정확히 요구되는 유지 보수 조직 수행에 필요한 정확한 기술적 정의 및 방향을 확인 시켜주는 장치이다. 이상적인 상황을 실제적으로 적용하는 데에 핵심적인 고전적 서류이다. 예를 들어 작업 사양서가 있어야 얼마나 이상적인 상황에서 벗어났는지 또는 어떻게 처리해야 하는지를 알 수 있다. 더 나아가, CD 작업이 허용 기준치 안에서 할 수 있는지의 여부를 보여 주는 데이터 측정과 계산을 명확히 할 수 있고 TDI 해체 작업에 부합하는 특수한 요구 조건을 한정지을 수 있다. 어떤 조직에서는 그 작업 사양이 완전히 문서화된 과정으로 되어 있고, 다른 경우에는 문서화되기보다는 이어서 소개할 두 번째 요소의 전조로서 회의에서 완성되기도 한다.

2. **절차서** 이것은 실제 PM 작업을 실시하는 현장 상황을 보여주는 기초 문서이다. 간단한 PM 작업에서는 절차서는 한 페

이지 정도의 안내문이거나 한 줄의 작업 명령서일 수 있다. 하지만 좀 더 복잡한 PM 작업인 경우는 절차서가 아주 정밀하게 진행되도록 매우 상세하여 PM 작업 방법에 대한 '기본서'로 여겨진다. 바람직한 기술 개발과 정확한 작업 사양서, 그리고 공정을 확보하여 PM 작업이 원천적으로 지니는 위험을 관리하고 감소시켜야 한다는 점을 잊지 말아야 한다.

3. **물류** 물류는 다분히 경영적이고 생산 지원적인 작업이다. 전형적인 물류로는 기구, 스페어 부품, 공급자 지원, 훈련, 서류 등과 설계도, 제작 또는 구매 결정, 시험 설비, 일정 관리, 필요한 규정 등을 꼽을 수 있다. 실제로 이러한 일들은 작업 사양서, 공정과 매우 밀접한 관계를 가지고 있고, 보통 유지 보수 계획에 상당한 역할을 한다.

종합적으로 정리하면, PM 프로그램은 그림 2.1의 로드맵에 의해 만들어지고 발전될 수 있다. 이상적 PM 프로그램은 그림 2.2의 핵심 기술을 바탕으로 '해야 할 작업'과 '수행 시점' 정보를 만든다. 제4장, 5장, 6장에서는 '해야 할 작업'을 다룬 RCM 방법론의 사용에 대해 소개할 것이다. 그리고 5.9절에서는 '수행 시점'을 논의할 것이다. 이러한 내용은 제8장에서 논의할 특정 PM 프로그램을 수행할 수 있도록 하는 PM 일괄 작업으로 연결된다.

RCM의 R
-타당한 신뢰성 이론과 그 응용

Thr "R" in RCM
– Pertinent Reliability Theory

RCM의 R
-타당한 신뢰성 이론과 그 응용

신뢰성에 대한 기본 개념은 RCM의 철학적 기초와 그 이행 방법에 있어서 핵심적인 역할을 한다. 하지만 대부분의 사람들은 그 개념을 이해하는 데에 어려워 한다. 특히 신뢰성의 핵심 원리를 공식화하기 위해 확률과 통계를 도입하는 경우 더욱 그렇다. 이 장에서는 이러한 몇 가지 핵심 원리를 소개할 것이다. 이론과 관련된 논의에서는 특별히 함축적이고 정성적인 수학적 방법으로 다루었으므로 이에 대한 자세한 내용은 부록 B를 참조하기 바란다. 이론적 논의뿐만 아니라 추후 RCM 진행 과정에 대한 부분에서 언급될 고장 형태 및 영향에 대한 분석(FMEA)의 활용도에 대해서도 포괄적으로 논의할 것이다. 또한 유용성 개념뿐만 아니라 그 개념이 유지 보수 전략을 세우는 데 기여하는 역할에 대해서도 다룰 것이다.

3.1 서론

신뢰성 중심의 유지 보수(RCM)란, 예방적 차원에서 실시하는 유지 보수 활동이 설비의 고유 기능을 지속적으로 유지시키는 데에 기여하는 신뢰성 이론 및 이행의 역힐을 강조힌 데서 나온 말이다. 명칭에서 알 수 있듯이 신뢰성 기술은 유지 보수에 대한 철학과 기획 수립 과정의 가장 핵심적인 요소이다. 따라서 앞으로 다루게 될 RCM 논의를 위해 신뢰성 기술 분야를 사전 검토하는 것이 필요하다.

이 장에서는 소위 말하는 '신뢰성 공학'이 무엇인지를 알아보고자 한다. 또한 RCM 방법론의 중추적 역할을 하는 두 가지 특징적 요소에 대해서도 설명할 것이다. 여기서 말하는 두 가지 특징적 요소 중 첫 번째는 기본적인 신뢰성 이론의 개념이고, 두 번째는 고장 형태 및 영향에 대한 분석(FEMA)으로 대표되는 핵심적인 신뢰성 측정 방법이다. 이론적 부분의 논의는 함축적이고 정성적인 용어로 다루어졌으므로, 보다 수학적인 관점에서 접근하고자 한다면 부록 B를 참조하기 바란다. 참고 자료 12와 13 역시 이에 대한 심도 깊은 내용을 담고 있다.

3.2 신뢰성과 확률론에 대한 개념

일반적으로 통용되는 신뢰성에 대한 형식적 정의는 다음과 같다.

신뢰성이란 어떤 설비가, 주어진 조건에서 정해진 기능을 정해진 시간 내에 순조롭게 수행해낼 수 있는 확률이다.

따라서 순조로운 수행이란 다음의 세 가지 제한 조건하에서 이루어진다.

1. 기능
2. 시간
3. 조업 조건(환경, 주기성, 연속성 등)

또한 순조로운 수행의 달성 여부는 확률의 개념이기 때문에 신뢰성 분야에 기회 요소라는 개념을 추가로 도입해야 한다. 순조로운 수행이란 결정론적 속성이 아니므로 그 수행이 순조롭게 진행될지 여부를 확실하게 예측할 수는 없다. 따라서 어떤 설비가 정해진 제한 조건에서 순조로운 수행을 할 수 있는지의 여부는 확률적으로 말할 수밖에 없다. 왜냐하면 수행 결과가 나오기 전까지는 누구도 자신 있게 말할 수 없기 때문이다.

우리는 매일의 일상에서 의식적이든 무의식적이든 확률과 접하며 살고 있다. 예를 들면,

- 매일 아침 자동차는 별 탈 없이 시동이 걸린다.
- 대낮에 뇌우가 내리기도 한다.
- 비행기를 자주 이용해도 항공기 사고를 당할 가능성은 매우 낮다.

- 카드 한 벌에서 한 장을 뽑으면 에이스가 아닐 확률이 높다.
- 향후 100번의 우주 왕복선 발사 동안 폭발 사고가 또다시 있을 가능성은 거의 없다(불행히도 그 거의 없을 가능성이 2003년 1월 콜롬비아호에서 일어났다).
- 이싱의 사실들은 직접 히기나 누군가가 하는 것을 들은 것일 가능성이 매우 높다.

위의 예문에서 단정적으로 말할 수 있는 상황은 하나도 없다. 하지만 확률과 통계를 이용하는 수학 원리로는 이런 상황을 0과 1.0 사이의 값으로 나타내 줄 수 있다. 다만 각각의 상황에 맞는 정보를 수집하는 데에 비용과 노력이 들 뿐이다. 카드에서 한 장을 뽑을 때 에이스가 아닐 확률이 48/52과 같은 경우는 비교적 쉽지만, 확률을 정량적으로 나타내기가 매우 힘든 경우도 있다. 예를 들어 우주 왕복선 사고와 같은 경우는 매우 정교한 기술과 엄청난 비용의 실험 방법이 필요하다. 사실 진정한 의미의 결정론적 상황과 마주칠 경우는 드물다. 그래도 우리의 상식 범위 안에서 그런 경우를 몇 가지 찾을 수 있다.

- 태양은 내일 아침 6시 21분에 뜬다.
- 우리 모두는 죽는다. 우리 모두는 세금을 낸다.
- 물과 산소는 인류 생존에 필수적이다.

공학의 세계에서 볼 수 있는 대부분의 상황은 그 상황과 관련된 기회 요소를 내포하고 있다. 이런 상황은 물질의 특성 변화, 물리적 환경의 변화, 무게의 변화, 또 전력이나 신호 입력 방법의 변화 등에서 볼 수 있다. 물이 아래로 흐른다든지, 자기 무게만큼의 배수량을 가진 물체는 물 위에 뜬다든지 하는 것처럼 기초 물리 법칙 중 일부는 결정론에 의해 다루어지기도 한다. 하지만 이런 법칙을 매일 생산되는 제품에 접목시키면 그 생산품의 결과는 시간이 지날수록 확률적 상황으로 변한다. 따라서 확률에 대한 개념을 확실히 이해함과 동시에, 이를 보편성의 한 분야로서 공학에 적용해야 한다는 결론을 내릴 수 있다. 하지만 지난 10년간 확률 개념의 정립과 응용에서 상당한 진전을 이루었을 뿐만 아니라 안전성, 규율, 보증, 소송과 같은 쟁점과 점점 더 심화되는 시장 경쟁 속에서 신뢰성 분야가 획기적인 도약을 이루었음에도 불구하고, 현 실정은 이를 제대로 적용하지 못하고 있다.

그렇다면 확률적 의미에서 고려해야 할 기본 요소는 무엇일까? 그리고 그것은 어떤 의미를 가지는가? 확률과 통계의 전공자들에게는 다소 함축적이고 간략한 내용이겠지만, 확률이 어떤 것인가에 대해 간단히 설명하도록 하겠다.

대부분의 확률 사건은 간단하든 복잡하든 간에 횟수를 계산하는 것에서 비롯된다. 그 대표적인 예로 카드 한 벌에서 특정 카드 하나를 뽑는 경우가 있다.

$$P(\text{한 벌에서 에이스를 뽑는 경우}) = \frac{\text{총 에이스 수}}{\text{총 카드 수}} = \frac{4}{52}$$

잭과 다이아몬드 중 한 장을 뽑는 경우라면 문제는 좀 더 복잡해진다. 다이아몬드 잭은 두 가지 경우 모두를 충족시키기 때문이다. 다섯 장만으로 하는 포커 게임에서 풀 하우스가 되는 경우는 훨씬 더 계산이 복잡하다.

어떤 확률 문제는 모든 복잡한 모집단의 정보를 필요로 한다. 예를 들어 거리에서 임의로 한 사람을 지목했을 때, 그 사람의 키가 5피트 10인치 이상일 확률은 얼마일까? 그 해답을 찾기 위해서는 모집단의 키에 대한 분포 개념과 그 분포도가 있어야 한다. 이 경우 군대의 의무 기록표를 이용하여 키에 대한 분포도를 만들고 이것을 모든 미국인에게 적용 가능하다고 가정함으로써 모집단 분포를 얻을 수 있다. 그런 분포도는 대부분 그림 3.1과 같이 확률 밀도 함수(Probability Density Function, pdf)로 표현된다. 이런 함수는 많은 인구 분포 특성에서 흔히 볼 수 있는 것으로 벨 모양의 정규 분포다. 그림 3.2에서 빗금 친 부분으로 해답을 찾을 수 있다. 그림 3.1에서 곡선 아래 부분의 총 면적이 1.0이므로 그림 3.2의 빗금 친 절반 부분은 0.5가 된다. 만약 키가 5피트 10인치에서 6피트 사이인 경우로 문제를 바꾼다면, 그림 3.3에서 빗금 친 면적을 계산함으로써 답을 얻을 수 있다. 이 예에서는 미국인의 키가 매개 변수로 사용되었는데, 문제의 매개 변수에 대한 기본적인 확률 밀도 함수, 즉 모집단의 확률 밀도 함수만 있다면 모든 문제를 수학적으로 정확하게 풀 수 있다.

알고자 하는 사건의 확률은 다양한 pdf로 설명할 수 있다. 예를 들어,

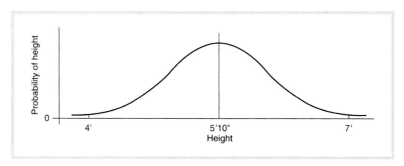

그림 3.1 The gaussian(normal) pdf for population height.

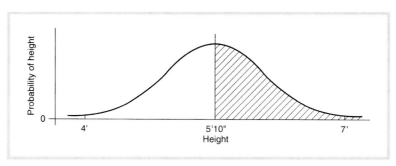

그림 3.2 Calculation probability(height≥5′ 10″)

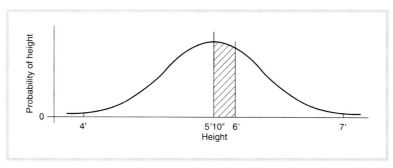

그림 3.3 Calculation probability(6′ 0″ ≥height≥5′ 10″)

- 동전을 Y번 던져서 앞면이 정확히 X번 나올 확률에서 각 시도마다 나올 수 있는 경우의 수는 2가지인 시험을 기본으로 하므로 이항 분포를 이용한다. 동전을 한 번 던져서 앞면 또는 뒷면이 나올 확률은 50/50이다. 하지만 한 번도 시행하지 않은 동전을 10번 던져서 앞면이 3회 나올 확률을 계산하는 것은 좀 더 복잡한 계산이 필요하다.
- 교환대에서 전화가 걸려오는 평균율을 알면 60분간 교환대에서 0, 1, 2, 3, 또는 N번의 전화가 걸려올 확률을 푸아송(Poisson) 분포로서 계산할 수 있다. 이런 정보를 바탕으로 하면 교환대의 교환수를 고용하는 경우 직원 수나 그 숙련도 정도에 대한 결정을 내리는 데에 매우 유용하다.

각각 다른 종류의 집단과 사건에 대해서는 그에 맞는 다른 형태의 분포나 pdf를 사용한다. 3.4절에서는 우리가 논의하고자 하는 신뢰성 이론에 한 가지 특정 분포인 지수 분포를 사용할 것이다.

여기에서 다시 한번 요점을 말한다면 신뢰성은 확률의 개념이기 때문에 확률에 대한 기초적 이해와 감각이 상당히 필요하다.

3.3 실제에서의 신뢰성

이런 확률적 개념이 실제의 상황에서 설계, 제조, 가동에 어떻게 영향을 주는지를 이해하는 것은 신뢰성 언급에 대한 기본이다. 그림

3.4는 실제 상황이다. N개의 구분 가능한 요소나 부품으로 이루어진 제품이나 시스템을 가정해 보자(그림 3.4에서 N=10, 50, 100, 400). 이 요소들 모두가 완전한 상태가 아니어서 각 요소에 대한 신뢰성 값을 x-축 위에 100과 97% 사이로 나타내었다. 그 시스템은 모든 N 요소들이 성공적으로 만족하게 수행되기를 바란다. 시스템이 성공적일 확률, 즉 시스템의 신뢰도는 y-축에 나타난다. 이 그림에서 확연한 두 가지를 볼 수 있다.

1. 시스템이 복잡해질수록, 즉 N이 증가할수록 각 요소의 평균 신뢰도가 90% 이상이라 해도 시스템의 신뢰도는 급격하게 감소한다. 따라서 시스템이 많은 수의 요소를 포함한다면, 그 요소들이 요소 그 자체로 매우 높은 신뢰도를 가져야 하며, 그렇지 않은 경우 시스템의 고장이 빈번히 일어난다고 예측할 수밖에 없다.

2. 예를 들어 N=50인 아무리 간단한 시스템이라 해도 각각의 평균 요소 신뢰도가 약간만 감소한다면 시스템 전체는 심각한 신뢰도 감소가 발생한다.

따라서 제품의 신뢰도에 대한 관심의 필요성은 단지 PR(기업 홍보) 게임이 아니다. 고객에게 궁극적으로 만족을 제공해야 하는 실제 상황인 것이다.

이미 알고 있겠지만, 제품에 대한 높은 신뢰도 전략 중 한 가지는 바로 언급한 두 가지 내용을 기초로 한다. 한 가지는 '간단히 하라' 이고, 다른 한 가지는 '개별 요소의 신뢰성을 높여라' 는 것이다. 많은 복잡한 제품에서 볼 수 있는 또 한 가지는 다양한 많은 기술을 사용하는 것이다.

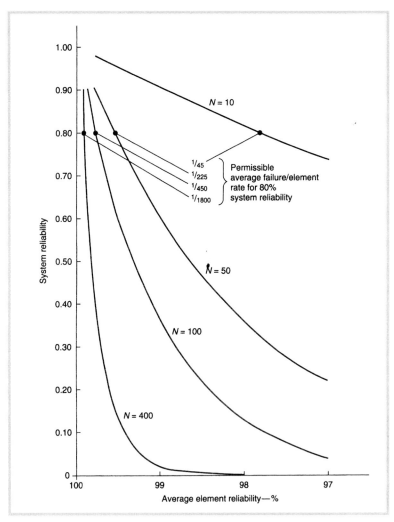

그림 3.4 Element reliability impact on system reliability.

가장 중요한 질문은 '어떻게 높은 시스템 신뢰도를 달성하는가, 그리고 그러기 위해서 해야 할 핵심 과제는 무엇인가?'이다. 첫 번째로 가장 중요한 것은 신뢰성은 설계 특성이라는 것을 인식하는 것이다. 이는 곧 제품의 신뢰성은 설계 과정이 얼마나 잘 이루어졌는가에 따라 좌우된다는 의미이다. 신뢰성은 제품으로 가공, 시험 또는 검사할 수 있는 것이 아니다. 설계, 좀 더 광범위하게 말해서 제품 생산 시 이를 가동하고 유지하는 방법을 포함해야만 달성하고자 하는 본질의 또는 더 높은 수준의 신뢰성을 얻을 수 있다. 적절한 수행을 하지 않는다면 제작, 조립, 시험, 가동 그리고 심지어 유지 보수는 본질의 신뢰성을 떨어뜨릴 수 있을 뿐이며 기본 설계와 제품 정의 이상으로 발전시킬 수는 없다.

흔히 '신뢰성 공학'을 기초로 한 조직의 프로그램은 예상하는 제품의 신뢰성 수행을 달성하기 위한 기본적인 공학 기능을 안내하고 보조하는 데에 중점을 두는 다양한 기술과 관리 기능을 포함한다. 이런 종류의 전형적인 신뢰성 공학의 기능은 다음과 같다.

- 신뢰성 목적과 그 요구 조건에 대한 지원이 있음을 확신하는 제품 사양서가 포함된 포괄적 재검토
- 신뢰성 예측 모델, 설계 연구, 고장 양상과 영향에 대한 분석, 임계 기능 분석, 설계 수명 분석, 설계 기준 사용, 중복 개념과 설계 여유에 대한 접목 등을 통한 설계 및 상세 설계에 대한 심도 깊은 신뢰성 분석
- 제품에 대한 지속적인 재검토 및 가능한 위험 요소에 대한 관

리(적합간 부품과 재료 적용에 대한 고수, 적절한 제조 및 품질 관리 공정 수립, 의미 있는 제품 시험 프로그램의 구축, 설계 변경 관리, 고장과 문제가 확실히 분석되어 필요한 교정적 작업을 위해 설계에 피드백되고 있다는 확신)

PM 작업이 처음 확정되는 것은 제품 설계와 개발 단계에서이다. 다음 절에서 설명하는 RCM 방법론은 이 초기 PM 작업 사양을 개발하는 매우 효과적인 방법이다. 설계 과정에서 제품의 타고난 신뢰성을 유지하는 데에 PM 프로그램이 중요하다는 점을 인식해야 한다. 간단한 윤활유 작업에서부터 수명에 영향을 줄 수 있는 보다 복잡한 부품의 교환까지, PM 작업은 타고난 신뢰성을 유지하는 필요 요소이다. 불행히도 설계 과정에서 이런 관점이 우선순위에서 종종 밀려, 제품이 필요한 PM 프로그램하에서 출하되지 않게 되고, 고객의 예상 신뢰도에 훨씬 못 미치는 상태로 작동된다. 오늘날의 많은 제품과 시스템이 이런 유사한 상태에 놓여 있다. 하지만 이런 제품과 시스템에도 RCM을 적용할 수 있으며, PM 프로그램을 발전시키고, 궁극적으로 타고난 설계 신뢰성을 다시 찾을 수 있다.

3.4 신뢰성 이론에 대한 핵심 요소들

3.2절에서 확률은 유도되어 계산되고 이 과정은 알고자 하는 매개변수를 서술하는 모집단의 정보를 필요로 한다는 것을 알았다. 신뢰성 값을 계산하는 데에 필요한 모집단은 시간에 따른 고장의 데이

터이다. 다시 말해 얼마나 많은 수의 장치가 고장 또는 죽었는지에 대한 시간 분포를 이해해야 한다. 그러한 분포에 대해 정의를 내리고 추측할 수 있는 데이터만 축적된다면 고장에 대한 pdf를 정의할 수 있다. 이 경우에는 고장 밀도 함수(Failure Density Function, fdf)라 할 수 있다. 신뢰성에 대한 수학식에서는 fdf를 보통 $f(t)$로 명명한다. $f(t)$만 알면 신뢰성 및 비신뢰성을 계산할 수 있고, 여기서 두 가지 가장 중요한 매개 변수인 사망률(Death Rate)과 당기 사망률(Mortality Rate)이 나온다. 이 두 가지 인자는 보험금 지급 금액의 산정을 위한 보험업의 실제 통계에서 유도된다.

사망률은 원래의 집단 전체에 대한 사망(또는 고장) 빈도로서 정의되며, 당기 사망률은 특정 시간에 생존해 있는 집단에 대한 고장 빈도로서 정의된다. 전형적인 생명 보험을 예로 들면 확실히 알 수 있다. 예를 들어 1929년에 태어난 1백만명 가운데 1989년에 10,000명이 사망했다면, 1929년 출생자의 1989년도 사망률은 다음과 같다.

$$10,000/1,000,000 = 1/100$$

만약 1백만 명 가운데 200,000명이 1989년 1월 현재 생존해 있다면, 60세의 1989년도 당기 사망률은 다음과 같다.

$$10,000/200,000 = 1/20$$

당연히 보험금은 기본적으로 당기 사망률에 의해 확정되며, 이를

$h(t)$ 또는 단순히 λ로 표시하고, 보통 순간 고장률 또는 간단히 고장률이라고 한다.

신뢰성 문제에서 λ는 매우 유용한 매개 변수이다. 다시 말하면 현재 가동 중인 장치가 향후 T 시간 동안 문제없이 잘 진행될 것인지에 대한 확률을 알고 싶다거나, 역으로 고장날 확률이 얼마인가를 알고 싶을 때, 그 장치에 대한 fdf 또는 $f(t)$만 알면, 이러한 값들을 계산할 수 있다.

신뢰성에서는 지수적 fdf라고 하는 상당히 특별한 관심을 끄는 fdf 가 있다. 그 이유는 다음과 같이 두 가지이다.

1. 대부분의 장치, 특히 전자 기기의 경우 지수적 fdf 법칙을 따른다는 매우 신뢰성 있는 증거가 있다.
2. 수학적으로 지수적 fdf는 다루기가 쉽다. 이러한 성질 때문에 종종 어떤 제품, 시스템, 그리고 장치가 지수 법칙에 따른다는 가정을 하곤 한다. 하지만 나중에서야 그것이 지수 함수에 맞지 않다는 것을 알게 되고 결국 제품의 신뢰성 계산을 잘못하고 만다.

지수적 fdf가 매우 다루기 쉽게 해 주는 특성은 당기 사망률 또는 고장률인 λ가 시간에 대해 상수이기 때문이다. 이 수학적 의미는 하드웨어 같은 장치나 제품의 고장이 주어진 시간 내에서 또는 전체 시간에 평균적으로 발생하는 일이 무작위라는 것이다. 달리 말하면

λ가 상수이면, 고장은 시간에 독립적이 되며 제품이나 장치의 모집단의 노화에 따라 증가하거나 감소하지 않는다. 이러한 현상은 PM에 매우 난해한 의미를 갖게 한다(이는 4.2절에서 논의하겠다). 그리고 λ의 역수인 1/λ는 지수적 fdf의 평균이란 의미로서 이를 고장 간의 평균 시간(Mean Time Between Failure, MTBF)이라고 한다. 모든 pdf 또는 fdf는 이러한 평균값을 가지는데 이를 고장까지의 평균 시간(Mean Time to Failure, MTTF)이라고 한다. 지수적 fdf에서는 MTTF = MTBF이지만, 이는 전적으로 MTBF가 시간에 대해 상수라는 조건에서만 성립한다. 다른 경우에는 MTTF는 주어진 분포에서 단지 한 번 일어나는 단수이다. 따라서 장치나 제품의 고장 내력이 지수적으로 따르지 않을 경우에는 장치나 제품의 수명 주기에 따라 변화하는 전혀 다른 고장률을 나타낼 수도 있다. 이 경우에는 고장 메커니즘과 그 원인에 대한 상세한 정보가 중요한데 이는 적합한 설계, 유지보수, 또는 가동 작업과 같은 것들이 신뢰성에 대해 고려되어야 하는 인자들이기 때문이다.

신뢰성에서 일반적으로 수용되는 것으로서 전형적인 장치나 설비의 수명 주기를 나타내기 위해 상수와 변수의 λ를 모두 적용하고자 하는 개념이 있다. 이를 욕조 곡선(Bathtub Curve)이라 한다(그림 3.5). 그 이름은 곡선의 모양 때문에 지어졌고 다음과 같은 의미를 갖는다.

1. 제품 개발 초기에는 공장 시험이나 확인 과정에서 빠진 비표준의 부품, 재료, 공정, 작업 방법 같은 잔여물들이 생긴다. 그

리고 초기 제품의 사용과 가동시점까지 남아 있어서 영향을 미친다. 이러한 비표준 항목들은 보통 총 제품 수명에 비해 비교적 빨리 드러난다. 하지만 초기에는 장기적으로 예측되던 것에 비해 높은 고장률을 발생시킨다. 이러한 문제점이 부상하고 제기됨에 따라 모집단 고장률은 점차 감소하게 되고 안정화된 모집단 λ에 도달하게 된다. 이 첫 번째 시기를 초기 손실 단계라고 한다.

2. 모집단이 안정되면 이전에 설명한 일정한 고장률 상황이 나타난다. 제품의 고장은 보다 무작위적으로 되고 제품의 타고난 신뢰성 수준에서 안정화된다. 제품 모집단은 평균적으로 일정한 MTBF를 갖게 되지만 그 무작위성 때문에 정확한 시간이나 궁극적으로 발생하는 정확한 고장의 성질에 대해서는 알 수 없다.

3. 제품의 가동 시간이 지날수록 몇 가지의 잠재된 고장 메커니즘이 진행되어 더 이상 무작위성을 갖지 않게 된다. 실제 시간 또는 주기에 의존하게 되며 제품의 노화와 마멸을 초래한다. 이러한 메커니즘에는 재료의 마모, 피로 악화, 입계 구조 변화, 재료 성질 변화 등이 있다. 이런 일이 발생하면 모집단의 고장률은 다시 증가하게 되고, 수리 교체 작업에 필요한 부품이나 장치가 늘어나고 비용이 증가하게 되면 그 수명이 거의 다했다고 본다. 이 세 번째 시기를 노화와 마멸의 단계라고 한다.

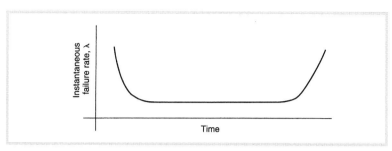

그림 3.5 The reliability "bathtub curve."

설비가 초기 손실 단계이든지 노화와 마멸의 단계이든지 간에 PM 전략에 대해 지대한 영향을 미치며 이에 대해서는 4.2절에서 논의할 것이다. 종종 이런 경우는 공학적으로 초기 손실 단계나 노화와 마멸의 단계에 대해서는 알지만 제품의 수명 중 어느 시기에 문제가 일어날지에 대해서는 정확히 알지 못한다는 의미일 수도 있다. 이 상황에서는 PM 작업이나 그 주기성에 대해 어떤 결정을 내리기도 한다. 좀 더 자세한 논의는 노화 진행에 대한 내용을 다룬 5.9절에서 하겠다.

정리하면, 신뢰성에 대한 이론의 핵심 요소는 아래에 설명한 것과 같이 RCM 방법론과 매우 밀접한 관계가 있다.

1. 제품이나 장치의 pdf를 알면 알고자 하는 신뢰성 매개 변수를 계산할 수 있다.
2. 고려해야 할 핵심 매개 변수는 고장률 λ이다.
3. 어느 특정 pdf는 종종 지수적 pdf로 나타내어지고 여기서 λ는 상수로서 시간에 독립적이 된다(실제에서는 pdf가 적절

하지 않을 경우 종종 지수적으로 가정하기도 한다).

4. 욕조 곡선으로 알려진 제품 수명 주기가 일반적인 개념이다.

5. 제품이나 장치가 욕조 곡선을 따르는지의 여부는 적절한 PM 작업 선택에 중요한 역할을 할 수 있다.

3.5 고장 양상과 영향 분석(FMEA)

FMEA는 신뢰성 공학에서 가장 기초적인 방법으로 인식된다. 실질적이고 정성적인 접근 방법 때문에 모든 산업 전반에 걸쳐 신뢰성 분석의 적용 형식으로 가장 널리 이용되기도 한다. 추가적으로 FMEA는 설비와 시스템의 취약 부분과 제품 신뢰도를 떨어뜨리는 그들 간의 관계에 대해 체계적으로 계산하는 조직화를 유도하기 때문에 모든 수반되는 신뢰성 분석과 평가의 원류가 된다.

하지만 FMEA 과정에 대한 논의에 앞서, 종종 발생하는 의미론적 문제에 대해 언급할 필요가 있다. 가장 간결히 표현하면, 고장을 정의하는 것에 대한 오류는 심각한 오해를 초래할 수 있다. 과거로부터 보면 '고장'이라는 단어를 정의하는 방법에서 상당한 혼란을 겪어 왔다. 고장이란 단어는 상당히 불쾌한 뜻이다. 그래서 종종 어감상 덜 위협적이고 덜 심각하게 들리는 비정상, 결함, 모순, 불규칙과 같은 단어로 대체해서 사용한다.

고장에 대한 해석은 무시할 만한 사소한 결함에서부터 심각한 재앙을 초래하는 경우까지 다양하게 표현될 수 있다. 하지만 그 의미는 실제 매우 간단하게 나타낼 수 있다.

> **고장이란** 설비의 한 부분, 시스템, 그리고 공장과 같은 것이 예상되는 수행을 할 능력이 없는 것이다.

그 예상이란 공학 세계에서는 항상 만족할 만한 수행 범위를 의심의 여지없이 보여 줄 수 있도록 정확히 표현된 사양서로 나타난다. 따라서 고장이란 사양서에 맞출 능력이 없다는 것을 의미한다. 초기의 혼란을 완전히 없앨 수 있을 만큼 간단한 내용이다.

추가적으로 고장이라는 단어를 포함하는 고장 징후군, 고장 양상, 고장 원인, 고장 영향과 같이 중요하고 자주 사용되는 말들이 몇 가지 있다.

고장 징조

보통 조업들이 주 역할을 하는데, 우리에게 고장이 있을 것에 대한 경고를 알려주는 암시자를 말한다. 우리의 감각이나 기구들이 주로 이러한 것을 나타낸다. 고장 징조는 임박한 고장의 위치나 완전한 고장 상황에 얼마나 근접했는지에 대해 정확히 알려 주지 못할 수도 있다. 많은 경우 고장 징조나 경고가 전혀 안 나타난다. 한 번 고장이 일어나면 이는 더 이상 징조가 아니며 단지 고장으로 인한 결과를 볼 뿐이다.

고장 형태

이는 간단히 표현해서 '잘못된 것'이다. 이 간단한 정의에 대해서는 충분히 이해하고 있어야 하는데, 고장 형태란 많은 유지 보수 상황에서 고장이 나거나 물리적으로 고쳐야 하는 일을 예방해야 하는 양상이기 때문이다. 이러한 의미로 사용되는 단어는 무수히 많아서, 끼였다, 닳았다, 금갔다, 꺾였다, 패였다, 샌다, 막혔다, 베였다, 자국났다, 부서졌다, 마모되었다, 단락되었다, 벌어졌다, 열렸다, 찢어졌다 등과 같은 표현들이 있다. 여기서 반드시 구분되어야 하는 것은 고장 형태에 대한 의미와 고장 원인에 대한 의미이다. 고장 형태란 예방하거나 고쳐야 할 필요가 있는 것을 말한다.

고장 원인

이는 간단히 표현해서 '잘못된 원인'이다. 고장 원인에 대한 진단과 가설은 종종 매우 어려운 일이다. 고장 형태에 대한 완전 무결한 예방을 하고자 한다면, 그 원인 또는 고장의 근본 원인 분석에 대해 잘 알고 있어야 한다. 그 원인에 대해 잘 안다고 해도 고장 형태에 대한 완벽한 예방은 불가능할 수 있고, 또는 그런 작업을 위해 비용이 너무 많이 들 수도 있다. 간단한 예로 게이트 밸브가 이물질로 인해 '닫힌' 경우(고장 형태)의 원인은 무엇일까. 만약 이 밸브가 습도가 아주 높은 환경에 있어서 '습도에 의한 부식'이란 고장 원인을 가지고 있다면, 내부식성이 아주 높은 스테인리스 강으로 된 밸브로 변경해야 할 것이다. 아니면 유지 보수 관점에서 윤활유를 자주 공급한다든지 부식을 완화해 주도록 가동을 한다든지 하는 방법도 있을 수 있다. 하지만 근본적인 원인인 높은 습도를 제거하기 위한 방법은 아니다. 따라서 PM 작업은 그 원인을 제거할 수 없다. 단지 형태만을 말해 줄 뿐이다. 이는 아주 중요한 논의인데 많은 사람들이 그 차이를 정확히 이해하지 못하고 있기 때문이다.

고장 영향

마지막으로 '고장 형태에 의한 결과' 로 나타나는 것에 대해 설명하겠다. 이것은 3가지 수준, 즉 위치, 시스템, 공장 수준의 조합으로 이루어진다. 이러한 현상에 의한 영향은 결과들의 축적으로 나타난다. 앞서 예를 든 '닫힌' 게이트 밸브의 경우 밸브가 주는 위치에 대한 영향은 '모든 유체 흐름을 막는다' 는 것이다. 시스템 수준에서는 '다음 공정으로 유체가 이동하지 않는다' 가 되고, 마지막으로 공장 수준에서는 '밸브가 수리될 때까지 제품 생산이 멈춘다(休止)' 가 된다.

따라서 고장에 대한 용어를 정확히 이해하지 않고서는 신뢰성 분석은 혼란스러울 뿐만 아니라 잘못된 결정을 하게 된다.

FMEA는 설비의 고장 형태와 그 원인, 그리고 최종적으로는 제조 공정에서 일어날 수 있는 고장 형태를 초래하는 영향의 과정을 담고 있다. 전통적으로 FMEA는 설계 단계에서 그 개념과 상세한 공식에 내재된 취약 부분에 대한 인식과 이해를 확실하게 해 주는 도구로서 인식되어 왔다. 이러한 정보로 무장한 설계자와 관리자는 고장 형태를 없애고 줄일 수 있는 작업을 결정 짓는 데에 훨씬 유리하다. 이러한 정보는 정해진 목적과 요구에 부합하도록 제품이 신뢰성 있게 수행되는지를 예측하고 측정할 수 있는 잘 구성된 신뢰성 모델의 기초적인 입력 자료가 되기도 한다.

PM 작업의 설계에는 설비의 고장 형태와 그 원인에 대한 지식도 기초가 된다. 이러한 수준에서의 정의는 예방하고, 완화하고, 고장 조짐에 대한 발견을 할 수 있는 적절한 PM 작업을 확정하는 정도이다. 고장 형태에 대한 확실한 이해나 원인 정보가 없는 특정 PM 작업은 기껏해야 추측하는 일 정도밖에 안 된다. 따라서 FMEA는 RCM 과정에서 결정적인 역할을 하게 된다. 이는 제5장에서 다룰 것이다.

FMEA를 어떻게 수행할 것인가? 우선은 설비의 설계와 가동에 대한 충분한 이해가 시작 단계의 필수적인 항목이다. 그 다음은 FMEA 과정 그 자체가 설비 내의 개별부품과 조합들이 고장 날 수 있는 경로를 규칙적이고 정성적으로 고려해 간다. 이것이 우리가 나열하고자 하는 고장 형태이며, 설비를 물리적으로 설명할 수 있다. 예를 들어 스위치가 열거나 닫지 못하는 상황이라면 고장 형태는 잃어버린 장치의 기능에 한해서 필요한 상태를 기술한다. 달리 상세한 지식이 가능할 경우 고장 형태는 좀 더 확실한 표현인 '빗장이 걸렸다'거나 '작동 스프링이 부러졌다'와 같이 기술할 수도 있을 것이다. 고장 형태에 대한 기술이 정밀할수록 어떻게 제거하고 완화하고 수정할지에 대한 결정을 쉽게 할 수 있다. 비록 정확히 평가하기는 어려워도 모든 고장 형태에 대한 믿을 만한 고장 원인을 정의하도록 해 주기도 한다. 예를 들어 고장 형태가 '빗장이 걸렸다'의 경우 오염에 의한 것일 수 있고, '부러진 스프링'의 경우 재료의 하중 문제(설계 문제)이거나 주기적 피로(수명이 다한 상황)에 의한 결과일 수 있다.

각각의 고장 형태는 서로 다른 영향을 수반한다. 이는 장치에 직접적으로 연결된 위치 영향뿐만 아니라 더 높은 다음 단계의 조립(보조 시스템)과 최종적으로 마지막 수준의 조립이나 제조 수준(시스템 또는 장)에 대한 고려가 이루어져야 한다. 고장 형태가 발생하면 얼마나 심각할지에 대한 충분한 이해를 얻기 위해 고장 형태를 평가하는 자리에서는 보통 2 또는 3개의 조립 수준을 정의하는 것이 가장 손쉬운 방법이다. 이 방법에서는 분석자가 어떤 장치와 고장 형태가 전체 시스템이나 공장에서 가장 중요한 기능 목적을 갖는지에 대한 밑에서 위로의 관점을 얻게 된다. 전형적인 FMEA 형식은 그림 3.6에 나타내었다.

한 가지 예로서 그림 3.7에 나타낸 FMEA는 그림 3.8에 그려진 간단한 전구 회로 도면을 기본으로 한다. 이 경우 FMEA는 간단하기 때문에 시스템 수준에서 작동하며 시스템 회로의 각 장치를 이리저리 돌려보면 된다. 좀 더 복잡한 분석은 한 가지 장치에 대해 완전한 FMEA를 해야 하고, 분석을 하기 위해 주요 부분과 조립 부분을 모두 해체해 봐야 한다. 펌프나 변압기와 같은 것들이 그 예가 될 수 있다.

종종 FMEA는, 특히 FMEA가 설계에 보조적인 역할을 할 경우와 같이, 각 고장 형태에 대한 정보를 얻기 위해서 확장되어 사용되기도 한다. 이 추가적인 정보 항목은 다음과 같다.

- 고장 징조
- 고장 발견 및 차단 단계
- 고장 메커니즘 데이터(고장 양상과 원인에 대한 미세 정보)
- 고장 양상에 대한 고장률 데이터(요구 수준의 정밀도가 항상 유용하지는 않음)
- 추천된 교정 작업 또는 완화시킬 수 있는 작업들

FMEA가 매우 잘 실행되면, 예상된 제품 신뢰성을 달성하는 데에 필요한 유용한 정보의 축적이 가능해진다.

EQUIPMENT		FAILURE MODE	FAILURE CAUSE	FAILURE EFFECTS		
I.D. #	DESCRIPTION			LOCAL	SYSTEM	UNIT

그림 3.6 Failure mode and effects analysis.

Component	Mode	Effect	Comment
1. Switch A1	1.1 Fails open 1.2 Fails closed	1.1 System fails 1.2 None	1.1 Cannot turn on light. 1.2 If A2 also fails closed, then system fails by premature battery depletion.
2. Switch A2	(same as A1)	(same as A1)	(same as A1)
3. Light Bulb C	3.1 Open filament 3.2 Shorted base	3.1 System fails 3.2 System fails; possible fire hazard	3.1 Cannot turn on light. 3.2 Cannot turn on light. May cause secondary damage to rest of system.
4. Battery B	4.1 Low charge 4.2 No charge 4.3 Over-voltage charge	4.1 System degraded; dim light bulb 4.2 System fails 4.3 System fails by secondary damage to Light Bulb C	4.1 May be precursor to "no charge." 4.2 Cannot turn on light. 4.3 Secondary damage to Light Bulb C caused by over-current.

그림 3.7 Simple FMEA.

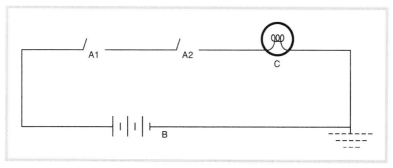

그림 3.8 Simple circuit schematic.

3.6 가동률과 PM

1.4절의 그림 1.1에서 WCM으로 조직은 기업의 이익의 중심에서 다루어져야 함을 보여줬다. 이것은 유지 보수 전략의 상당한 자금 측면이 휴지(休止)를 제거하는 것(다시 말하면 가동률 증가)에서 기인한다는 의미이고 적절히 수행한다면 기업의 매출과 이익에 직접적인 기여가 된다는 의미이다. 그리고 PM은 이러한 각본에서 주요 역할을 한다. 여기서는 가동률과 PM 간의 관계를 소개함으로써 이 각본에 대해 좀 더 깊이 논의하겠다.

첫 번째로, 용어에 대한 정의가 필요하다. 여기서 말하고자 하는 기술적 분야를 거론할 때 신뢰성과 가동률로 혼용해서 사용하고 있는 공장의 생산성에 대한 말을 자주 듣는다. 3.3절에서 신뢰성에 대한 널리 알려진 정의를 내렸다. 반면에 가동률은 다음과 같이 정의한다.

가동률이란 어떤 주어진 수준에 맞추어 공장이 최종 제품을 생산할 수 있는 시간에 대한 분율 측정이다.

따라서 정의에 의해 가동률은 그것이 계획된 것이든지 아니든 지에 상관없이 공장의 정지 상황을 나타낸다. 계획된 정지는 생산 과정의 일부로 봐야 하지만 긴급 정지는 충분히 작고 수용할 만한 수준이어야 한다.

가동률이 실제 어떤 영향을 미치는지에 대한 문제를 알기 위해서 관리가 최고 수준의 유지 보수 결과를 책정하기 위해 구성된 가상의 ABC라는 기업을 예로 들어 보자. ABC 기업에서는 상당히 건전한 목적으로 진행하는 일이지만 이러한 작업이 ABC 기업 전체 공장에 얼마나 의미 있는 일이 될지는 알 수 없다. 첫 번째로 이 정책이 유지 보수의 필요성을 직접적으로 언급한 것이며 또 심지어는 공장의 가동률 증가를 언급하는 것임을 알아야 한다. 더 직접적으로 말하면 공장의 정지 상황, 특히 장시간의 긴급 정지 상황을 피하고자 하는 것이다. 공장이 '긴급 정지율'을 예를 들어 연간 3.5% 이하로 유지하겠다고 하는 특정 목표는 아주 일반적인 것이다. 만약 예정된 정지율이 1.5%라고 한다면 공장의 연간 가동률은 95%라고 예측해도 무방하다.

하지만 공장의 하부 조직에서 일반 관리자와 감독자들은 목표를 달성하고 넘기 위한 이런 특정 작업을 어떻게 정의할 수 있을까? 여기에 대한 대답을 하기 위해서는 가능한 측정법의 구성을 좀 더 자세히 해야 할 필요가 있다. 여기에는 2가지, 단 2가지의 측정 관리만 있다.

- Mean Time Between Failure(MTBF), 즉 개별 설비나 공장이 계획되지 않은 고장을 일으키기까지 지정된 수행을 하는 평균적인 시간
- Mean Time to Restore(MTTR), 즉 고장난 설비나 공장이 정상적으로 가동될 때까지 걸리는 평균적인 시간

따라서 MTBF는 설비나 공장의 신뢰성(R)의 측정값이고, MTTR
은 유지 보수성(M)의 측정값이 된다. 수학적으로 가동률(A)은 다
음과 같다.

$$A = \frac{MTBF}{(MTBF + MTTR)}$$

MTBF가 MTTR에 비해 상대적으로 매우 크다면, 다시 말해서 공
장의 신뢰성이 매우 높다면, 가동률 역시 높게 된다. 이는 단지
MTBF라는 매개 변수가 물리적으로 발생하는 일의 주류를 이루기
때문이다. 역으로 MTTR이 매우 작으면 역시 높은 가동률을 보일
수 있다. 이는 설비가 빈번한 고장을 일으켜도 빠르게 수리할 수 있
기 때문이다. 보통은 이 두 가지 중 어느 것도 결정 인자가 되지 않
기 때문에 높은 가동률을 달성하기 위해서는 MTBF와 MTTR 모
두에 관련되거나 개선하는 데에 상당한 노력이 있어야 한다.

MTBF와 MTTR을 인지함으로써 우리의 작업을 상당히 간단하게
해 준다. 수행할 수 있는 몇 가지 작업들이 있는데, 보통 문제에 대
한 조사와 평가 그리고 실제 가동하는 작업은 자원을 집중해야 할
곳을 알려준다. 하지만 효과적인 PM 프로그램(PMP)은 원하는 수
준의 가동률을 달성하는 데에 있어서 매우 중요한 역할을 한다는
점에서 특히 주목할 필요가 있다. PMP가 적절히 정해지고 실행된
다면 신뢰성과 유지 보수성에 유익한 영향을 줄 수 있기 때문이다.
예를 들어 올바른 PM 작업은 설비가 최고 수준의 가동을 유지하는
데에서 첫 번째 요소가 되며 특정 기간에 수행되는 주유나 조정이

초기 설계 신뢰성을 유지할 수 있을 만큼 간단하다. 같은 맥락에서 올바른 PM 작업은 고장 조짐 발견으로 원하는 시간에 수리 및 교체할 수 있는 기회를 제공하도록 하는 실질적인 감시를 주기적으로 행함으로써 MTTR을 감소시키는 주요 역할을 하게 되며, 궁극적으로는 긴급 정지 상황을 피할 수 있게 해준다.

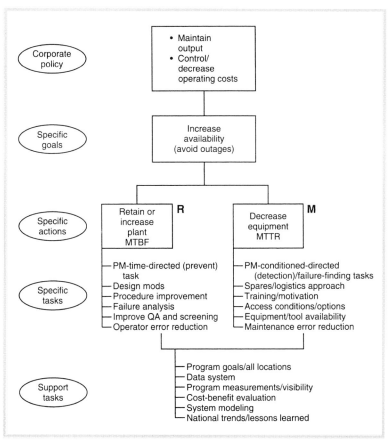

그림 3.9 Availability improvement program – Key issues.

그림 3.9에는 ABC 기업에 대한 논의를 일목요연하게 정리했다. PMP는 적절한 수행만 한다면 한 번의 실행으로 신뢰성(MTBF)과 유지 보수성(MTTR) 두 가지 모두에 영향을 줌으로써 두 배의 효과를 보이기 때문에 특히 중요하다.

RCM-세계적 수준의 유지 보수 기술

Chapter 4

RCM
— 증명된 접근 방법

RCM
– A Proven Approach

Chapter 4

RCM
– 증명된 접근 방법

이 장에서는 RCM의 구성에 대한 기본 개념을 소개하겠다. 처음에는 PM이 어떻게 산업계에 접목이 되었는지에 대해 간단히 설명 하고, 가장 중요한 신뢰성 공학에 대한 기초 이념 중의 하나인 욕조 곡선이 PM 작업을 구성하는 데에 어떤 영향을 미치는지를 살펴보겠다. 그러고 나서 역사적으로 1960년대 747기에 대한 형식 승인 과정에서 RCM 방법론을 탄생시킨 민간 항공 산업에 대해 알아보겠다. 마지막으로 RCM을 정의하는 원리 또는 필요충분 조건을 구성하는 4가지의 기본적인 항목을 분류하고, RCM에 의해 생기는 비용 절감에 대해 논의할 것이다.

4.1 역사적 배경

산업 혁명 시기를 돌이켜 보면, 새로운 산업 설비의 설계자는 그 설비의 제조와 운용을 겸하고 있었다는 것을 알 수 있다. 최소한 설계자는 그들의 창조력이 내재된 설비와 아주 긴밀한 관계를 가지고 있었고 그 결과 그들은 그 설비에 대해 무엇을 수행하고, 얼마나 제대로, 그리고 얼마나 오랜 동안 가동을 할 수 있는지에 대해 정확히 알고 있었디. 무슨 문제기 생길지, 어떻게 고칠지, 따라서 그러한 고장을 방지하는 정확하고 저렴한 방법이 무엇인지를 알고 있었다. 초기에는 경험이 그러한 PM 작업을 결정짓는 가장 중요한 역할을 했다. 무엇보다도 그 경험자들은 유지 보수에 대한 경험뿐만 아니라 설계와 제조, 그리고 운용에 대한 지식을 가진 사람들이었다. 그런 기술 범위에서는 보통 이런 공학자들이 PM 결정을 내렸다.

산업과 기술이 발전함에 따라 기업들은 좀 더 효율적이고 생산적인 조직을 갖추었다. 물론, 이것은 20세기를 휩쓴 대량 생산 능력을 갖출 필요성을 제공했고 또 갖추도록 해 주었다. 하지만 부작용도 있었다. 그중 한 가지는 설계와 제조, 운용의 역할을 별개의 조직으로 나누어 결국 아무도 생산 흐름 전반에 대한 풍부한 경험을 갖지 못하게 한 것이다. 따라서 경험을 바탕으로 한 PM 작업은 점차 그 의미를 잃게 되었다.

하지만 걱정할 필요는 없다. 신뢰성 공학과 같은 새로운 기술이 생겨났기 때문이다. 신뢰성 공학에 대한 기원은 1940년대와 1950년대로 거슬러 올라간다. 상당수의 그 본질이 초기 고장(초기 손실)은 어떤 특정 시간에서 높게 일어나지만 그 비율은 장기적으로 일정하게 되는 전기 제품 집단의 초기화 작업에 아직 남아 있다. 또한 튜브와 같은 경우 그 수명 내에서 고장률이 급격히 증가하고 노화와 마멸 메커니즘에 의해 갑작스럽게 죽는 특정 시간에 도달하는 것도 이와 유사한 현상이다. 이와 같은 현상은 사람을 집단으로 한 노화-신뢰성 특성에서 아주 정확히 설명된다. 전기 제품이 아닌 분야의 기술자들은 이런 현상을 매우 빨리 습득해서 유지 보수 전략을 개발하는 기초로 사용했다. 여기서 말하는 것이 잘 알려진 욕조 곡선이다. 이 특성의 모양(3.4절의 그림 3.5)은 유지 보수 기술자들이 대다수의 PM 작업은 설비가 마멸 구간으로 너무 많이 진행되기 전에 새것처럼 해체 정비해야 한다는 결론을 짓도록 한다.

1960년대까지 설비의 예방적 유지 보수에서 그 설비가 욕조 형상을 따르며, 고장률이 증가하는 초기 시점 근처에서 해체 정비 작업을 하는 것이 바람직하다는 것이 기초 개념으로 인식되는 것을 많이 볼 수 있었다.

신뢰성 공학에 대한 다른 역사적 발전에 대한 견해는 참조 14와 15에서 추가적으로 볼 수 있다.

4.2 욕조 곡선의 오류

제목에서 알 수 있듯이 모든 경우에 욕조 곡선이 잘 맞는 것은 아니다. 실제로 어떤 장치들은 이러한 형태의 곡선 거동을 따라갈 수 있지만 이것이 객관적 측정이나 확인을 통한 것이라기보다는 그렇다라고 가정을 한 것이다. 비록 이러한 가정이 심지어는 통계와 신뢰성 이론에 대한 피상적인 지식에 의해 입증될 수도 있지만 그리 놀랄 일이 아니다. 그 이유는 주어진 장치, 부속, 또는 시스템 모집단의 노화-신뢰성 특성을 정확히 표현하기 위해서는 샘플이 커야 하기 때문이다. 그리고 가동 시간과 고장에 대한 기록 데이터로서 그렇게 큰 샘플은 거의 볼 수 없다.

하지만 민간 항공 산업에는 비행기에서 사용되는 매우 거대한, 그리고 각기 다른 종류의 비행기에 공통적으로 사용되는 동일하거나 유사한 부속 집단이 있다. 그리고 그러한 부속의 운용 내력에 대한 데이터베이스를 축적하고자 하는 신중하고 성공적인 작업이 있어 왔다. 그런 데이터베이스는 안전과 물류에 대한 고려를 포함한 여러 가지 요소로 이루어진다. 1960년대 후반에 RCM 방법론의 전신으로 시행된 광범위한 조사의 일환으로서 유나이티드 항공사가 항공기의 비구조적 부속에 대한 노화-신뢰성 양식을 개발하는 데에 이 데이터베이스를 사용했다. 이 작업은 기존의 RCM 방법론이 우려하던 항공기 설비들이 실제로 욕조 곡선을 따를 것인가와 같은 상당히 일반적인 의문에서 시행되었다. 부속 운용 내력 파일로부터 고장 밀도 분포를, 그리고 시간 함수로서 위험률(순간 고장률)을 유도해 냈다. 이 분석 결과는 그림 4.1에 정리했다(참조 16).

이 결과에 대해 당시 모든 사람들이 놀랐고, 지금도 처음 보는 사람들 모두가 놀란다. 비행기 데이터를 이용한 후속 연구가 1973년 스웨덴에서 있었고, 1983년 미 해군에서도 그림 4.2와 같은 유사한 결과를 보였다.

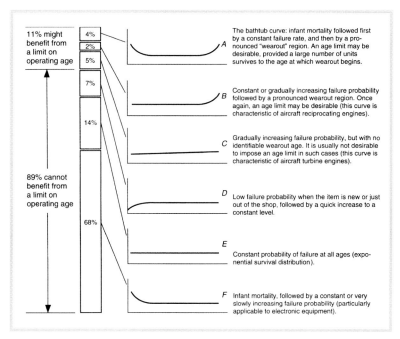

11% might
benefit from
a limit on
operating age

4%
2%
5%

7%

14%

89% cannot
benefit from
a limit on
operating age

68%

A The bathtub curve: infant mortality followed first
by a constant failure rate, and then by a pro-
nounced "wearout" region. An age limit may be
desirable, provided a large number of units
survives to the age at which wearout begins.

B Constant or gradually increasing failure probability
followed by a pronounced wearout region. Once
again, an age limit may be desirable (this curve is
characteristic of aircraft reciprocating engines).

C Gradually increasing failure probability, but with no
identifiable wearout age. It is usually not desirable
to impose an age limit in such cases (this curve is
characteristic of aircraft turbine engines).

D Low failure probability when the item is new or just
out of the shop, followed by a quick increase to a
constant level.

E Constant probability of failure at all ages (expo-
nential survival distribution).

F Infant mortality, followed by a constant or very
slowly increasing failure probability (particularly
applicable to electronic equipment).

그림 4.1 Age-reliability patterns for nonstructural equipment
((United) Airlines).

Failure Rate by Type (from Fig. 4.1)	UAL 1968 (Fig. 4.1)	Bromberg 1973 (Ref. 17)	U.S. Navy 1982 (Ref. 17)
A	4%	3%	3%
B	2%	1%	17%
C	5%	4%	3%
D	7%	11%	6%
E	14%	15%	42%
F	68%	66%	29%

그림 4.2 Age-reliability patterns.

브롬버그와 미 해군의 결과는 참조 17에서 발췌했다. 유나이티드 항공사와 브롬버그의 결과는 거의 같고, 미 해군의 결과는 상당히 유사한 형태를 보이고 있다. 이 세 종류의 연구에서 전체 고장 모집 단의 77~92%는 무작위로 일어난 고장이며, 노화와 관련된 고장은 니머지 8~23%이다. 이와 유시한 다른 연구에 대해서는 알려진 바가 없기 때문에 각 공장의 노화-신뢰성 특성이 동일한 경향을 보일 것이라든지 그와 같은 경우라고 추측하는 수밖에 없다.

유지 보수 기술자들에게 줄 수 있는 잠재적 요소라는 측면에서 이 결과의 중요성은 아무리 강조해도 지나치지 않다. 이 곡선들이 각 공장이나 시스템의 특성에 부합한다는 가정하에서 그 연구 결과에 대한 좀 더 깊은 검토를 해 보자.

1. 3~4%의 매우 적은 양의 부속만이 전형적인 욕조 곡선 개념에 일치한다(곡선 A).
2. 더 중요한 부분은 단지 4~20%의 부속이 비행기의 사용 가능한 수명 중 경년(Aging) 과정이라는 것을 거친다(곡선 A와 B). 좀 더 폭넓게 해석해서 곡선 C도 경년 양식을 따른다고 보면, 이 역시 단지 8~23%의 부속만이 경년 특성을 거친다.
3. 역으로 77~92%의 부속은 총 수명 시간 중에서 어떠한 경년이나 마멸 메커니즘을 보이지 않는다(곡선 D, E, F). 따라서 대략 90% 정도의 부속이 욕조 거동을 보일 것이라는 통념과 달리, 이 분석 내용은 알려진 사실과는 완전히 반대의 경향을 보여준다.

110

4. 하지만 대다수의 부속이 초기 손실 현상을 보이고 있음에 주목할 필요가 있다(곡선 A, F).

이것이 시사하는 바는 엄청나다. 첫 번째로 일정한 고장률 구역은 곡선 A, B, D, E, F 모두에서 보이는데 이 구역에서의 설비 고장률은 무작위적이라는 것이다. 다시 말해 예술의 경지에 이르는 기술로도 무슨 고장 메커니즘으로 인해 일어나는지를 예측할 수 없을 뿐만 아니라, 정확히 언제 일어날지를 알 수 없다는 의미이다. 우리가 알 수 있는 것은 그 거대한 모집단의 평균을 바탕으로 순간 고장률, 또는 MTBF가 상수, 즉 일정하다는 것뿐이다. 물론 이러한 일정한 고장률이 매우 작기를 바라기 때문에 시스템에 신뢰성이 매우 높은 부속을 장착하게 된다. 하지만 유지 보수 기술자에게는 이러한 일정한 고장률 구역에서는 설비를 새것과 같은 상태로 만드는 해체 작업이 거의 필요 없다는 의미가 된다. 무엇을 고칠지 또는 정확히 언제 작업을 해야 할지에 대해 알 방법이 없으므로 이 구역에서의 해체 작업은 낭비나 다름없다. 이런 일정한 고장률 구역에서는 해체 작업을 하는 시점을 찾는다는 그 자체가 아무런 의미를 갖지 않는다. 두 번째는 좀 더 안 좋은 경우인데, 해체 작업 자체가 매우 해로운 결과를 낳는다. 설비를 새롭게 정비하고자 하는 마음이 앞서 일시 정지 작업을 하면 그 작업 중에 사람의 오류로 인해 본래의 설비 조건을 의도와 다르게 초기 손실 구역으로 되돌릴 수 있다(2.5절의 그림 2.2). 이 연구는, 예를 들어 곡선 D, E, F에 해당하는 부속과 같은 경우, 해체 작업이 역효과를 낳을 수 있음을 보여준다. 세 번째는 언제 해체 정비 작업을 해야 하는지와 같은 작업의 주기성과 관련이 있다. 예를 들어 곡선 A나 B와 같은 경우의 부속이라면 해체 작업이 곧바로 이루어질 필요가 없다고 할 수 있다. 즉 해체 작업이 자원 낭비라는 의미이다. 종종 정확한 작업 주기를 모르고 심지어는 정확한 해체 PM이 무엇인지도 모른다. 왜 그럴까? 이는 설비에 대한 노화-신뢰성 양시을 정확히 보여주는 충분한 데이터를 갖추지 못했기 때문이다. 이러한 경우 경년 진단 프로그램을 가동하게 된다. 이에 대한 자세한 내용은 5.9절에서 다루겠다.

정리하면, PM 작업을 선택하는 일은 매우 신중해야 한다. 설비에 대한 그런 작업을 정확히 지정해 주는 노화-신뢰성 양식이 없을 수 있기 때문이다. 또 한 가지, 경년 구역이 없을 경우 해체 작업이 사람의 오류로 인해 문제를 예방하기보다는 더 많은 문제를 발생시키는 경향이 있다. 이런 기본적이고 중요한 문제에 대한 길잡이를 해줄 데이터가 없다면, 경년 진단 프로그램을 가동하거나, 올바른 결정을 내릴 수 있도록 해주는 통계적 분석에 대한 데이터 수집을 먼저 해야 한다. 가능하다면 경년 진단 과정을 통해 결정적인 결과를 얻을 때까지 일시 정지 없는 CD(Condition-Directed) 작업으로 연기할 수도 있다. 최신 기술을 갖춘 오늘날도 참으로 이해할 수 없는 현실은 기계에 대해 가장 이해하기 힘든 현상이 어떻게, 그리고 왜 고장이 나는가라는 것이다.

4.3 RCM의 탄생

RCM은 "필요는 발명의 어머니"라는 속담의 전형이다. 1960년대에 점보 제트 비행기 시대가 열렸다. 747은 더 이상 꿈이 아니었다. 시애틀의 보잉 공장에서 그 꿈이 실제로 실현되었다. 비행기의 형식에 대한 특허(FAA에 의한 형식 승인이라 한다)는 다양한 요소 중에서 FAA가 승인한 PM 프로그램으로 모든 비행기 소유자/조업자에 의해 초기 사용이 지정되는 것을 요구한다. 어떤 비행기도 이런 FAA의 형식 승인 없이는 판매할 수 없다. 747로 알려진 크기(707이나 DC-8기의 3배 정도의 승객을 태울 수 있다), 새로운 엔진(더 크고 높은 바이패스 팬 제트), 그리고 구조나 항공 전자 공학의 기술 진보와 같은 이 모든 상황이 FAA가 747에 대한 PM 비용을 초기에 매우 높게 책정하게끔 만들었다(707이나 DC-8기의 3배와 같이). 이 정책은 비용이 너무 높아서 실제로 항공사들이 이 비행기를 수익 구조에 맞게 운용할 수 없었다.

이 비행기로 인해 민간 항공 산업에서는 PM 전략의 완전한 재수정이 불가피하게 되었다. 이 때문에 유나이티드 항공사는 1960년대 동안 왜 유지 보수가 필요하고 어떻게 최적화할 수 있는지에 대한 완전 무결한 검토 작업의 선봉에 나서게 되었다. 빌 멘처, 톰 매트슨, 스탠 놀랜드, 하워드 힙과 같은 유나이티드 항공상의 모든 사람들이 이런 검토 작업의 개척자로서 두드러진 사람들이다(참조 16, 18, 19). 여기서 나온 결과는 그림 4.1의 곡선에서 유도된 개념뿐만 아니라, 비행 중 중요한 기능을 보호할 필요가 있는 PM 순서를 정하는 의사 결정 분지도를 포함하는 완전히 새로운 접근 방법이다. PM 프로그램을 완성하기 위한 새로운 기술은 747에서 MSG-1 (Maintenance Steering Group-1)으로 정의되었고 FAA의 승인을 받았다. MSG-1은 아주 이성적이고 논리적으로 진짜와 가짜를 구별할 수 있었다. 이 때문에 747 규모의 비행기에 대한 경제적이고 실행 가능한 PM을 할 수 있게 되었고, 결국 747은 실용화되었다.

MSG-1이 성공적으로 되자 그 원칙은 MSG-2에서 DC-10과 L-1011의 형식 승인으로 적용되었다. 최근 MSG-3가 757, 767, 777에 대한 PM 프로그램을 개발했다. 마찬가지로 MSG 형식의 방법은 콩코드, 에어버스, 737 시리즈 그리고 다양한 장치 개선에 대한 PM 프로그램을 727-200, DC-8 스트레치, DC-9 시리즈와 같은 비행기로 적용했다.

1972년, 이 아이디어는 해군 P-3와 S-3 비행기에 대한 국방성과의 계약에서 유나이티드 항공사에 의해 처음으로 적용되었고, 1974년에는 공군의 F-4J에 적용되었다. 1975년, 국방성은 MSG 개념에 RCM이란 단어를 부여해서 모든 군수 시스템에 적용하도록 했다. 1978년 유나이티드 항공사는 국방성과의 계약에서 초기 RCM 지침서를 만들었다(참조 16). 민간 항공에서 RCM 적용에 대한 좀 더 최신 내용은 참조 20과 21에 수록되어 있다.

그로부터 모든 군은 주요 무기 시스템에 RCM을 사용한다. RCM 사양서가 개발되고(참조 22), 공군 기술 연구소(Air Force Institute of Technology, AFIT)는 RCM 과정을 개설했으며, 해군에서는 RCM 안내서를 발간했다(참조 23).

1983년, 미국 전력연구소(Electric Power Research Institute, EPRI)는 핵 발전소에 대한 RCM 시험 연구를 처음으로 실시했다 (참조 24-26). 초기 시험 연구 이후 민간 핵 발전소 및 화력 발전소에서 다양한 전체적인 RCM 적용이 실시되었다(참조 27-31). 그 이후로 미국 산업의 전반에 걸쳐 유지 보수 개선 프로그램의 기초로서 RCM이 시행되었다. 2003년 현재, 상당수의 주요 미국 기업이 RCM을 사용하고 있으며, RCM 방법론의 수행을 통해 PM 작업을 대폭 개선한 곳도 있다.

4.4. RCM이란 무엇인가?

2.5절에서는 PM 프로그램 개발에 대한 기초를 구성하는 탁월한 실행과 신화에 대해 검토했다. 여기서 사실과 신화는 '무엇을 할 수 있는가' 라는 우선적 고려와 원칙에 의해 유도된다라고 정리할 수 있다. 최근까지 의식적이고 신중한 고려에 대한 결과는 거의 없었다. 따라서 왜 PM 작업을 해야 하고 무엇을 우선순위로 해서 PM 자원 사용을 정하는지에 대한 해답을 찾지 못했다. 좀 더 깊게 말하면 우선적인 동기에 대한 간단한 특징은 '설비 유지' 라고 할 수 있다. 거의 예외 없이 현재의 PM 계획 과정은 설비에 직접적으로 시행을 한다. 그리고 설비의 목적과 역할에 대한 고려 없이 PM의 목

적을 '지속적인 가동'만으로 한정하고 있다. 간단한 예를 들어 보자. 원자력 발전소에 있는 공압 밸브 2가지가 있어서, 하나는 주 열 교환기로의 물 흐름을 제어해서 터빈 제너레이터에 일정한 증기를 공급할 수 있게 하고, 또 다른 하나는 공장의 각종 편의 시설(식당, 화장실, 상점 등)에 물을 공급하는 데에 사용된다. '설비의 유지'라 는 측면에서 본다면 십중팔구 두 가지 밸브 모두 정확히 같은 PM 작업이 필요할 것이다. 하지만 말이 되는가? RTF까지 두고 고장이 나면 그냥 고치면 되는가? 그렇다면 어떻게 그런 결정을 내릴 수 있 는가? 사람들이 유지 보수 자원을 가장 잘 사용할 수 있는 방법을 강구하도록 하고, RCM 과정을 개발하게 하는 이런 것들이 전형적 인 문제이다.

RCM이란 과거의 동일한 일을 여타의 지능적인 일상 방법으로 진 행하는 것과 다르지 않다는 것을 착수 초기부터 알게 된다. 다만 오 늘날의 PM 실시 규범과 기본적인 관점에서 매우 다르다는 것과 가 장 기본적인 마음가짐의 변화가 있어야 한다는 것이다. 하지만 기초 적인 RCM 개념은 매우 간단해서 상식의 조직화로 비쳐질 수 있음 을 알게 된다.

그렇다면 도대체 RCM이란 무엇인가? 여기에 오늘날의 유지 보수 계획 과정과 확연히 구분하여 그 정의와 특성을 말해 주는 4가지 특 징을 소개한다. 이 4 가지 특징을 설명하기 위해 가상 시나리오를 사용할 것이다.

4.4.1 특징 1

가상적으로 우리의 제조 공장에서 시스템의 위치를 전형적인 대형 회의장으로 생각해 보자. 그 방의 벽(경계) 바깥쪽에 서서 봤을 때, 24인치 구경의 파이프가 있어서 일정 온도와 압력으로 그 방(시스템)에 물을 공급하고 그 반대편에는 다른 24인치 구경의 파이프가 물을 배출하고 있다. 그리고 배출된 물은 온도와 압력이 더 높아져서 공장의 다른 여러 곳으로 공급된다. 여기서 주목할 부분은 (이론적으로) 방안에 대해서는 전혀 아는 바가 없다는 것이다. 하지만 어쨌든 그 방에서는 물의 온도와 압력을 높이고 있음을 알 수 있다. 이러한 기능을 그 방(시스템)의 기능이라고 하고 그 방안에 있는 것(설비)에 대해 전혀 몰라도 그 기능은 정확히 정의할 수 있다. 최종 제품을 생산하기 위해서는 이 시스템이 지속적으로 제 역할을 다하고 있다고 확신할 수 있어야 한다. 다시 말해서 '시스템 기능의 유지'를 해야 된다. 바로 이것이 RCM의 첫 번째이자 가장 중요한 특징이다. PM은 설비의 운용을 유지해야 한다는 기존의 마음가짐과 다르기 때문에 언뜻 보기에는 수용하기가 좀 어려운 개념처럼 여겨진다. 시스템 기능을 먼저 언급함으로써 예측한 결과를 가정하고자 하고 그 결과(기능)를 유지하는 것이 당장의 당면한 작업이라고 할 수 있다. 이 첫 번째 특징은 현재의 PM 계획 접근에 영향을 주던 '모든 설비는 동일한 중요성'을 갖는다는 이전의 가정이 아닌, 어떤 설비가 그 기능에 관계되어 있는가라는 후속 단계를 체계적으로 결정할 수 있게 해 준다.

앞서 말한 밸브 예제를 '시스템 기능 유지'라는 개념에서 다시 한 번 보자. 첫 번째로 각 연결이 다수의 하부 연결로 이루어진 두 개의 유체 이동 연결을 비교해 보자. 연결 A는 각 하부 연결에 100% 용량의 펌프를 갖고 있고, 연결 B는 각 하부 연결에 50% 용량의 펌프를 가지고 있다. 이제 공장 관리자가 유지 보수 담당 이사에게 묻는다. 유지 보수 예산이 두 가지 모두가 아닌 연결 A나 연결 B 중 하나에만 배정되어 있다면 어떻게 하겠는가? 기능을 생각하지 않는다면 상당한 고민거리가 될 것이다. 왜냐하면 기존 관념으로는 모든 펌프의 가동이 유지되어야 하기 때문이다. 하지만 기능을 생각하면, 주저할 것 없이 한정된 예산은 연결 B 펌프에 모두 쏟아 부어야 한다는 것을 알 수 있다. 펌프 한 개의 손실은 용량을 50%로 줄이기 때문이다. 역으로 연결 A에서 펌프 한 개의 손실은 용량을 전혀 줄이지 않기 때문에, 십중팔구 고장난 펌프가 정상으로 작동되기까지는 무지막지한 세월이 걸릴 것이다. 두 번째로 각 펌프가 실제로 하는 기능이 무엇인지 자세히 검토해 보자. 모범답안으로는 압력을 유지하거나 흐름을 유지하는 것이다. 정답이다. 하지만 유체 경계의 건전성을 유지해야 한다는 아주 민감한 기능(수동적 기능)이 또 있다. 어떤 경우 즉 유해한 유체이거나 방사능 유체인 경우는 제한된 자원을 수동적 기능에 대한 **PM** 작업에 할당하는 것이 펌프 가동을 유지하는 것 이상으로 중요할 수 있다. 기능을 생각하지 않는다면 수동적 경계의 건전성 기능에 대한 적합한 수리 방법을 놓칠 수 있다. 실제로 모든 수동적 기능은 궁극적으로 시스템이나 설비의 구조적 관점에 깊은 관련이 있다.

4.4.2 특징 2

1차적 목적이 시스템 기능의 유지이기 때문에 기능 상실이나 기능 고장은 다음으로 고려할 사항이다. 기능 고장은 다양한 크기와 형태로 나타나므로 '기능 고장이 있다 또는 없다'와 같이 늘 간단한 것만은 아니다. 존재할 수 있는 많은 상태와 상태 간의 정밀한 검사가 항상 필요하다. 어떤 상태는 매우 중요할 수 있기 때문이다. 유체 경계 보존의 상실은 이러한 현상을 표현해 주는 기능 고장의 한 예이다. 유체에 대한 시스템 손실은 (1) 조금씩 새는 것과 같은 극소량의 누수, (2) 설계 차원의 누수로 정의되는 유체 손실(이것은 어떤 GPM 값 이상의 손실에서는 시스템 기능에 있어서 완전한 손실은 아니더라도 악영향을 줄 수 있다), (3) 엄청난 유체 손실과 기능 상실로 정의되는 경계 건전성의 완전한 손실 중 하나일 수 있다. 이 예는 유체 경계 건전성이라는 단 하나의 기능이 각기 다른 3가지의 기능 고장으로 유도됨을 보여준다.

따라서 앞서 예를 든 가상의 시스템은 파이프의 출구 쪽의 유량을 계산하여 위의 3가지 기능 고장 중 어디에 해당하는지를 알 수 있다. 아니면 경계 지점의 유체 손실을 관찰(바닥에 떨어진 물)함으로써 미량의 누수를 식별할 수도 있다. 그렇다면 마지막 문제는 방 안에서 어떤 일이 있었기에 그러한 기능 고장을 일으켰는지를 확인하는 것이다. 이를 위해서 이제 방(시스템) 문을 열고 안으로 들어간다. 거기서 각기 조직적인 방법으로 밖에서 보던 기능들을 수행하는 요소들(설비)을 보게 된다. 이제 우리가 할 일은 어떻게 그런 기능 고장이 일어났는가를 알기 위해 꼼꼼히 각 요소들을 검사하는 것이다. 따라서 특징 2의 핵심은 '원하지 않는 기능 고장을 일으킬 수 있는 특정 고장 양상을 정확히 식별'함으로써 하드웨어 요소를 변화시키는 것이다. 이런 식으로 꽉 막힌(고장 양상) 유체 제어 밸브(요소)가 기능 고장을 일으켜 '시스템을 가동할 수 없는' 상태로 만들 수 있다.

4.4.3 특징 3

1차적 목적이 시스템 기능의 유지인 RCM에서는 예산과 자원을 할당할 때 우선순위를 아주 체계적인 방법으로 정할 수 있다. 달리 말하면 '모든 기능은 동일한 태생을 갖지 않는다.' 따라서 모든 기능 고장과 그와 관계된 요소 및 고장 양상은 같을 수 없다. 여기서 '고장 양상의 중요도에 대한 우선순위'가 필요하다. 이것은 각 고장 양상을 4개 중 한 개의 항목으로 정해 주어 우선순위 원리를 만드는 간단한 3차원 의사 결정 분지도를 통해 할 수 있다(5.7절).

4.4.4 특징 4

지금까지는 어떠한 PM 작업에 대한 문제를 다루지 않았음에 주목하기 바란다. 지금까지 해온 것은 어디에서(요소), 무엇이(고장 양상), 그리고 특정 PM 작업을 하기 위해 지금 해야 하는 우선순위를 알려 주는 아주 체계적인 로드맵을 구성하는 것이었다. 이 모든 것은 기본 전제인 '기능 유지'에서 비롯되었다. 따라서 각각의 고장 양상을 언급하고 우선순위에 따라 정해진 PM 작업을 확인하게 된다. 그리고 여기에서 RCM을 완성시켜 줄 마지막 특징이 나온다. 모든 PM 작업은 '적용 가능한가'와 '효율적인가'에 의해 결정된다는 것이다. 적용성은 작업이 수행되면 비용에 관계없이 고장을 방지 또는 완화, 고장 징후 탐지, 숨겨진 고장 발견과 같은 PM에 대한 3가지 목적 중 한 가지를 해 낼 것인가에 대한 것이다. 효율성의 의미는 자원을 기꺼이 쓰고자 하는 것이다. 일반적으로 수행 가능한 작업이 한 가지 이상인 경우 가장 적은 비용(가장 효율적인)의 작업을 선택하게 된다. 2.3절에서 RTF 작업 종류를 설명할 때, 그런 선택을 하는 3가지 이유에 대해 알아 봤다. 이제는 좀 더 정밀하게 말해서, 적용성과 효율성 모두에 합당할지에 대한 문제는 RTF 결정 중 2가지로 나타난다. 세 번째는 우선순위에서 매우 낮고 그런 중요한 고장 양상에 대해 PM 자원을 쓰지 않는다는 결정에 관계된 것이다.

4.4.5 특징 4가지 정리

정리하면 RCM 방법론은 4가지의 특징으로 확실히 설명할 수 있다.

1. 기능을 유지하라.
2. 기능을 마비시키는 고장 양상을 확인하라.
3. 고장 양상을 통해서 필요 기능의 우선순위를 정하라.
4. 가장 우선하는 고장 양상에 대해 적용 가능하고 효율적인 PM 작업을 선택하라.

이 4가지 특징과 원칙은 체계적이고 단계별 과정으로 제5장에서 자세히 다룰 것이다.

위의 4가지 특징은 RCM 개념을 확연하게 보여 준다. 그 이상도 그 이하도 아니다. RCM으로 명명된 유지 보수 분석 과정에서는 여기 4가지 모두가 있어야 한다. 때때로 RCM 프로그램의 취지로 유지 보수 프로그램을 수행하는 것을 보는데, 4가지 특징 중 한 개 이상이 결여된 경우가 종종 있었다. 그런 프로그램은 또한 만족도가 낮기 때문에 RCM에 대해 안 좋은 평판을 하는 경향이 있다. 따라서 RCM을 기초로 한 PM 프로그램을 진정으로 원한다면 지름길로 가려고 애쓰지 말 것을 충고한다.

4.5 비용 절감에 대한 고려

앞서 언급한 것과 같이 RCM의 발명의 숨은 원동력은 완전한 실질적 비용 없이 시스템의 가동률과 안전성을 확보하게 해주는 PM 전략 개발의 필요성이었다. 이것은 민간 항공기로 인해 성공적으로 성취되었다. 하지만 일반화된 비용 상황에 대한 정량적인 민간 항공사 데이터는 부족한 실정이다. 그림 4.3(참조 32)은 RCM이 도입된 이후 처음 10년간 유지 보수 비용과 비행 시간과의 관계를 나타내고 있다. 이 그림은 1970년대 중반에 처음 소개되어 OPEC 석유 봉쇄 위기의 영향으로 인해 항공사의 운용 비용이 상승하는 것을 설명해 주었다. 하지만 이는 유지 보수 비용의 경향도 매우 잘 설명해 준다.

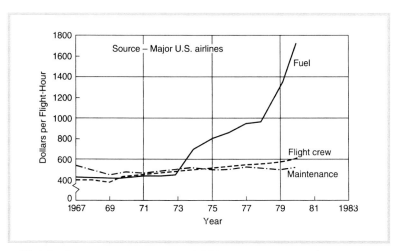

그림 4.3 Costs per flight — hour(1982 constant dollars).

그림 4.3에서 볼 수 있는 것은 유지 보수 비용이 1960년대 후반부터 1980년대 초까지 거의 일정하다는 것이다. 이 시기는 747, DC-10, L-1011이 도입되어 매출의 일익을 담당하던 때와 정확히 일치한다. 이 점보 제트는 비행기당 승객수에서 엄청나게 증가했다는 것뿐만 아니라 높은 일일 가동률과 많은 진보 기술이 비행 때마다 쓰여졌다는 것을 보여 준다. 이러한 모든 요소들은 보통 유지 보수 비용을 높일 수 있었음에도 불구하고 역사적으로 보면 비용과 비행 시간에서 아주 일정한 유지 보수 비용을 보여 준다. RCM의 결정적 이유가 여기에 있다.

그림 4.4(참조 20, 32)는 민간 항공기 분야에서 RCM 영향의 또 다른 모습을 보여 준다. 그림 4.4에서의 PM 정의와 2.3절에서 내린 PM 작업 정의가 다음과 같이 대응됨을 주목하기 바란다.

Maintenance	Component distribution		
process	1964	1969	1987 (est.)
Hard-time* units	58%	31%	9%
On-condition† units	40%	37%	40%
Condition-monitored‡ units	2%	32%	51%

* *Hard-time*—Process under which an item must be removed from service at or before a previously specified time.

† *On-condition*—Process having repetitive inspections or tests to determine the condition of units with regard to continued serviceability (corrective action is taken when required by item condition).

‡ *Condition-monitored*—Process under which data on the whole population of specified items in service is analyzed to indicate whether some allocation of technical resources is required. Not a preventive maintenance process, CM *allows failures to occur,* and relies upon analysis of operating experience information to indicate the need for corrective action.

NOTE: Definitions from *World Airlines Technical Operations Glossary*—March 1981.

그림 4.4 Commercial aircraft – component maintenance policy.

Hard Time	Time-directed(TD)
On-condition	Condition-directed(CD)
Condition-monitored	Run-to-failure

이 데이터에서 두 가지 중요한 것이 있다. 첫 번째는 이전(1964)과 이후(1969, 1987) 기간의 RCM이 급격히 변화하고 있다는 것이다. 비싼 부속 해체(Hard-time 작업)의 감소가 일어났고, 주로 RTF (Condition-monitored)로 변화했다. 이러한 변화는 결정적인 비행 기능에 대해 두 번, 세 번 중복적으로 고민한 설계가 있었기에 가능했다. 이러한 설계 특징의 장점을 살리고자 PM이 결정적인 곳과 RTF가 적합하다는 곳의 구조에 도입된 것이 RCM 과정이다. 또한 이전 이후 기간동안 CD 작업(On-condition) 구조는 아주 일정하다 는 점에 주목하기 바란다. 민간 항공 산업은 PM을 수행과 진단 감 시 방법으로 사용했던 선구자 중의 하나로서, 새로운 제트 비행기 시대까지도 계속해서 성공적으로 적용하고 있다.

124

그림 4.3과 4.4의 결과는 모든 상업적 분야에서 RCM 적용에 대한 관심이 점진적으로 증가하고 있다는 것을 보여 준다. 미국에서 상업적 관점으로 RCM을 도입한 첫 번째는 상업적 실행의 연구를 원자력 발전소에 적용했던 미국 전력연구소(EPRI)였다(참조 32). 이 획기적인 연구는 터키포인트(FPL)와 1980년대에 맥과이어(Duke) 원자력 발전소(참조 24, 25)에서 초기 과제를 시행하게 했다. 이는 이후 전기 설비 분야의 RCM 과제에 봇물을 열어서 미국 전반에 걸쳐 석유 화학, 공정, 제조 공장 등 다양한 상업적 분야로 RCM이 뻗어 나가게 했다. 같은 맥락에서, 많은 외국 기업 역시 존 머브레이와 그의 저서 RCM2(참조 33)를 통해 RCM을 사용하고자 하는 방향으로 움직였는데, 그 저서에서도 앞서 열거한 4가지 특징을 똑같이 사용하고 있다. 이 모든 노력의 첫 번째 목적은 O&M 비용과 공장 휴지를 줄이는 데에 있었다.

초기 RCM 투자에 대한 비용 회수는 엄청난 성공을 거두었다. 1990년대 초 EPRI는 7개의 미국 전기 설비 회사에서 설문 조사를 했는데, RCM 과제 도입 초기에 보였던 평균 비용 회수 기간 6.6년에서 2년 만에 회수가 모두 될 것으로 예측했다(참조 34). 저자의 경험으로 보면 비용 회수 기간은 대부분 1년 미만이며, 많은 경우에 비용 회수는 RCM IOI(Items of Interest) 분석 과정을 통해 RCM 정보를 기초로 한 설계나 운용 방법 변경과 같은 분야에서 현실화되는 주변의 이익에 의해 거의 즉각적으로 나타난다(5.10절).

RCM 프로그램 비용과 ROI에 대한 좀 더 깊은 논의와 설명은 9.1

절(자금 요소)에서 하겠다. '이익 현실화'를 포함하는 7개의 과거 연구 사례는 12.2절에서 다룰 것이다.

RCM－세계적 수준의 유지 보수 기술

Chapter **5**

RCM 방법론
–시스템 분석 과정

RCM Methodology
– The Systems Analysis Process

Chapter **5**

RCM 방법론
– 시스템 분석 과정

이 장에서는 RCM을 정의하고 특성화하는 4가지 기본 특징(4.4절)을 이용한 시스템 분석 과정에 대해 포괄적으로 설명하겠다. 이 과정은 필요한 정보를 체계적으로 묘사하는 가장 손쉬운 방법으로서 경험에 의해 개발된 7단계로 나누어 논의할 것이다.

1 단계 : 시스템 선택과 정보 수집

2 단계 : 시스템 경계 정의

3 단계 : 시스템 설명과 기능 블록 다이어그램

4 단계 : 시스템 기능과 기능 고장–기능 유지

5 단계 : Failure Mode and Effects Analysis(FMEA)–기능을 마비시키는 고장의 확인

6 단계 : Logic(Decision) Tree Analysis(LTA)–고장 형태를 통한 필요 기능 우선순위화

7 단계 : 작업 선택–적용가능하고 효율적인 PM 작업 선택

129

이 7단계가 만족할 만한 수준이 되면, 어떻게 그 작업이 선택되고 또 왜 여타의 방법 중에서 최선의 선택이 되는지를 확실하게 알려주는 문서로서, 각 시스템에 우선 진행하게 될 PM 작업에 대한 정의의 기준을 제공하게 된다. 4, 5, 6, 7단계는 RCM의 기본 특성과 일치한다는 점에 주목하기 바란다. 완전한 RCM 프로그램을 위해서는 두 가지의 추가적인 단계가 더 필요하다.

8 단계 : 일괄 작업-RCM 작업의 현장 접목(제8장 참조)
9 단계 : 살아있는 RCM 프로그램-1에서 8단계를 포함한, 지속적
으로 이익을 유지하는 데에 필요한 작업(제10 장 참조)

제6장에서는 수영장을 예로 들어 1~7단계를 이용한 완전한 시스템 분석 과정을 설명하겠다. 이 시스템 분석 과정에서 도출된 7가지의 연구에 대해서는 제12장에서 설명할 것이다.

여기서 설명하는 시스템 분석 과정은 종종 고전적 RCM 과정으로 인용되기도 한다. 747기의 MSG-1에서 정의하고 성공적으로 이루어졌던 RCM 방법론을 가장 잘 따르는 과정이기 때문에 그런 이름이 붙여졌다.

5.1 들어가기에 앞서 언급할 사항들

앞으로 소개할 과정에 대한 분석에 앞서, RCM 시스템 분석 과정의

적용과 관계된 몇 가지 주요 사항을 염두에 두는 것이 필요하다.

1. PM 작업을 결정하는 기존의 방법은 설비의 가동을 유지하는 문제에서 시작한다. 그리고 그런 방법은 모든 작업 선택 과정에서 취할 조치사항에 집중하게 한다. 왜 작업이 되어야 하는지에 대한 언급은 전혀 없다. 심지어는 문서에도 나와 있지 않다. RCM은 이런 기존의 실행과 완전히 다르다. '기능 유지'이지 '설비 유지'가 아니다. 이 접근 방법은 분석가를 어떤 설비나 그 특징에 관계없이 유지되어야 할 시스템 기능에 대해 체계적으로 이해하게 한다. 또한 분석가에게 설비 고장이 아닌 기능 고장 측면에서 어떻게 기능이 상실되었는지 꼼꼼히 살펴보게 한다. 이 접근법의 목적은, 그럴 것 같다는 이유로 아무렇게나 작업을 선택하는 것이 아닌 궁극적으로 적합한 PM 작업을 하기 위해 신뢰할 수 있는 원인을 밝혀내는 것이다('기능 유지' 접근법은 3, 4단계에서 처음 소개된다).

2. 하지만 이것이 곧 설비의 이상 작동에 대한 기존의 경험과 기술자의 건전한 판단이 RCM 과정에서 중요하지 않다는 의미는 아니다. 반대로, 적용을 위해 적절히 걸러진 포괄적 데이터 파일과 공장 특성에서 나온 이력 정보뿐만 아니라 조업자와 유비 보수 개인의 경험을 함께 이용하는 것은 매우 귀중한 자료가 되어서 결국은 모든 중요한 고장 양상을 FMEA에서 포착하고 고려하게 된다(5단계).

3. 공장 조업자와 유지 보수 개개인이 RCM 시스템 분석 과정에 직접 참여하는 것은 '매입(buy-in)'이라는 또 다른 관점에서 매우 중요하다. 이것은 참여하고 있다는 느낌을 심어주고 동기를 부여시키고 실제 하게 될 PM 작업의 구성에 대한 공유의 필요성을 만족시킨다. RCM 프로그램에 대한 경험에 비추어 볼 때 매입이라는 요소가 무시되고서는 성공적으로 이루어지기 어렵다.

4. PM 작업을 선택하는 4가지 항목 (1) TD, (2) CD, (3) FF, (4) RTF에 대해 설명한 2.3절을 다시 보자. PM 프로그램에서 TD나 CD에 대한 정의를 내리고 그것을 사용하는 데에는 사실상 별 어려움이 없다. 대부분의 사람들은 PM 프로그램에 포함된 FF의 사용을 낯설어 하지만 보통 단시간에 PM 작업을 가능한 것으로 받아들인다. 하지만 RTF라는 매우 심오한 결정은 기존의 PM 요소에서 다루지 않은 전혀 생소한 것이라서, 종종 이해하기 어려워한다. 따라서 RTF에 대해서는 좀 더 세심하고 민감하게 다룰 필요가 있고, 조업자와 유지 보수 개개인이 RTF가 왜 최선책인지에 대해 이해할 수 있도록 특별한 교육이 수반되기도 한다. RTF의 숨겨진 특별한 이유에 대해서는 5, 6, 7단계에서 소개하겠다.

5. 사람들이 '엄청나게 많은 문서 작업이 있다'고 평하는 고전적 RCM의 첫 체험을 받아들이는 것은 쉬운 일이 아니다. 그리고 유지 보수 임원과 그 관리자의 하부 조직 안에서 그런

평이 일간 맞기도 하다. 따라서 사람들에게 왜 문서작업이 있고 장기적으로 어떤 장점이 있는지에 대한 이해를 돕기 위해 분명한 이유를 강조하는 것이 매우 중요하다. 그 이유는 다음과 같다.

- RCM은 현재이든 미래이든 한정된 자원을 사용하는 매일의 작업에서 숨겨진 '왜'에 대한 대답을 원한다. 규범자와 확인자가 가장 높이 선호하는 OEM(설비 공급자) 추천 사항을 따르지 않을 수도 있는지에 대한 이유를 아는 것이 특히 중요하다.
- RCM은 고장 방지, 탐지, 발견이 나오는 세밀한 수준에 있기 때문에 그 선택이 설비 고장 양상에 대한 포괄적 지식에서 나온 선택임을 확신하고자 한다. 어떠한 선택이든 작업의 선택 과정이 없다면 그 작업이 실제로 유용한지에 대한 확신도 절대 할 수 없다.
- RCM은 수행을 하기에 가장 효율적인(비용이 적게 드는) 작업이 선택되었음을 확신하고자 한다. 역사적으로 보면 이러한 선택이 되지 않아 결과적으로는 대부분의 PM 프로그램이 자원 투입 대비 회수를 현실화하는 데에 실패했다.
- 1단계에서 내린 정의(5.2절)보다 좀 더 특별한 조건에서는 PM 프로그램을 최적화하기 위해 작업 시간을 줄이는 다른 분석법이 소개된다.

이러한 장점을 현실화하기 위해 더 많은 노력과 문서가 필요하다. 하지만 한번 RCM 과정이 시스템에 정착되면 그 시스템만의 PM 프로그램 기준 정의를 만들어 새로운 정보와 시스템 변경에 대한 주기적인 개정만 하면 된다 (제10장). 따라서 시스템 분석 과정은, 처한 상황과 원인 (현재의 경제적, 규범적 문화에 대한 염려 부분)을 총체적으로 문서화하는 단 한번의 단기 과정이다. 게다가 RCM 과정이 이루어지고 숙달되면 많은 분석 체계가 전산화된다. 그리고 문서 보고의 필요성을 제거할 뿐만 아니라 효율성을 도입하게 된다. RCM 과정에 대한 소프트웨어 지원의 주제는 제11장에서 논의하겠다.

6. RCM 방법론은 어떠한 작업이 왜 이루어져야 하는가(작업 정의)에 초점을 맞추고 있다는 것에 주목해야 한다. 모든 작업이 동시에 작업 완료 시점(작업 빈도 또는 주기)을 세워야 한다. 하지만 이 시점은 초기 작업 빈도를 세우는 산업 경험과 기업 간의 조합을 고려해서 사용해야 하는 관계로 각기 다른 분석에서 나온다. 데이터가 이러한 방법을 사용할 만큼 효용성이 있다면 상당히 정교한 통계 방법이 동원될 수도 있다. 또는 '경년 진단(Aging Exploration)' 과 같은 통제된 측정 기술이 사용될 수도 있다. 자세한 내용은 5.11절에서 소개한다.

7. 가능하다면 시스템 분석 과정은 2 내지 3개 분석 팀으로 구성되어야 하고 그중 하나는 조업자로 구성되어야 한다. 이는

어떤 정보가 7단계 각각에 포함되어야 하는지에 대한 논쟁뿐만 아니라 그러한 견지에서 건전한 도전, 질문, 검사를 하게 해 준다. 게다가 그런 팀 구성에서는 팀원으로서 시스템 검사에 있어서 전혀 문외한인 사람과 전문가가 섞여 있는 것이 바람직하다. 이는 최종 결론을 좀 더 개선하기 위한 논쟁과 도전 과정을 만들어 주기도 한다. RCM 팀 구성에 대한 특수한 상황에 대해서는 9.2절에서 소개한다.

8. 마지막으로 팀원의 일반적인 책임 소지를 최소화하기 위해 RCM 팀의 행동 일정에 대한 고려가 중요하다. 이는 9.3절에서 다루겠다.

경험에서 보면, 분석가가 앞서 열거한 항목에 대한 이해만 잘 한다면, RCM 시스템 분석을 진행하고자 하는 마음가짐을 훨씬 쉽게 가질 수 있다.

5.2 1단계 시스템 선택과 정보 수집

RCM 프로그램을 공장이나 설비에 적용하기로 결정을 하는 순간, 두 가지의 의문점이 떠오르게 된다.

1. 어느 수준의 집단(부속, 시스템, 공장)에 대해서 분석 과정을 실행할 것인가?

2. 모든 공장/설비가 그 과정을 필요로 하는가? 그렇지 않다면 어떻게 선택할 것인가?

5.2.1 집단의 수준

논의에 앞서 집단의 수준에 대한 설명을 다음과 같이 정의할 필요가 있다.

- **부품(part)(또는 부품의 일부(pieee part))** 설비가 아무런 손상이나 이상이 없이 해체되었을 때의 가장 낮은 수준의 항목들로 마이크로프로세서 칩, 개스킷, 볼 베어링, 기어, 저항 등이 그 예이다. 여기서 크기는 고려 대상이 아니다.
- **부속(component)(또는 블랙박스)** 독립적으로 고유의 기능을 수행할 수 있는 부품 및 부품의 일부의 집합체로서 종종 모듈, 써킷 보드, 하부 조립 등이 부품과 부속의 중간 단계 정도로 정의되며, 펌프, 밸브, 파워서플라이, 터빈, 전동 모터 등이 전형정인 부속의 예이다. 여기서도 크기는 고려 대상이 아니다.
- **시스템(system)** 논리적 부속 집합체로서 공장과 설비가 요구하는 일련의 연속 기능을 수행한다. 공장은 물 공급, 응축, 스팀 공급, 공기 공급, 수 처리, 연료, 화재 방지와 같이 여러 개의 주요 시스템으로 구성되어 있다.
- **공장(plant)(또는 설비(facility))** 시스템의 논리적 집합체로서 다양한 원재료와 공급 원료(물, 석유, 천연 가스, 철 등)를

가공, 처리하여 최종 결과(전력)나 제품(가솔린) 등을 만드는 기능을 갖는다.

PM 계획이 기능의 관점에서 접근하면, RCM 분석 중 가장 효율적이고 의미 있는 기능 항목은 시스템 수준에서 나오는 것이 보통이다. 대부분의 공장과 설비에는, 설계 과정에서 논리적 접근 방법으로도 사용하기 때문에, 시스템이 대부분 확정되어 있고 공장의 개략도와 배관 및 설비 다이어그램(Piping and Instrumentation Diagrams, P&IDs) 등이 비교적 자세하게 시스템을 정의하고 있다. 이러한 시스템 정의는 RCM 과정의 출발점에서 매우 중요한 역할을 한다.

저자는 RCM 프로그램 공급 과정에서 공장을 정확히 시스템 구분을 한 상태로 설계를 하지 않은 고객을 볼 수 있었다. 그런 대표적인 경우는 제조나 공정(항공기나 종이 산업의 생산 라인)에 대한 공장이다. 이런 경우 시스템 선택 과정을 수월히 하기 위해 공장의 각 부분을 동일한 시스템으로 구성하는 것이 비교적 쉽다. 특별한 상황인 경우도 있었는데, 디젤-발전기 세트, 거대한 공기 압축기 또는 복잡한 기계 장치와 같이 한 개의 크고 독특한 자산이 시스템으로 선정되기도 한다.

RCM 과정에서 시스템 사용에 대한 설명과 정당화하는 방법으로는 또 한 가지가 있다. 왜 부속을 한 개씩 일일이 하지 않는가하는 것이다. 또는 극단적인 반대로 왜 공장 전체를 하나의 분석 과정으로 하지 않는가하는 것이다. 첫째로 부속 수준에서 보면 너무 어렵고 때로는 불가능하다.

- 기능과 기능 고장의 중요성에 대한 정의가 불가능하다. 예를 들어 밸브의 열림과 단힘 불량이 유체의 흐름 기능에 이상을 유발한다. 하지만 영향을 받는 시스템 기능의 전반에 대해 분석하지 않으면 부속이 갖고 있는 기능의 중요성을 알 수 없을 수도 있다. 또한 한 개의 부속이 종종 여러 개의 기능을 지원하여 한 개의 부속이 아닌 모든 시스템에 대한 분석을 해봐야 한다는 것을 나중에 발견할 수도 있다.
- 한정된 PM 자원을 갖고 처리해야 하는 고장 양상들 중에서 의미 있는 우선 작업의 수행이 불가능하다. 부속에서는 두 가지 정도, 기껏해야 6 내지 8가지 정도의 고장 양상 중에서 가려야 하지만 시스템은 대략 수백가지의 고장 양상을 보이므로 이들 중에서 선택을 하는 것이 더 일리 있는 방법이다.

완전히 반대인 경우, 간단히 말해서 전체 공장을 한 번에 분석하는 것은 분석 과정 자체를 너무 어렵게 하여, 동시에 너무 많은 기능을 분석할 경우 실제 그 분석 자체가 불가능해진다. 한 개의 분석으로 단 2가지의 시스템을 동시에 실시하는 경우(실험적 예로, 발전소에서 물 공급과 응축의 경우)도 매우 어려운 작업이어서, 4단계를 완료하기 이전에 작업을 포기하게 만든다. 일반적으로 다양한 시스템 일괄 분석은 다양한 시스템 접근에 의한 혼란으로 인해 각 시스템의 분리 수행을 하기가 시간적으로 불가능하다.

정리하면, 추천할 만한 방법은 RCM 분석 과정을 시스템 수준에서 실시하는 것이다. 따라서 시스템 분석 과정이라고 한다.

5.2.2 시스템 선택

RCM 분석 과정을 수행하기에 가장 실용적인 집단 수준은 시스템 이라는 것을 확인했으니, 이제 어느 시스템을 어떤 순서로 진행할 지에 대해 주목해 보자. 공장/설비 시스템 모두를 다루는 결정이 한 가지일 수 있다. 하지만 그럴 경우 유지 보수 관점에서 비효율적인 비용을 유발하는 것이 일반적이다. 어떤 시스템은 잦은 고장을 일으 키지 않기 때문에 불필요한 유지 보수 비용이 발생할 수도 있고, 긴 급 정지 상황과 관련이 없어서 단지 보다 낮게 개선해야 하는 작업 만 필요로 하는 경우도 있다. 이런 상황이라면 고전적 RCM 시스템 분석 과정에서 가장 이익이 되는 시스템 선택 과정은 어떤 식으로 해야 하는가?

가장 직접적이고 신뢰할 수 있는 방법은 80/20 법칙을 사용하는 것 이다. 이 개념은 1.2절의 항목 11에서 이미 설명했다. 다시 말하면, 결과의 80%는 가능한 원인의 20%에서 기인한다는 것이다. 우리의 경우, 보고자 하는 결과는 고 비용의 유지 보수와 공장 휴지의 가장 큰 부분을 차지하는 부분이다. 여기서 가능한 원인은 수개의 공장 시스템(악역 시스템)이 된다. 좀 더 포괄적이고 흥미로운 80/20 법 칙 처리 방법은 참조 7에서 참고하기 바란다. 시스템 선택의 기본으 로 80/20 법칙을 사용하기 위해, 시스템별로 유지 보수 비용과 DT

를 나타내어 파레토 다이어그램(값의 내림차순으로 바 차트를 그린)의 형태로 표시해 주는 데이터의 수집이 필요하다. 이런 파레토 다이어그램에 사용되는 몇 가지의 매개 변수를 소개하겠다.

1. 최근 2년간 교정적 유지 보수 작업의 비용
2. 최근 2년간 교정적 유지 보수 작업의 횟수
3. 최근 2년간 긴급 정지 시간

시스템별로 정리된 이런 데이터는 가장 기초적인 공장 데이터 시스템에 적용된다. 설비의 긴급 정지 시간을 실제 긴급 정지율(Effective Forced Outage Rate, EFOR)로 변환하는 데에 사용되는 전형적인 파레토 다이어그램을 그림 5.1에 나타내었다. 이 그림은 FP&L 회사의 화력 발전소에 대한 것이다. 이 다이어그램은 EFOR의 약 80% 정도가 어디에서 발생하는지 쉽게 보여 주며, '악역'을 담당하는 3가지 시스템을 쉽게 알 수 있게 해준다. 이것은 다이어그램의 11가지 시스템 중에 단지 3가지만을 고려함으로써 가장 높은 ROI를 실현시킬 수 있다는 의미가 된다.

그림 5.2는 USAF 아놀드 기술 개발 센터의 주요 실험 장치에 대한 유지 보수 비용을 그린 또 다른 파레토 다이어그램이다. 그림 5.1과 5.2 모두 가장 효과적인 ROI가 어디서 발생하는지를 확연하게 보여주는 80/20 법칙이다.

어떤 경우에는 80/20 법칙을 세우기 위해 위의 3가지 매개 변수 각

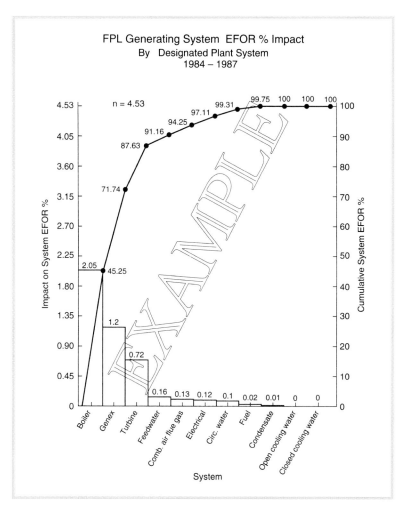

그림 5.1 Typical EFOR Pareto diagram(courtesy of Florida Power & Light)

각에 대해 3가지의 파레토 다이어그램을 유도한 적이 있는데, 이들
3개의 다이어그램에서 다소간의 편차는 있지만 궁극적으로 동일한
시스템을 결정한다는 것을 알아냈다. 2번 항목인 유지 보수 작업 횟

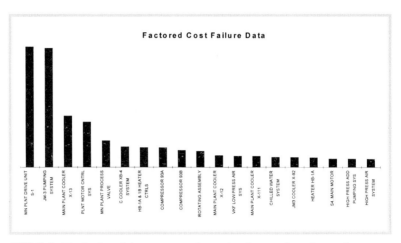

그림 5.2 Typical maintenance cost pareto diagram(courtesy of USAF/AEDC)

수는 파레도 다이어그램을 구성하는 데에 가장 쉽게 얻을 수 있는 데이터이므로 매우 중요하다.

이러한 실제 실행에 있어서 두 가지 주의해야 할 것이 있다. 첫째로 선택된 시스템 중에서 설계 변경을 요하는 문제는 유지 보수 작업이나 휴지에 크게 영향을 미칠 수 있다는 것이다. 이와 유사한 경우가 있었는데, 설계 변경이 파레토 다이어그램 데이터를 2년간 수집한 직후 6개월 동안 실시되었고, 그 6개월 동안 문제가 해결된 시스템은 공장에서 가장 우수한 것으로 판명되었다. 분명한 것은 PM 일정을 최적화하기 위해 적용하는 과정에서 이 시스템으로는 ROI를 실현하지 못했다는 것이다. 두 번째는 디지털 전자 기기로 이루어진 시스템을 대할 때이다. 여기서의 문제는 이러한 것들이 정말 공장에 심각한 휴지를 주는지에 대한 논의가 아니라 그보다는 이런 하드웨어가 대부분 RTF를 없애기 위한 PM 형식에 적합하지 않다는 것이다. 예를 들어 TV나 DVD, 세척기/건조기에 대한 PM을 하는가? 쉽게 이해가 갈 것이다. 그러므로 RCM 과제를 공장의 디지털 통제 시스템에 있는 '악역을 해결'하는 것에 사용하지 않기 바란다. 필요한 것은 고장난 모듈이나 써킷 보드를 필요할 때 빠르게 대체할 수 있는 재설계 노력이나 잘 정리된 고장 이력이다. 그런 것을 밝혀내는 데에 RCM을 사용해서는 안 된다.

정리하면, 고전적 RCM 과정은 시스템 수준에서 실시한다. 시스템 선택에는 최고의 ROI를 실현하는 데에 80/20의 법칙이 확실하고 신뢰할 수 있는 방법임이 이미 밝혀졌다. 이러한 거동을 잘 따르는 시스템(20/80 시스템)에 대해서는 제7장에서 또 다른 분석법을 소개하겠다.

5.2.3 정보 수집

이후의 단계에서 필요한 시스템 문서와 정보를 수집하고 연구함으로써 많은 시간과 노력을 줄일 수 있다. RCM 분석을 할 각 시스템에 전형적으로 필요한 문서와 정보 항목은 다음과 같다.

1. 시스템 P&ID(Piping and Instrumentation Diagram). 그림 5.3(참조 24)을 참조한다.
2. 시스템 개략도 및 블록 다이어그램. 종종 P&ID에서 유도되며 시스템이 어떻게 작동하는가에 대한 시각적 도움을 준다.

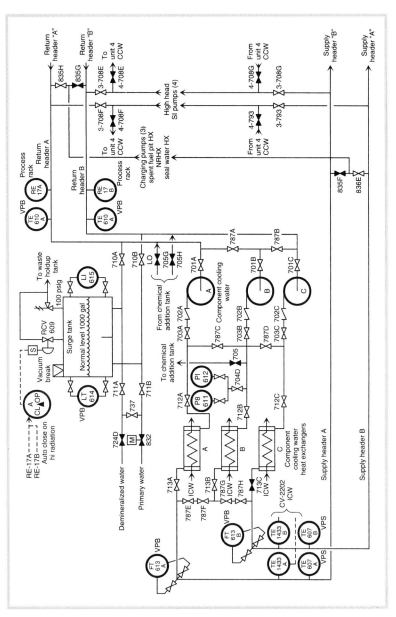

그림 5.3 Component cooling water P&ID.

RCM-세계적 수준의 유지 보수 기술

P&ID보다 덜 복잡하여 시스템의 주요 설비와 기능 특성을
이해하기 쉽다. 그림 5.4를 참조한다.

3. 시스템 설비에 대한 각 공급 업자 지침서. 5단계(FMEA)에서
사용할 설비의 설계와 운용에 대한 가능한 정보를 얻을 수 있다.

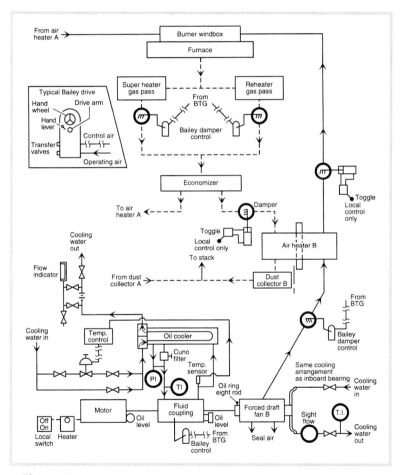

그림 5.4 Typical system schematic for fossil power plant
(courtesy of Florida Power & Light).

4. 설비 이력 파일. 3~5단계의 문서화와 5단계에서 사용할 실제 공장에서 실시된 고장과 교정적 유지 보수 작업을 보여준다.

5. 시스템 가동 지침서. 시스템의 기능 목적과 다른 시스템과의 연관성, 그리고 가동 한계와 현장 법칙 등이 포함된 자세한 값들을 제공한다. 이 항목들은 4단계에서 바로 사용된다(시스템 기능과 기능 고장).

6. 시스템 설계 사양과 설명 데이터. 앞서 언급한 모든 것을 지원, 증대시키며, 무엇보다도 1~3단계(시스템 기능 설명)와 4단계에서 필요한 정보를 구체화하는 데에 사용된다.

공장이나 조직 고유의 정보를 축적하기 위한 다른 많은 방법들이 있을 수 있다. 그리고 설비 고장 이력과 같은 산업 데이터는 잘만 사용하면 개인의 경험을 늘리는 데에 큰 도움이 되기도 한다. 앞서 언급한 모든 항목은 그 분석이 시스템과 그 작동과 설비의 이력에 대한 완전히 이해할 만큼 충분히 자세하다고 확신하는 것에 목적을 둔다.

이러한 항목 모두를 갖지 못할 경우가 있다. 예를 들어 P&ID가 없어서 이미 만들어진 시스템 진행 방향과 시각적 구조를 이용해서 이를 만들어야 할 때가 있다. 또는 설비 이력을 알아내기 위해 면담을 해야 할 필요도 있다. 공장과 설비를 만들기 위해 이는 필요하다. 심지어 문서가 완성되고 시스템이 잘 진행되고 면담이 좋은 아이이더라 해도 이 두 가지 요점에 대해서는 이후에 많은 논의가 있을 것이다. 한 가지 문제는 앞서 언급한 항목 중 빠진 것이 시스템에 현재 실시하고 있는 PM프로그램의 정의를 내린 문서 수집인 경우이다. 이것은 실제 7.3단계(작업 비교)에서 필요한 것이다. 하지만 그 RCM 결과에 어떤 긍정적인 또는 부정적인 영향을 줄지에 대한 기존 지식을 알기 위해 분석가가 7.3단계까지 현재의 PM 프로그램 정보를 얻어야 한다는 것은 아니다. 7단계 이후의 단계에서 이 데이터를 수집하고 RCM 결과와 비교할 많은 기회가 있을 것이다.

5.3 2단계 시스템 경계 정의

공장과 설비의 복잡도에 따라, 자금 사정에 따라, 규범에 따라, 그리고 다른 특정 요소에 따라 공장과 설비로부터 개별적으로 분리할 수 있는 시스템의 가짓수는 매우 다양하다. 예를 들어 전력 산업의 경우 800MWe 화력 발전소에는 15~30개의 개별 시스템이, 반면에 동일한 용량(800MWe)의 원자력 발전소에는 100개가 넘는 개별 시스템이 있다. 전체 시스템 정의와 경계에 대한 것은 공장과 설비의 설계 과정에서 기본적으로 세운다. 그리고 이 시스템 정의는 1단계에서 이미 시스템 선택의 기본으로서 다루었다. 이와 같은 정의 방법은 RCM 분석 과정을 위해 만들어져야 하는 정확한 경계에 대한 초기 정의를 내리는 데에도 쓰인다. RCM 분석 과정에서 정확한 시스템 경계 정의가 중요한 이유는 무엇일까?

1. 시스템에 포함되고 또는 포함되지 않는 것에 대한 정확한 지식이 있어야 확실한 부속 항목을 식별할 수 있다. 다시 말하면 근접한 시스템과 겹치지 않는 부속을 식별하는 것이다. 이

것은 다른 시간에 다른 분석가가 참여하는 근접한 두 개의 시스템을 분석할 때에 특히 필요하다.

2. 더욱 중요한 것은 그 경계는 시스템으로 들어오는 것(전력, 신호, 흐름, 열 등, IN 경계라고 한다)이 무엇이고 나가는 것(OUT 경계라고 한다)이 무엇인지를 결정하는 요소이다. 3, 4단계에서 논의하겠지만 IN과 OUT 경계에 대한 정의는 시스템 분석 과정의 정확도를 결정짓고 특히 모든 시스템 기능을 식별하는 데에 필요 조건이다. 이것은 시스템에 포함된 것과 포함되지 않은 것에 대한 확실한 이해를 기반으로 한다. 즉, 어디에 시스템 경계가 물리적으로 세워졌는가이다.

4.4절에서 공장의 시스템을 가상의 회의장으로 이용해서 4가지의 RCM 특성을 살펴봤다. 회의장의 벽이 위치한 정확한 지식이 없이는 방안에 무엇이(부속) 있는지 또 무엇이 방으로 들어가고 나가는지(IN과 OUT 경계) 정확히 말하기 어렵다. 경험에 비추어 볼 때 이 같은 일로 인해 많은 사람들이 2단계로 바로 들어가기를 원한다는 것이다. 몇 년 전에 이런 실험을 했다. 동일한 지식 수준의 RCM 두 팀을 선발해서 양쪽 모두에게 다음과 같은 질문을 했다.

(1) 시스템 X의 내부에 있는 부속을 정의하라.
(2) 시스템 X의 OUT 경계를 정의하라.

다만 1번 팀은 2단계를 수행하게 했고 2번 팀은 수행하지 못하게 했다. 그 결과, 1번 팀은 100% 정확히 답을 한 반면, 2번 팀은 20%

의 부속 항목과 25%의 OUT 경계 항목 오류를 범했다. 여기서의 교훈은 2단계가, 특히 80/20 시스템을 다룰 때 필요한 정보를 제공한다는 것이다.

시스템 경계를 세우는 데에는 왕도가 없다. 시스템은 정의에 의해 보통 한 개나 또는 두 개의 최고 수준의 기능이나 설비의 논리적 집합체를 형성하는 일련의 지원 기능을 갖는다. 하지만 정확한 경계 지점을 정의하는 것에 있어서 분석 목적으로 설비를 그룹화하는 가장 효율적인 방법을 제공하는 상당한 유연성이 있다. 어떻게 그런 일이 가능한지에 대해 잘 설명해 주는 예를 들겠다.

1. 시스템 A에 열 교환기가 있다. 하지만 그 시스템의 유량 감지기는 시스템 B의 공급 흐름을 제어하는 중추적 역할을 하고 있다. 따라서 그 유량 감지기는 시스템 B에 위치하며 그래야 시스템 B의 완전한 유량 상태를 조절할 수 있다.

2. 시스템 A에 설비의 윤활 기능이 있다. 하지만 다른 여러 시스템에 윤활 공급을 한다. 여기서 윤활 기능 전체는 시스템 B와 완전히 별개로 다루어져야 한다.

3. 시스템 A에는 그와 물리적으로 멀리 떨어진 공장의 통제실의 통제 데이터를 읽는 기능이 있다. 여기서 분석가는 이 통제실의 설비를 시스템 A의 것으로 다루어야 한다. 따라서 만약 통제실을 별개의 시스템으로 나중에 분석하더라도 이전에 설정한 시스템 A의 경계가 분석가에게 통제실의 설비를 통제실의 경계로 정의하지 않게 한다.

4. 써킷 브레이커(CB)와 같은 다른 설비 역시 CB 전체나 시스템 경계 안의 한 부분을 경계 표시로 사용할 수 있다.

RCM - Systems Analysis

Step 2-1:	System Boundary Definition	**Plant ID:**	
Information:	Boundary Overview	**System ID**	00651-020304
Plant:	VKF HPA Auxiliary Plant	**Rev No:**	0
System:	JM3 Pumping System	**Date:**	2/20/98
Subsystem:	C92 Compressor System		
Analysts:	Ed Ivey, Brian Shields, Brown Limbaugh, Ronnie Skipworth, Glenn Hinchcliffe (facilitator)		

Major Equipment Included:

GE 1250 Hp 6900V Induction Motor
Ingersal- Rand 3 Stage Centrifugal Compressor
Coupling
Lube Oil Pump
Pre-Lube Pump/Motor
Lube Oil Cooler
Inlet Air Filter
V921,V928, V925, Vent Valve

Primary Physical Boundaries

Start with:

Air from atmosphere entering into the filter

Terminate with:

38 PSIG air at approximately 100F on outlet side of V925

Vent excess air to atmosphere through outlet of vent line

Caveats:

Did not include any electrical supply breaker, starter, or cables in this analysis

System: JM3 Pumping System	Sunday, June 08, 2003
Subsystem: C92 Compressor System	Page 1 of 1
Step 2-1 Boundary Overview	
JMS Software	

그림 5.5 Typical boundary overview on form for step 2-1 (courtesy of USAF / AEDC).

RCM-세계적 수준의 유지 보수 기술

RCM - Systems Analysis

Step 2-2:	System Boundary Definition	Plant ID:	
Information:	Boundary Details	System ID	00651-020304
Plant:	VKF HPA Auxiliary Plant	Rev No:	0
System:	JM3 Pumping System	Date:	2/20/98
Subsystem:	C92 Compressor System		
Analysts:	Ed Ivey, Brian Shields, Brown Limbaugh, Ronnie Skipworth, Glenn Hinchcliffe (facilitator)		

Type	Bounding System	Interface Location	Reference Drawing
OUT (Air)	93A/B Compressor	Down stream side of V925	20-00054.18
IN (Air)	Atmosphere	Up stream side of inlet filter	20-00054.18
OUT (Air)	Atmosphere	Outlet of ducting	20-00054.18

System:	JM3 Pumping System	Sunday, June 08, 2003
Subsystem:	C92 Compressor System	Page 1 of 1

Step 2-2 Boundary Details
JMS Software

그림 5.6 Typical boundary details on form for step 2-2
(courtesy of USAF / AEDC).

경계 정의에 대해 어떻게 결정을 내렸든, 분석 과정의 일환으로 정
확히 표시되고 문서화되어야 한다. 이러한 작업은 그림 5.5와 5.6*
에서 보여 주는 것과 같은 형식을 사용하는 두 단계 문서화로 된다.
그림 5.5는 '경계 재검토'(2-1단계)를 보여 주는데, 이름에서처럼
주요 시스템 부속과 핵심 경계 표시를 쉽게 알려준다. 어떤 경우에
는 '경고 노트'를 포함하여 나중에 다른 사람이 분석내용을 볼 때
특별한 삽입 및 삭제에 대한 경고를 해준다. 그림 5.5의 데이터는
RCM 과제를 관리하고 재검토하는 데에 매우 유용하다. 하지만 그

---

* 5, 6장에서 보이는 문서양식은 "RCM WorkSaves" 소프트웨어에서 사용되는 것들이다
(11.5절). 만약 RCM팀이 이 소프트웨어를 사용하지 않는다면, 여기서 제시하는 문서양식
과 비슷한 형태의 것을 사용할 수 있다. RCM WorkSaves가 만들어지기 전에 저자는 유사
한 형태의 수기로 작성하는 방식의 양식을 사용하였다.

림 5.6은 단어 설명과 참고 그림 번호, 그리고 속해 있는 시스템의 이름으로써 이웃의 시스템과의 각 경계 위치를 나열함으로써 매우 뚜렷한 '세부 경계'(2-2단계)를 보여 준다. 시스템으로 들어오고 나가는(IN과 OUT 경계) 표시를 각 경계 위치에 나타내 주는지의 여

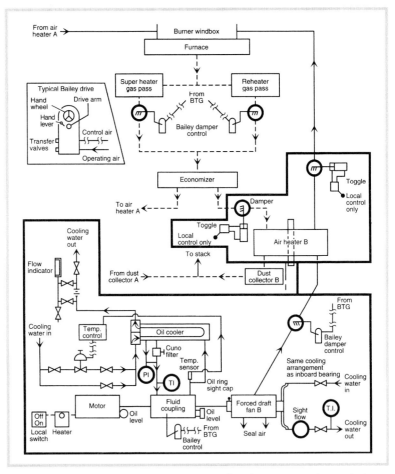

그림 5.7 Typical system schematic indicating system boundaries (form Figure 5.4)

RCM-세계적 수준의 유지 보수 기술

부도 보여 줄 수 있다. 모든 경계 표시가 IN과 OUT 경계에 있을 필
요는 없다. 또한 시스템 경계는 그림 5.7과 같이 개략적인 시스템 경
계를 굵게 표시하거나 시스템의 라인을 P&ID 위에 굵게 다른 색으
로 표시하여 나타낼 수도 있다.

분석가는 3, 4단계를 진행할수록 시스템 경계가 초기에 보이지 않
던 내재된 요소에 맞춰져야 한다는 사실을 알게 된다. 이는 있을 수
있는 일이며 5단계에 가기 전에 가장 효율적인 결과를 얻기 위해 2,
3, 4단계를 거치면서 나타나는 반복 과정에서 실제 일어난다.

5.4 3단계 시스템 설명과 기능 블록 다이어그램

시스템을 선택하고 경계 정의를 완성함으로써 나머지 단계를 확실
한 기술적 방법으로 수행하는 데에 필요한 시스템 식별과 문서화
작업인 3단계로 넘어 가겠다. 3단계에서는 5가지의 정보 항목이 소
개된다.

- 시스템 설명
- 기능 블록 다이어그램
- IN/OUT 경계
- 시스템 작업 분석 구조(부속 항목)
- 설비 이력

5.4.1 3-1단계 시스템 설명

이 부분은 분석 과정 중에서 상당한 양의 정보가 수집되고 어떤 것이 시스템을 구성하고 어떻게 가동되는지에 대한 내용을 알려 준다. 분석가는 이러한 정보를 이용해서 3단계에서 사용하는 PM 작업을 궁극적으로 식별하는 데에 필요한 기준 정의와 이해를 문서 형태로 만든다. 그 첫 번째는 시스템 설명(3-1단계)으로 그림 5.8과 같은 형태의 문서화이다. 잘 문서화된 시스템 설명은 다양한 유형의 장점이 있다.

1. 분석 시점에서 정확한 시스템 기준 정의를 기록하게 해준다. 변형이나 개선과 같은 형태의 설계 및 가동 변경은 계속해서 발생한다. 그리고 시스템은 PM 향후의 개정을 필요로 하는 시점에 대한 식별 기준이 있어야 한다(제10장 '살아있는 RCM 프로그램').

2. 분석가가 시스템에 대한 포괄적인 이해를 하게 해준다(분석가가 2 내지 3가지 이상의 시스템에 '전문가'인 경우는 드물다).

3. 무엇보다도, 요구 시스템 기능의 손상과 손실에 중요한 역할을 하는 결정적인 설계 및 가동 매개 변수를 식별하는 데에 도움을 준다. 예를 들어 열 교환기에서 물을 식히는 흐름에는 다양한 주입 '허용' 온도 또는 유량 조건이 있다. 이는 설비가 물을 식히는 수준의 '허용' 정도에 따라 다른데, 이후로 연결된 시스템(공장)의 완전한 가동 정지까지의 용량에 따라

RCM - Systems Analysis

Step 3-1:	**System Description/Functional Block Diagram**	**Plant ID:**
Information:	**System Description**	**System ID:**
Plant:		**Rev No:**
System:		**Date:**
Subsystem:		
Analysts:		

Functional Description/Key Parameters

Redundancy Features

Protection features

Key Control Features

System: Tuesday, April 22, 2003
Subsystem: Page 1 of 1
Step 3-1 System Description
JMS Software

그림 5.8 Maintenance optimization strategy

결정된다. 이와 같은 지식은 4단계에서 보게 될 기능 고장의 정확한 사양에 결정적인 요소가 된다.

시스템 설명의 자세한 정도는 분석가마다 다르다. 잘 문서화된 형태(그림 5.8)는 분석 과정 전체에서 상당히 유익하다. 그림 5.8에서 굵은 밑선으로 표시된 시스템 중복 특징(사용 대기 펌프, 연속적으로

'늘 잠겨있는' 밸브, 가동에 대한 다른 양상, 허용 기간 등), 방호 특징(경고, 이중 잠금, 멈추개 등), 그리고 핵심 설비 특징(디지털 또는 아날로그 제어 장치)에 대해 주목할 필요가 있다.

기능 블록 다이어그램(3-2단계)이 완성되어 하부 시스템의 필요 사항을 포함할 수 있도록 시스템 설명을 선택적으로 뒤로 미룰 수 있다. 하부 시스템에 대한 확인은 일반적인 일이다. 예를 들어 시스템이 4개의 하부 시스템으로 나뉜 경우 이 하부 시스템이 파레토 다이어그램에서 주요 데이터로 나타나기 때문에 고전 RCM 과정에서는 한두 개의 하부 시스템만 분석한다. 이 경우 나머지 시스템 분석 과정은 하부 시스템 수준에서 실시한다. 다시 말해서 '시스템'이란 말이 '하부 시스템'을 대체한다.

5.4.2 3-2단계 기능 블록 다이어그램

기능 블록 다이어그램(Functional Block Diagram)은 시스템이 수행하는 주요 기능의 최고 수준을 대표하며, 그 블록을 시스템의 기능적 하부 시스템으로 명명한다. 이름에서 보듯이 이 블록 다이어그램은 단지 기능들로만 이루어지고 부속이나 설비의 명칭 같은 것은 여기서 볼 수 없다. 전형적인 기능 하부 시스템은 펌핑이나 흐름, 가열, 식힘, 혼합, 절단, 윤활, 제어, 보호, 저장, 공급 등을 포함한다. 화살표로 연결된 것은 각 블록이 어떻게 상호 작용을 하는지를 폭넓게 나타내며, 실제로 그 시스템이 무엇을 하는지에 대한 완전한 기능 그림을 하부 시스템과 시스템의 IN/OUT 경계로서 보여준다(3-

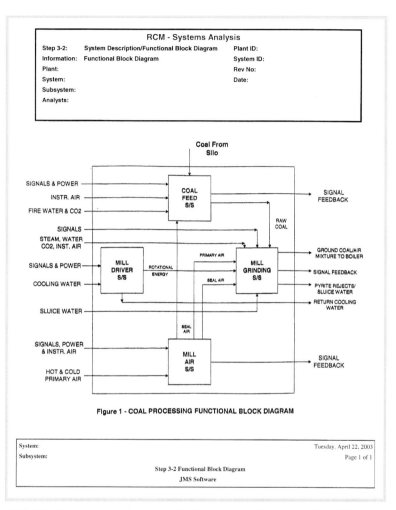

RCM - Systems Analysis

Step 3-2:   System Description/Functional Block Diagram   Plant ID:
Information: Functional Block Diagram   System ID:
Plant: Rev No:
System: Date:
Subsystem:
Analysts:

Coal From
Silo

SIGNALS & POWER

INSTR. AIR

FIRE WATER & CO2

COAL
FEED
S/S

SIGNAL
FEEDBACK

RAW
COAL

SIGNALS

STEAM, WATER
CO2, INST. AIR

PRIMARY AIR

GROUND COAL/AIR
MIXTURE TO BOILER

SIGNALS & POWER

MILL
DRIVER
S/S

ROTATIONAL
ENERGY

MILL
GRINDING
S/S

SIGNAL FEEDBACK

COOLING WATER

SEAL AIR

PYRITE REJECTS/
SLUICE WATER

SLUICE WATER

RETURN COOLING
WATER

SEAL
AIR

SIGNALS, POWER
& INSTR. AIR

MILL
AIR
S/S

SIGNAL
FEEDBACK

HOT & COLD
PRIMARY AIR

Figure 1 - COAL PROCESSING FUNCTIONAL BLOCK DIAGRAM

System: Tuesday, April 22, 2003
Subsystem: Page 1 of 1
                        Step 3-2 Functional Block Diagram
                                JMS Software

그림 5.9 Typical functnal block diagram on form for Step 3.2
          (form Ref.38).

3단계에서 자세히 다룬다). 여기서 알 수 있듯이 완전한 기능 블록
다이어그램은 4단계로의 핵심 연결 고리가 된다. 4단계에서는 시스
템 기능을 정식으로 정의하고 문서화할 것이다.

그림 5.9는 기능 블록 다이어그램의 형식을 보여 준다. 발전소의 석탄처리 과정 시스템에 대한 전형적인 다이어그램을 보여 주는데, 모든 IN/OUT 경계가 확연히 나타난다. 이 다이어그램은 시스템 기능 구조에 대한 시각적 도움뿐만 아니라, 4~7단계에서 사용할, 시스템 자체가 한 번에 분석하기에 너무 복잡할 경우 더 작은 일괄 하부 시스템을 식별하게 해 준다. 이는 종종 분석 과정에서 나타나는 어려움을 덜어 주는데, 심지어 한 사람 이상의 분석가가 한 개의 시스템에 동시에 배정되는 경우 작업을 분리하는 논리적 근거로도 사용된다. 경험상 시스템은 5가지 이상의 주요 기능으로 나타나서는 안 되며, 따라서 하부 시스템 기능의 숫자도 이에 한정된다. 5개 이상의 기능이 나오면 주요 기능이 서로 겹치지 않았는지에 대해 좀 더 자세히 볼 필요가 있다. 예를 들어 펌핑은 흐름 제어의 한 부분으로 봐야지 하부 시스템 기능으로 분리해서는 안 된다.

경계에 대한 검토(2-1단계)와 함께, 기능 블록 다이어그램은 관리적 측면에서 시스템 분석 과정의 초기 상태를 잘 설명해 준다. 전체 시스템을 다룰 것인지 아니면 분석 과정을 할 수 있을 때까지 각 하부 시스템을 뒤로 미룰 것인지에 대한 공감대를 찾기 위해, 3-2단계가 시스템 경계 검토(2-1단계) 이후에 즉각적으로 실행되어야 한다. 예를 들어 그림 5.9에 묘사된 시스템이 4개의 하부 시스템으로 나뉘어 있지만, 시스템 휴지 문제에 주 역할을 하는 석탄처리 공급과 분쇄의 하부 시스템만이 고전적 RCM 전 과정을 밟는다.

5.4.3 3-3단계 IN/OUT 경계

시스템 경계의 설립과 기능적 하부 시스템 개발은 다양한 요소들이 시스템 경계(또는 분석하고자 하는 수준을 맞춘 경우 하부 시스템 경계)를 넘나들도록 완전한 문서화를 할 수 있게 해 준다. 어떤 요소는(전력, 신호, 열, 유체, 가스 등) IN으로 들어오고 어떤 것은 다른 시스템으로 공급하기 위해 OUT으로 나간다. 이것을 각각 IN과 OUT 경계라고 하며, 그림 5.9의 기능 블록 다이어그램을 완전하게 하는 추가 정보를 제공한다. 이와 같은 정보는 그림 5.10처럼 문서화되어 그림 5.6과 같은 표제 항목을 갖는다. 모든 경우는 아니지만 어떤 경우에는 IN/OUT 경계가 경계 지점에서 나타나기도 했다. 하지만 대다수는 경계 지점 사이에 나타나며 그림 5.10에서와 같이 식별되고 문서화되어야 한다. 예를 들어 가상으로 만들었던 회의장을 보면, 경계의 위치는 방의 8개 꼭짓점에 자리잡는다. 하지만 이 위치가 동시에 IN 또는 OUT으로 나타나지는 않는다. 그보다는 모든 IN/OUT 경계는 8개의 꼭짓점으로 정의된 벽이나 바닥, 천정을 통해서 나타난다. 전력이나 전화선, 에어컨디셔닝 흡입/배출구, 수로, 하수로와 같은 요소는 그림 5.10에 모두 나열되어 있다. 그러나 어느 것도 그림 5.6에서는 볼 수 없다. 공장에서의 실제 시스템에서도 이와 유사하다. IN/OUT 경계 항목이 그림 5.6의 자세한 경계 정의를 필요로 하는 데에서는 빠지는 것이 일반적이다.

그림 5.10과 같은 항목을 개발하고 그림 5.9의 각 선과 화살표를 완성함으로써 모든 OUT 경계는 시스템 생산품을 나타내 준다는 것

Step 3-3:	System Description/Functional Block Diagram	Plant ID:	
Information:	IN/OUT Interfaces	System ID	00651-020304
Plant:	VKF HPA Auxiliary Plant	Rev No:	0
System:	JM3 Pumping System	Date:	3/10/98
Subsystem:	C92 Compressor System		
Analysts:	Ed Ivey, Brian Shields, Brown Limbaugh, Ronnie Skipworth, Glenn Hinchcliffe (facilitator)		

Type	Bounding System	Interface Location	Reference Drawing
OUT (Air)	93 A/B	Down stream side of V925	20-00054.18
IN (Air)	Atmosphere	Up stream side of inlet filter	20-00054.18
OUT (Air)	Atmosphere	Outlet of ducting	20-00054.18
IN (6.9kv)	Electrical Distribution	Cable connection at motor	
IN (480v)	Electrical Distribution	Cable connection at motor heaters	
IN (480v)	Electrical Distribution	Cable connection at oil reservoir heaters.	
IN (480v)	Electrical Distribution	Cable connection at pre-lube oil pump	
OUT (Dymac Signals)	Control Signals	Terminal strip to 501 system and PPC (C92 vibration signals and bearing temps)	
OUT (Signals)	Annunicator Panel	Terminal strip to compressor	
OUT (Signals)	Electrical Distribution	Breaker close signal for main motor and pre-lube pump	
IN (Air)	Atmosphere	Air side of motor filter	
OUT (Air)	Atmosphere	Discharge side of motor filter	
IN (Raw Water)	Raw Water System	Inlet side of valve supplying water to compressor and lube oil cooler	
OUT (Raw Water)	Raw Water System	Discharge side of raw water return valve	

System:	JM3 Pumping System	Sunday, June 08, 2003
Subsystem:	C92 Compressor System	Page 1 of 2

Step 3-3 IN/OUT Interfaces
JMS Software

그림 5.10 Typical IN / OUT interfaces on form for Step 3-3
(courtesy of USAF /AEDC)

을 알 수 있다. 그리고 이는 4단계에서 다룰 '시스템 기능의 유지' 라는 원칙의 중심이 된다. 시스템 분석 과정에서 모든 IN 경계는 항상 존재하고 가동한다는 가정을 세운 것에 주목해야 한다. 이 IN 경계는 시스템을 가동하게 하는 데에 필요하지만 시스템의 실제 생산품은 OUT 경계에서 나타난다. 여기서의 IN 경계는 다른 시스템의 OUT 경계임을 잊지 말아야 하며, 실제로 간과해선 안 된다. 필요하다면 차후에 다른 시스템의 부분으로서 분석될 수 있다.

5.4.4 3-4단계 - 시스템 작업 분석 구조

시스템 작업 분석 구조(System Work Breakdown Structure, SWBS) 는 미국 국방성에서 RCM을 적용하는 기술에서 사용되었으며 기능 블록 다이어그램상의 각 기능적 하부 시스템에 대한 설비(부속) 항목의 편집을 설명하는 데에 사용된다. 이 설비 항목은 부속 수준의 집단에서 정의(5.2절의 부속 정의 설명 참조)된다는 것과 그림 5.11과 같이 문서화된다는 점에 주목하기 바란다. 시스템 경계 내의 모든 부속이 이 설비 항목에 포함되어야 함은 당연하다. 만일 그렇지 않으면 4에서 7단계에 이르는 더 많은 PM 상황에서 이 '잊혀진' 부속은 자동적으로 삭제된다. 정확한 P&ID는 설비 항목을 만드는 데에 매우 좋은 정보 자료이다. 공장이나 설비를 위해서 시스템의 진행 방향 역시 설비 항목을 정확하게 해주는 요소가 된다.

많은 시스템이 장치 제어도(Instrumentation & Control, I&C)라는 상당한 보완물을 포함하기 때문에 그림 5.11에서와 같이 I&C와

RCM - Systems Analysis

Step 3-4:	**System Description/Functional Block Diagram**		**Plant ID:**	
Information:	**System Work Breakdown Structure**		**System ID**	00651-020304
Plant:	VKF HPA Auxiliary Plant		**Rev No:**	0
System:	JM3 Pumping System		**Date:**	3/10/98
Subsystem:	C92 Compressor System			
Analysts:	Ed Ivey, Brian Shields, Brown Limbaugh, Ronnie Skipworth, Glenn Hinchcliffe (facilitator)			

Comp	Component ID	Component Description	Type	Qty	Dwg or Ref
01		6.9 kV Motor	Non-Instr		
02		Compressor Coupling	Non-Instr		
03		Compressor	Non-Instr		
04		Wiring and Connections	Non-Instr		
47		Gauges (press,temp) Cool Wtr: Return Press & Return, Main wtr cooling supp press/ temp, LO cooler in, Intake Vac	S - Instr		
48		Pressure/Temperature readouts (Chessel Recorder) Process Air temp by stage, Discharge air temp by stage	S - Instr		
49		Lube Oil Cooling Temperature Out	C - Instr		
50		Amp Meter for Motor Current	P - Instr		
51		Oil Reservoir Level Switch (Alarm and Trip)	P - Instr		
52		I/P Converters and Sensors (Air Operated Valves)	C - Instr		
53		Positioners and Sensors (Air Operated Valves)	C - Instr		
54		AMETEK controller for V921 and V928	C - Instr		
55		Electronic controllers for water cooling valves and V925	C - Instr		
56		Main Motor Bearing Temperature Monitors (Separate alarms and trips)	P - Instr		
57		C92 Main water cooling supply valve	Non-Instr		
58		C92 Main water cooling supply Y-strainer	Non-Instr		
59		Motor bearing lube oil valves (East and West)	Non-Instr		
60		Condensate blowdown valves (1st, 2nd, 3rd stage)	Non-Instr		

System:	JM3 Pumping System		Saturday, May 24, 2003
Subsystem:	C92 Compressor System		Page 1 of 1
	Step 3-4 SWBS		
	JMS Software	C=Control S=Status	P=Protection

그림 5.11 Typical SWBS on form for Step 3-4 (courtesy of USAF/AEDC)

RCM-세계적 수준의 유지 보수 기술

non-I&C 부속으로 구분해서 그룹을 짓는 것이 편리할 수 있다. I&C 부속을 쉽게 다루기 위해서 각 장치를 (1) 제어, (2) 보호, (3) 상태 정보의 항목으로 구분하고 각각을 C, P, S로 표시했다(그림 5.11). '상태 정보'로 구분된 장치들은 시스템 분석 과정의 추가적 고려에서는 제외되며, RTF 항목으로 포함시킨다. 간단히 말해서, 그런 장치는 PM 자원의 지출에 큰 영향을 주지 않는다.

5.4.5 3-5단계-설비 이력

예술 수준의 신규 설비는 예외지만, 궁극적으로 모든 SWBS상의 부속은 기존의 사용법이나 가동 경험을 갖기 마련이다. RCM 목적에서 가장 직접적으로 관계된 이력은 지난 2~3년간 겪어온 고장과 관련된 것이다. 이 고장 이력은 교정 유지 보수 작업의 작업 지시서에

그림 5.12 Form for equipment history, Step 3-5

서 유도되는 것이 보통이다. 설비 이력 정보는 그림 5.12와 같이 기록된다. 우리가 알고자 하는 초기 정보는 교정 유지 보수 작업과 관련된 고장 양상과 고장 원인임을 주목하기 바란다. 왜냐하면 이 정보는 FMEA인 5단계를 완성시키는 직접적인 값이 되기 때문이다.

그러면 이런 설비 고장 이력은 어디서 찾을 수 있을까? 첫 번째로 가장 먼저, 만약 문제의 공장과 설비에서 가동 중이라면 작업 지시 기록으로부터 나오는 공장 사양 데이터를 찾아 봐야 한다. 또는 만약 자동화 설비라면, CMMS 파일에서 찾아야 한다. 어떤 경우는 그와 동일한 공장이나 유사한 작업 부속을 갖는 설비에서 동일한 작업 지시서나 CMMS 파일을 구할 수도 있다. 하여간 공장 내에서 공장 사양 데이터를 찾는 것이 가장 바람직하다. 왜냐하면 그 기록들은 RCM 분석을 하기 위한 실제 부속을 가장 정확히 나타내 줄 수 있는 가동과 유지 보수 과정을 반영하기 때문이다. 추가로 산업 전반의 기본에서 유추되거나 문제의 부속에 대한 데이터를 포함하는 포괄적인 고장 파일이 있을 수 있다. 종종 이런 포괄적인 파일은 보고자 하는 동일한 모델이나 설계 번호를 포함하지 않는 경우도 있지만, 잘만 찾는다면, 분석에 사용할 만한 유사한 부속 설계를 발견할 수도 있다.

한 가지 알아두어야 할 점은, 종종 고장 현상에 대한 고장 이력이 너무 간략한 데이터로 되어 있어서 분석가를 놀라게 하는 경우가 있다는 것이다. '부러짐 발견', '수리 조치함'과 같은 문장이 전부인 경우가 그렇다. 분석에 대한 유용한 정보를 못 얻는다는 데에서도 그렇지만, 그 고장에 대한 확실한 이해를 하고 고쳤는지에 대해서 알 수 없다는 것도 상당이 문제가 되는 일이다. 또한 CMMS 파일에 있는 그 데이터가 RCM 분석에 필요한 만큼 충분하지 않을 수도 있고 원래의 작업 지시서를 찾는 일(가능한 경우에 한해서)이 필요할 수도 있다. 심지어 그런 다음 아주 좋은 고장 양상 데이터가 있으면서도 고장 원인 데이터가 너무 부족한 일도 흔히 있다. 이런 점에도 불구하고, 5단계에서 실시할 FMEA를 지원하기 위해 부속 고장 이력을 조사해 보는 것이 바람직하다. 하지만 경험상 이런 조사로 유용한 데이터를 찾는 것은 드문 일이기 때문에 쓸데없이 너무 많은 노력을 낭비하지 않도록 해야 한다.

5.5 4단계 시스템 기능과 기능 고장

앞서 열거한 모든 단계는 RCM의 4가지 특징을 효과적으로 수행하는 기본을 알려주는 규칙적인 정보 개발에 방향을 맞추었다. 이 과정은 시스템 기능을 정의하는 것에서 출발한다. 이는 RCM의 첫 번째 원칙인 '시스템 기능 유지'에 적합한 수행이다. 따라서 이것은 후속 단계가 기능을 유지하는 PM 작업을 궁극적으로 정의하는 데에서 시스템 기능 항목에 밀접한 관계가 있기 때문에, 분석가가 이러한 항목에 대한 정의를 확실히 내리도록 한다. 기능이 빠지면 그 기능을 유지하기 위한 PM 작업은 의식적으로라도 고려하기 힘들다.

3-3단계에서 언급한 것과 같이 OUT 경계에 대한 개발은 시스템의 기능을 정의하기 위한 주요 정보원으로 구성된다. 즉 OUT 경계는 시스템의 생산품을 정의한다(a.k.a 기능). 하부 시스템에 대한 분석을 수행하기로 결정했다면, 3에서 7단계는 하부 시스템 수준에서 시행되어야 한다는 것을 상기하기 바란다.

필연적으로 모든 OUT 경계는 기능 표현으로 구체화되어야 한다. 어떤 OUT 경계는 복합적 성격을 띠고 한 개의 기능 표현이 그 모든 것을 충분히 알 수 있게 해 주기도 한다. 다른 시스템이나 중앙 통제실로 나가는 신호가 그 예이다. 또한 OUT 경계는 2단계와 3-3단계가 적절히 수행된 경우 능동적인, 따라서 쉽게 볼 수 있는 기능을 나타낸다. 하지만 어떤 기능은 수동적이기 때문에 그 미묘한 기능은 분석가에 의해 밖으로 표출되고 분석되어야 한다. 가장 두드러진 수동적 기능은 구조적 고려이며 유체 경계 보전(파이프)이나 구조적 지원 보전(파이프 보전)과 같은 항목을 포함한다.

기능 표현의 구성에서 분석가가 잊지 말아야 할 것은 어느 설비가 시스템에 있는가가 아니라는 것이다. 이는 설비 이름을 시스템 기능 설명에 사용하지 말라는 의미이다. 하지만 경계 밖에 있는 설비나 시스템의 이름을 사용하는 것이 실제적인 기능 표현의 구성에 필요할 수도 있다. 기능 표현에 대한 정답과 오답의 예를 다음과 같이 들었다.

오답(incorrect)	정답(correct)
1,500psi 안전 해제 밸브를 설치한다.	1500psi 이상에서 압력 해제하도록 설치한다.
1,500GPM 원심 펌프를 26 수로 배출 쪽에 설치한다.	26 수로 출구에 1,500GM의 유량을 유지한다.
블록 밸브가 <90%에서 열리면 통제실에 경고하는 장치를 설치한다.	유량이 적정 값의 <90%이면 통제실에 경고하는 장치를 설치한다.
펌프 윤활유를 위해 수냉 열 교환기를 설치한다.	윤활유의 온도를 ≤130°F으로 유지한다.

기능 유지란 기능 고장을 피한다는 의미이므로 시스템 기능이 정의되면 분석가는 기능 고장에 대한 정의를 내릴 준비가 된 것이다. 이제 기능 고장의 발생방법에 따라 예방하고 완화하고 기능 손실 조짐을 발견하는 작업을 어떻게 해야 되는지에 대한 결정 과정의 첫 단계를 시작한다.

1. 이번 단계에서의 분석 과정은 설비의 상실이 아닌 기능의 상실에 대해 초점을 맞추겠다. 따라서 기능의 표현에서와 같이, 기능 고장의 표현은 설비 고장을 말하는 것이 아니다(이는 5단계에서 다루겠다).

2. 기능 고장은 보통 한 가지 기능 상실에 대한 간단한 표현이 아닌 여러 가지로 나타난다. 대부분의 기능은 두 가지 이상의 상실 조건을 갖는다. 예를 들어 한 개의 상실 조건은 전체 공장을 정지(총체적 긴급 정지)시킬 수도 있고 그보다 덜 심각한 상실 조건은 단순히 부분적인 긴급 정지나 공장에 아주 미약한 손실을 입힐 수도 있다. 이런 차이는 매우 중요한데 궁극적인 중요

167

도가 분석 과정의 마지막 순간에 결정될 수 있기 때문이다(모든 기능 고장이 동일한 중요도를 갖지 않는다). 또한 이런 차이는 종종 설비의 다른 고장 양상을 초래한다. 이러한 정의는 다음의 5단계에서 필요하다.

앞서 나온 기능 표현과 짝을 지어 기능 고장을 설명해 보자.

기능(function)	기능 고장(functional failure)
1. 1,500psi 이상에서 압력 해제하도록 설치한다.	a. 1,650psi 이상에서 압력이 해제된다.
	b. 기준(1,500psi) 미만에서 압력이 해제된다.
2. 26 수로 출구에 1,500GM 의 유량을 유지한다.	a. 유량이 1,500GPM을 초과한다.
	b. 유량이 1,500GPM 미만이지만 1,000GPM 이상이다.
	c. 유량이 1,000GPM 미만이다.

기능 1에서 만약 압력 해제가 설계치(정확한 1,500psi가 아님)의 10% 여유분 이상에서 일어난다면 파이프가 파괴될 수 있기 때문에 기능 고장이 나타난다. 또 1,500psi 미만이라면 유체 시스템이 고갈된다. 양쪽 모두 총체적 시스템 손실이다. 기능 2에서는 초과 유량의 경우 시스템 설계에서 고려한 범위를 넘어 어떤 화학적 과정을 망칠 수 있는 반면, 100GPM 정도로 낮을 경우 생산품에 문제를 발생시킬 수 있다. 하지만 1,000GPM 미만으로 떨어지면 시스템이 중단되게 된다.

기능 고장에 대한 정확한 묘사는 시스템의 설계 변수에 크게 의존

RCM - Systems Analysis

Step 4:	Functions/Functional Failures	Plant ID:
Information:	Functional Failure Description	System ID 00651-020304
Plant:	VKF HPA Auxiliary Plant	Rev No: 0
System:	JM3 Pumping System	Date: 3/10/98
Subsystem:	C92 Compressor System	
Analysts:	Ed Ivey, Brian Shields, Brown Limbaugh, Ronnie Skipworth, Glenn Hinchcliffe (facilitator)	

Function #	FF #	Function/Functional Failure Description
1.0		*Supply compressed atmospheric air at 38 PSIG and 6050 CFM to 93 A/B compressors at normal operating conditions*
	1.1	No Air Supplied
	1.2	Incorrect Air Pressure
	1.3	Air supplied at off-normal operating conditions
2.0		*Provide filtered lubrication at required temperature and pressure*
	2.1	Loss of lubrication
	2.2	Lubrication at improper temperature, pressure, and cleanliness
3.0		*Remove heat of compression*
	3.1	Can not remove heat of compression
	3.2	Incorrect removal of heat of compression (high or low)
4.0		*Provide filtered atmospheric, instrument and seal air at required conditions*
	4.1	No filtered air
	4.2	Air at incorrect conditions (high or low pressure, dirty)
5.0		*Provide appropriate signals (controlling, alarming, staus, and protection)*
	5.1	No signals provided
	5.2	False signals
6.0		*Maintain boundary integrity*
	6.1	Loss of boundary integrity

System:	JM3 Pumping System	Sunday, July 20, 2003
Subsystem:	C92 Compressor System	Page 1 of 1

Step 4 Functional Failures

JMS Software

그림 5.13 Typical function / functional failure description on from for Step 4(courty of USAF / AEDC).

한다는 것을 알아챘을 것이다. 예를 들어 기능 2에서 총체적 정지와 공정 제어의 완전 상실이 일어나지 않는 적정 수준의 유량 편차가 얼마인지에 대해 알 필요가 있다. 이 제어 범위 상황은 아주 일반적인 것으로 분석가는 기능 고장이 각 시스템 기능의 의도된 설계 조건을 확실히 설명하는지에 대해 조심스럽게 확인해야 한다. '기능이 된다' 또는 '안 된다'와 같이 간단한 경우는 없다. 이에 대해서는 그림 5.8의 시스템 설명 형식에서 정보 개발을 다루면서 이미 강조한 적이 있다(5.4절). 기능과 기능 고장에 대한 정보는 그림 5.13의 형식으로 기록한다.

5.6 5단계 Failure Mode and Effects Analysis (FMEA)

5.6.1 기능 고장-설비 매트릭스

5단계에서는 어느 부속의 고장이 '기능 유지'의 원칙을 무너뜨릴 가능성이 있는지에 대한 문제를 다룬다. 시스템 분석 과정에서 원하지 않는 기능 고장을 일으킬 가능성이 있는 특정 하드웨어 고장 양상을 식별함으로써 시스템 기능과 시스템 부속을 직접 연결시키는 것은 처음일 것이다. 이러한 작업을 함으로써 RCM의 특징 2를 만족시킬 수 있게 된다.

초기 RCM 연구에서 저자가 마주쳤던 어려움 가운데 하나는 5단계에서 평가하고자 하는 모든 다양한 기능 고장-부속 조합을 연결하고 추적하는 규칙적 방법을 세우는 것이었다. 여러 차례의 시행착오 끝에 그림 5.14와 같은 기능 고장-설비 매트릭스(Matrix) 사용법을 개발했다. 이 매트릭스는 저자가 시스템 분석 과정에 기여한 혁신적 추가물 중 하나로 종종 기능과 하드웨어 간의 '연결 조직'으로 사용된다. 매트릭스의 수평과 수직 요소는 각각 3~4단계의 부속 항목 또는 SWBS와 4단계의 기능 고장 항목이다. 여기서 분석가가 할 일은 한 가지 이상의 기능 고장을 일으킬 가능성이 있는 부속을 식별하고 그에 맞게 각 교차 상자 안에 X로 표시하는 것이다. 매트릭스를 가장 쉽게 하는 방법은 부속 항목을 하나씩 따라 내려 가면서 각 부속에 대한 기능 고장을 가로질러 가는 것이다. 각 교차점에서 '그 부속이 보일 수 있는 어떤 기능 불량이 그와 같은 기능 고장을 일으킬 가능성이 있는가?' 란 질문을 한다. 대답이 '있다' 면 X로 표시하고 이 교차점은 이후에 설명한 FMEA에 의해 좀 더 자세히 평가되어야 한다. 분석가가 시스템 설계와 가동 특성에 대한 타당한 지식을 갖고 있다면 이 매트릭스 과정은 빨리 그리고 정확히 수행 될 수 있다. 그러나 분석가는 이를 완성하기 위해 기술자나 운용 전문가로부터 자문을 구하는 일에 망설이지 말아야 한다. 매트릭스가 완성되면 나머지 시스템 분석 과정을 수행하는 데에 필요한 정확한 로드 맵을 개발할 것이다.

그림 5.9의 분쇄 하부 시스템에 사용된 실제 매트릭스의 예를 그림 5.15에 나타냈다. 초기에 이 매트릭스는 숫자로 나타난 모든 블록

RCM—Systems Analysis Process										
Step 4: Functions/functional failures										
Information: Equipment–functional failure matrix						Rev no.:			Date:	
Plant:						Plant ID:				
System name:						System ID:				
Analysts:										

No.	Equipment (or component) name	Functional failures								

그림 5.14 Typical form for equipment – functional failure matrix, Step 5-1

그림 5.15 Mill grinding equipment − function failure matrix (form Ref.38)

No.	EQUIPMENT (OR COMPONENT) NAME	4.1.1 GRIND COAL CORRECTLY	4.1.2 CLASSIFY COAL CORRECTLY	4.2.1 SEPARATE & REMOVE PYRITES & FOREIGN OBJECTS	4.2.2 TRANSPORT REJECTS TO SLUICE SECTION	4.3.1 NO SIGNAL OUTPUT	4.3.2 ERRONEOUS SIGNALS	4.4.1 MAJOR STRUCTURAL LEAK	4.4.2 IMPROPERLY SEALED PENETRATIONS	4.5.1 VALVES TO ISOLATE ON DEMAND	4.6.1 GET CO_2, STEAM, OR WATER TO CORRECT LOCATION	4.6.2 INADEQUATE FLOW OF CO_2, STEAM, OR WATER	4.6.3 ISOLATE MILL GRINDING SYSTEMS	4.6.4 INERTING/FOGGING/SWIRL SYSTEMS TO OPERATE CORRECTLY	4.6.5 FAILURE TO MAINTAIN PURGE AIR
1	TABLE, YOKE AND PYRITE PLOWS	X	4.1.1	4.1.1				4.1.1	X						4.4.2
2	ROLL WHEEL ASSEMBLY(INCLUDING SEAL AIR MANIFOLD)	X						4.1.1	4.1.1						4.1.1
3	FOG AND SWIRL, PA ELBOW, AND FIRE PROTECTION			4.6.1 4.6.2		4.6.2	4.6.2	4.6.2	X		X	X		4.6.1 4.6.2	4.6.2
4	SPRING FRAME ASSEMBLY	X													
5	CLASSIFIER		X			4.1.1 4.5.1	4.1.1 4.5.1		4.1.1						
6	BSOD (BURNER SHUT-OFF DAMPER)	X	4.1.1					X	X	X			4.5.1		
7	STRUCTUAL HOUSING (INCLUDING PIPING)				4.2.1			X	4.4.1						
8	PYRITE HOPPER ASSEMBLY			X			X	X	4.4.1				4.2.1		
9	TEMP SWITCH, TS 27F, COAL/AIR EXIT ALM@180 DEG F					4.3.2	X		4.3.2						
10	THERMOCOUPLE, TE 727.1F COAL/AIR EXIT DCS ALARM					4.3.2	X		4.3.2						
11	DIFFERENTIAL PRESSURE TRANS, DX 27F					4.3.2	4.1.1	4.1.1	4.3.2						
12	DIFFERENTIAL PRESSURE SWITCH DS 27F *TO BE RETIRED	X				4.1.1									
13	THERMOCOUPLE, TE 727F COAL/AIR EXIT CONTROL	4.3.2				4.3.2	X		4.3.2						

내에 X로 채워졌다. 이 숫자와 함께 그렇게 많은 X가 있었던 이유는 다음의 FMEA에서 논의하겠다.

그림 5.14처럼 드물지만 빈 공간이 있는 경우에 대해서 놀랄 것이다. 이는 설비 항목과 기능 고장 교자에서 X가 없다는 의미이다. 이 경우는 분석에서 실수가 있든지 시스템에서 전혀 역할이 없는 부속을 찾았을 때이다(저자도 역할이 없는 부속을 찾은 경우가 두 번 있었으며, 그에 대한 작업 또는 그 부속에 대한 블록을 삭제했다). 반대로 모든 부속이 초기에 '결정적'인 것으로 나타나서 한 개 이상의 기능 고장을 유발할 가능성이 있을 수 있다. 여기서 남은 문제는 한정된 PM 자원에서 어떻게 우선순위를 정하는가이다. 이에 대한 해답은 6단계에서 설명하겠다. 하지만 기능과 기능 고장과의 관계에 대한 충분한 이해 없이 섣부르게 부속을 '결정적이지 않은' 것으로 판단하는 것은 매우 위험한 일이다.

5.6.2 FMEA

매트릭스를 완성한 후 분석가가 해야 할 일은 모든 교차점에서의 X에 대한 FMEA를 수행하는 것이다. 이 작업 중에서 가장 최선의 방법은 X가 가장 많은 컬럼을 차지하는 한두 개의 기능 고장을 선택하여 각 X에 대해 그림 5.16의 형태인 FMEA를 완성하는 것이다. 각 부속의 컬럼이 완성되면 그 고장 양상이 다른 기능 고장 X에 대해서도 전체적으로 또는 부분적으로 동일하게 적용 가능한지 검토되어야 한다. 다른 기능 고장의 일부라도 이러한 고장 양상을 적용

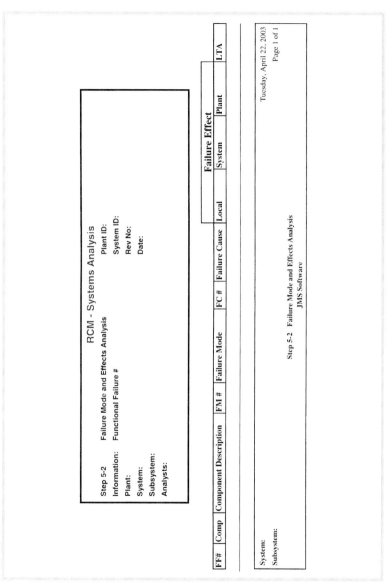

그림 5.16 MEA form for Step 5-2

할 수 있다면 매트릭스 내의 여러 위치에 대해서 반복된 FMEA 작업을 상당수 줄일 수 있다. 그림 5.15에서 이런 일이 어떻게 진행 되는지 볼 수 있다. 예를 들어 부속 #1에서 F.F. #4.1.1에 대해 수행한 FMEA는 F.F.#4.1.2와 #4.2.1, #4.4.1에도 적용된다. 하지만 F.F. #4.4.2처럼 X가 남게 되면 기능 고장에 대한 정보를 얻기 위해 별개의 FMEA가 수행되어야 하고, 이는 또 다시 F.F. #4.6.5에 동일하게 적용된다.

그림 5.16의 컬럼을 따라 FMEA 과정의 내용에 대해 논의해 보자. 첫째로 수로와 첫번째 컬럼은 그 페이지의 정보가 오직 한 가지 기능 고장에 대한 것임을 확연히 식별해 준다. 두 번째 컬럼에 있는 특정 부속을 식별할 때도 그림 5.14와 5.15의 교차점 중 하나인 X에 대한 식별을 한다는 것에 주목할 필요가 있다. 각 기능 고장에는 보통 여러 개의 X 부속이 있어서 각 기능 고장에 대한 FMEA 분석을 완성하기 위해서는 여러 장의 분석지가 필요하다. 다음으로 어떤 부속에 의해 기능 고장의 문제가 생겼는지 분석해야 할 고장 형태 컬럼을 진행한다. 보통은 여러 개의 고장 형태에 대해 가설을 세우지만 이 분석에서는 가장 주된 고장 형태로만 한정한다. 주된 고장 형태는 부속으로 인해 어떤 문제가 생길지 알아내야 하는 데에 두 가지 실제적인 제한 조건을 필요로 한다.

1. 예방적 유지 보수의 배경에서, 고장 형태는 PM 작업을 실제로 지정해 줄 수 있도록 문제의 표현을 정확히 해 줘야 한다. 예를 들어 마이크로 칩이라는 것에는 절대 PM을 할 수 없다.

2. 고장 형태는 인지하기 어려운 상황을 표현해서는 안 된다. 그런 예는 다음과 같다.

- 열려 있어야 할 수동 밸브의 부주의에 의한 기계적 닫힘
- 양호한 환경에서 배관의 구조적 파손

주된 고장 형태가 일어날 수 있는 가능성에 대해서도 염려한다. RCM 초창기에 이러한 변수에 대한 시작 수치를 입력하고자 했던 사람들은 고장 형태 수준에서 신뢰할 수 있는 고장률 데이터가 없어서 그 간단한 일을 하지 못한 경우를 볼 수 있었다. 따라서 다음과 같은 법칙을 지속적으로 사용해야 한다. 고장 형태에 대한 가설이 공장의 가동 기간 중 한 번이라도 있었다고 분석가가 느낀다면 이를 포함시켜야 한다. 그러나 없다면 '드문 상황'이라고 기록해서 향후에 참고하도록 남겨 두고 분석에서는 제외시켜야 한다. 이러한 접근 방법은 상당히 장점이 있지만 완전한 것은 아니다. '드문 상황'이라고 분석에서 제외시켰던 경우가 실제도 몇 번 일어나기도 했다. 이 경우 살아있는 RCM 프로그램(제10장)이 이를 확인하고 PM 작업에 필요하도록 수정하게 된다.

고장 형태로 가설했던 것의 유일한 원인이 생산에서 발생한 사람의 오류라면 이는 분석에서 제외한다. 그 이유는, 비록 IOI는 가능하지만, 그러한 상황에 대해 지정할 PM 작업이 없기 때문이다(5.10절). 예를 들면 포크레인에서 큰 펌프가 떨어졌다(운전 기사 실수)라든가 주물이 두 개로 쪼개졌다(고장 형태) 등이 있다.

abrasion	damaged	lack of —	ruptured
arcing	defective	leak	scored
backward	delaminated	loose	scratched
out of balance	deteriorated	lost	separated
bent	disconnected	melted	shattered
binding	dirty	missing	sheared
blown	disintegrated	nicked	shorted
broken	ductile	notched	short
buckled	embrittlemcnt	open	split
burned	eroded	overheat	sticking
chafed	exploded	overtemp	torn
chipped	false indication	overload	twisted
clogged	fatigue	overstress	unbonded
collapsed	fluctuates	overpressure	unstable
cut	frayed	overspeed	warped
contaminated	intermittent	pitted	worn
corroded	incorrect	plugged	
cracked	jammed	punctured	

그림 5.17 Typical descriptors for failure modes.

대부분의 부속은 주어진 기능 고장에 관련해서 한 가지 이상의 고장 형태를 가진다는 것에 주목해야 하며, 일어난 것과 일어날 것이라고 예상되는 모든 주된 고장 형태에 대해 식별하도록 해야 한다. 고장 형태 항목을 가급적이면 완전하게 만들 필요가 있다는 것은 아무리 강조해도 지나치지 않다. 필요한 PM 작업을 정의하는 문제로 다시 돌아가면, 그러한 결정은 전적으로 그 고장 양상과 연결되어 있다. 따라서 고장 형태가 없으면 PM 작업도 없다. 고장 형태는 일반적으로 4개 이하의 단어로 표현된다. 그림 5.17은 고장 형태를 표현하는 데에 일반적으로 사용되는 단어의 예를 보여 준다.

그림 5.16의 다음 컬럼에서 각 고장 형태의 근본 원인(Root Cause)을 식별해 보도록 하자. 근본 원인이란 고장 형태가 왜 일어났는지에 대한 기본 원인이며, 이것은 문제의 고장 형태와 부속에 의해 직

접적으로 식별된다. 반대로 후속 원인은 고장 형태를 간접적으로 일으키는 시스템 다른 곳에서의 부속 고장을 말하며, 이것은 유지 보수 분석에서 관심사가 아니다. 아무리 부속 B에 대해 유지 보수를 한다 하더라도 부속 A의 고장을 방지할 수 없기 때문이다. 예를 들어 적절한 윤활이 안되어서 펌프 모터가 베어링을 멈추게 한 고장 형태는 여러 설비에 윤활을 공급하는 별개의 시스템 고장으로 인한 후속 원인이다. 아무리 모터 베어링에 대한 PM을 해도 별개의 윤활 시스템의 막힌 필터에 의한 고장 형태를 방지할 수는 없다. 자가 오일 저장소에 쌓인 오염물에 의한 베어링 막힘은 모터 그 자체에 대한 근본 원인일 뿐이다. 설비의 이력 파일에서 원천적 원인에 대한 정보를 얻는 일은 매우 드물다. 이는 다시 데이터 시스템이 상당히 부족하다는 것을 시사한다(왜 고장났는지를 모르면 어떻게 고칠 수 있다고 확신할 수 있겠는가?). 하지만 현실이 그러한 것은 어쩔 수 없다. 여기서 충고하고픈 것은, 형식에 끼워 맞추어 넣을 한두 가지의 가능할 것으로 판단한 원천적 원인에 대해 최대한의 이성적 선택을 하라는 것이다. 원천적 원인을 세우라고 재차 강조하는 이유는 단순한 예상만으로도 작업 가능한 PM을 선택하는 데에 확실한 증거가 되기도 하기 때문이다. 5% 미만이지만 어떤 경우는 한 가지의 고장 형태에 대해 두 개의 신뢰할 수 있는 원천적 원인을 보여 같은 고장 형태에 2개의 다른 PM 작업을 필요로 할 수 있다.

FMEA 과정의 마지막 단계는 그 형식의 효과 분석 부분이다. 이제 분석가가 고장 양상의 결과를 결정하는 데에 문제의 부속에 대한 수준, 시스템 수준, 그리고 공장 수준으로 3개 수준을 고려했다고 가정하자. 이 시점에서 효과 분석을 시행하는 데에는 두 가지 근본적인 이유가 있다. (1) 문제의 고장 형태가 실제로 그 기능 고장에 관련이 있을 것인가에 대해 확인하고자 한다. (2) 고장 형태 자체가 시스템과 공장에 해로운 영향을 미치지 않는지에 대한 초기 심사를 하고자 한다. 이 두 가지 이유가 갖는 중요성에 대한 명확한 이해를 위해 한 개의 고장 법칙과 시스템 설계에 반영된 중복성을 어떻게 다룰 것인가에 대해 소개하고 논의할 필요가 있다.

5.6.3 중복성-일반 법칙

RCM의 목적은 기능 유지이다. 따라서 자원의 사용을 어떻게 할 것인가에 대한 유지 보수 전략에서, 악영향을 끼치는 한 가지 기능 고장에 대해 첫 자원을 사용하는 것이 중요하다(안전성 분석에서와 같은 다양한 고장 시나리오는 고려하지 않는다). 중복성이 기능 상실을 예방한다면 중복성에 의해 숨겨진 고장 형태는 같은 우선순위 또는 필요한 기능을 홀로 망가뜨리는 고장 형태의 상태로 다루어서는 안 된다. 어떤 한 기능 고장이 다양한 독립적 고장의 중복된 현상으로 나타날 가능성이 높다면 식별한 내용은 오히려 근본적인 설계 문제이지 유지 보수 프로그램으로 지정하고 풀어야 할 것은 아니다.

그러면 어떻게 이 중복성 법칙을 실시할 것인가? 아주 간단하게, 고장 형태를 나열할 때는 중복성 법칙을 도입하지 않는다. 왜냐하면 목적은 기능 고장을 일으킬 수 있는 각 고장 형태를 초기에 포착했다고 확신하는 것이기 때문이다. 하지만 효과 분석에서는 중복성 법칙을 적용한다. 가능한 중복성이 시스템 수준에서 다른 영향을 확실히 없앤다면 그 고장 형태는 더 이상 고려하지 않으며 7단계에서 추가적으로 재고하고 정확히 확인할 RTF 항목으로 분류한다. 복잡한 공장과 설비는 종종 높은 수준의 안전성과 생산성을 달성하기 위해 상당한 중복성 특징을 보이면서 설계되기 때문에 중복성 법칙에 대한 초기 검토를 실시하면 50% 이상의 고장 형태는 RTF 상태로 분류할 수 있는 경우가 많다. 이런 상황에 마주친다면 유지 보수 프로그램은 설계 단계에서의 선견지명으로 인해 상당한 비용 절감을 할 수 있다(선견지명이 아니더라도 십중팔구 유지 보수에서 유도된다).

5.6.4 중복성-경고와 보호 논리

앞서 말한 법칙에서 중요한 한 가지 예외로서 경고, 제지와 허용, 격리, 그리고 보호와 같은 논리 장치가 있다. 여기서의 원칙은 중복성 상실에 대한 효과 및 결과를 적절히 평가하기 위해 다양한 고장에 대한 가정을 필요로 한다. 경고의 경우(격리, 제지 그리고 허용 등의 장치와 마찬가지로) 그 자체의 '조업 고장'은 그리 중요하지 않다. 그러나 경고 부속이나 보호 부속도 같이 고장나면 이는 심각해진다. 따라서 고장이 일어났는지 모르는 상황에 대한 타당한 효과 분석을 하기 위해서 경고 부속은 고장났다고 가정한다. 같은 원칙이 보호 논리에도 적용되는데, 중복 경로로 가정한 곳에서는 다음의 또 다른 고장이 보호 논리를 없애 버린다는 점을 놓치게 된다. 안전성이나 환경 문제 또는 공장 전체에 퍼진 손실을 방지하기 위해 실수가 자동적으로 나타나는 지역을 다룰 경우 보호 논리 시스템을 찾게 된다.

중복성 법칙을 적용한 결과로 시스템 효과(공장 효과)가 '없다' 인 경우 고장 양상은 최종 확인 때까지 더 이상 고려할 대상이 아니다 (7-2단계에서 나타난다). 역으로 어떤 형태로든 시스템 또는 공장 효과가 있다면 그 고장 양상은 추가의 고려 사항으로 남겨 두어야

FF#	Comp	Component Description	FM #	Failure Mode	FC #	Failure Cause	Failure Effect			
							Local	System	Plant	LTA
1.1	03	Compressor	3.26	Air cooler fins debond from tube	3.26.1	Normal use and wear	Loss of air cooling efficiency resulting in increase inlet air temperature to next stage which can cause damage.	Worst case- Can't supply air to C93A/B	Loss of high pressure air (HPA)	YES
1.1	03	Compressor	3.27	Air coolers buildup of dirt on water side	3.27.1	Dirty water	Loss of air cooling efficiency	Worst case- Can't supply air to C93A/B	Loss of high pressure air HPA	YES
1.1	03	Compressor	3.28	Moisture separator gets dirty	3.28.1	Normal use and wear	Restricts air flow resulting in possible surge	Worst case- Can't supply air to C93A/B	Loss of high pressure air HPA	YES
1.1	03	Compressor	3.29	Inlet/outlet piping gasket	3.29.1	Aging	Air leak to atmosphere causing loss of compressor efficiency	Reduced air supply to C93A/B	Gradual loss of ability to produce HPA	YES
1.1	03	Compressor	3.30	Cooler waffle gasket deterioration or debonds	3.30.1	Age	Improper water flow resulting in lack of air cooling	Worst case- Can't supply air to C93A/B	Loss of high pressure air (HPA)	YES
1.1	04	Wiring and Connections	4.01	Insulation failure leading to a short	4.1.1	Aging and heat	Locally will see cracked or bare wire	Worst case- Can't supply air to C93A/B	Loss of high pressure air (HPA)	YES
1.1	04	Wiring and Connections	4.02	Connections become loose, broken, or corroded	4.2.1	Vibration and moisture	I/C- false readings Power- localized heating	Worst case- Can't supply air to C93A/B	Loss of high pressure air (HPA)	YES
1.1	05	Process Air Relief Valve LPA-RV-921-U	5.01	Loss of spring tension	5.1.1	Corrosion and use	Inadvertent actuation	Can't supply air to C93A/B	Loss of high pressure air (HPA)	YES
1.1	05	Process Air Relief Valve LPA-RV-921-U	5.02	Valve sticks closed	5.2.1	Corrosion and insufficient use	Loss of protection	Compressor will go into surge and can't supply air to C93.	Loss of high pressure air (HPA)	YES
1.1	05	Process Air Relief Valve LPA-RV-921-U	5.03	Fails to reseat - RARE EVENT	5.3.1	Considered to be a rare event				
1.1	06	V925A Check Valve	6.01	Fails to reseal	6.1.1	1) Stuck disk, broken hinge pin, and bent disk arm 2) Dirt and debris	Allows air to flow in wrong direction	Loss of compressor damage	Loss of high pressure air (HPA)	YES

Step 5-2 Failure Mode and Effects Analysis
JMS Software

System: JM3 Pumping System
Subsystem: C92 Compressor System

그림 5.18 Typical FMEA on Form for Step 5-2(courtesy of USA / AEDC)

한다. 여러 가지 가능한 고장 효과 중에서 선택해야 할 경우에는 고장 양상으로 인해 나타날 가장 심각한 결과를 반영하기 위해 최악의 시나리오를 항상 선택한다. 그런 선택은 시간의 함수 또는 발생의 함수(시동, 안정 상태 등)로서 나타나거나 공장 가동 변수(유량, 압력, 온도 등)로서 나타난다. FMEA 형식의 가장 마지막 컬럼은 LTA(Logic Tree Analysis)라고 하는데 여기서 고장 양상이 6단계 (LTA)로 진행될지의 여부를 판단하게 된다. 각 기능 고장과 그와 관련된 부속의 FMEA를 완료할 때까지 5단계 과정은 지속된다. 전형적인 FMEA의 완성 문서는 그림 5.18에 나타내었다.

5.7 6단계 Logic(Decision) Tree Analysis(LTA)

5 단계의 효과 분석에 대한 초기 검토 과정에서 걸러지지 않은 고장 양상은 LTA로 알려진 정량적 과정으로 추가 분류한다. 이 단계에서의 목적은 각 고장 양상에 적용될 강조와 자원에 대한 추가적인 우선순위화이다. 그 모든 기능과 기능 고장을 이해한다면, 결국 고장 양상은 동일하게 나타나지 않는다. 따라서 6단계는 RCM 과정의 특징 3을 만족시킨다.

다양한 순위 개념은 예상컨대 고장 양상의 우선순위를 세우는 데 사용된다. 그러나 RCM 과정은 분석가가 각 고장 양상을 4가지 항목(bins라고 보통 일컫는다) 중 어느 것에 해당하는지 빠르고 정확하게 지정하도록 해 주는 간단한 3가지 질문 논리 또는 결정 구조를 사용한다. 각 질문에는 '그렇다' 또는 '아니다' 로 답한다. bins는 고장 양상의 순서를 정하는 데에 기본적으로 중요하다.

기초적인 LTA는 그림 5.19에서 보듯이 결정 트리 구조를 사용한다. 이 트리 구조에서 수집된 정보는 그림 5.20의 형식으로 기록된다.

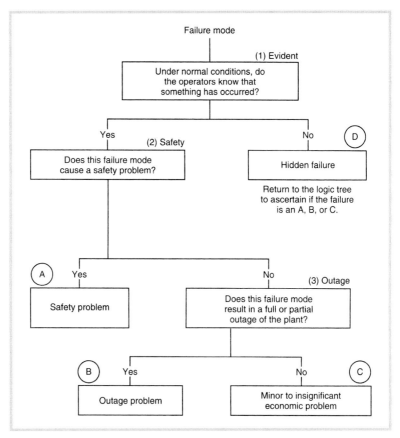

그림 5.19 Logic tree analysis structure.

Information: Logic Tree Analysis / Failure Mode Critcality
Plant ID:
Plant: VKF HPA Auxiliary Plant — System ID 00651-020304
System: JM3 Pumping System — Rev No:
Subsystem: C92 Compressor System — Date:
Analysts: Ed Ivey, Brian Shields, Brown Limbaugh, Ronnie Skipworth, Glenn Hinchcliffe (facilitator)

FF #	Comp #	Component Description	FM #	Failure Mode	Evident?	Safety	Outage	Cat	Comments
1.1	03	Compressor	3.29	Inlet/outlet piping gasket	YES	NO	YES	B	
1.1	03	Compressor	3.30	Cooler waffle gasket deterioration or debonds	NO	NO	YES	D/B	
1.1	04	Wiring and Connections	4.01	Insulation failure leading to a short	NO	YES	YES	D/A	
1.1	04	Wiring and Connections	4.02	Connections become loose, broken, or corroded	NO	NO	YES	D/B	
1.1	05	Process Air Relief Valve LPA-RV-921-U	5.01	Loss of spring tension	NO	YES	YES	D/A	
1.1	05	Process Air Relief Valve LPA-RV-921-U	5.02	Valve sticks closed	NO	YES	YES	D/A	Valve has never been bench tested
1.1	06	V925A Check Valve	6.01	Fails to reseat	NO	NO	YES	D/B	
1.1	06	V925A Check Valve	6.02	Fails to open	YES	YES	YES	B	
1.1	07	V921 Air Operated Control Valve	7.01	Packing leak	NO	NO	NO	D/C	
1.1	07	V921 Air Operated Control Valve	7.02	Bound stem	YES	NO	YES	B	

System: JM3 Pumping System
Subsystem: C92 Compressor System

Step 6 Logic Tree Analysis
JMS Software

Saturday, May 24, 2003
Page 1 of 1

그림 5.20 Typical logic tree analysis on form for Step 6(courtesy of USAF /EDC

결정 과정은 각 고장 양상을 3가지 별개의 bins, (1) 안전성 관련, (2) 긴급 정지 관련, (3) 경제성 관련 중 한 가지로 식별하게 된다는 것을 알게 될 것이다. 이것은 또한 확연히 보이는 것과 숨겨진 것을 구분한다. 이제 LTA를 어떻게 사용하는지 자세히 알아보자.

각 고장 형태는 그림 5.19의 트리 구조에서 가장 위에 있는 상자에 들어간다. 여기서 첫 번째 질문이 나온다. 작업자가 일상의 작업 과정 중 비정상적이고 유해한 어떤 현상이 공장에서 일어났다는 것을 아는가? 작업자가 '그렇다' 라고 답할 정도로 이상적인 현상에 대해 정확히 알 필요는 없다. 이 질문의 이유는 작업자가 눈치채지 못할 수 있는 그런 고장 양상을 초기에 알게 하기 위함이다. 대기 중인 시스템이나 부속의 고장은 전형적으로 숨겨진 고장이며 이를 알기 위해서는 상당한 노력이 필요하다. 그리고 그런 노력의 요청이 있을 때까지 전혀 발견되지 않으며 결국 때를 놓치는 경우가 많다. 따라서 숨겨진 고장은 나중에 FF에 대한 PM 작업을 유발하기도 한다. 하지만 확연히 보이는 고장은 작업자에게 경고를 주어 필요한 탐지 단계를 밟게 하고, 시각적으로 판별이 어려우면 그 고장 양상을 격리시키게 한다. 따라서 첫 질문에 대한 '그렇다' 는 대답은 3가지 질문의 두 번째 항목으로 유도하며, '아니다' 라는 대답은 bin D 또는 숨겨진 기능 bin으로 유도한다.

확연히 보이든 숨겨진 것이든 간에 모든 고장 형태는 그것이 안전성 문제에 관한 것인가라는 두 번째 질문을 하게 한다. 여기서 말하는 안전성이란 인간이 죽거나 다치는 것을 의미하며 현장 안팎을 구분하지 않는다. 그러나 안전성은 각 상황의 필요에 따라 다양하게 정의된다. 예를 들어 안전성을 현장 밖에서의 사망과 사상만으로 한정할 수도 있고 EPA 기준 위반이나 설비의 손상으로 볼 수도 있다. 여기서는 사람의 사상이나 사망으로 한정한다. 하지만 이것은 전적으로 개인적인 선택이다. 좀 더 넓은 범위에서 보면 각기 다른 수준으로 등급을 정하는 안전성이 있을 수 있다. 어떠한 경우이든 이 두 번째 질문에 '그렇다'로 답이 나오면 고장 양상은 bin A, 또는 안전성 bin에 들어간다. '아니다'인 경우 세 번째 질문으로 넘어간다.

안전성에 대한 문제마저 없으면 남은 관심사는 공장이나 설비의 경제성에만 국한된다. 따라서 세 번째 질문은 큰 경제적 손실(보통 감당하기 어려운 상황)인가 아니면 작은 경제적 손실(보통 한정된 기간 동안 감당할 수 있는 상황)인가로만 나뉜다. 이는 공장의 긴급 정지나 생산성 손실에 초점을 맞춤으로써 판단하게 된다. 이 질문은 다음과 같이 바뀐다. 그 고장 양상이 5% 이상 생산 손실을 일으키는가? 이것은 또 다음과 같이 표현될 수도 있다. 그 고장 양상이 부분적으로 또는 전체적으로 공장의 긴급정지를 야기하는가?(여기서 부분적이란 5% 이상을 의미한다) 5%라는 특정 값의 선택은 여러 가지 변수에 달려 있다. 따라서 분석가는 이 값을 현실에 맞게 적용해야 한다. '그렇다'는 대답은 긴급 정지 bin인 bin B로 가며 결과에 따라 수입에 상당한 손실을 일으킨다. 예를 들어 평균 800MWe의 전력을 생산하는 발전소의 전체 긴급 정지는 하루에 $750,000의 손실을 유발한다. '아니다'라는 대답은 그 경제적 손실이 작다는 의미로서 bin C에 들어간다. 이는 설비를 완전히 재정비할 수 있을 때까지 그 고장 양상을 충분히 감당할 수 있다는 뜻이다. bin C 형태의 고장 양상에 대한 예는 많은데 아주 미세한 누수나 튜브 피막을 벗김에 따른 열 전달과 같은 것이 해당된다.

LTA 과정이 완료되면 이를 통과한 모든 고장 양상은 A, B, C, D, D/A, D/B, D/C 중 한 가지로 분류된다.

이러한 정보로 무엇을 하는가? 옥석을 가리는 데 사용한다. 다시 말해서 한정된 자원 안에서 누가 그럴듯한 이유로 그 자원을 쓰는가이다. 확연히 보이든 숨겨진 것이든 고장 양상에서는 bin A와 bin B가 bin C보다 우선순위이다. 그리고 일반적으로 bin A가 bin B보다 우선순위이다. 이 같은 상황에서 보면 선택이 매우 쉽다. 따라서 PM 우선순위는 다음과 같은 순서로 지정된다.

1. A 또는 D/A
2. B 또는 D/B
3. C 또는 D/C

특히 bin C는 그 정의대로 그것이 갖고 있는 잠재적 결과가 작긴 하지만 고장 양상을 무시하고 지나기 어렵다는 측면에서 상당한 고민거리를 제공한다. 각각의 경우는 나름의 장점을 갖고 있지만 bin C는 고민할 것도 없이 RTF 항목으로 분류하도록 해야 한다. 이렇게 함으로써 '상태뿐'인 설비로부터 축적된 RTF, 5단계에서의 효과 분석, 그리고 6단계의 bin C로부터 나온 RTF가 상당한 양의 항목이 된다는 것을 알게 될 것이다. 시스템 분석 과정의 시점에서 보면, 현재 고장 양상에 적용된 모든 PM 작업이 제거될 경우 이 항목만으로도 상당한 O&M 비용을 절감할 수 있다. 모든 bin C 고장 양상은 RTF로 지정되어야 하며 7-2단계에서 실시하는 확인 항목을 통과하지 못하는 경우에 한해서만 바뀌어야 한다. 이럴 경우 A와 B 등급으로 지정된 고장 양상만이 7-1단계로 넘어가게 된다.

5.8 7단계 작업 선택

5.8.1 7-1단계 작업 선택 과정

여기서 다루는 시스템 분석은 투자 대비 회수가 최대인 PM 작업이 이루어질 고장 형태에 대한 것이다. 6단계의 LTA 결과는 그런 고장 양상을 A, D/A, B, D/B와 같이 지정하여 식별하고 있다. 따라서 각 고장 양상에 따라 적용 가능한 작업의 항목을 결정하고 그 가운데 가장 효율이 높은 작업이 무엇인지를 선택해야 한다. 4.4절에서 RCM 과정의 PM 작업 선택은 적용성과 효율성에 의거해야 한다고 했다. 그 정의는 다음과 같다.

- 적용성. 선택된 작업은 고장을 방지 또는 완화하거나, 고장 조짐을 발견하거나, 숨겨진 고장을 탐지하는 것이다.
- 효율성. 선택된 작업은 가능한 방법 중 비용 효율이 가장 높아야 한다.

적용성에 의거한 작업 방법이 없다면 RTF로 남길 수밖에 없다. 그와 같이 적용 가능한 PM 작업이 고장을 방치하여 누적된 비용에 비해 높다면 이 역시 RTF로 남긴다. 여기서 예외인 경우는 bin A의 안전성 관련 항목으로서 설계 변경이 필수적인 고장 양상이다.

가능한 PM 작업 항목을 만드는 일은 중요한 단계이며 종종 다양한 자원의 도움을 필요로 한다. 현장에 있는 유지 보수 담당 개개인으로부터 도움을 받아 선택한 작업의 경우 RCM 과정에 대한 '매입' 뿐만 아니라 그들의 경험을 이용한다는 점에서도 큰 장점이 된다. 하지만 가동 인력, 기술 데이터 분석, 공급자 추천과 같은 경우에 대해서는 예술의 경지에 이르는 기술과 기교가 있는지 여부를 먼저 확인해 봐야 하며, 이는 CD 작업에 필요한 수행 감독 및 예상 유지 보수 작업을 도입할 때 매우 중요한 사항이다.

그림 5.21의 로드맵과 그림 5.22의 형식은 작업 선택 과정을 만들고 기록하는 데에 사용된다. 특히 로드맵은 분석가가 각 고장 양상에 따라 논리적으로 가능한 PM 작업을 선택하도록 도와 주는 매우 유용한 자료이다. 그림 5.21의 단계는 다음과 같이 진행된다.

1. 앞서 설비의 고장 밀도 함수가 얼마나 중요한지에 대해 논의한 바 있다(3.4절). 그리고 그 고장 밀도 함수를 모르면서 설비의 해체 작업을 선택하는 것이 얼마나 위험한 일인지에 대해서도 언급했다(4.2절). 따라서 설비의 노화-신뢰성 관계(고장 밀도 함수)에 대해 얼마나 잘 알고 있느냐가 첫 번째 질문

이다. 또 그에 대해 정확히 모른다 해도 대개는 예상할 수 있다. 또는 노화와 마멸(욕조 곡선의 마지막 단계)을 알려주는

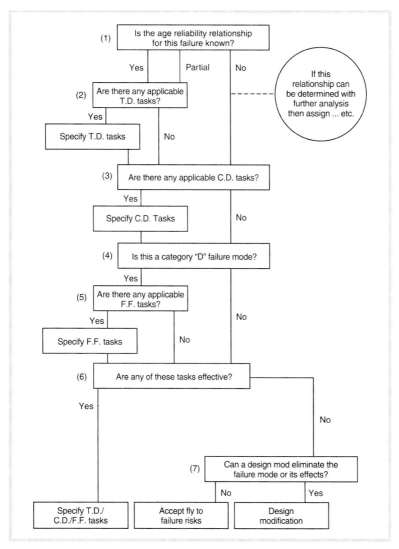

그림 5.21 Task selection road map.

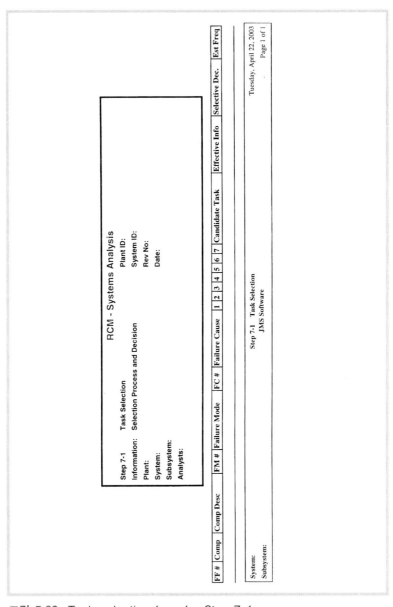

그림 5.22 Task selection form for Step 7-1

고장 원인에 대한 정보도 얻을 수 있고(그림 5.16의 FMEA 데이터), 고장 양상이 언제 시작될지에 대해 모른다 해도 질문 (1)에 대해서는 부분적으로 알고 있다고 할 수 있다. 그러나 그런 최소한의 예측조차도 없다면 모른다라고 답을 할 수밖에 없으며, 적용성의 TD 작업을 찾고자 하는 노력을 해서는 안 된다. 이는 오히려 일을 더 어렵게 하지 쉽게 하는 방법이 아니다.

2. 노화–신뢰성에 대한 정보를 갖고 있다면(또는 부분적으로라도 확인할 수 있다면) 이는 고장 양상과 관련된 메커니즘/원인을 이해한다는 신호가 되며 고장률이 시간에 따라 어떻게 악화되는지에 대해서도 이해한다는 의미가 된다. 다시 말해서 고장 양상을 예방 또는 완화하는 TD 작업이 무엇인지 그리고 그런 고장이 발생을 최소화하기 위해 언제쯤 그 일이 완료되어야 하는지에 대해 안다는 의미이다. 만약 노화–신뢰성 정보에서 설비의 총 수명 기간 동안 고장률이 일정하게 나오면 모든 고장은 완전해 무작위로 나타나기 때문에 적용 가능한 TD 작업이 나오지 않는다.

3. 가능한 TD 작업이 확정되어도 적용 가능한 CD 작업에 대해서도 추가적인 검토가 필요하다. 노화–신뢰성 정보(또는 TD 작업 선택)가 다소 불안한 경우 이런 검토는 장점이 아주 많다. 시간에 따라 어떤 암시를 해 주는 변수를 측정하는 것을 목적으로 한 CD 작업과 같은 것이 가장 좋은 선택이다. 이는 노화–신뢰성 정보를 만들게 해 주고 그때까지 정확한 시간에 확실한 예방 측정을 할 수 있도록 해 준다. 만약 그림 4.1

의 데이터를 따라서만 한다면 CD 작업이 설비 수명 기간 동안 나타날 수 있는 고장 양상의 시작을 절대 알 수 없다는 것을 알려 준다. 다행히 질문 (1)에 대해 모른다는 답을 할 경우에는 질문 (3)에서 적어도 한 개의 가능한 작업을 찾을 수 있다. 만약 TD나 CD 중 가능한 작업이 한 가지도 안 니온디고 하더라도 당황하지 말기 바란다. 어떤 고장 양상은 노화-신뢰성 정보가 충분해도 단순히 PM 작업을 하기가 쉽지 않을 수도 있기 때문이다.

4. LTA 정보로 다시 돌아가서, 이것이 숨겨진 고장 양상인가?

5. 질문 (4)의 대답이 '그렇다'라면 일시 중지 없는 FF 작업이 가능한가? 아마도 가능한 FF 작업이 있을 것이다. FF 작업이나 검사가 불가능한 경우는 거의 없다. FF 작업이 선택되면 고장을 수리하는 데 필요한 시스템 또는 공장의 DT를 충분히 최소화하거나 제거하는 것과 같은 빈도에 대해서 정의해야 한다.

6. 이제 선택된 각 작업과 관련된 상대적 비용에 대해 검토할 준비가 되었으며, 이는 항상 RTF를 선택한 비용과 비교하는 것을 포함한다. 여기서 할 일은 최저 비용을 선택하는 것이다. 2.3절의 자동 스페어 타이어의 예에서 논의했던 FF를 다시 살펴보면 효율성 측정을 기초로 해서 선택한 TD, CD, FF 작업이 어떤 식으로 적용 가능한지를 알 수 있다.

7. 이번 질문은 적용성과 효율성에 맞는 작업을 찾지 못했을 때 제시할 수 있는 해답의 한 가지인 설계 변경을 분석가가 고려하게 하는 것이 목적이다. 안전성 관련 고장 양상인 bin A의 경우, 설계 변경에 대한 고려가 필수적이며 최종 결정을 하기 위

RCM - Systems Analysis

Step 7-1	Task Selection	Plant ID:	
Information:	Selection Process and Decision	System ID	00651-020304
Plant:	VKF HPA Auxiliary Plant	Rev No:	
System:	JM3 Pumping System	Date:	
Subsystem:	C92 Compressor System		
Analysts:	Ed Ivey, Brian Shields, Brown Limbaugh, Ronnie Skipworth, Glenn Hinchcliffe (facilitator)		

FF #	Comp	Comp Desc	FM #	Failure Mode	FC #	Failure Cause	1	2	3	4	5	6	7	Candidate Task	Effective Info	Selective Dec.	Est Freq
1.1	03	Compressor	3.30	Cooler waffle gasket deterioration or debonds	3.30.1	Age	N	Y	N	N	Y	N	N -	1. Tear down and inspect-TDI 2. Visually check for water leak-TDI 3. RTF		Visually check for water leak-TD	1/Shift
1.1	04	Wiring and Connections	4.01	Insulation failure leading to a short	4.1.1	Aging and heat	P	Y	N	Y	N	Y	N N -	1. Inspect and Megger wiring - TDI 2. Inspect exposed wiring for damage when performing Calibration and other PM's - TD 3. RTF		Inspect exposed wiring for damage and deterioration when performing Calibration and other PM's - TD	To be done during applicable calibration tasks (6 Mo. and 1 Yr.)
1.1	05	Process Air Relief Valve LPA-RV-021-U	5.02	Valve sticks closed	5.2.1	Corrosion and insufficient use	P	Y	N	Y	N	Y	Y -	1. Periodically replace spring or valve - TDI 2. Remove and bench test - TDI 3. Manually lift test by unseating the valve - TDI 4. RTF	Perform initial calibration for baseline	Remove and bench test - TDI	5 Yr.

System: JM3 Pumping System
Subsystem: C92 Compressor System

Step 7-1 Task Selection
JMS Software

Saturday, May 24, 2003
Page 1 of 1

그림 5.23 Typical task selection on form for Step 7-1(courtesy of USAF /AEDC)

한 관리의 방법으로 나타나야 한다. 아니면 RTF가 자동적으로 선택된다. 그림 5.22의 형식은 '선택 결정(Selective Dec.)' 컬럼에 기록된 최종 선택을 포함하여 작업 선택 과정 중에 나오는 모든 결정을 기록하는 데 사용된다. 마지막 컬럼의 '예상 빈도(Est. Freq.)'에는 작업에 지정된 빈도니 주기를 기록한다. 작업 주기에 대한 추가적인 사항은 5.9절에서 다룬다. 작업 선택의 완전한 예는 그림 5.23에 나타내었다.

5.8.2 7-2단계 정확한 확인

시스템 분석 과정의 핵심에서 수집한 부속과 고장 양상을 RTF 항목으로 만든다.

- SWBS에서 설비는 '상태 정보만' 담당한다.
- FMEA에서 그 영향은 지역으로만 국한한다.
- LTA에서 bin C나 D/C를 우선순위로 한다.

이러한 수집 항목 형식은 그림 5.24에 나타내었고 정확한 확인 과정을 하는 데 사용된다. 정확한 확인의 기초는 고장 양상이 가장 우선하는 기능과 간접적 또는 단독적이라 해도 PM 작업을 수행해야 하는 타당성(확률)에서 유도된다. 그림 5.24의 형식에서 8가지 이유에 대한 항목을 볼 수 있다. 그리고 각 상황은 추가적으로 고려해야 할 또 다른 이유를 생성한다. 이 8가지 항목은 저자의 경험에서 나왔다.

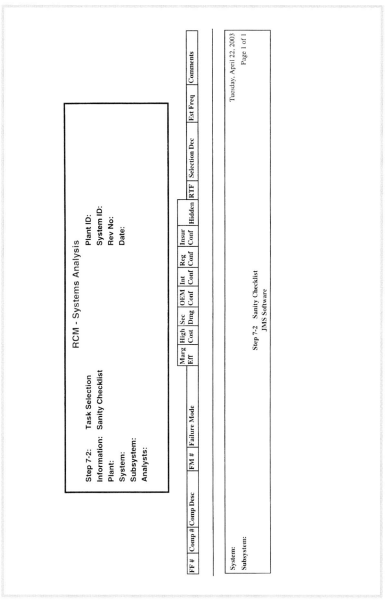

그림 5.24 Sanity checklist for Step 7-2

1. **최소 유효성.** RTF 비용이 PM 비용에 비해 매우 낮다고 확신하지 못한다.

2. **고비용 고장.** 심각한 기능 상실이 없는 반면 고장 형태가 부속에 일어나지 말아야 할 심각한 피해를 입힐 수 있다.

3. **2차 피해.** 2번 항목과 유사한데, 고징 형태가 근처의 부속에 심각한 피해를 주거나 도미노 효과에 의해 심각한 기능 상실을 초래할 가능성이 있다는 것은 예외로 한다.

4. **OEM 갈등.** 초기 설비 업체(Original Equipment Manufacturer, OEM)가 RCM 과정에 무관한 PM 작업을 추천한다. 이러한 양분된 상황은 설비의 보증 조건과 맞물릴 때 매우 미묘하게 된다.

5. **내부 갈등.** 유지 보수나 조업자들은 RCM에 무관한 PM 작업에 대해 강한 애착을 느낀다. 이러한 애착은 기술적인 것보다는 비교적 감정적일 수 있는데 RCM에서 나온 결과에 반대되는 결정을 하기도 한다.

6. **규정 갈등.** 핵 규정 위원회(EPA)와 같은 상황이 RCM과 무관한 PM 작업을 만든다. RCM이 그런 원칙과 논쟁의 소지가 되는 일인가?

7. **보험 갈등.** 앞선 4와 6번 항목과 유사한데, RCM을 따르기 위해 보험사와 계약 조건을 바꿀 필요가 있다.

8. **숨겨짐.** 고장 양상에 대한 재평가를 숨겨진 고장이 완전한 고장 상태로 가는 것을 분별하지 못하는 D/C 항목으로 분류한다.

RCM-세계적 수준의 유지 보수 기술

RCM - Systems Analysis

Step 7-2: Task Selection   **Plant ID:**

Information: Sanity Checklist   **System ID:** 00651-020304

Plant: VKF HPA Auxiliary Plant   **Rev No:** 0

System: JM3 Pumping System   **Date:** 7/14/98

Subsystem: C92 Compressor System

Analysts: Ed Ivey, Brian Shields, Brown Limbaugh, Ronnie Skipworth, Glenn Hinchcliffe (facilitator)

FF #	Comp #	Comp Desc	FM #	Failure Mode	Marg Eff	High Cost	Sec Dmg	OEM Conf	Int Conf	Reg Conf	Insur Conf	Hidden	RTF	Selection Dec	Est Freq	Comments
11	01	6.9 kV Motor	1.05	RTD fails open	NO	NO	NO	NO	NO	NO	NO	NO	YES	RTF		
11	01	6.9 kV Motor	1.06	Air filter clogging	NO	NO	NO	NO	NO	NO	NO	YES	NO	Periodically replace filters - TDI	1M w/ AE	See IOI #9
11	03	Compressor	3.04	Oil leak	NO	NO	NO	NO	NO	NO	NO	NO	YES	RTF		
11	07	V921 Air Operated Control Valve	7.01	Packing leak	NO	NO	NO	NO	NO	NO	NO	YES	YES	RTF		Not considered cost effective, has little effect on operations until very large, no failure history
11	08	V928 Air Operated Control Valve	8.01	Packing leak	NO	NO	NO	NO	NO	NO	NO	NO	YES	RTF		No cost effective task
11	09	V925 Air Operated Control Valve	9.01	Packing leak	NO	NO	NO	NO	NO	NO	NO	NO	YES	RTF		No cost effective task
11	11	Interstage Cooler Water Control Valve (1st, 2nd ,3rd Stages)	11.01	Packing leak	YES	NO	NO	NO	NO	NO	NO	NO	NO	Operator to look for valve leaks - TD	1/ Shift	

System: JM3 Pumping System

Subsystem: C92 Compressor System

Step 7-2   Sanity Checklist

JMS Software

Saturday, May 24, 2003

Page 1 of 5

그림 5.25 Typical task selection on form for Step 7-2(courtesy of USAF /AEDC)

마지막 선택 결정을 컬럼에 넣고 표시한다. 위의 8가지 항목 중 한 가지라도 '그렇다'는 답이 나왔다고 해서 RTF 상황이 자동적으로 배제되는 것은 아니다. 오히려 많은 경우에 어떤 PM 작업의 타당한 이유로써 분석가는 RTF를 배제한다. 이 마지막 과정이 끝나면 작업 선택과 그 빈도는 바로 결정되고 기록된다. 만약 원래의 RTF 상황이 계속된다면 선택 결정은 RTF로 표시한다. 정확한 확인의 완성 예를 그림 5.25에 나타내었다.

5.8.3 7-3단계 작업 비교

RCM을 기존의 공장이나 설비에 적용한다는 것은 이미 어떤 형태로든 공장이나 설비에 대한 PM 프로그램이 있다는 의미이다. 여러 가지의 원인에 의해 이러한 기존의 프로그램을 개선하고자 하는 동기가 있을 수 있다. 그러나 그런 개선 작업을 막상 하게 되면 관리자 측면에서 기존에 시행하고 있는 PM 작업에 어떤 식으로 RCM 기초의 PM 작업을 보완할지에 대한 의문을 갖기 마련이다. 도대체 RCM 프로그램은 뭐가 다르고 그 이유는 무엇일까? 새로 만든 공장이나 설비에서조차도 OEM 추천 사항과 RCM 기초의 PM 작업과의 비교는 매우 중요하다. 그림 5.26은 그런 비교 정보를 수립하는 데 사용된다.

7-1단계(그림 5.22)와 7-2단계(그림 5.24)에서 선택된 PM 작업은 그림 5.26의 RCM Selection Dec/Cat와 Est. Freq. 컬럼에 채워진다. 그리고 원래의 부속과 고장 형태도 추적의 목적에 의해 유사한

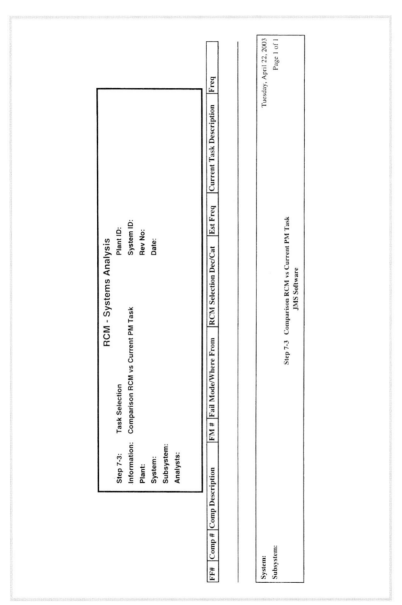

RCM - Systems Analysis

Step 7-3:	Task Selection
Information:	Comparison RCM vs Current PM Task
Plant:	
System:	
Subsystem:	
Analysts:	

Plant ID:	
System ID:	
Rev No:	
Date:	

FF#	Comp #	Comp Description	FM #	Fail Mode/Where From	RCM Selection Dec/Cat	Est Freq	Current Task Description	Freq

System:
Subsystem:

Step 7-3   Comparison RCM vs Current PM Task
JMS Software

Tuesday, April 22, 2003
Page 1 of 1

그림 5.26 Task companion form Step 7-3.

RCM - Systems Analysis

Step 7-3:	**Task Selection**	**Plant ID:**
Information:	**Comparison RCM vs Current PM Task**	**System ID** C0651-020304
Plant:	VKF HPA Auxiliary Plant	**Rev No:**
System:	JM3 Pumping System	**Date:**
Subsystem:	C92 Compressor System	
Analysts:	Ed Ivey, Brian Shields, Brown Limbaugh, Ronnie Skipworth, Glenn Hinchcliffe (facilitator)	

FF#	Comp #	Comp Description	FM #	Fail Mode/Where From	RCM Selection Dec/Cat	Est Freq	Current Task Description	Freq
1.1	01	6.9 kV Motor	1.06	Air filter clogging	Periodically replace filters - TDI	1M w/ AE	Inspect cleanliness of air ducts - TDI	4 Yr.
1.1	03	Compressor	3.28	Moisture separator gets dirty	Evaluate Air Cooler performance data for abnormal trends and indications-CD / D/B	1 Mo.	None	-
1.1	03	Compressor	3.29	Inlet/outlet piping gasket	Perform leak cooler leak check-TD / B	1/ Shift	None	-
1.1	04	Wiring and Connections	4.01	Insulation failure leading to a short	Inspect exposed wiring for damage and deterioration when performing Calibration and other PMs - TD / D/A	To be done during applicable calibration tasks (6 Mo. and 1 Y-.)	Verify proper operation and calibrate - TDI Ref MP-SD-00651-041432 MP-TD-00651-041401 MP-SD-00651-041405 MP-TP-00651-041402 NOTE: There are no spec fic references to wiring in these procedures; one should be added.	Ref 1) 6 Mo. Ref 2) 1 Yr. Ref 3) 1 Yr. Ref 4) 1 Yr.

Step 7-3   Comparison RCM vs Current PM Task
JMS Software

Saturday, May 24, 2003
Page 1 of 1

System:	JM3 Pumping System
Subsystem:	C92 Compressor System

그림 5.27 Typical task companion on form for Step 7-3.

방법으로 채워진다. 작업 비교 형식의 완성 예는 그림 5.27에 나타내었다. 기존의 프로그램에서는 PM 작업-고장 형태 관계가 없을 가능성도 있기 때문에 분석가는 현재의 작업과 RCM 작업을 일일이 비교하면서 유사한 점이 있는지 찾아야 한다. RCM에 대응하지 않는 모든 작업은 Current Task Description에 기재한다. 형식이 완성되면 다음의 4가지 명확한 비교 항목이 나온다.

1. RCM 기초 작업과 기존 PM 작업이 동일하다.
2. 기존의 PM 작업이 있지만 RCM 기초 작업에 맞추기 위해 변경되어야 한다.
3. 기존의 작업이 없을 경우 RCM 기초 작업이 추천된다.
4. 기존의 PM 작업이 있지만 RCM 기초 작업으로 추천되지 않는 경우 삭제 대상이 된다.

이 비교 항목은 좀 더 다듬어서 눈에 확 뜨일 수 있게 도표화시킬 수 있으며 그림 12.2(선택에 대한 과거 사례 연구, Selected Case History Studies)에서 그 예를 들겠다. 그리고 분석가는 이 4가지 항목을 시스템 분석 과정에서 고장 양상이나 PM 작업이 혹시라도 빠졌는지 확인하는 자료로 활용할 수 있다.

5.2절에서 분석가는 1단계의 정보 수집 중 기존의 PM 작업 데이터 수집을 현재의 7단계까지 뒤로 미루어야 한다고 했다. 왜 그래야 하는지 이제 알 수 있을 것이다. 이미 실행하고 있는 RCM 과정의 어떤 부분으로도 선입견을 갖고 치우치는 것을 방지해서, 같은 시스템

에 대한 PM 정의를 내리는 두 개의 독립적 방법으로서의 비교 과정이 정확히 될 수 있어야 하기 때문이다.

작업 비교가 끝나면 시스템 분석 과정은 거의 완성된다. 이 시점에서 작업 비교 정보는 문제 시스템의 RCM 결과에 대하여 요약된 목록으로 나타난다. 모든 부속은 FMEA 실행에 의해 식별된 한 개 이상의 고장 형태를 갖는다는 데에 주목하기 바란다. 따라서 분석가는 모든 고장 형태의 부속 그 자체가 RTF라고 단언하기 이전에 RTF로 결정된다는 것에 주의해야 한다. 물론 이 주의 사항은, 혹 누군가는 PM 작업이 필요하다고 말할 수 있을지 몰라도, 분석가가 어떤 부속 고장 형태가 RTF라고 결정하는 것을 방해해서는 안 된다.

모든 조직은 관리 검토나 승인 과정에 대한 그 조직만의 고유의 문화를 갖고 있다. 그림 5.26은 이러한 목적에 맞게 대표적인 정리 수준 정보를 보여준다. 공장이나 설비의 관리자, 유지 보수 담당자, 조업자들은 최소한 실행 전에 이러한 결과를 승인해야 한다. 완성된 시스템 분석 정보에 관한 저서(1에서 7단계의 형태로 만든)는 각 특정 조사에 숨겨진 방법과 이유에 대한 보다 자세한 내용을 담고 있어서 그 보완 방법으로서 유용하다. 그런 조사에 도전해 보기 바란다. 분석가가 충분히 습득만 한다면 그 조사 결과는 자신감으로 나타난다. 하지만 과정이 완벽한 것이 아니기 때문에 관리 검토를 통한 재조정을 하는 것이 모든 RCM 프로그램을 위한 건설적인 방법이 된다.

5.9 작업 간격과 경년 진단(Age Exploration)

예방적 유지 보수 작업을 수행하는 정확한 작업 간격(빈도 또는 주기, Interral)은 아직까지 유지 보수 기술자나 분석가가 마주치는 가장 어려운 일이다. 지금까지 '어떤' PM 작업을 할 것인가를 선택하는 가장 체계적이고 신뢰할 수 있는 방법, 즉 RCM 시스템 분석 과정을 설명했다. 그러나 그 과정 어디에서도 '언제' 정확히 그런 작업이 수행되어야 하는지에 대한 설명은 없었다. 작업 간격의 결정은 애매한 모든 변수-시간(총 사용 주기나 총 사용 시간)을 고려해야 하기 때문에 상당히 어려운 문제이다. 시간에 따른 물리적 과정이나 재료의 변화가 어떻게 일어나는지, 그리고 이러한 변화는 소위 우리가 말하는 고장 양상을 어떻게 일으키는지에 대한 좀 더 정확한 이해를 필요로 한다. 따라서 실제에서는 고장률과 이 고장률이 시간의 함수로서 어떤 변화를 하는지에 대한 필요성을 다룬다. 눈치챘는가? 3.4절과 4.2절에서 논의한 내용을 다시 확인해 보기 바란다. 해답을 찾기 위해 실제로는 통계적 분석이라는 세계로 들어가는 것이다. 하지만 가급적이면 간단한 방법을 추구할 것이며 그 과정에서 필요한 정보로의 유용한 접근방법을 제시할 것이다.

그림 5.21의 로드맵으로 나타낸 작업 선택 과정 중, 착수 시점에서 문제의 특정 고장 양상에 대한 노화-신뢰성 관계를 아는지의 여부를 확인했다. 이상적으로, 이 관계는 이미 알고 있는 노화와 마멸 메커니즘의 발생을 방지할 목적의 실용적인 TD 작업을 찾기 위해 초기에 고려하는 정보의 핵심 내용이다. 이제 그 노화-신뢰성 관계를

알고 있다고 해 보자. 그렇다면 TD 작업 간격에 필요한 정확한 정보도 갖고 있다는 의미이다. 다시 말해 고장 형태 모집단의 고장 밀도 함수(fdf)를 알고 있고, 허용 가능한 소비자 위험 수준을 결정하는 것으로서 통계적 지식으로부터 작업 간격을 선택할 수 있다. 예를 들어 그림 3.1과 같이 fdf가 벨 모양의 곡선을 따른다면 x-축은 운용시간, y-축은 고장 확률이 된다. 왼쪽의 꼬리 부분은 매우 길다. 따라서 고장 확률이 매우 작은 기간으로 연장을 하면, 실제 실용적 목적에서 이 항목은 일정 고장률의 조건이 된다. 이는 노화/마멸 고장 양상이 아직 나타나지 않은 것이다. 이러한 상황을 그림 4.1의 곡선(곡선 D, E, F)에서 실제로 보여 줬다. 그러나 그림 4.1의 오른쪽으로 갈수록, 또는 가동 시간이 축적되어 고장이 발생할 수 있는 확률이 증가할 수록 TD 작업을 하기 전에 얼마나 더 진행하려는지를 결정할 수 있다. 여기서 소비자 위험 수준이 중요한 역할을 한다. 작업에 착수하기 전에 만든 fdf 아래 면적의 %를 선택하여 위험 수준을 알아 낼 수 있다. 15%를 잡았다고 가정해 보자. 이것은 예방적 작업을 하기 전에 고장 양상이 일어날 가능성이 15%라는 의미이다. 주목할 것은 그 %값은 우리가 원하는 대로 잡을 수 있다는 것이다. 단지 문제는 얼마의 위험을 감수할 것인가인데, 위험 정도를 줄이기 위해서는 보다 잦은 PM 작업을 하든지 높은 PM 비용을 감수해야 한다. 만약 벨 모양 곡선의 중간값(MTBF)을 이용하면 예방 작업을 하기 전에 고장이 날 가능성은 50%이다. 어떤 fdf에서는 그 중간값이 67% 정도로 높은 경우도 있다. 이것은 대부분의 환경에서 받아들이기에 너무 위험한 수준이다. 따라서 MTBF를 이용해서 작업 간격을 선택하는 것은 효과적이고 유용한 방법이 아니다.

이후의 논의에서는 작업 간격 선택 과정에서 겪을 가장 이상적 상황에 대해 개괄적으로 간단히 다룰 것이다. 이 이상적 상황은 보통 fdf를 정의하는 운용 경험에서 충분한 데이터를 얻지 못하기 때문에 자주 마주치는 일이 아니다. 따라서 보통 자주 대하는 이상적이지 않은 상황에서 할 수 있는 것이 무엇인지 살펴보자. 첫 번째 상황은 노화-신뢰성 관계의 일부분만 아는 경우이다. 이는 FMEA에서 나온 고장 원인 정보가 노화 또는 마멸 메커니즘이 주 역할을 한다고 결론짓게 만든다는 의미이다. 혹은 운용 경험에서 노화/마멸 메커니즘이 있다는 결론을 내게 하기도 한다. 하지만 어느 경우에서도 언제 발생할지를 예측할 수 있는 통계적 데이터는 없다. 따라서 경험에 의한 육감으로 TD 작업의 간격을 결정하게 된다. 이럴 경우 그 과정은 대단히 보수적일 수밖에 없다. 다시 말해 그 작업 간격이 지나치게 짧게 된다는 의미이다. 실제로 정확한 해체 정비 간격이 10년으로 계산되는 전기 모터를 3년에 한 번씩 실시하게 된다. 이러한 보수주의는 너무 많은 비용을 수반하므로 반드시 수정되어야 한다. 이어서 설명할 경년 진단(Age Exploration)을 통해 이러한 낭비를 없앨 것이다.

그림 5.21을 다시 보면, 두 번째 상황은 노화-신뢰성 관계가 어떤지에 대해 전혀 모르고 CD 작업을 찾는 경우이다. 만약 고장 형태가 숨겨진 것이라면, FF 작업까지 그 조사 범위를 넓혀야 한다. 그런데 이 FF 작업 역시 일시 정지 없이 얻어낸 데이터와 완성되어야 할 검사 작업을 기반으로 한 주기적 작업이다. 그리고 여기서 다시, 이 작업 간격을 알려주는 통계적 기본이 보통 간과되므로 그 간격을 어림짐작으로 정하게 되어, 이 역시 상당히 보수적인 상황으로 된

다. 따라서 경년 진단은 TD 작업뿐만 아니라 CD나 FF 작업에서도 대단히 유용한 방법이다. CD 작업에서는 한 가지 유의해야 할 점이 있다. CD 작업을 선택할 때, 작업의 간격뿐만 아니라 고장 초기 단계에서 경고를 해주는 매개 변수 값을 반드시 정해야 한다. 정확한 값을 선택하는 것 역시 치음에는 짐작으로 해야 하며 좀 더 많은 경험이 있어야 시간에 따른 변수 값을 조절하여 그 경고가 너무 늦거나 이르지 않도록 할 수 있다.

완벽한 통계적 데이터가 없을 경우 경험을 바탕으로 한 짐작으로 작업 간격을 선택하는 것이 초기에 할 수 있는 유일한 방법이다. 하지만 시간에 따른 '추측'을 다듬어서 사용하고 작업 간격을 좀 더 정확히 예측하는 방법이 있다. 바로 경년 진단(Age Exploration, AE)이 그것이다. AE 기술은 다분히 실험적인데 다음과 같이 실행된다(설명을 위해 TD 작업을 사용함). 팬 모터의 초기 해체 간격을 3년이라고 가정하자. 처음 해체 작업을 하면 모터와 모든 부품 및 조립 형태에 대해 노화와 마멸의 가능성이 있는 부분을 해체 상태로 꼼꼼히 검사하고 기록한다. 이러한 검사에서 마멸이나 노화의 단서를 찾지 못하면 다음의 팬 모터 해체 시간을 자동적으로 10% 또는 그 이상 연장한다. 이러한 작업을 반복하여 노화나 마멸의 단서가 나오는 해체 작업 때까지 실시한다. 그런 단서가 나오면 AE 과정을 중단하고, 혹은 간격을 10% 정도 다시 줄여서, 이것을 최종 작업 간격으로 정의 내린다.

그림 5.28은 유나이티드 항공사가 수압 펌프에 사용했던 AE 과정

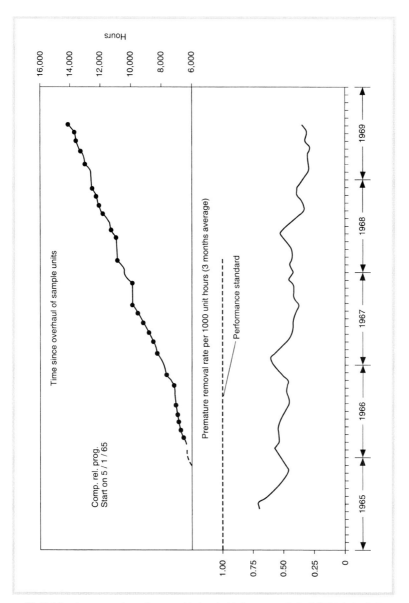

그림 5.28 Age exploration at United Airlines — DC-8/720/727/737 hydraulic pump — engine driven.

을 예로써 보여 준다. 그림의 상부에서 해체 간격이 약 6,000시간 정도에서 시작하는 것을 볼 수 있다. 그리고 그 AE 과정은 약 4년간에 걸쳐 해체 간격을 14,000시간으로 늘렸다. 그림 5.28의 하부는 같은 4년의 기간 동안 동일한 펌프 집단의 또 다른 흥미로운 통계를 나타낸다. 이 통계는 조기 제거율(교정적 유지 보수 작업이 필요한 비율)이다. 여기서 흥미로운 것은 이 조기 제거율이 해체 작업 간격이 증가한 그 4년 동안 오히려 감소한다는 것이다. 이러한 현상에 대해서는 사람이 직접 다루는 시간과 일시 중지 해체 보수 작업이 적을수록, 따라서 그런 작업으로 인해 발생하는 사람의 오류가 적을수록 교정적 유지 보수 작업 역시 감소한다고 해석할 수 있다. 그림 2.2에서 이와 동일한 사람의 오류 효과를 통계적으로 보여준 바 있다.

비록 AE 과정은 상당히 긴 시간을 요하지만 통계적 과정이 불가능할 경우에는 최선의 대안이라는 점을 알아야 한다. 대개 통계에서 필요한 엄청난 자료를 수집하는 일은 이보다 훨씬 더 긴 시간을 요한다.

5.10 이익 항목(Items of Interest, IOI)

RCM 개발 과정 초기에, 모든 시스템 분석에서 궁극적으로 발생한 일로 아주 신선한 충격을 받은 적이 있었다. 이 신선한 충격은 단순히 RCM 과정에 담긴 엄격함과 완전함에서 나오는 부산물로 인해 일련의 주변 기술과 비용 절감 효과가 증가하는 것이었다. 이 같은

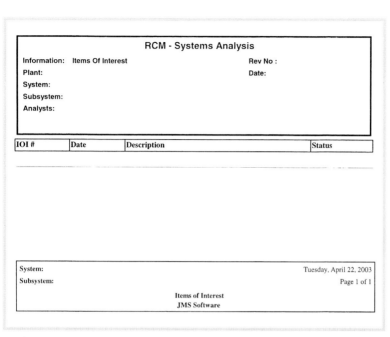

RCM - Systems Analysis

Information:	Items Of Interest		Rev No :	
Plant:			Date:	
System:				
Subsystem:				
Analysts:				

IOI #	Date	Description		Status

System:

Subsystem:

Tuesday, April 22, 2003

Page 1 of 1

Items of Interest

JMS Software

그림 5.29 Items of interest form.

지혜의 정화를 '이익 항목(IOI)'이라고 명하고 그림 5.29에서 보여
주는 것과 같이 IOI 형식에 발생하는 것으로서 기록했다. 이 '무임'
이익은 때로 매우 중요해져서 그 자체만으로도 여러 차례 시스템
분석의 비용으로 지불되기도 했다. 보통 RCM 프로그램에서 발생
하는 비용 절감을 말할 때 미래에 예상되는 그런 이익은 잘 잡히지
않기 때문에, 따라서 예상되는 수익으로 청구하기 어렵기 때문에 이
피상적 이익은 대부분 포함하지 않는다. 그럼에도 불구하고 그런 피
상적 이익이 지속적으로 발생하며, 이 때문에 RCM 방법론을 왜 사
용해야 하는지에 대한 구체적 증거를 하나 더 보여 준다.

이해를 돕기 위해서, RCM 과정을 실시하면 나타나는 그러한 '무임' 효과를 설명하기 위해 경험상 실제 이익이 있었던 몇 가지를 간단히 살펴보겠다. 이러한 이익은 그 긍정적 영향에 대한 추가적 식별 방법으로 다음의 5가지 중 하나로 나타난다.

- 가동 효과(Operational Impact, OI)
- 안전성 효과(Safety Impact, SI)
- 물류 효과(Logistics Impact, LI)
- 구성 효과(Configuration Impact, CI)
- 경영 효과(Administration Impact, AI)

이 모든 것들이 긍정적 비용 효과를 보이지만 대개 조직 내에서 나타나는 정성적 비용이 아니기 때문에 여기서는 서술하지 않겠다(하나만 예외로 한다). 회고해 보면 향후의 프로그램에서 수정해야 할 실수였던 것으로 보인다.

몇 가지 예를 아래에서 보여 주겠다. 그리고 그 효과의 범위는 각 예의 경우에 따라 보여 줄 것이다.

1. 시스템 분석 과정의 3단계에서 SWBS를 완성하면, 가장 최근에 개정된 시스템 설계도는 시스템 부속 중 하나에 대해서 변경 모델 번호를 갖게 한다는 것을 알게 된다. 이는 어느 모델 번호가 분석에 사용되는지 검사함으로써 식별하게 해준다. 최종적으로는 신규 모델이 적합하다는 판정을 내렸는데,

여기서 다시 다수의 구모델 번호에 대한 스페어가 실수로 4년간 유지되었었다. 이 때문에 RCM 프로그램이 시작되어 불필요한 스페어 부분을 없애기까지 세금, 보관, 경영 등에 관련된 약 $75,000의 비용이 지출되었다(LI, AI).

2. 7-3단계에서처럼 분석가가 RCM과 기존의 PM 작업을 비교할 때 기존의 PM 작업을 정의한 서류 검토가 필요했었다. 여기서 운용 부서와 유지 보수 부서가 같은 부속에 대해서 동시에 같은 PM 작업을 하고 있음을 발견했다. 하지만 그 작업 주기가 서로 달라 어느 쪽에서도 동일한 작업을 정기적으로 하고 있다는 것을 발견하지 못했다. RCM 과정으로 인해 궁극적으로 같은 작업을 하고 있음을 밝혀 냈고, 그 작업은 전적으로 유지 보수 부서에서 책임지는 것으로 지정되었다(OI, AI).

3. 한 시스템이 기능 지원에 아무 쓸모없는 몇 가지 부속을 포함한다는 사실을 분석가가 발견한 경우가 있었다. 더욱 문제가 되었던 것은 그 부속군들이 종종 공장의 긴급 정지 상황을 일으키는 고장 양상을 갖고 있었다는 것이다. 분석가는 두 가지 과정으로 그런 상황을 발견했다. 첫째는 기능적 하부 시스템과 시스템 P&ID 간의 정밀한 상호 관계를 개발하던 3-4단계의 SWBS 편집 과정 중이었고, 둘째는 5-1단계의 설비-기능 고장 매트릭스를 개발하던 중에서였는데 여기서 매트릭스의 빈 칸이 있다는 것을 발견했다. 대개 이런 부속은 가

급적 빠른 시간 내에 시스템에서 제거되어야 하는데, 기술 지원으로 분석가의 발견을 입증한 이후에 제일 먼저 정지 작업을 하게 된다. 보통 이런 문제를 안고 있는 부속으로는 솔레노이드 밸브, 한계 스위치, 기계 사용, 그 밖의 부가적 항목 등과 함께 다양한 형식의 밸브(유량 조절, 확인, 흐름 방지 등)가 있다(OI, SI, LI, CI, AI).

4. 결국 모든 단계 과정에서 시스템 분석 과정의 엄격함은 시스템 문서에 대한 자세한 검토를 필요로 한다. 이는 곧바로 매우 빈번하게 시스템 기준의 정의 기록에서 빠진 정보나 모호한 정보를 식별한다. 그런 정보는 시스템 P&ID, 시스템 설비와 부속 항목, 구성 조절 파일, 유지 보수 관리 정보 시스템 파일, 설비 번호표 등의 수정이나 첨가를 포함한다. 그런 정보의 수정은 핵발전소나 일상의 가동에서 안전 시스템의 역할이 필요한 설비에서 매우 중요하다(OI, SI, CI).

5. 시스템 분석 과정의 엄격함은 고장 양상, 고장 영향, 때로는 PM 작업까지도 제거할 수 있는 간단한 설계 향상을 식별할 수도 있다. 다음의 예를 한번 보자. (1) 제어 장치나 기계를 아날로그에서 디지털로 개선하는 것, (2) 중복된 구성에서 고장난 것을 수리/교체하기 위한 수동 격리 밸브를 추가하는 것, (3) 고장난 자동 물 조절 시스템에 수동 주입 기능을 설치하는 것(OI, SI, CI).

6. 신규로 공장이나 설비가 설치되었다면, RCM 과정은 가동 전에 간과했던 각종 진행 방법이나 확인 사항에서의 문제점을 수정하는 데에 아주 큰 장점을 보인다(그리고 이런 문제점은 TQM, 무결함, TLC 그리고 일반 기업에서 각종 전문 용어로 사용하는 방법에도 불구하고 실제로 일어난다). 두 가지 예를 들어 보겠다. (1) 시스템 분석 과정 2-2단계를 실시하던 시스템 진행에서 하부 시스템의 공기 제거에 필요한 밸브가 열리지 않았다는 것이 발견되었다(즉각적인 영향은 없었지만 장기적으로는 부식과 관련된 문제로 심각한 피해를 입힐 가능성이 있었다). (2) 부적절한 파이프 연결로 인해 수용액 분석이 이루어지지 않았다. 두 상황 모두 적시에 문제가 통보되어 조치(수정)가 취해졌다(OI, CI).

7. RCM 프로그램의 7단계(작업 선택)는 또 다른 장점이 있는데 성공적인 작업 수행에 필요한 특수 구조, 주의, 필수 훈련과 같이 보다 중요한 내용에 사용된다. 작업 선택 과정에서 추가적으로 가능한 이런 내용은 유지 보수 실행 및 과정에 필요한 기본 문서가 없는 산업 현장에서 상당히 중요한 장점을 지닌다(SI, AI).

8. 때때로 5-2단계(FMEA)에서 여태까지 미처 인지하지 못한 고장 시나리오가 발견되기도 한다. 그런 고장은 심각한 가동 또는 안전성의 결과를 초래하거나 직접 일으킬 수 있다. RCM 과정 중에 그런 발견을 하는 경우는 그리 흔치 않지만,

FMEA를 함으로써 수년간 돌보지 않았던 오래된 설비의 다양한 가동 조건에 대해 점검할 수 있는 기회를 얻는다는 것이 중요하다. 시스템 분석 과정에서 있었던 일인데, 어느 핵발전소의 경우 문제의 시스템에 대해 광범위한 확률론적 위험성 평가(Probabilistic Risk Assessment, PRA)를 완전히 실시하고도 그런 발견이 있었다.

앞서 열거한 예들에 덧붙여서, 궁극적으로 RCM 프로그램을 실시한 모든 조직은 시스템 기술자의 훈련 기준으로서 시스템 분석 과정의 가치를 인정하고 있다. 그 훈련이란 사실 매우 포괄적이어서 시스템 분석가가 종종 그런 시스템에 대해 RCM 과정을 겪은 '상주 시스템 전문가'로 인식된다. 또 다른 가치는 조업자 훈련에 시스템 분석 정보를 사용하는 것이다. 이런 훈련에서는 FMEA에서 나온 고장 시나리오 개발이 공장의 변화나 긴급 상황에 대한 조업자의 반응 시험에 가상의 입력으로서 사용된다. 이 두 가지 훈련에 대한 장점은 그 가능성을 최대한 현실화하기 위해 관리적으로 좀 더 철저히 개발될 필요가 있다.

Chapter **6**

RCM 설명
– 간단한 예(수영장 유지 보수)

Illustrating RCM
– A Simple Example
   (Swimming Pool Maintenance)

RCM 설명
– 간단한 예(수영장 유지 보수)

어떤 분석이든지 예를 들어 설명하는 방법이 가장 쉽다. 따라서 이 장에서는 그러한 예로써 가정용 수영장을 들어, RCM 시스템 분석 과정에 대한 설명을 하겠다(이 예는 맥 스미스 씨가 사라토가에서 24년간 살았던 집의 수영장에 대한 것이다).

스미스 씨가 처음 가정용 수영장을 구매했을 때, 그 유지 보수에 대한 지식은 전무했다. 따라서 프로그램을 만들기 위해서는 기존에 알던 ad hoc PM 방법(2.5절)에만 전적으로 의존할 수밖에 없었다. 경험(전혀 없었다), 판단(스미스 씨가 기술자로서 갖고 있던 것뿐이었다), 공급자나 친지의 자문(나중에 경험과 판단의 기초가 되었다), 그리고 막무가내식 정비(필터가 막히면 자주 교환해 줘야 한다는 것)가 전부였다. 그 때가 1975년도였는데 1985년에 가서야 그 해법을 찾기 시작했다. RCM 프로그램을 대한 이후로(천천히, 그러나 확실히) PM 방법이 바뀌었다. 1999년 스미스 씨가 이사할 때에는

28년이나 된 수영장이 완전히 새것과 같았다. 수영장에서 한 번도 물을 빼낸 적도 없고 원래의 부속 90% 이상이 고스란히 새것처럼 작동하고 있었다.

이 장에서는 앞서 5장에서 설명한 7단계의 시스템 분석 과정을 따를 것이다. 그러나 어떤 단계는 실제로 마주치는 매우 복잡한 설비에 비해 무척 간단한 경우도 있음을 잊지 말기 바란다. 그래도 그 원칙은 동일하며 이 예를 통한 설명으로 유지 보수 수행을 위한 과정과 역학 모두에 대한 이해를 도울 것이다. 또한 2에서 7단계까지 나타낸 형식과 정보는 RCM WorkSaver 소프트웨어의 사용에 기인한다는 점을 주목하기 바란다.

6.1 1단계 시스템 선택과 정보 수집

6.1.1 시스템 선택

전형적인 가정용 수영장은 간단히 다음의 4가지 주요 시스템으로 이루어졌다고 볼 수 있다.

1. 수영장 시스템은 즐기기 위한 장소일 뿐이다.
2. 스파 시스템은 수영장 시스템의 일부이거나 바로 옆에 설치된다. 모든 수영장에 적용되는 시설은 아니지만 이번 경우에는 수영장 고유 구성의 한 시설로서 스파 시스템이 딸려 있다.

RCM-세계적 수준의 유지 보수 기술

3. 수 처리 시스템은 외부에서 보이지는 않지만 이번 논의에서 가장 쉽게 식별할 수 있는 설비 그룹이다.

4. 유틸리티 시스템은 수영장과 그 밖의 설비에 전기, 가스 그리고 물 등을 공급한다.

2, 3, 4단계에서 이들 시스템에 대한 추가의 설명을 하겠다.

이번 예처럼 설비의 다양성(PM의 다양성)을 보이는 시스템이 수 처리 시스템 하나만 유일하게 있을 경우 시스템 선택 과정은 매우 쉽다. 80/20 법칙에서 봐도 CM 비용은 수 처리 시스템에 집중되어 있다는 것을 알 수 있다. 따라서 파레토 다이어그램에 의한 선택 항목도 수 처리 시스템임이 곧바로 나온다.

6.1.2 정보 수집

애초에 유용한 문서가 거의 없었기 때문에 유용한 정보라는 측면에서 본다면 그리 오랜 시간이 드는 일이 아니었다. 실제로 수영장을 구매했던 스미스씨로부터 얻은 수영장 정보란 고작 손으로 그린 몇 장의 스파 온도 조절과 사용 밸브에 대한 설명서였을 뿐이다. 그 전 주인은 O&M으로부터 들은 지식에 따라 실시한 5년간의 경험만 있을 뿐이었다. 그 작업 방법은 10분이면 끝나는 것으로, 기본적으로 강조된 것은 약간의 염산을 수시로 수영장에 뿌리면 모든 일이 알아서 처리된다는 것뿐이었다(알려진 바와 같이, 수영장의 pH를 중성으로 유지하는 것이 물의 증발을 보완해 주는 센물이나 빗물로 인해 생길 수 있는 문제를 제거하는 핵심임은 기억해 두어야 할 점이다). 따라서 이번 경우에는 시스템 개략도와 궁극적으로 RCM 시스템 분석 수행에 필요한 모든 문서를 다시 만들 필요가 있었다.

여기서, 본 저서를 읽고 있는 독자들조차 황당할 만한 일이 있었다. 무엇 때문에 황당했을까? 이것으로 문제가 끝이 아니었기 때문이다. 보통 공장이나 설비에서 경험한 것과 다르게, 있어야 할 것들이 없었기 때문이다. 일반적으로는 오래된 설비나 공장(예를 들어 10년 이상 된 것들)에서도 시스템 P&ID, 시스템 설계도, O&M 설명서, OEM 부속 설명서(심지어 부품 항목) 등에 대한 기본 정보가 없을 수 있다. 그러나 대부분의 경우, 다행스럽게도 현장의 인력들이 있기 때문에 그들의 서랍 속이든 아니면 머리 속이든 기초적인 데이터를 갖고 있기 마련이다. 또 OEM 관계자가 항시 그에 대한 정보를 줄 수 있는 상황이 된다. 그러나 이번 예에서는 불행히도 아무런 경험자가 없었다. 어떤 유용한 단서나, 인근의 다른 수영장 설비에 대한 OEM 관계자나, 하다못해 조금이라도 경험을 가진 스미스 씨의 이웃조차도 없었다. 이미 앞서 언급한 것처럼, 정보 수집 단계는 전체 시스템 분석 과정을 수행하는 것 중에서 가장 어려운 작업이 될 수 있다. 특히 수영장보다 복잡하면서 오래된 설비의 경우에는 두말할 것도 없다.

시스템 선택과 과정인 2, 3단계 모두를 알기 위해서 만들어야 하는 두 가지 가장 중요한 정보는 그림 6.1과 그림 6.2에서 각각 보여주는 수영장 블록 다이어그램과 수영장 개략도이다. 그 밖의 모든 필요한 정보는 과정의 단계를 밟으면서 소개하도록 하겠다.

6.2 2단계 시스템 경계 정의

수 처리 시스템의 경계 정의는 제5장의 그림 5.5와 5.6에서 설명한 형식과 내용을 따른다. 그림 6.2의 시스템 개략도는 시스템 경계를 구분하는 데 사용되었다. 그에 따른 경계 검토와 상세 경계는 그림 6.3과 그림 6.4에 나타내었다.

6.3 3단계 시스템 설명과 기능 블록 다이어그램

6.3.1 3-1단계 시스템 설명

이번 예에서는 그림 6.1의 수영장 시스템 블록 다이어그램을 확장하여 그림 6.5의 수 처리 시스템에 대한 하부 시스템 블록 다이어그램을 정의할 수 있다. 그림 6.5는 선택된 시스템을 3개의 기능적 하

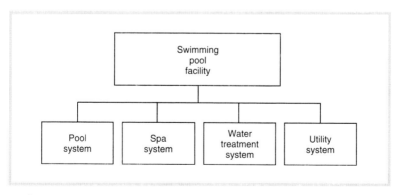

그림 6.1 Swimming pool facility system block diagram.

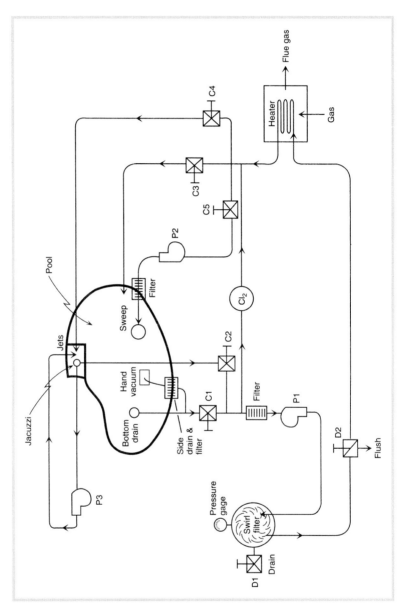

그림 6.2 Swimming pool schematic.

```
                          RCM - Systems Analysis

Step 2-1:       System Boundary Definition        Plant ID:
Information:    Boundary Overview                  System ID
Plant:          Swimming Pool Facility             Rev No:
System:         Water Treatment                    Date:      1/9/00
Subsystem:
Analysts:       A. M. (Mac) Smith, G. R. Hinchcliffe
```

Major Equipment Included:

Pumps and motors
Heat exchanger
Filters
Valves and piping
Chlorinator
Various instruments

Primary Physical Boundaries

Start with:

Water entrances to the pool and spa
Natural gas entrance to the heater
Electricity exiting the circuit breaker box

Terminate with:

Water exits from the pool and spa
Flue gas exit from the heater

Caveats:

None

```
System:     Water Treatment                         Wednesday, March 26, 2003
Subsystem:                                                         Page 1 of 1
                        Step 2-1  Boundary Overview
                              JMS Software
```

그림 6.3 Boundary overview, Step 2-1.

RCM - Systems Analysis

Step 2-2:	System Boundary Definition	Plant ID:
Information:	Boundary Details	System ID
Plant:	Swimming Pool Facility	Rev No:
System:	Water Treatment	Date: 1/9/00
Subsystem:		
Analysts:	A. M. (Mac) Smith, G. R. Hinchcliffe	

Type	Bounding System	Interface Location	Reference Drawing
In (Pool Water)	Pool	Main water drain at bottom of pool	
In (Pool Water)	Pool	Water skimmer at side of pool	
Out (Filtered Water)	Pool	Return water inlets (two) at side of pool	
In (Spa Water)	Spa	Main water drain at bottom of spa	
Out (Heated Water)	Spa	Return water inlet at side of spa	
Out (Water Overflow)	Sewer/drainage	Exit water drain on main filter	
In (Gas)	Utility	Inlet side of gas valve on heater	
Out (Flue Gas)	Atmosphere	Exit gas ducts/openings on heat exchanger	
In (Electric)	Utility	Pool side of electrical circuit breaker on 120 V supply	
Out (Pool Water)	Pool	Quick disconnect on water line to the pool sweep	
Out (Flush Water)	Sewer/drainage	Exit water flush line on main filter	

System:	Water Treatment	Wednesday, March 26, 2003
Subsystem:		Page 1 of 1

Step 2-2 Boundary Details
JMS Software

그림 6.4 Boundary details, Step 2-2

부시스템인 펌핑, 난방, 물 조절로 나눌 수 있음을 보여 준다. 아주
간단한 시스템이기 때문에, 3개의 하부 시스템 모두에 대해 설명하
지 않고 수 처리 시스템만을 그 대상으로 할 것이다.

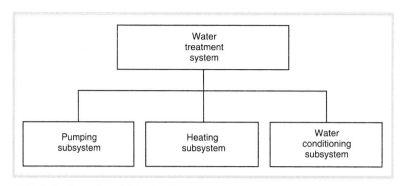

그림 6.5 Functional block diagram for water treatment system.

그림 6.6 Pool and spa system.

수영장 설비 설명. 수 처리 시스템의 설명에 앞서 수영장 전반의 설비 특징에 대해 먼저 논의하겠다. 그림 6.6에서 보듯이 설비는 34,000 갤런 규모의 콩팥 모양으로 전형적인 주거용 수영장이다. 북부 캘리포니아에서는 1년에 약 6개월 정도는 수온이 70°F 이상이기 때문에 난방을 하지 않아도 수영장을 사용할 수 있다. 그 나머지 기간은 실내 수영장처럼 꾸미지 않고서는 난방비가 너무 들기 때문에 대개 1년 내내 사용하지는 않는다. 수영장은 보통 오후에 햇볕이 잘 드는 쪽에 위치하고 있어서 여름 한창때는 수온이 85℉까지 올라가기도 한다.

수영장에는 3개의 기능적 하부 시스템이 있다.

1. **물 공급.** 이것은 단순히 증발된 물을 보충함으로써 일정 물 높이를 맞추기 위해 정원용 호스로 수돗물을 공급하는 것이다(또는 물 공급 라인이 내장된 형태로 설치된다). 어떤 수영장에서는 가벼운 폴리에스테르(마일라) 천막 덮개로 수영장을 덮어서 물의 증발을 최소화하기도 한다. 이번 예에서는 그런 천막 덮개를 사용하지 않았다. 실제로 수영장을 수시로 사용하는 기간에는 그런 덮개가 쓸모 없기 때문이다.

2. **수동 수 처리.** 이것은 여러 가지 잔일들로 구성된다. 필요할 때 물을 빼내거나, 물의 pH를 맞추기 위해 염산을 첨가하는 일, 그리고 염소의 활동도를 억제하기 위해 산화제를 넣는 일 등이다. pH와 염소의 농도 조절을 위해 한 여름에는 최소 주당 1회 정도, 그리고 겨울에는 1개월에 한 번 정도씩 주기적으로 물의 화학 성분을 확인한다.

3. **수 회전 장치(pool sweep).** 수면 밑에 연속적으로 가동하는 2개의 수로가 물을 강제적으로 회전시키는 장치로서, 물을 휘저어 먼지나 이물질이 뜨도록 하여 이를 걸러내게 한다. 최근에는 흡입장치를 수영장 둘레나 바닥에 설치해서 물을 그쪽으로 연속해서 밀어내는 자동 진공 장치를 갖추기도 한다.

대다수의 수영장에는 스파 시스템도 있다. 그리고 이것은 기능적으로 또 물리적으로 수영장 시스템에 딸려있게 된다. 이번 경우의 스파 시스템은 6×3×3입방피트의 직사각형으로 수영장과 같이 두개의 벽으로 둘러싸여 있다. 물은 취향에 따라 보통 90정 120℉ 정도로 온도 조절이 가능하며, 하루 일과를 마친 후 휴식을 취하기에 적합한 형태로 되어 있다. 스파 시스템에는 2개의 기능적 하부 시스템이 있다.

1. 수작업 청소. 앞서 언급한 것과 같이 치우고 비우는 잔일로 이루어진다.
2. 워터 제트. 고속의 물을 '제트'를 통해서 분사시켜 물을 돌리고 소용돌이치게 하는 것이다. 여기서는 그런 제트가 세 개 있다(제트 분사 압력은 수 처리 시스템의 일부가 아니다).

유틸리티 시스템은 수영장 설비에 물, 전기, 가스 등을 공급하는 것으로 구성된다.

수 처리 시스템(Water Treatment System, WTS). WTS는 물의 정화를 유지하는 주요 기능을 담당한다. 또한 수영장과 스파의 물을 데우기도 한다. 이러한 기능들은 펌핑, 난방, 물 조절이라는 3개의 기능적 하부 시스템에 의해 수행된다. 그림 5.8의 형식에 따라 이 시스템에 대한 설명을 그림 6.7에 나타내었다.

Step 3-1:	System Description/Functional Block Diagram	Plant ID:	
Information:	System Description	System ID:	
Plant:	Swimming Pool Facility	Rev No:	
System:	Water Treatment	Date:	1/9/00
Subsystem:			
Analysts:	A. M. (Mac) Smith, G. R. Hinchcliffe		

Functional Description/Key Parameters

PUMPING: The pumping subsystem provides two primary functions. First, it maintains a water flow at about 70 GPM circulating from the pool system through the heater and water conditioning subsystems. This flow includes a bleed through the line supplying water to the pool sweep in order to maintain a continuous priming flow for the pump in this line. Thus, the pool sweep cannot be operated unless the main water flow is in operation. Second, it provides the water flow and boost pressure, on demand, for the operation of the pool sweep. The pumping subsystem operates about 5 hours each day in the warm and hot seasons, and about 3 hours each day in the cooler months. These periods of operation are accomplished via automatic electromechanical switches that can turn both the main flow and pool sweep flow on and off at preset times. The pumping subsystem must be maintained in an airtight condition on the suction side of the water lines to preclude a loss of flow to the pumps. Also, during heavy rains in the winter months, the pumping subsystem must be able to drain water from the pool to avoid pool overflow.

HEATING: The heating subsystem provides the capability to raise the ambient temperature of either the pool or spa water. Water circulation from the pumping subsystem continuously flows through a heat exchanger which is operated on natural gas, and when ignited, has an output rating of 383,000 Btu/hour. The heat exchanger is automatically controlled to provide the desired temperature to the pool (about 80 deg F) or the spa (90 to 120 deg F). It cannot efficiently heat both the pool and spa simultaneously. Since, by choice, virtually no heating of the pool occurs, the pool temperature control is simply maintained at a setting that is well below the ambient water temperature. The control unit also has a "hi-limit: temperature switch which will stop operation if exceeded. This high limit is set at about 140 deg F. Ignition is via a gas pilot flame which is shut off during cooler months when neither the pool nor spa are used. The heating subsystem must be operated in a safe manner-that is, there must be no potential for personnel injury or death, or equipment damage from an uncontrolled fire or explosion.

System:	Water Treatment	Friday, April 04, 2003
Subsystem:		Page 1 of 2

Step 3-1   System Description
JMS Software

그림 6.7 System description, Step 3-1.

6.3.2 3-2단계 기능 블록 다이어그램

그림 6.5에서 수 처리 시스템을 펌핑, 난방, 물 조절이라는 3개의 기능적 하부 시스템으로 나누었다. 이제 그림 6.8에서는 주요 상호 연결 경계뿐만 아니라 IN과 OUT 경계를 설정함으로써 기능 블록 다이어그램을 완성했다.

WATER CONDITIONING: The water conditioning subsystem provides continuous automatic filtering and chlorination treatment. Its function, then, is to maintain the water in a crystal clear condition. The filtering is augmented by periodic manual netting and vacuuming of the pool system, and by periodic manual addition of muriatic acid and oxidizer to the pool system. But the mainstay of the water-conditioning process is the daily operation of the pumping subsystem, which maintains the flow through the filter equipment and the chlorinator. Coarse filtering occurs at two locations: first, through a filter basket at the weir/skimmer water exit at the side of the pool (most of the water exit flow occurs here, not at the bottom drain in the pool), and second, through a filter basket immediately ahead of the main pump suction. Fine filtering is accomplished via a 70-gallon capacity swirl filter which uses diatomaceous earth as a filter medium to remove dust and particles not stopped by the basket filters. The swirl filter (so called because the internal design includes a series of semicircular plastic sections that rotate the water flow across their surfaces which are coated with the diatomaceous earth) is located on the discharge side of the main pump, and contains both a drain valve for use in removing excess water from the pool and flush the swirl filter. A pressure gage on the swirl filter is used to calibrate the need for backflushing. The automatic chlorinator is simply a dispenser containing 1-inch chlorine tablets with a bleed line connected between the suction side piping and the heater exit piping. The bleed flow through this line can be adjusted up to 0.5 GPM to maintain a desired chlorine level in the pool water.

Redundancy Features

With the exception of the two in-line basket filters, the water treatment system has no redundancy features.

Protection features

There are two important protection features. First, any electrical malfunction of consequence in the motors or instrumentation will trip the circuit breaker, thereby preventing catastrophic damage or fire. Second, the high-limit temperature control will prevent inadvertent excessive heating of the pool or spa water (and unnecessary gas consumption) should the desired temperature set point malfunction. There is also a grace period of 3-7 days (depending on water temperature) for the maintenance of acceptable water quality should any failure cause a complete shutdown of the water treatment system. This is accomplished by manual additions of liquid chlorine and other fungus-retarding chemicals.

Key Control Features

The key instrumentation features of this subsystem are the electromechanical timers which provide for automatic operation of the pumping and water conditioning subsystems, and the high-limit temperature switch in the heating subsystem which was described previously. A manual switch is used to select heating for either the pool or spa, and a pressure gage is used to indicate flow status and clogging in the swirl filter.

System:	Water Treatment	Friday, April 04, 2003
Subsystem:		Page 2 of 2
	Step 3-1 System Description JMS Software	

그림 6.7 Continued

6.3.3 3-3단계 IN/OUT 경계

그림 5.10의 형식을 빌려 모든 해당 IN/OUT 경계를 그림 6.9에 정리했다. 여기서 명심할 것은 RCM 과정은 필요에 따라 IN 경계를 사용한다고 가정했다는 것이다. 따라서 기능 유지와 궁극적인 PM 작업 선택에 식별과 초점을 맞추기 위해 이후에는 OUT 경계에 집중할 것이다.

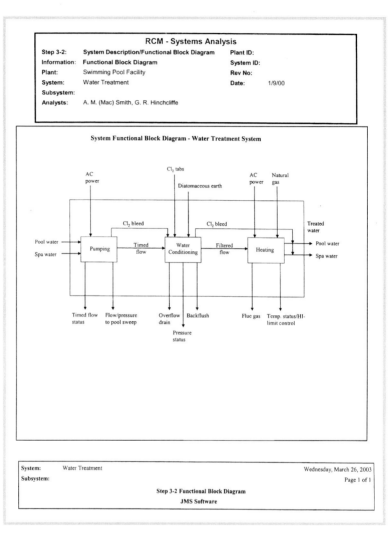

그림 6.8 Functional block diagram, Step 3-2.

RCM-세계적 수준의 유지 보수 기술

Step 3-3:	System Description/Functional Block Diagram	Plant ID:	
Information:	IN/OUT Interfaces	System ID	
Plant:	Swimming Pool Facility	Rev No:	
System:	Water Treatment	Date:	1/9/00
Subsystem:			
Analysts:	A. M. (Mac) Smith, G. R. Hinchcliffe		

Type	Bounding System	Interface Location	Reference Drawing
In (Pool Water)	Pool	Inlet side of Pool and Spa Botton Drain and Skimmer (up stream of valve C1)	
In (Spa Water)	Spa	Inlet side of Spa Drain and Skimmer (up stream of valve C2)	
In (AC power)	Utility	120 V from load side of pool system breaker to pumps and heater controls	
In (Natural Gas)	Utility	House main supply on line side of Pool Heater gas shut off valve	
In (Chlorine and Diatomaceous Earth)	Manual loading	Clorinator and Swirl Filter	
Out (Treated Water)	Pool	Outlet side of pool water return inputs (down stream of valve C3)	
Out (Treated Water)	Pool	Outlet side of Pool Sweep return inputs (down stream of valve C5, and pump P2)	
Out (Treated Water)	Spa	Outlet side of Spa jets (down stream of valve C4)	
Out (Signal Status)	Manual reading	Pumps, filter, and heater (.ie. timer, pressure, temperature)	
Out (Flue Gas)	Atmosphere	Exit gas duct from heater	
Out (Water)	Utility (city drainage)	Outlet of drain valve D1 on filter (upon demand)	
Out (Water)	Utility (sump pit)	Outlet of drain valve D2 on filter (upon demand)	

System:	Water Treatment	Friday, April 04, 2003
Subsystem:		Page 1 of 2

Step 3-3 IN/OUT Interfaces
JMS Software

그림 6.9 IN/OUT interfaces, Step 3-3.

RCM - Systems Analysis

Step 3-4:	System Description/Functional Block Diagram	Plant ID:	
Information:	System Work Breakdown Structure	System ID	
Plant:	Swimming Pool Facility	Rev No:	
System:	Water Treatment	Date:	1/9/00
Subsystem:			
Analysts:	A. M. (Mac) Smith, G. R. Hinchcliffe		

Comp	Component ID	Component Description	Type	Qty	Dwg or Ref
01		Main pump (P1) with 1-HP motor	Non-Instr	1	
02		Pool sweep pump (P2) with 3/4-HP motor	Non-Instr	1	
03		Valves-pool/spa alignment	Non-Instr	4	
04		Valve drain	Non-Instr	1	
05		Main Pump - Timer Electromechanical	C - Instr	1	
06		Pool Sweep - Timer Electromechanical	C - Instr	1	
07		Water piping	Non-Instr	various	
08		Main (swirl) filter	Non-Instr	1	
09		Trap filters	Non-Instr	2	
10		Chlorinator	Non-Instr	1	
11		Flush valve on main filter	Non-Instr	1	
12		Pressure gage on main filter	S - Instr	1	
13		Gas heater	Non-Instr	1	
14		Gas piping	Non-Instr	various	
15		Temperature control/limit unit	P - Instr		
16		Pool/spa switch	C - Instr	1	

System:	Water Treatment		Friday, April 04, 2003
Subsystem:			Page 1 of 1
	Step 3-4 SWBS JMS Software	C=Control S=Status P=Protection	

그림 6.10 SWEBS, Step 3-4.

6.3.4 3-4단계-SWBS

SWBS로 각각의 3개 기능적 하부 시스템에 관계된 특정 부속을 정리했다. 수 처리 시스템에 대한 SWBS는 그림 6.10에 나타내었다.

RCM - Systems Analysis

RCM - Systems Analysis

Step 3-5:	System Description/Functional Block Diagram	Plant ID:	
Information:	Equipment History	System ID	
Plant:	Swimming Pool Facility	Rev No:	
System:	Water Treatment	Date:	1/9/00
Subsystem:			
Analysts:	A. M. (Mac) Smith, G. R. Hinchcliffe		

Component Description	Failure Mode	Failure Cause
1. Alignment Valves	Stuck in closed/open position (1980, 88)	Corrosion on stem
2. Pinhole leaks in suction pumping	Connecting joint deterioration (1981, 87, 91)	Aging
3. Main pump	Bearing (sealed) breakdown (1988)	Aging
4. Main (swirl) filter-top canister	Lip fracture at joint with bottom canister (1986)	Material flaw (manufacturer replaced with no charge)
5. Main (swirl) filter-C clamp (top to bottom canister)	Overstressed (1982)	Human error- excessive tightening (Oops!)
6. Flush valve on main filter	Stuck closed (1984)	Lack of lubrication
7. Main filter pressure gage	Erratic reading (1984)	Seal leak to atmosphere
8. Gas heater	Erratic burner ignition (1989)	Contamination, corrosion

System:	Water Treatment	Friday, April 04, 2003
Subsystem:		Page 1 of 1

Step 3-5 Equip History
JMS Software

그림 6.11 Equipment history, Step 3-5.

6.3.5 3-5단계 설비 이력

여기서는 수 처리 시스템에 대해 실시했던 CM 작업을 확인하는 것 (규정된 작업 지시 없음)이 목적이며, 고장 형태 정보를 만들었던 5단계에 이 데이터를 이용할 것이다. 수리 비용 청구서나 개인적인 수리 경험을 바탕으로 재구성된 설비 내력 정보는 그림 6.11을 보라. 한 가지 흥미로운 것은 수 처리 시스템이 스미스씨가 구매한 이후 처음 5~7년간(설비는 10~12년 동안) 어떤 문제(CM 작업)도 없이 잘 가동되었다는 점이다. 하지만 그 이후의 대부분의 CM 문제(항목 1, 5, 6, 7, 8)는 시간을 갖고 정확히 PM만 실시했다면 피할 수 있었던 것들이다.

6.4 4단계 시스템 기능과 기능 고장

여기서는 시스템 설명, IN/OUT 경계, 기능 블록 다이어그램에서 나온 정보를 이용해 특정 기능과 기능 고장 설명을 하겠다. 이 설명에서는 궁극적으로 선택하게 될 PM 작업을 알기 위해서 기능과 기능 고장을 가능한 정확히 나열하는 데에 힘을 쏟을 것이다.

구성된 정보는 그림 5.13의 형식을 빌려 그림 6.12에 나타내었다. 향후의 단계에 대한 일관성을 유지하기 위해 아래와 같이 번호 시스템을 사용한다는 것에 주의하기 바란다.

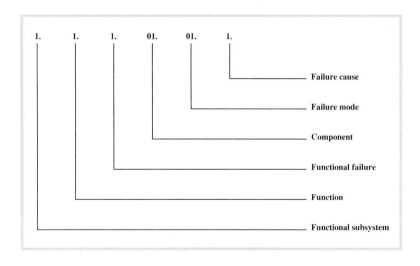

Step 4:	Functions/Functional Failures	**Plant ID:**
Information:	Functional Failure Description	**System ID**
Plant:	Swimming Pool Facility	**Rev No:**
System:	Water Treatment	**Date:** 1/9/00
Subsystem:		
Analysts:	A. M. (Mac) Smith, G. R. Hinchcliffe	

Function #	FF #	Function/Functional Failure Description
1.1		*Maintain 70-GPM water flow at specified times to other subsystems*
	1.1.1	Fails to initiate flow at specified time
	1.1.2	Flow is less that 70 GPM
	1.1.3	Fails to terminate flow at specified time
1.2		*Maintain 50-GPM water flow at specified times to pool sweep line*
	1.2.1	Fails to initiate flow at specified time
	1.2.2	Flow is less that 50 GPM
	1.2.3	Fails to terminate before main flow shut-down
1.3		*Maintain water bleed to chlorinator*
	1.3.1	No water bleed flow
1.4		*Automatically activate/deactivate water flow*
	1.4.1	"On" and/or "Off" signals malfunction
2.1		*Provide filtered water to the heating subsystem*
	2.1.1	Fails to catch larger debris
	2.1.2	Poor filtering efficiency (can be related to FF no. 1.1.2)
2.2		*Send chlorinated water to exit piping*
	2.2.1	Fails to add chlorine to bleed water
	2.2.2	No bleed water flow
3.1		*Provide desired heat input to water, on demand, at 383,000 Btu/hour*
	3.1.1	Fails to ignite

System: Water Treatment		Wednesday, March 26, 2003
Subsystem:		Page 1 of 2

Step 4   Functional Failures

JMS Software

그림 6.12 Functions and functional failures, Step 4.

Function #	FF #	Function/Functional Failure Description
	3.1.2	Fails to shut down at desired temperature
3.2		*Maintain a safe operation*
	3.2.1	Uneven burn and gas accumulation
	3.2.2	Fails to shut down at Hi-limit control temperature
	3.2.3	Full/partial stoppage of flue gas release

Step 4   Functional Failures
JMS Software

그림 6.12 Continued

처음의 숫자 1은 기능 하부 시스템을 나타내는 것으로 그림 6.12의 펌핑 하부 시스템을 의미한다. 그리고 2는 물 조절 하부 시스템, 3은 난방 시스템이다.

6.5 5단계 고장 양상과 영향 분석(FMEA)

5단계 초기 작업은 그림 5.14와 같이 설비-기능 고장 매트릭스를 완성하는 것이다. 그림 6.13의 매트릭스를 만들기 위해 그림 6.10의 SWBS 항목과 그림 6.12의 기능 고장 정보를 결합해서 실시한다. 이 매트릭스는 이제 FMEA의 로드맵이 되고 기능과 설비의 연결 고리 가 된다. 매트릭스에서 보듯이 각 설비 항목은 적어도 한 가지 기능

RCM - Systems Analysis

Step 5-1:	Functions/Functional Failure	Plant ID:
Information:	Equip - Functional Failure Matrix	System ID
Plant:	Swimming Pool Facility	Rev No:
System:	Water Treatment	Date: 1/12/00
Subsystem:		
Analysts:	A. M. (Mac) Smith, G. R. Hinchcliffe	

Functional Failures

Comp#	Component Description	1.1.1	1.1.2	1.1.3	1.2.1	1.2.2	1.2.3	1.3.1	1.4.1	2.1.1	2.1.2	2.2.1	2.2.2	3.1.1	3.1.2	3.2.1	3.2.2	3.2.3
01	Main pump (P1) with 1-HP motor	X	X															
02	Pool sweep pump (P2) with 3/4-HP m				X	X												
03	Valves-pool/spa alignment	X																
04	Valve drain	X																
05	Main Pump - Timer Electromechanic	1.4.1		1.4.1					X									
06	Pool Sweep - Timer Electromechanic				1.4.1		1.4.1		X									
07	Water piping	X			X	X		X					X					
08	Main (swirl) filter		2.1.2								X							
09	Trap filters		2.1.2							X	X							
10	Chlorinator											X						
11	Flush valve on main filter										X							
12	Pressure gage on main filter										X							
13	Gas heater													X		X		X
14	Gas piping													X	X	X		
15	Temperature control/limit unit													X	X		X	
16	Pool/spa switch													X				

Step 5-1   Equip- FF Matrix

JMS Software

Wednesday, March 26, 2003

Page 1 of 1

System: Water Treatment
Subsystem:

그림 6.13 Equipment functional failure matrix, Step 5-1.

고장과 연관되어 있고 부속 항목의 60%가 두 개 이상의 기능 고장을 포함한다. 따라서 현 시점에서는 이러한 부속 어느 것도 결정적이지 않다든지 또는 이후의 고려 대상이 아니라고 판단 할 수 없다.

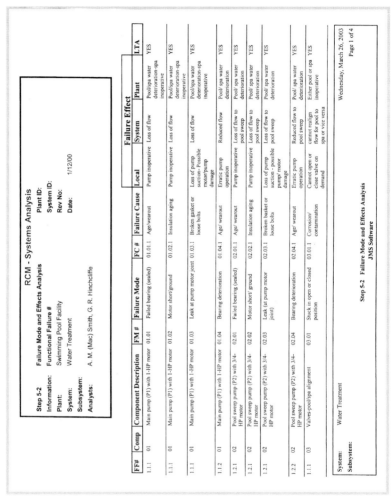

그림 6.14 FMEA, Setp 5-2.

FMEA는 그림 6.14에 나타내었다. 여기서 보여 주는 정보는 RCM 과정의 심장부나 마찬가지다. 그림 6.12에서 보여 줬던 기능을 망가 뜨릴 수 있는 특정 고장 양상을 식별하게 해 주기 때문이다. 여기에

FF#	Comp	Component Description	FM #	Failure Mode	FC #	Failure Cause	Failure Effect			
							Local	System	Plant	LTA
1.1.1	04	Valve drain	04.01	Stuck in closed (normal) position	04.01.1	Corrosion	Cannot open valve on demand	Cannot drain water from system	Pool/spa can overflow in heavy rain	YES
1.4.1	05	Main Pump - Timer Electromechanical	05.01	Failed clock	05.01.1	Age/wearout	Loss of automatic timing	System fails to start or fails to stop	Pool/spa water deterioration for failed start. None for failed stop	YES
1.4.1	05	Main Pump - Timer Electromechanical	05.02	Short circuit	05.02.1	Insulation aging	Loss of automatic timing	System fails to start or fails to stop	Pool/spa water deterioration for failed start. None for failed stop	YES
1.4.1	05	Electromechanical timers	05.03	Set points (mechanical) loose	05.03.1	Wear/vibration or improperly installed timing	Loss of automatic timing	System fails to start or fails to stop	Pool/spa water deterioration for failed start. None for failed stop	YES
1.4.1	06	Pool Sweep - Timer Electromechanical	06.01	Failed clock	06.01.1	Age/wearout	Loss of automatic timing	Pool sweep fails to start or fails to stop and motor can burn out	Pool/spa water deterioration	YES
1.4.1	06	Pool Sweep - Timer Electromechanical	06.02	Short circuit	06.02.1	Insulation aging	Loss of automatic timing. Note: Timer can be manually operated if someone observes failure state	Pool sweep fails to start or fails to stop and motor can burn out	Pool/spa water deterioration	YES
1.4.1	06	Pool Sweep - Timer Electromechanical	06.03	Set points (mechanical) loose	06.03.1	Wear/vibration or improperly installed timing	Loss of automatic timing. NOTE: Timer can be manually operated if someone observes failure state	System fails to start or fails to stop	Pool/spa water deterioration	YES
1.1.1	07	Water piping	07.01	Rupture	07.01.1	Material flaw - Considered to be implausible failure mode	Considered to be implausible failure mode	Considered to be implausible failure mode	Pool/spa water implausible failure mode	Rare Event

System: Water Treatment
Subsystem:

Step 5-2 Failure Mode and Effects Analysis
JMS Software

Wednesday, March 26, 2003
Page 2 of 4

그림 6.14 Continued

FF#	Comp	Component Description	FM #	Failure Mode	FC #	Failure Cause	Local	System	Plant	LTA
								Failure Effect		
1.1.1	07	Water piping	07.02	Pinhole leak (including joints)	07.02.1	Corrosion	Loss of pump suction (could temporarily restore)	Flow deterioration	Pool/ spa water deterioration	YES
1.2.2	07	Water piping	07.03	Clogged filter (on pool sweep line)	07.03.1	Debris buildup	Reduced filter efficiency	Reduced flow to pool sweep-overworked pump	Pool/ spa water deterioration	YES
1.3.1	07	Water piping	07.04	Rupture (3/8" neoprene bleed line)	07.04.1	Age	Loss of pump suction (could temporarily restore)	Flow deterioration	Pool/ spa water deterioration	YES
1.3.1	07	Water piping	07.05	Pinhole leak - including joints (3/8" neoprene bleed line)	07.05.1	Age	Loss of pump suction (could temporarily restore)	Flow deterioration	Pool/ spa water deterioration	YES
2.2.2	07	Water piping	07.06	Rupture (3/8" neoprene bleed line)	07.06.1	Age	Broken exit line from chlorinator	No chlorine injection to pool return piping	Pool/ spa water deterioration	YES
2.1.2	08	Main (swirl) filter	08.01	Clogged	08.01.1	Debris and dirt buildup	Reduced filter efficiency	Reduced flow/ overworked pump	Pool/ spa water deterioration	YES
2.1.2	08	Main (swirl) filter	08.02	Water leak (at top to bottom section joint)	08.02.1	Aging gasket	Water dripping from filter joints	None	None	NO
2.1.1	09	Trap filters	09.01	Broken basket (at main pump suction)	09.01.1	Mishandle or age	Hole in plastic basket	Large debris escapes to swirl filter	None	YES
2.1.1	09	Trap filters	09.02	Broken basket (at weir)	09.02.1	Mishandle or age	Hole in plastic basket	Large debris escapes to second trap filter	None	YES
2.1.1	09	Trap filters	09.03	Clogged (at main pump suction)	09.03.1	Debris buildup	Reduced filter efficiency	Reduced flow/ overworked pump	Pool/ spa water deterioration	YES
2.1.1	09	Trap filters	09.04	Clogged (at weir)	09.04.1	Debris buildup	Reduced filter efficiency	Reduced flow/ overworked pump	Pool/ spa water deterioration	YES
2.1.1	09	Trap filters	09.05	Leaky gasket - on filter cover (at main pump suction)	09.05.1	Age	Loss of pump suction (could temporarily restore)	Flow deter oration	Pool/ spa water deterioration	YES
2.2.1	10	Chlorinator	10.01	Clogged	10.01.1	Debris from undissolved tabs	No flow from chlorinator	No chlorine injection to bleed line	Pool/ spa water deterioration	YES

Step 5-2   Failure Mode and Effects Analysis
JMS Software

System: Water Treatment
Subsystem:

그림 6.14   Continued

는 41개의 특정 고장 양상이 나와있으며, 이는 LTA로 넘어갈 37가
지의 상황을 유발한다. 수 처리 시스템에 대해서는 중복성이 거의
없는 관계로 여기서는 단 4가지 경우만 분석 대상으로 남긴다(그리

FF#	Comp	Component Description	FM #	Failure Mode	FC #	Failure Cause	Local	Failure Effect		LTA
								System	Plant	
2.2.1	10	Chlorinator	10.02	No tablets	10.02.1	Forgot to fill	Empty chlorinator	No chlorine injection to bleed line	Pool/ spa water deterioration	YES
2.1.2	11	Flush valve on main filter	11.01	Stuck	11.01.1	Corrosion	Inoperative backflush valve	Cannot backflush main filter	None	YES
2.1.2	12	Pressure gage on main filter	12.01	False reading (lower than actual)	12.01.1	Age	Erroneous pressure signal	Reduced flow/ overworked pump. Note: Assumes main filter is clogged	Pool/ spa water deterioration	YES
3.1.1	13	Gas heater	13.01	Failed pilot light	13.01.1	Wind or rain storm	No pilot light and smell of gas	Heater will not ignite on demand	Spa cannot be used	YES
3.2.1	13	Gas heater	13.02	Burner dirty clogged	13.02.1	Corrosion, dirt, insects	Delay in simultaneous ignition across burner	Small to large explosion in heater, possibly fire and severe heater damage	Spa cannot be used	YES
3.2.3	13	Gas heater	13.03	Clogged vents	13.03.1	Leaves, pine needles, insects, etc.	Blocked vents	Flue gas cannot escape - possible fire and damaged heater	Spa cannot be used	YES
3.1.1	14	Gas piping	14.01	Blockage (in heater piping)	14.01.1	Large foreign object in line	Considered to be implausible failure mode	Considered to be implausible failure mode	Considered to be implausible failure mode	Rare Event
3.2.1	14	Gas piping	14.02	Leak (at connection)	14.02.1	Age/ vibration	Smell of gas	None	None	NO
3.1.1	15	Temperature control/limit unit	15.01	Control unit fails (Lo)	15.01.1	Random part failure	Control unit inoperative	Heater will not ignite on demand	Spa cannot be used	YES
3.1.2	15	Temperature control/limit unit	15.02	Control unit fails (Hi)	15.02.1	Random part failure	Control unit inoperative	Heater will not automatically shut down	Eventual over temperature in spa, unnecessary gas consumption	YES
3.1.1	16	Pool/spa switch	16.01	Failed switch	16.01.1	Aging	No electrical contact through switch	Gas valve will not open - heater will not ignite	Spa cannot be used	YES

System: Water Treatment
Subsystem:

Step 5-2 Failure Mode and Effects Analysis
JMS Software

Friday, April 04, 2003

그림 6.14 Continued

고 이 중 2가지는 문제의 고장 양상이 이해하기 어려운 부분이라서 배제된다).

243

6.6 6단계 LTA

이번 예에서 보는 수영장 LTA를 위해 그림 5.20에서 보여 준 LTA 구조를 사용하겠다. 이번 경우에 '조업자'는 스미스씨와 그 부인이었고, 그림 5.20의 문제 3에 해당하는 긴급 성지 상황은 수영장이나 스파를 사용하지 못하는 경우로 정의했다. 그림 6.14의 FMEA에서 보듯이 주요 '공장' 규모의 영향은 즉각적으로 긴급 정지를 일으키지 않는, 그들의 판단에 따른, 수영장/스파 수질 악화로 정의했다. 따라서 LTA와 시스템 분석 과정인 7-2단계인 정확한 확인을 진행하면서 이러한 고장 양상에 어떤 것인지 알아 볼 것이다.

LTA 정보는 그림 6.15에 나타내었는데, FMEA에서 나온 37가지 고장 형태가 논리 트리 과정으로 이루어졌다. 정리하면 LTA로 다음의 항목이 나왔다(우선순위).

> A 또는 D/A = 2
> B 또는 D/B = 8
> C 또는 D/C = 27

5.7절에서 했듯이, 초기 작업에서는 C 또는 D/C의 27가지 고장 양상을 RTF 상태나 7-2단계인 정확한 확인으로 미루고, 10개의 결정적 고장 양상만 7-1단계인 작업 선택으로 넘긴다.

Step 6	**Logic Tree Analysis**	**Plant ID:**
Information:	**Failure Mode Criticality**	**System ID**
Plant:	Swimming Pool Facility	**Rev No:**
System:	Water Treatment	**Date:** 1/19/00
Subsystem:		
Analysts:	A. M. (Mac) Smith, G. R. Hinchcliffe	

FF #	Comp #	Component Description	FM #	Failure Mode	Evident?	Safety	Outage	Cat	Comments
1.1.1	01	Main pump (P1) with 1-HP motor	01.01	Failed bearing (sealed)	YES	NO	YES	B	Must be corrected in 4 or less days or serious water deterioration occurs
1.1.1	01	Main pump (P1) with 1-HP motor	01.02	Motor short/ground	YES	NO	YES	B	Must be corrected in 4 or less days or serious water deterioration occurs
1.1.1	01	Main pump (P1) with 1-HP motor	01.03	Leak at pump motor joint	YES	NO	YES	B	Must be corrected in 4 or less days or serious water deterioration occurs. Can cause serious motor/pump damage if not shutoff in 4 or less hours
1.1.2	01	Main pump (P1) with 1-HP motor	01.04	Bearing deterioration	YES	NO	NO	C	Gives audible indication
1.2.1	02	Pool sweep pump (P2) with 3/4-HP motor	02.01	Failed bearing (sealed)	YES	NO	NO	C	
1.2.1	02	Pool sweep pump (P2) with 3/4-HP motor	02.02	Motor short/ ground	YES	NO	NO	C	
1.2.1	02	Pool sweep pump (P2) with 3/4-HP motor	02.03	Leak (at pump motor joint)	YES	NO	NO	C	Can cause serious motor/pump damage if not shutoff in 4 or less hours
1.2.2	02	Pool sweep pump (P2) with 3/4-HP motor	02.04	Bearing deterioration	YES	NO	NO	C	Gives audible indication
1.1.1	03	Valves-pool/spa alignment	03.01	Stuck in open or closed position	NO	NO	YES	D/B	
1.1.1	04	Valve drain	04.01	Stuck in closed (normal) position	NO	NO	YES	D/B	Spa cannot be used if pool water level is too high

System: Water Treatment
Subsystem:

그림 6.15 Logic tree analysis, Step 6.

FF #	Comp #	Component Description	FM #	Failure Mode	Evident?	Safety	Outage	Cat	Comments
1.4.1	05	Main Pump - Timer Electromechanical	05.01	Failed clock	YES	NO	NO	C	Main concern is failure to start. Could lead to pool sweep motor damage when pool sweep timer initiates
1.4.1	05	Main Pump - Timer Electromechanical	05.02	Short circuit	YES	NO	NO	C	Main concern is failure to start. Could lead to pool sweep motor damage when pool sweep timer initiates
1.4.1	05	Electromechanical timers	05.03	Set points (mechanical) loose	YES	NO	NO	C	Main concern is failure to start. Could lead to pool sweep motor damage when pool sweep timer initiates
1.4.1	06	Pool Sweep - Timer Electromechanical	06.01	Failed clock	YES	NO	NO	C	Main concern is failure to start. Could lead to pool sweep motor damage when pool sweep timer initiates
1.4.1	06	Pool Sweep - Timer Electromechanical	06.02	Short circuit	YES	NO	NO	C	Main concern is failure to start. Could lead to pool sweep motor damage when pool sweep timer initiates
1.4.1	06	Pool Sweep - Timer Electromechanical	06.03	Set points (mechanical) loose	YES	NO	NO	C	Main concern is failure to start. Could lead to pool sweep motor damage when pool sweep timer initiates
1.1.1	07	Water piping	07.02	Pinhole leak (including joints)	YES	NO	NO	C	Must be corrected in 4 or less days or serious water deterioration occurs. Can cause serious motor/ pump damage if not shutoff in 4 or less hours
1.2.2	07	Water piping	07.03	Clogged filter (on pool sweep line)	NO	NO	NO	D/C	Can shorten motor life if clogged for several months
1.3.1	07	Water piping	07.04	Rupture (3/8" neoprene bleed line)	YES	NO	NO	C	Must be corrected in 4 or less days or serious water deterioration occurs. Can cause serious motor/ pump damage if not shutoff in 4 or less hours
1.3.1	07	Water piping	07.05	Pinhole leak - including joints (3/8" neoprene bleed line)	YES	NO	NO	C	Must be corrected in 4 or less days or serious water deterioration occurs. Can cause serious motor/ pump damage if not shutoff in 4 or less hours
2.2.2	07	Water piping	07.06	Rupture (3/8" neoprene bleed line)	NO	NO	NO	C	Must be corrected in 4 or less days or serious water deterioration occurs
2.1.2	08	Main (swirl) filter	08.01	Clogged	YES	NO	NO	C	Pressure gage reading is increasing. Can shorten motor life if clogged for several weeks
2.1.1	09	Trap filters	09.01	Broken basket (at main pump suction)	NO	NO	NO	D/C	Increases debris buildup in main swirl filter

System: Water Treatment
Subsystem:

Step 6   Logic Tree Analysis
JMS Software

그림 6.15 Continued

FF #	Comp #	Component Description	FM #	Failure Mode	Evident?	Safety	Outage	Cat	Comments
2.1.1	09	Trap filters	09.02	Broken basket (at weir)	NO	NO	NO	D/C	Increases debris buildup in second trap filter
2.1.1	09	Trap filters	09.03	Clogged (at main pump suction)	NO	NO	NO	D/C	Could shorten motor life if clogged for several weeks
2.1.1	09	Trap filters	09.04	Clogged (at weir)	NO	NO	NO	D/C	Could shorten motor life if clogged for several weeks
2.1.1	09	Trap filters	09.05	Leaky gasket - on filter cover (at main pump suction)	YES	NO	NO	C	Must be corrected in 4 or less days or serious water deterioration occurs. Can causeserious motor/pump damage if not shutoff in 4 or less hours
2.2.1	10	Chlorinator	10.01	Clogged	NO	NO	NO	D/C	Must be corrected in 4 or less days or serious water deterioration occurs
2.2.1	10	Chlorinator	10.02	No tablets	NO	NO	NO	C	Must be corrected in 4 or less days or serious water deterioration occurs
2.1.2	11	Flush valve on main filter	11.01	Stuck	NO	NO	NO	D/C	
2.1.2	12	Pressure gage on main filter	12.01	False reading (lower than actual)	NO	NO	NO	D/C	Would remove capability to easily discern that filter clogging is occurring
3.1.1	13	Gas heater	13.01	Failed pilot light	YES	NO	YES	B	Can smell gas
3.2.1	13	Gas heater	13.02	Burner dirty/ clogged	NO	YES	YES	D/A/B	
3.2.3	13	Gas heater	13.03	Clogged vents	YES	YES	YES	A/B	
3.1.1	15	Temperature control/limit unit	15.01	Control unit fails (Lo)	NO	NO	YES	D/B	
3.1.2	15	Temperature control/limit unit	15.02	Control unit fails (Hi)	YES	NO	NO	C	
3.1.1	16	Pool/spa switch	16.01	Failed switch	NO	NO	YES	D/B	

System:	Water Treatment
Subsystem:	

Step 6   Logic Tree Analysis

JMS Software

그림 6.15 Continued

6.7 7단계 작업 선택

6.7.1 7-1단계 작업 선택 과정

LTA에서 나온 A, D/A, B, D/B항목을 그림 5.21과 5.22에서 설명한 작업 선택 과정에 넣는다. 이 과정이 완료되면 그림 6.16과 같은 결과를 얻는다. LTA에서 나온 최상위 10개의 고장 양상 중에서 두 개의 TD 작업, 한 개의 CD 작업, 두 개의 FF 작업 그리고 다섯 개의 RTF 작업을 정의했다. 마지막의 RTF 결정은 적용 가능한 작업이 없다는 사실에 의해서 3가지가 나왔고, 두 가지는 효율성에 대한 판단에서 나왔다(4.4절 적용성과 효율성).

6.7.2 7-2단계 정확한 확인

그림 6.17에는 LTA에서 나온 C와 D/C 순위에 해당하는 각 부속과 그에 관련된 고장 양상을 나타내었다. 여기에는 FMEA에서 남겨진 두 가지 항목이 있다(소용돌이 필터 부분의 누출, 가스 파이프 누출). RTF 결정과 관련된 최저 효율성 또는 2차 손실 가능성 때문에 정확한 확인 항목으로 오른 29개의 고장 양상 중에서 13개는 RTF 상태로 남겨 두었고 16개는 PM 작업을 지정했다. 이번 PM 작업 선택에서는 그림 5.21에 나타낸 작업 선택 과정이 도입되었지만 형식을 완성하는 절차는 생략되었다. 이 형식은 선택의 문제로서 분석가가 상황에 따라 사용할 수도 있고 안 할 수도 있다.

RCM - Systems Analysis

Step 7-1   Task Selection
Information: Selection Process and Decision
Plant: Swimming Pool Facility
System: Water Treatment
Subsystem:
Analysts: A. M. (Mac) Smith, G. R. Hinchcliffe

Plant ID:
System ID
Rev No:
Date: 1/19/00

FF #	Comp	Comp Desc	FM #	Failure Mode	FC #	Failure Cause	1	2	3	4	5	6	7	Candidate Task	Effective Info	Selective Dec.	Est Freq
1.1.1	01	Main pump (P1) with 1-HP motor	01.01	Failed bearing (sealed)	01.01.1	Age/wearout	N	N	N	Y	N	-	N	1. Vibration monitoring 2. RTF	1. Is not considered cost effective	RTF	-
1.1.1	01	Main pump (P1) with 1-HP motor	01.02	Motor short/ground	01.02.1	Insulation aging	N	N	N	N	-	N	N	1. RTF	There is no practical way to stop or detect onset of this failure mode	RTF	-
1.1.1	01	Main pump (P1) with 1-HP motor	01.03	Leak at pump motor joint	01.03.1	Broken gasket or loose bolts	N	N	Y	N	-	Y	-	1. Inspect for signs of water seepage at the gasket area. (CD) 2. RTF	1. This is the most cost effective task	Inspect for signs of water seepage at the gasket area. (CD)	6 mo.
1.1.1	03	Valves-pool/spa alignment	03.01	Stuck in open or closed position	03.01.1	Corrosion/ contamination	P	Y	N	Y	Y	Y	-	1. Check the valve operation in early spring (before use of spa). (FF) 2. Lubricate valve stem. (TD) 3. RTF	1. Is the most cost effective since history indicates infrequent sticking	Check the valve operation in early spring (before use of spa). (FF)	12 mo. (spring)
1.1.1	04	Valve drain	04.01	Stuck in closed (normal) position	04.01.1	Corrosion	P	Y	N	Y	Y	Y	-	1. Check valve operation in early fall (before rainy season). (FF) 2. Exercise valve periodically and lubricate. (TD) 3. RTF	1. Is the most cost effective since history indicates no sticking 3. Did not choose RTF since sticking valve could lead to backyard flooding	Check valve operation in early fall (before rainy season). (FF)	12 mo. (fall)
3.1.1	13	Gas heater	13.01	Failed pilot light	13.01.1	Wind or rain storm	Y	N	N	N	-	N	N	1. RTF	There is no way to stop or detect onset of failed pilot light. Smell of gas near heater is very evident.	RTF	-

System:	Water Treatment		
Subsystem:		Step 7-1 Task Selection	Wednesday, March 26, 2003
		JMS Software	Page 1 of 2

그림 6.16 Task selection, Step 7-1.

FF #	Comp	Comp Desc	FM #	Failure Mode	FC #	Failure Cause	1	2	3	4	5	6	7	Candidate Task	Effective Info	Selective Dec.	Est Freq
3.2.1	13	Gas heater	13.02	Burner dirty/ clogged	13.02.1	Corrosion, dirt, insects	Y	Y	N	N	-	Y	-	1. Remove burner unit and clean - repair as required. (TD) 2. Observe delay in ignition of all burners. (CD) 3. RTF	1. Appears to be the most cost effective. 2. It is questionable if this option is realistic. 3. RTF is not an option here due to category A rating.	Remove burner unit and clean - repair as required. (TD)	60 mo.
3.2.3	13	Gas heater	13.03	Clogged vents	13.03.1	Leaves, pine needles, insects, etc.	Y	Y	N	N	-	Y	-	1. Clean gas heater vents in early spring (before use of spa). (TD) 2. RTF	1. Is the most effective 2. RTF is not an option here due to category A rating.	Clean gas heater vents in early spring (before use of spa). (TD)	12 mo. (spring)
3.1.1	15	Temperature control/limit unit	15.01	Control unit fails (Lo)	15.01.1	Random part failure	N	N	N	N	Y	N	N	1. RTF There is no applicable PM task for the failure cause.	1. Is the only option. Unit has not failed to date.	RTF	-
3.1.1	16	Pool/spa switch	16.01	Failed switch	16.01.1	Aging	N	N	N	Y	Y	N	N	1. Periodically check switch for proper operation. 2. RTF	2. Is most cost effective. Switch has never failed. If it did, replacement is quick and cheap.	RTF	-

System: Water Treatment

Subsystem:

Step 7-1   Task Selection
JMS Software

Wednesday, March 26, 2003

그림 6.16   Continued

RCM - Systems Analysis

Step 7-2: Task Selection
Information: Sanity Checklist
Plant: Swimming Pool Facility
System: Water Treatment
Subsystem:
Analysts: A. M. (Mac) Smith, G. R. Hinchcliffe

Plant ID:
System ID:
Rev No:
Date: 1/24/00

FF #	Comp #	Comp Desc	FM #	Failure Mode	Marg Eff	High Cost	Sec Dmg	OEM Conf	Int Conf	Reg Conf	Insur Conf	Hidden	RTF	Selection Dec	Est Freq	Comments
1.1.2	01	Main pump (P1) with 1-HP motor	01.04	Bearing deterioration	X							NO	NO	Listen for discernable increase in pump/motor noise level. (CD)	6 mo.	This was successfully used to predict need for motor/pump replacement in 1984 before total failure
1.2.1	02	Pool sweep pump (P2) with 3/4-HP motor	02.01	Failed bearing (sealed)								NO	YES	RTF	-	While some form of vibration monitoring may be possible, this is not considered to be a cost effective approach. Motor and pump are easily replaceable if required, but expected life is 15 to 20 years.

System: Water Treatment
Subsystem:

Step 7-2   Sanity Checklist
JMS Software

Wednesday, March 26, 2003

Page 1 of 4

그림 6.17 Sanity checklist, Step 7-2.

FF #	Comp #	Comp Desc	FM #	Failure Mode	Marg Eff	High Cost	Sec Dmg	OEM Conf	Int Conf	Reg Conf	Insur Conf	Hidden	RTF	Selection Dec	Est Freq	Comments
1.2.1	02	Pool sweep pump (P2) with 3/4-HP motor	02.02	Motor short/ ground								NO	YES	RTF	-	A motor short, due to rain penetration or long-term deterioration, is impossible to prevent via any PM action, and onset is virtually impossible to detect.
1.2.1	02	Pool sweep pump (P2) with 3/4-HP motor	02.03	Leak (at pump motor joint)			X					NO	NO	Inspect for signs of water seepage at the gasket area. (CD)	6 mo.	
1.2.2	02	Pool sweep pump (P2) with 3/4-HP motor	02.04	Bearing deterioration	X							NO	NO	Listen for discernible increase in pump/motor noise level. (CD)	6 mo.	
1.4.1	05	Main Pump - Timer Electromechanical	05.01	Failed clock								NO	YES	RTF	-	No applicable task.
1.4.1	05	Main Pump - Timer Electromechanical	05.02	Short circuit								NO	YES	RTF	-	No applicable task.
1.4.1	05	Electromechanical timers	05.03	Set points (mechanical) loose			X					NO	NO	Check to assure that set point screws are tight. (FF)	2 mo.	
1.4.1	06	Pool Sweep - Timer Electromechanical	06.01	Failed clock								NO	YES	RTF		No applicable task.
1.4.1	06	Pool Sweep - Timer Electromechanical	06.02	Short circuit								NO	YES	RTF		No applicable task.
1.4.1	06	Pool Sweep - Timer Electromechanical	06.03	Set points (mechanical) loose	X							NO	NO	Check to assure that set point screws are tight. (FF)	3 mo.	
1.1.1	07	Water piping	07.02	Pinhole leak (including joints)								NO	YES	RTF	-	No applicable task.

System: Water Treatment
Subsystem:

Step 7-2　Sanity Checklist
JMS Software

Wednesday, March 26, 2003
Page 2 of 4

그림 6.17 Continued

RCM-세계적 수준의 유지 보수 기술

FF #	Comp #	Comp Desc	FM #	Failure Mode	Marg Eff	High Cost	Sec Dmg	OEM Conf	Int Conf	Reg Conf	Insur Conf	Hidden	RTF	Selection Dec	Est Freq	Comments
1.2.2	07	Water piping	07.03	Clogged filter (on pool sweep line)	X							YES	NO	Remove and clean filter. (TD)	12 mo.	
1.3.1	07	Water piping	07.04	Rupture (3/8" neoprene bleed line)								NO	YES	RTF	-	No applicable task.
1.3.1	07	Water piping	07.05	Pinhole leak - including joints (3/8" neoprene bleed line)								NO	YES	RTF	-	No applicable task.
2.2.2	07	Water piping	07.06	Rupture (3/8" neoprene bleed line)								YES	YES	RTF	-	No applicable task.
2.1.2	08	Main (swirl) filter	08.01	Clogged	X							NO	NO	Monitor filter pressure gage reading for pressure increase above approximately 20 psi. (CD)	6 mo.	
2.1.2	08	Main (swirl) filter	08.02	Water leak (at top to bottom section joint)								NO	YES	RTF	-	No system or pool effect.
2.1.1	09	Trap filters	09.01	Broken basket (at main pump suction)	X							YES	NO	Remove filter basket, inspect and clean. Replace basket if necessary. (TD)	3 mo.	
2.1.1	09	Trap filters	09.02	Broken basket (at weir)	X							YES	NO	Remove filter basket, inspect and clean. Replace basket if necessary. (TD)	3 mo.	
2.1.1	09	Trap filters	09.03	Clogged (at main pump suction)	X							YES	NO	Remove filter basket, inspect and clean. (TD)	3 mo.	
2.1.1	09	Trap filters	09.04	Clogged (at weir)	X							YES	NO	Remove filter basket, inspect and clean. (TD)	3 mo.	
2.1.1	09	Trap filters	09.05	Leaky gasket - on filter cover (at main pump suction)	X							NO	NO	Replace gasket. (TD)	24 mo.	

System:
Subsystem: Water Treatment

Step 7-2 Sanity Checklist
JMS Software

그림 6.17 Continued

FF #	Comp #	Comp Desc	FM #	Failure Mode	Marg Eff	High Cost	Sec Dmg	OEM Conf	Int Conf	Reg Conf	Insur Conf	Hidden	RTF	Selection Dec	Est Freq	Comments
2.1.2	12	Pressure gage on main filter	12.01	False reading (lower than actual)	X							YES	NO	When monitoring gage for pressure reading, assure that gage returns to zero when main pump is turned off. (CD)	6 mo.	This visual check does not absolutely guarantee that the pressure gage is reading correctly, but observing its performance for erratic behavior when the pump is turned on and off is a reasonable indicator of unreliable readings. Pressure gage should be replaced if performance is suspect.
3.2.1	14	Gas piping	14.02	Leak (at connection)								NO	YES	RTF	-	No applicable task.
3.1.2	15	Temperature control/limit unit	15.02	Control unit fails (Hi)								NO	YES	RTF	-	No system or pool effect.
2.2.1	10	Chlorinator	10.01	Clogged	X							YES	NO	Remove and clean dispenser unit. (TD)	12 mo.	
2.2.1	10	Chlorinator	10.02	No tablets	X							NO	NO	Refill Cl2 tabs. (TD)	2 mo. (off season) 2 wk. (during season)	
2.1.2	11	Flush valve on main filter	11.01	Stuck	X							YES	NO	Operate valve and lubricate if necessary. (TD)	6 mo.	

System:	Water Treatment
Subsystem:	

Step 7-2   Sanity Checklist
JMS Software

Saturday, April 12, 2003
Page 4 of 4

그림 6.17 Continued

RCM-세계적 수준의 유지 보수 기술

6.7.3 7-3단계 작업 비교

그림 6.18은 수 처리 시스템 내의 각 부속에 대한 시스템 분석 결과를 정리한 내용이다. 각 부속은 그림 6.13와 같은 순서로 정리되어 있으며, 그 결과는 각 부속에 대한 고장 양상으로 나타난다. 오른쪽의 두 개 컬럼은 각 부속 고장 양상에 대응하는 기존의 작업 설명이다. 여기서 주목할 점은 기존의 PM 작업은 전적으로 반응적 프로그램이었다는 것이다. 다수의 none이 차지하고 있다는 것(39개의 최종 고장 양상 항목 중 32개)은 대부분의 유지 보수는 고장나면 고치는 작업(교정적 유지 보수)이었다는 것을 의미한다. 'none' 이라는 항목은 자동적으로 RTF로 고려해야 됨에도 불구하고 기존의 PM 프로그램에서는 RTF로 구분된 항목이 하나도 없었다.

RCM 과정은 수영장에 대한 이상적인 PM 프로그램을 도입하여 빈번한 고장(때로는 설비에 해가 되는) 문제를 확실히 피할 수 있도록 해줬다. 한 가지 예를 들어, 한 일주일 정도 여행을 다녀와 보니 주 펌프가 잠겨있지 않은 것을 발견했다고 하자 '닫힘' 스위치의 고정 나사가 느슨해진 것이다. 얼마나 오랫 동안 잠기지 않은 채로 펌프가 가동했는지는 알 수 없어도, 느슨해진 것이 '열림' 스위치가 아니라는 것이 천만 다행스러운 일이다. '열림' 스위치가 느슨해졌다면 수영장의 스윕 모터가 손상을 입어 아마도 완전히 타 버렸을 것이기 때문이다. 주요(소용돌이) 필터를 청소하기 위해 연중행사처럼 분해해야 하는 수고를 하지 않아도 된다는 것 역시 다행스러운 일이다.

	By component			By failure mode	
	RCM	Current		RCM	Current
TD	5	4	TD	11	7
CD	4	0	CD	6	0
FF	4	0	FF	4	0
NONE	N/A	12	NONE	N/A	32
RTF	3	N/A	RTF	18	N/A

and

작업 비교는 다음과 같이 정리할 수 있다.

RCM = 기존 방식(RTF나 none에 해당하는 부속)	3
RCM = 기존 방식에서 수정된 것	4
RCM, 기존에 하지 않던 것	9
기존 방식 중 RCM에서 하지 않는 것	0

다시 말해서 RCM 과정은 과거 한 번도 하지 않던 좀 더 신중한 PM 결정을 하도록 했다. 그에 따라 결론적으로 나타난 효과는 무려 7년간이나 수영장을 가동하면서 아무런 문제가 없었다는(궁극적으로 CM도 없었다는) 것이다.

RCM - Systems Analysis

Step 7-3:	**Task Selection**
Information:	**Comparison RCM vs Current PM Task**
Plant:	Swimming Pool Facility
System:	Water Treatment
Subsystem:	
Analysts:	A. M. (Mac) Smith, G. R. Hinchcliffe

Plant ID:
System ID
Rev No:
Date: 1/24/00

FF#	Comp #	Comp Description	FM #	Fail Mode/Where From	RCM Selection Dec/Cat	Est Freq	Current Task Description	Freq
1.1.1	01	Main pump (P1) with 1-HP motor	01.01	Failed bearing (sealed) 7-1	RTF B	-	None	-
1.1.1	01	Main pump (P1) with 1-HP motor	01.02	Motor short/ground 7-1	RTF B	-	None	-
1.1.1	01	Main pump (P1) with 1-HP motor	01.03	Leak at pump motor joint 7-1	Inspect for signs of water seepage at the gasket area. (CD) B	6 mo.	None	-
1.1.2	01	Main pump (P1) with 1-HP motor	01.04	Bearing deterioration 7-2	Listen for discernable increase in pump/motor noise level. (CD) C	6 mo.	None (The noise level detection was accidentally discovered in 1984)	-
1.2.1	02	Pool sweep pump (P2) with 3/4-HP motor	02.01	Failed bearing (sealed) 7-2	RTF C	-	None	-
1.2.1	02	Pool sweep pump (P2) with 3/4-HP motor	02.02	Motor short/ ground 7-2	RTF C	-	None	-
1.2.1	02	Pool sweep pump (P2) with 3/4-HP motor	02.03	Leak (at pump motor joint) 7-2	Inspect for signs of water seepage at the gasket area. (CD) C	6 mo.	None	-
1.2.2	02	Pool sweep pump (P2) with 3/4-HP motor	02.04	Bearing deterioration 7-2	Listen for discernible increase in pump/motor noise level. (CD) C	6 mo.	None	-

System: Water Treatment
Subsystem:

Step 7-3 **Comparison RCM vs Current PM Task**
JMS Software

그림 6.18 Task companion, step 7-3

FF#	Comp #	Comp Description	FM #	Fail Mode/Where From	RCM Selection Dec/Cat	Est Freq	Current Task Description	Freq
1.1.1	03	Valves-pool/spa alignment	03.01	Stuck in open or closed position 7-1	Check the valve operation in early spring (before use of spa) (FF) D/B	12 mo. (spring)	None (actually stuck twice, could not use spa until time was available to fix)	-
1.1.1	04	Valve drain	04.01	Stuck in closed (normal) position 7-1	Check valve operation in early fall (before rainy season) (FF) D/B	12 mo. (fall)	None	-
1.4.1	05	Main Pump - Timer Electromechanical	05.01	Failed clock	RTF	-	None	-
1.4.1	05	Main Pump - Timer Electromechanical	05.02	Short circuit 7-2	RTF C	-	None	-
1.4.1	05	Electromechanical timers	05.03	Set points (mechanical) loose 7-1	Check to assure that set point screws are tight. (FF) C	3 mo.	None	-
1.4.1	06	Pool Sweep - Timer Electromechanical	06.01	Failed clock 7-2	RTF C	-	None	-
1.4.1	06	Pool Sweep - Timer Electromechanical	06.02	Short circuit 7-2	RTF C	-	None	-
1.4.1	06	Pool Sweep - Timer Electromechanical	06.03	Set points (mechanical) loose 7-2	Check to assure that set point screws are tight. (FF) C	3 mo.	None	-
1.1.1	07	Water piping	07.01	Rupture Rare Event	-	-		
1.1.1	07	Water piping	07.02	Pinhole leak (including joints) 7-2	RTF C	-	None	-
1.2.2	07	Water piping	07.03	Clogged filter (on pool sweep line) 7-2	Remove and clean filter. (TD) D/C	12 mo.	None	-
1.3.1	07	Water piping	07.04	Rupture (3/8" neoprene bleed line) 7-2	RTF C	-	None	-
1.3.1	07	Water piping	07.05	Pinhole leak - including joints (3/8" neoprene bleed line) 7-2	RTF C	-	None	-

System: Water Treatment
Subsystem:

Step 7-3 Comparison RCM vs Current FM Task
JMS Software

그림 6.18 Continued

RCM-세계적 수준의 유지 보수 기술

FF#	Comp #	Comp Description	FM #	Fail Mode/Where From	RCM Selection Dec/Cat	Est Freq	Current Task Description	Freq
2.2.2	07	Water piping	07.06	Rupture (3/8" neoprene bleed line) 7-2	RTF D/C	-	None	-
2.1.2	08	Main (swirl) filter	08.01	Clogged 7-2	Monitor filter pressure gage reading for pressure increase above approximately 20 psi. (CD) C	6 mo.	Disassemble filter and clean (TD)	6 mo.
2.1.2	08	Main (swirl) filter	08.02	Water leak (at top to bottom section joint) 7-2	RTF C	-	None	-
2.1.1	09	Trap filters	09.01	Broken basket (at main pump suction) 7-2	Remove filter basket, inspect and clean. Replace basket if necessary. (TD) D/C	3 mo.	Check filter baskets and clean after a storm. (TD)	Varied
2.1.1	09	Trap filters	09.02	Broken basket (at weir) 7-2	Remove filter basket, inspect and clean. Replace basket if necessary. (TD) D/C	3 mo.	Check filter baskets and clean after a storm. (TD)	Varied
2.1.1	09	Trap filters	09.03	Clogged (at main pump suction) 7-1	Remove filter basket, inspect and clean. (TD) D/C	3 mo.	Check filter baskets and clean after a storm. (TD)	Varied
2.1.1	09	Trap filters	09.04	Clogged (at weir) 7-2	Remove filter basket, inspect and clean. (TD) D/C	3 mo.	Check filter baskets and clean after a storm. (TD)	Varied
2.1.1	09	Trap filters	09.05	Leaky gasket - on filter cover (at main pump suction) 7-2	Replace gasket. (TD) C	24 mo.	None	-
2.2.1	10	Chlorinator	10.01	Clogged 7-2	Remove and clean dispenser unit. (TD) C	12 mo.	None	-
2.2.1	10	Chlorinator	10.02	No tablets 7-1	Refill Cl2 tabs. (TD) D/C	2 mo. (off season) 2 wk. (during season)	Refill Cl2 tabs. (TD)	2 mo. (off season) 2 wk. (during season)
2.1.2	11	Flush valve on main filter	11.01	Stuck 7-2	Operate valve and lubricate if necessary (TD) D/C	6 mo.	None	-

System:
Subsystem: Water Treatment

Step 7-3 Comparison RCM vs Current PM Task
JMS Software

그림 6.18 Continued

FF#	Comp #	Comp Description	FM #	Fail Mode/Where From	RCM Selection Dec/Cat	Est Freq	Current Task Description	Freq
2.1.2	12	Pressure gage on main filter	12.01	False reading (lower than actual) 7-2	When monitoring gage for pressure reading, assure that gage returns to zero when main pump is turned off. (CD) D/C	6 mo.	None	-
3.1.1	13	Gas heater	13.01	Failed pilot light 7-1	RTF B	-	None	-
3.2.1	13	Gas heater	13.02	Burner dirty/ clogged 7-1	Remove burner unit and clean - repair as required. (TD) D/A/B	60 mo.	None	-
3.2.3	13	Gas heater	13.03	Clogged vents 7-1	Clean gas heater vents in early spring (before use of spa). (TD) A/B	12 mo. (spring)	Clean gas heater vents in early spring (before use of spa). (TD)	12 mo. (spring)
3.1.1	14	Gas piping	14.01	Blockage (in heater piping) Rare Event				
3.2.1	14	Gas piping	14.02	Leak (at connection) 7-2	RTF C	-	None	-
3.1.1	15	Temperature control/limit unit	15.01	Control unit fails (Lo) 7-1	RTF D/B	-	None	-
3.1.2	15	Temperature control/limit unit	15.02	Control unit fails (Hi) 7-2	RTF C	-	None	-
3.1.1	16	Pool/spa switch	16.01	Failed switch 7-1	RTF D/B	-	None	-

System: Water Treatment
Subsystem:

Step 7-3 Comparison RCM vs Current PM Task
JMS Software

Wednesday, March 26, 2003
Page 4 of 4

그림 6.18 Continued

Chapter 7

대체 분석 방법

Alternative Analysis Methods

Chapter *7*

대체 분석 방법

앞서 80/20 시스템에서, ROI를 극대화하는 PM 자원에 중점을 두어야 한다고 강조한 바 있다. 따라서 그런 시스템에서의 PM 작업 구조는 고전적 RCM 과정을 도입하여 CM과 DT를 가능한 한 줄일 수 있도록 해야 한다고 강조했다(1.4, 5.1절). 그렇다면 20/80의 시스템에서는 어떤 일을 할 수 있을까. 또한 그러한 시스템에서는 제한된 자원을 이용해 고전적 RCM 과정 비용을 어떤 식으로 절감할 수 있을까. 최근에 이러한 의문과 관련해서 다양한 형태의 지름길 RCM 분석 방법이 나왔다. 저자를 포함한 여러 사람이 이런 다양한 지름길에 대해 검토를 했으며, 그에 대한 몇 가지 염려스러운 결과를 보게 됐다. 이 장에서는 이런 문제와 관련된 논의를 통해 단축된 고전적 RCM(Abbreviated Classical RCM) 과정과 경험 중심의 유지 보수(Experience-Centered Maintenance, ECM) 과정이 내포하고 있는 해법을 제시하고, 이 두 가지 방법에 대해 자세한 설명을 하겠다.

7.1 분석 비용 절감

모두들 무에서 유를 얻고자 한다. 유지 보수 관리자가 RCM 과정을 쳐다보는 관점도 이와 유사하다. RCM 분석 비용 절감에 대한 압박이 너무 심하다 보니 전기 전력 연구소(EPRI)는 원자력 발선 시스템에 대한 RCM 수행 비용 절감 특정 방법의 정의를 위한 과제를 1990년 중반에 착수했다. 3가지의 접근 가능한 특정 방법이 EPRI 유틸리티 워크숍에서 나왔다: 최신 고전적 RCM 과정(Streamlined Classical RCM Process), 공장 유지 보수 최적화를 위한 최신 과정(Plant Maintenance Optimizer Streamlined Process), 임계 확인 항목 최신 과정(Critical Checklist Streamlined Process). 마지막 방법은 RCM과 유사점이 없다. 이 세 가지 최신 방법은 두 군데 원자력 발전소에서 검증되었다. 이 과제가 끝난 1995년도의 마지막 보고서에서는 RCM 분석 비용이 고전적 RCM 과정에 비해 50%에서 25% 정도 감소될 수 있는 반면 결과는 더 나아질 수 있음을 밝히고 있다(참조 35, 36).

EPRI의 보고 내용은 3가지 최신 방법에 의한 분석 비용과 복잡하고 거대한 다른 시스템에 적용되었던 기존 고전적 RCM 분석의 평균 비용에 대한 비교를 근거로 했다. 이 세 가지 최신 방법은 그 과제를 수행한 시스템에서 결론적으로 모두 동일한 결과를 보였다. 그러나 자원의 제약이라는 점에서 다른 동일한 시스템의 고전적 RCM 분석과는 직접적인 비교가 불가능했다. 이 때문에 EPRI 과제에서는 최신 방법과 고전 방법 간의 직접 비교를 위한 추가의 작업이 더 이상 진행되지 않았다. 따라서 참조 35와 36에서 나온 결과에 대해 일반적으로 제기할 수 있는 의문들에 반박할 만한 확정적 증거도 없는 상황이다.

1995년 EPRI의 보고서가 나온 이후로 저자는 분석 결과가 고객의 요청 사항에 미치지 못하는 몇 가지 RCM 지름길 방법이 있음을 목격했다. 유지 보수 기술이라는 잡지에 가장 유명한 기사를 싣고 있는 존 모브레이 역시 이와 유사한 목격을 한 바 있다(참조 37). 이러한 지름길 방법이 갖고 있는 공통적인 특징 한 가지는 RCM 팀의 분석원으로서 공장 현장의 인력을 외부의 다른 인력으로 교체하는 것이다. 일반적으로 기술적 정밀도나 분석 결과에 대한 매입 효과는 모든 분석 과정에 공장 현지 인력이 투입되어야 가능하다는 기존의 개념과는 정반대인 셈이다(9.1, 9.2, 9.3절). 또한 RCM 지름길 방법을 사용하고자 할 경우에는 RCM 팀에 공장 현지 인력을 직접 참가시켜 수행하는 것 못지않게 RCM 과정의 어떤 정확한 요소가 있어야 한다는 것이 매우 중요하다. 특히 문제의 시스템이 80/20 시스템이거나 공장 가동 능력과 안전성에 대한 문제에 심각한 영향을 줄 경우에는 더욱 그렇다. 이러한 요소는 다음과 같다.

1. 그 방법이 RCM을 구성하는 4가지 특징을 모두 포함하는가?
2. 그 방법이 설비 고장 양상에 대한 기능/기능 고장을 직접적으로 연결하는 방법을 정의하는가?
3. 그 방법이 숨겨진 고장 양상을 식별할 직접적인 수단을 갖고 있는가?

4. 그 방법이 각 고장 양상의 임계 수준을 지정하는 정확한 과정을 제공하는가?

5. 그 방법이 RTF로 평가한 결정을 확신할 수 있는 충분한 안전장치를 갖고 있는가?

고전적 RCM과 지름길 RCM 방법의 비교 평가를 객관적으로 실시한 과제가 없었기 때문에 그런 평가를 뒷받침해 줄 실제 상황을 찾고자 했다.

1996년 정말 우연히 그러한 목적에 맞는 시험이 있었다. MidAmerican Energy사가 Neal 3 공장에서 석탄 분쇄기에 대한 고전적 RCM 분석과 카운실 블로프에 있는 동일한 공장에서 같은 분쇄기에 대한 최신 RCM 분석을 동시에 실시한 것이다. 이 비교 결과는 놀라웠다(참조 38). 각각에 대한 분석 비교 결과를 그림 7.1에 나타냈으며 중요한 분석 결과는 각 목록마다 정리했다. 여기서 특히 놀라운 것은 최신 RCM 분석 비용이 고전적 RCM 분석에서 사용된 비용의 80%에 불과했다는 것이다. 이는 이전에 보고된 내용만큼 감소되지 않은 것이다. 놀라운 또 다른 한 가지는 Neal 3 유지 보수(PM & CM) 인력이 연간 1333시간으로 감소해서 RCM을 시행한 3년간의 전후를 비교하면 연평균 MW 시간 손실이 94%로 줄었다는 것이다. 또한 Neal 3에서는 기존의 RCM PM 프로그램의 69%를 조정한 반면, 카운실 블로프에서는 그에 대한 분쇄기 PM 프로그램으로 거의 조정을 한 것이 없었다(그림 7.2). 이처럼 카운실 블로프에서는 최신 RCM을 적용한 전후로 CM이나 MW 시간 손실에 명확한 효과를 전혀 보이지 못했다. 이 결

MILL GRINDING (PULVERIZER) SUBSYSTEM		
Systems Analysis Profile		
	NEAL 3	CB 3
Number of Functions	6	2
Number of Functional Failures	14	2
Number of Components in the System Boundary	13	3
Number of Failure Modes Analyzed	130	8
- Hidden Failure Modes	88	0
Number of Critical Failure Modes	73	5
Number of PM Tasks Specified (incl RTF)	141	8
Number of "Items of Interest" (IOI's)	49	0

그림 7.1 Mill grinding (pulverizer) subsystem – systems analysis profile.

과는 그 자체만으로도 지름길 RCM 방법론의 문제를 극명히 보여 주
는 사례라 하겠다.

하지만 아직도 고전적 RCM 분석 비용의 절감에 대한 문제는 풀어
야 할 과제로 남아 있다. 이 문제를 언급하기 위해 두 가지 확실한
단계를 택했다. 첫째로 RCM WorkSaver 소프트웨어를 개발하기
위해 캘리포니아 산 호세의 JMS 소프트웨어사와 협력 관계를 맺었
다(제11장). 이 소프트웨어는 제5장의 고전적 RCM 방법론에 맞는
사양으로 특별 주문 제작되었다. 이 소프트웨어를 사용할 경우 고전
적 RCM 문서화 과정에서 반복되는 정보의 기록과 자동 이송과 같
은 것에서 효율적이기 때문에 과정에 소요되는 작업 시간을 20%
줄인다. 두 번째는 고전적 과정의 주요 특징을 모두 내포하면서 같
은 RCM WorkSaver 소프트웨어를 사용하는 단축된 고전적 RCM
과정을 개발했다. 단축된 고전적 RCM 과정은 소요 작업 시간을

MILL GRINDING SUBSYSTEM

**PM TASK SIMILARITY PROFILE – NEAL 3
(FOR FAILURE MODES)**

Similarity Descriptor	Number		Percent
1. RCM = Current (Tasks are identical)	9		6%
2. RCM = Modified Current	42	√	30%
3A. RCM Specified Task – NO Current Task Exists (Current missed important failure modes)	49	√	35%
3B. RCM Specified RTF – NO Current Task Exists (Similarity probably accidental in most cases)	35		25%
4. RCM Specified RTF – Current Task Exists (Current approach not cost effective)	2	√	1%
5A. Current Task Exists – No Failure Mode in RCM Analysis	0		0%
5B. Current Task Exists – RCM Specifies Entirely Different Task	4	√	3%
	141		100%
√ = % of PM tasks changed by RCM		√ = 69%	

그림 7.2 Mill grinding subsystem–PM task similarity profile.

20% 더 줄인다. 7.2절에서는 정확히 어떻게 이런 감소가 이루어지는지 상세히 설명할 것이다.

여기서 한 가지 매우 중요한 점을 짚고 넘어가자. 정의에 따라 ROI 가능성이 가장 크고 그 정도로 공을 들일 만하기 때문에 80/20 시스템에는 항상 고전적 RCM 과정을 도입할 가치가 있다고 할 수 있다. 그러나 20/80 시스템 또는 ROI 효과가 그리 크지 않은 시스템의 경우에는 단축된 고전적 RCM이 추천할 만하다. 그리고 실제로 원만하게 잘 가동되는 시스템에서는 기존의 PM에 대해 단지 미미한 조정을 하는 것이 목적이므로 7.3절에서 설명할 경험 중심의 유지 보수(ECM) 과정이 추천할 만하다. ECM은 RCM과 전혀 다르지만 원만한 가동을 하고 있는 시스템에서는 한눈에 볼 수 있는 방법이다.

7.2 단축된 고전적 RCM(Abbreviated Classical RCM) 과정

단축된 과정의 기본 목적은 RCM의 4가지 원칙을 그대로 유지하고 또 제5장에서 정의한 고전적 7단계 과정을 어느 정도 유지함으로써 시스템과 그 설비에 대한 보다 전반적 검토와 분석을 확실하게 하는 것이다. 여기서도 여전히 수행하기에 올바른 PM 작업의 정의와 필요한 PM 프로그램 조정을 실시할 것이다. 그러나 원만하게 가동되는 시스템의 경우에는 처음부터 끝까지 모두 실시하는 것 자체가 낭비이므로 자원을 지나치게 사용하지는 않을 것이다. 초기 과제가 완료된 이후 단축된 과정으로 정의되는 단순화는 고전적 과정에 비해 약 20% 정도 분석 시간을 줄일 것이다. 즉 고전적 과정에서는 분석팀의 훈련이 약 4 내지 5주 정도 소요되는 반면, RCM WorkSaver 소프트웨어를 이용한 단축 과정에서는 약 3주 정도면 훈련이 끝난다. 심지어는 습득에 가속도가 붙어 더 빨리 끝나기도 한다. 하지만 훈련이 끝나는 시점에서 그 훈련 내용을 충분히 사용할 수 있다는 자신감이 생기면 삭제된 모든 종류의 수행과 문서화에 대한 재량을 갖게 된다. 시작하기에 앞서, 왜 각 7개의 단계가 원만한 가동을 하는 20/80 시스템에서 설명하는 것처럼 수정되는지를 이해하기 위해 제5장의 7단계 과정을 다시 한번 충분히 숙지하기 바란다.

7.2.1 1단계 시스템 선택과 정보 수집

고전적 과정의 1단계에서 수행하는 데이터 분석은 80/20과 20/80 시스템을 정의하는 데에 필요한 정보를 제공한다(파레토 다이어그램). 따라서 여기서 해아 할 일은 우리기 선택헤서 분석을 수행해야 하는 20/80 시스템에서 필요한 문서를 식별하고 정리하는 것 뿐이다.

7.2.2 2단계 시스템 경계 정의

선택된 시스템에 속하는 것과 속하지 않은 것을 알아야 한다. 그러나 2단계에서 제공되는 문서는 2-1단계에서 나오는 형식을 이용한 경계 검토뿐이다. 2-2단계의 상세 경계는 정식으로 언급되거나 문서화되지 않는다. 이것은 모든 팀원들이 당연히 책임져야 하는 내용으로서 남은 단계를 수행하는 동안 마음속으로라도 각 경계 지점에 대한 정보를 잊지 않고 있어야 한다.

7.2.3 3단계 시스템 설명과 기능 블록 다이어그램

3-1단계 시스템 설명

팀 내에서 선택된 시스템에 대한 다양한 논의는 필요하더라도 그 모든 내용이 문서화되지는 않는다. 하지만 시스템의 두드러진 점에 대해서는 확실히 이해를 해야 한다는 것에 주목해야 한다. 그러한 것들로는 기능 설명/핵심 변수, 중복성 특징, 보호 특징, 핵심 통제 특징 등이 있다.

3-2단계 기능 블록

다이어그램. 우리가 이해하고 있는 시스템과 하부 시스템의 구별 방법, 주변의 시스템이나 하부 시스템과의 기능 경계 확인 방법, 그리고 IN/OUT 경계의 시각화 방법 등은 기능 블록 다이어그램에 도식적으로 나타내 줄 수 있다. 단축된 과정에서도 기능 블록 다이어그램을 그대로 유지 한다. 이는 분석팀이 시스템을 총괄적으로 보며 설비의 기능 역할에 대해 이해 할 수 있는 상당히 쉽고 빠른 방법이기 때문이다.

3-3단계 IN/OUT 경계

OUT 경계에 대한 정확한 지식이 시스템 기능을 이해하는 데에 필요하기 때문에 이번 단계가 분석에서 얼마나 중요한지에 대해서는 달리 표현하지 않더라도 알 것이다. 하지만 단축된 과정에서는 이 경계에 대한 분리 기록은 하지 않는다. 이런 정보는 오히려 기능 블록 다이어그램에서 얻는다.

3-4단계 SWBS

시스템 경계에서 고려되어야 할 부속이 무엇인지 그리고 이어지는 단계에서 분석되어야 할 부속이 무엇이지 반드시 알아야 한다. 따라서 분석팀은 2-1단계에서 얻은 정보에 덧붙여서 시스템의 작동 지식을 이용하여 적절한 형식에 의해 3-4단계의 문서를 완성할 것이다.

3-5단계 설비 내력

설비 내력에 대한 언급이나 문서화를 정식으로 하지는 않는다. 제5장에서 설명한 것처럼 고전적 과정에서조차도 3-5단계를 완료하는 충분하고 유익한 설비 내력을 찾기는 매우 어렵다.

7.2.4 4단계 기능과 기능 고장

4단계에서는 언급하고 문서화한다. 3-2단계의 기능 블록 다이어그램을 이용하여 분석을 실시한다. 단축된 과정에서는 고전적 과정에서 4단계의 전제 조건으로 삼았던 2-2, 3-1, 3-3단계를 고려하지 않기 때문에, 모든 시스템 기능을 정확히 나열하기 위한 정보에 대해 세심한 고려와 논의가 필요하다.

7.2.5 5단계 FMEA

5-1단계 기능 고장
설비 매트릭스. 부속이 갖고 있는 잠재적 문제와 한 가지 이상의 기능 고장을 발생시킬 수 있는 능력과의 특정 관계를 보여 준다는 점에서 이 매트릭스는 핵심 분석 방법이 된다. 이 매트릭스는 언급하고 문서화한다.

5-2단계 FMEA
정확한 PM 작업을 결정한다는 점에서 FMEA는 절대적으로 필요한 정보이다. 따라서 고전적 과정에서 실시한 것과 같은 정도의 범위와 완성도로써 언급하고 문서화한다.

7.2.6 6단계 LTA

고전적 과정에서의 경험을 보면, 분석팀의 LTA에 대한 숙련도는 매우 빠른 것으로 나타났다. 분석팀은 공식적인 3가지 질문에 대한 YES/NO의 대답을 할 것도 없이 FMEA의 항목란에 구분하여 지정할 수 있다. 따라서 단축된 과정에서도 이와 같이 실시한다. 6단계의 형식에 곧바로 맞추어 각 컬럼에 내용을 채운다(주의: 버전 2.0 이상의 RCM WorkSaver 소프트웨어를 사용하는 경우에는 YES/NO 컬럼이 선택된 항목에 자동적으로 기록된다).

7.2.7 7단계 작업 선택

7-1단계 작업 선택

고전적 과정에서 사용된 작업 선택 로드맵 역시 단축된 과정에서의 가능한 작업 선택과 지정에 대한 팀원들의 사고단계 구성을 위해 필요하다. 그러나 YES/NO 대답은 로드맵에 기록하지 않는다. 이와 마찬가지로 효율성 컬럼은 적용 가능한 작업에서 나온, 특별히 선택된 숨겨진 이유를 알려 주기 위해 고전적 과정에서는 거의 대부분 사용된다. 단축된 과정에서는 효율성 컬럼에 대해서는 어떠한 문서도 남기지 않는다. 선택 결정과 예상되는 빈도만 문서화된다.

7-2단계 정확한 확인

고전적 과정에서 실시한 방법대로, 소위 말하는 그리 심각하지 않은 고장 양상을 정확히 언급하고 문서화한다.

7-3단계 작업 비교

단축된 과정에서는 작업 비교에 대해서 수행하지 않는다.

7.2.8 이익 항목(IOI)

단축된 과정에서는 고전적 과정에서 실시한 방법대로 IOI를 정확히 언급하고 문서화한다. 고전적 RCM 과정과 단축된 고전적 RCM과 정에 대한 비교 정리는 그림 7.3에 나타내었다.

7.3 경험 중심의 유지 보수(ECM) 과정

20/80 시스템(원만하게 가동되는 경우)을 다루다 보면, 어떤 시스템은 여전히 설비의 가동에 매우 결정적이거나 중요한 역할을 하는 경우가 있어서 단축된 고전적 RCM 과정을 사용할 때 매우 세심하게 봐야 할 필요가 있다. 그러나 loss chain으로 가면 검토 사항이 상당히 줄어든다. 더 이상의 검토가 필요하지 않을 수도 있다(문제가 발생하지 않으면 고치지 않는다). 하지만 유지 보수 분석에서 하나 남은 마지막 형식(ECM)은 특정 공장 시스템을 한눈에 볼 필요가 있는 상황에서 추천할 만한 방법이다.

ECM 과정은 최소한의 분석 노력으로 현재 시행하고 있는 PM 작업이 할 만한지, 그리고 비용 효과를 높일 만한 가능한 PM이 있을지를 결정하는 것이 목적이다. 간단하지만 3가지 분석 형식이 있다.

Comparison

RCM Steps	Classical	Abbreviated
• 1 System Selection	• YES	• YES
• 2 System Boundary	• YES	• MODIFIED
- 2.1 Boundary Overview	- YES	- YES
- 2.2 Boundary Details	- YES	- NO
• 3 System Description	• YES	• MODIFIED
- 3.1 System Description	- YES	- NO
- 3.2 Functional Block Diagram	- YES	- YES
- 3.3 In / Out Interfaces	- YES	- NO
- 3.4 Equipment List	- YES	- YES
- 3.5 System History	- YES	- NO
• 4 Functions/Functional Failures	• YES	• YES
• 5 FMEA	• YES	• YES
- 5.1 Comparison Matrix	- YES	- YES
- 5.2 FMEA	- YES	- YES
• 6 Decision Tree Analysis (LTA)	• YES	• YES
• 7 Task Selection	• YES	• MODIFIED
- 7.1 Task Selection	- YES	- REDUCED
- 7.2 Sanity Check	- YES	- YES
- 7.3 Task Comparison	- YES	- NO

그림 7.3 comparison between classical and abbreviated classical RCM processes.

이 3가지 형식에 대해 설명하는 동안, 특히 적용성과 효율성 PM 작업 선택과 같이, 단지 몇 가지 밑줄 친 사고 과정만 유지될 뿐, 대부분 기본적인 RCM 원칙에서 상당히 다르다는 것을 알게 될 것이다. 각 분석 방법은 핵심 질문으로 시작하게 된다. 그리고 이 방법에 대한 소프트웨어는 없지만 간단한 스프레드시트가 만들어져서 ECM 분석 결과를 기록하게 된다.

7.3.1 분석 방법 A

현재 실시하고 있는 PM 작업이 정말 가치가 있는가?(각각이 모두 적용 가능하고 효율적인가?) 여기에 대한 대답은 그림 7.4에서 보듯이 간단한 스프레드시트 데이터로 나타난다.

컬럼1:   현재 실시하는 PM 작업을 한 번에 하나씩 나열한다.

컬럼2:   시스템의 어떤 부속이 PM 작업에 영향을 받는가?

컬럼3:   이러한 PM 작업으로 언급된 특정 고장 양상이 있는가? 있다면 이들을 나열하고 자세히 설명한다.

이 PM 작업에 관련된 타당한 고장 양상(드문 경우를 포함해서)을 식별하기 불가능하다면 이 작업은 적용성 심사에서 불합격시키고 배제시킨다. 다시 말하면 자원이 아무런 이익을 현실화시키지 못하면서 사용되는 것이다.

1	2	3	4	5	6	7
Current PM Tasks (1 per row)	Component Name	Specific Failure Mode Addressed by PM	If Applicable Describe Effect of Failure	Is PM Effective? (Y/N)	Keep Task? RTF? Drop Task? Modify Task?	Describe New or Change to PM & Interval
Inspect Cleanliness of motor air ducts	C92 Compressor Motor	Clogged air filter	Motor Overheating	Y	Modify Task	New PM to periodically replace filters at 1M w/AE
Simulate warning & trip levels	Lube Oil Low/High Temp. Switch	Digital alarm board failure	Loss of protection	Y	Keep	Keep task from MP-SD-00651-041402

그림 7.4 Example ECM method 'A'.

컬럼4 :   컬럼 3에서 적용성 심사를 통과했다면 고장 양상 효과에 대한 간단한 설명을 한다.

컬럼5 :   분석팀의 판단에서, 컬럼 4의 효과로부터 나온 잠재적 손실(CM + PM)이 PM 작업 비용을 초과하는가?(PM 비용은 실질적 비교를 위해 수년간에 걸친 비용을 기초로 검토하여야 한다) 이 판단은 적용 가능한 PM 작업을 효율성 시험으로 넘기는 주요 요인 중의 하나이다. PM에 지불하는 것이 비용적으로 효율적인가? 그 이유와 결론은 간단히 서술하여 기재한다.

컬럼6 :   여기서는 컬럼 1에서부터 5까지 축적된 데이터에 대한 최종 답안을 적는다. 다음과 같은 3가지 답안이 가능하다.

YES PM: 작업이 적용 가능하고 효율성이 있다. 지속적으로 실시한다.
RTF PM: 작업이 적용 가능하나 효율성이 없다. 작업을 중지한다.
NO PM: 작업의 적용성이 없다. 작업을 중지한다.

컬럼7 :   컬럼 6에서 나온 답이 YES라면 개선을 위해 변경해야 할 작업은 없는가?(경년 진단을 통한 작업 간격을 늘리는 것)

7.3.2 분석 방법 B

지난 5년 동안(분석팀의 재량에 따라 5년 이상 또는 그 이하) 실시해 오던 CM 작업 중에서 적절한(적용 가능한) PM으로 대체되었다면 하지 않았어도 되는 경우가 있는가? 여기서 다시 스프레드시트 데이터로 질문에 답을 흰다(그림 7.5).

컬럼1 : CM 실시를 일별로 정리한다.

컬럼2 : 고장 시나리오를 유발하는 특정 부속(어떤 경우는 다중 부속이 해당된다)

컬럼3 : CM 실시 상황을 간단히 설명한다(필요하다면 추가적인 설명 시트를 첨부한다).

컬럼4 : 그 실시 상황에서 특정 부속의 고장 양상을 식별한다.

컬럼5 : (가능하다면) 컬럼 4의 고장 양상에 대한 특정 고장 원인을 식별한다.

컬럼6 : 이 고장 시나리오에 대한 영향을 간단히 설명한다.

1	2	3	4	5	6	7	8
CM Event Date	Component Name	CM Event Description	Failure Mode	Failure Cause	Failure Effect Description	Failure Effect Warrants PM (Y/N)	Describe New or Change to PM & Interval
9-Nov-89	C92 Compressor	Water leak	Air cooler gasket leak	Pinched	Loss of compressor	N	Installation error, PM task not feasible.
5-May-93	C92 Compressor	Water leak	Air cooler gasket minor leak	Vibration	Minor water spill	Y	Change PM XXX to include 'Verify water jacket bolt tightness"

그림 7.5 Example ECM method 'B'.

컬럼7 : 컬럼 6에서의 영향이 어떤 예방적 행동으로 방지할 만큼 심각한 것인가? YES 또는 NOL로 답한다.

컬럼8 : 컬럼 7에서 나온 답이 YES라면, 적용 가능하고 효율적인 PM 작업과 실시되는 작업 간격을 가능한 범위에서 정의한다. 아니면, 하나만 남을 경우, 어떻게 적용 가능하다고 확신하도록 변경할 수 있는가? NO라면 간단히 설명한다.

7.3.3 분석 방법 C

분석 방법 A나 B에서 다루어지지는 않았지만, 분석팀이 심각한 결과를 초래할 가능성이 있는 고장 양상을 가설할 수 있는가?(A항목 안전성, 또는 B항목 긴급 정지 결과) 다음의 스프레드시트 데이터는 아래의 내용을 담는다(그림 7.6 참조).

컬럼1 : 각 부속을 나열한다.

컬럼2 : 가설을 세운 각 특정 고장 양상을 나열한다.

1	2	3	4	5
Component Name	New Failure Mode	Failure Cause	Failure Effect Description	Describe New PM & Interval
Lube Oil High Temperature Switch	Meter drift	Age or vibration	Inaccurate indication, possible false trips	Calibrate - 6 M w/AE

그림 7.6 Example ECM method 'C'.

컬럼3 :	컬럼 2의 고장 원인에 대한 최대한의 예측을 만든다.
컬럼4 :	이 고장 시나리오에 대한 영향을 간단히 설명한다.
컬럼5 :	작용 가능하고 효율성 있는 PM 작업과 실시되는 작업 간격을 가능한 범위에서 정의한다.

전형적인 ECM 분석은 설비와 시스템 가동에 숙달된 능력 있는 인력으로 구성된 팀이라면 2 내지 4일이 소요된다. 시스템이 이미 원만한 가동을 하고 있는 것으로 밝혀졌다면 기존의 PM 작업에서 크게 바뀔 것이 없다는 것을 잊지 말기 바란다. 그러나 ECM 과정은 유익한 ROI를 초래하는 아주 미세한 조정을 제공할 수 있다.

Chapter **8**

실행 RCM의 현장 적용

Implementation–Carrying RCM to the Floor

실행 RCM의 현장 적용

제 5장에서의 설명으로써 7단계의 시스템 분석 과정을 모두 마쳤다. 이제 실질적인 열매를 맺기 위해 마지막으로 확실하게 해야 할 작업이 남았다. 주어진 RCM 작업을 현장에 적용하는 것이다. 다시 말해서 제2장의 그림 2.1에서 처음 소개한 대로 작업 일관화 (Task Packaging)를 실행하고 완수해야 한다.

일괄 작업을 효과적으로 그리고 성공적으로 완수하기는 상당히 어렵다. 실제로, 일괄 작업은 빙산이 갖고 있는 위험성과 유사한 위험성을 갖고 있다. 7단계의 RCM 과정을 모두 완료했다는 것은 단지 수면 위에 보이는 1/7인 빙산의 일각만 본 것일 뿐이며, 빙산의 나머지인 6/7은 작업 일관화가 차지하고 있다고 봐야 한다. 많은 RCM 프로그램은 이처럼 보이지 않는 위험 때문에 어려움을 겪는다. 왜 그럴까? 도대체 그런 어려움은 어떤 것에서 발생하는 것일까?

전형적으로 RCM 프로그램이라는 것은 그 계획과 실행의 초점을 시스템 분석 과정을 완수하는 것에 맞추기 마련이다. 아주 논리적인 일이다. 그러나 그러한 진행 과정 중에 우리가 의도하지 않은 아주 중요한 함정이 있다. 분석 결과를 시행하기 위해 수행해야 하는 기획과 조정에 대한 포괄적이고 복잡한 현실을 간과한 것이다. 현실 상황에 막상 본격적으로 들어가면, 그러한 예기치 못한 문제로 인해 결정이 지연되고 막히며, 서로간의 의사 소통에 문제가 일어난다.

성공적인 RCM 프로그램들은 현장에서의 실행에 전적으로 필요한 충분한 사전 계획이 있어야 성공할 수 있음을 보여준다. 열심히 항해(계획, 지원, 실행)하는 일만이 이러한 빙산의 위험을 피할 수 있는 방법이다.

저자의 경험을 살려, RCM 프로그램을 성공적으로 수행하기 위한, 이미 알려진 위험을 피하는 방법에 대해 자세히 소개할 것이다. 사전에 고려하고 실행하여, RCM 프로그램을 가로막는 각종 문제들을 밝혀내는 절차를 알려 줌으로써, 그런 문제들로 인한 악영향을 없애거나 최소화하는 방법을 제시할 것이다. 또한 보이지 않는 위험을 확실하게 보여 주는 절차를 소개함으로써, CMMS를 통해 새롭고 개선된 PM 프로그램을 효과적으로 의사 소통하는 방법도 보여 줄 것이다. 마지막으로 RCM 실행에 대한 최종 논의에서는 RCM 분석에서 얻은 정보를 이용한 매우 유용한 한 가지 작업 절차 방법을 소개할 것이다.

이러한 방법을 소개하기에 앞서, RCM 실행은 일과성으로 끝나는 것이 아님을 상기하기 바란다. RCM은 철학이며 긴 여정이다. RCM은 유지 보수에 대한 인지와 실행의 방법에 대한 기본적 체계의 변화이다. RCM이 처음 도입되는 초기 단계이거나, 결정적인 시스템이든 결정적이지 않은 시스템이든 개선 작업을 하는 과정이거나, 또는 살아있는 RCM을 구현하기 위해 밤샘 작업에 여념이 없는 단계이거나 간에, 각자가 처해 있는 PM 프로그램의 상황에 관계없이, 이 장에서는 진정으로 비용 효과를 내는 PM 프로그램은 개념을 현실화함으로써 이루어질 수 있음을 보여 줄 것이다.

8.1 문제에 대한 과거 사례와 장애물

시스템 분석 과정의 7단계가 모두 완료되면, PM 프로그램의 최적화를 위한 PM 작업이 명확해진다. 즉 최대의 ROI를 만들어 내는 작업이 무엇인지 나타난다. 그림 2.1에서 보여 준 이상적 PM 프로그램과 같이 PM 과정의 엄격함은 작업 내용(수행 작업)을 정의하게 하고, 또 예상되는 작업 주기(수행 시기)를 결정한다. 이제 PM 작업 일관화는 최적화된 PM 프로그램을 현장에 접목함으로써 완료된다.

그러나 이처럼 명확해 보이는 일이 대부분의 조직에서 정해진 시간 내에 완료되기 어려운 것으로 증명되었다. 솔직히 말해 가장 어려운 장애물이 시스템 분석 과정의 완료라고 생각했던 저자마저도 놀라울 따름이다. 처음에는 그 가려진 문제점의 내막에 대해 상당히 의

아해했다. 왜냐하면 PM 작업 수행(그 본질이 무엇이든)은 공장의 조직과 기초 시설의 한 부분처럼 외적으로 나타나는 행동으로 보여졌기 때문이다.

이미 밝혀진 대로 그 문제점은 밖으로 나타나는 것이 아니었다. 이제 그 문제에 담겨진 좀 더 중요한 몇 가지에 대해 논의할 것이다.

8.1.1 설비와 기능 간의 장애물

궁극적으로 모든 유지 보수 인력, 관리 그리고 기술은 의식적이든 무의식적이든 설비의 유지라는 개념에 사로잡혀 있었다. 이는 개선이라는 명제에 대한 논의나 문제 제기가 있을 때 제일 먼저 초점을 맞추는 것이 항상 하드웨어, 즉 설비라는 것이다. 지난 50여 년간 주류를 이루어 온 유지 보수 철학은 가동을 유지해야 한다는 정신에 기초를 두고 있기 때문에 당연한 반응이다.

RCM에서는 이와 같은 생각 자체를 부정한다. RCM에서는, 생각해야 할 것은 기능이며 유지되어야 하는 것도 기능이라고 말한다. 처음에는 대체 이게 무슨 소리인가하며 의아해한다.

이것이 넘어야 할 한 가지 중요한 장애물이다. 왜 설비의 유지 보수 전문가가 설비의 유지가 아닌 기능의 유지에 힘을 쏟아야 하는가? 여기서 9.1절과 9.4절에서 자세히 다룰 매입과 훈련의 문제로 들어가게 된다.

8.1.2 조직 장애물

RCM 접근 방법에 전적으로 영향을 미치는 조직적 요소로는 4가지가 있다. 당연히 이 요소들은 RCM 프로그램이 최종적으로 현장에서 적용되는 중요한 방법들이 된다.

- 구조 요소
- 결정 요소
- 자금 요소
- 매입 요소

각 요소에 대한 자세한 내용은 9.1절에서 논의할 것이다.

8.1.3 RTF 장애물

이런 시나리오를 가상해 보자. 당신은 이런 저런 설비의 유지 보수 전반에 대해 아주 유능한 기술자이다. 실제로 동료들 간에도 설비에 대해서는 전문가로 통한다. 그리고 회사는 그러한 당신에게 다양한 방법의 포상과 진급을 제공했다. 이때 RCM이 도입되었다. 그리고 당신이 담당하던 어떤 한 분야의 설비가 기능에 대한 고려 때문에 우선순위에서 뒤로 밀려 RTF로 지정되었다.

이건 가상의 시나리오가 아닌 저자가 실제로 마주쳤던 상황이다. 결정적인 영향을 미치기 때문에 발전소에서 사용되는 공기 밸브가 공장의 부속 기능(식당이나 화장실)에서도 똑같이 사용되고 있었다. RCM에서는 이러한 밸브 중에서 부속 기능(식당, 화장실)에 사용되는 공기 밸브를 RTF로 지정하라고 한다. 어떤 일이 벌어지겠는가?

문제의 이 전문가는 초기에 이와 같은 문제 때문에 상당한 어려움을 겪는다. 그런 전문가는 자신이 갖고 있는 기술에 대한 자긍심과 현실에 대한 인정 사이에서 생업에 대한 갈등을 느낄 수밖에 없다. 실제로 어떤 전문가는 비번임에도 불구하고 매달 4째주 일요일에 출근해서 그 전문가만의 PM 작업을 하는 경우도 있었다. 제대로 인식되기에는 약 6개월 정도가 소요되었다. 여기서 말하고자 하는 핵심은 RTF 장애물이나 그로 인한 충격이 너무도 현실적이라는 것이다. 따라서 공장의 임원들에게는 항상 RCM의 첫 번째 원칙인 기능 유지라는 개념을 받아들이고 습득하도록 하는 일이 가장 중요하다. 앞서 언급한 설비와 기능 간의 장애물을 다룰 수 있다면 RTF 장애물은 자동적으로 예방할 수 있다.

8.1.4 CD와 FF 장애물

대다수의 조직들은 아직도 많은 일시 정지를 요하는 과거의 전형적인 TD(Time-Directed) 방법에서 벗어나지 못하고 있다. RCM 결과에서는 CD와 FF 작업에 비중을 두게 된다. 더욱이 CD와 FF 작업은 명확하고 강력한 방법으로서 PM 프로그램에 가장 효율적인 방법으로 실행하도록 조업자의 참가를 요구한다. 어느 운용 관리자가 공장장에게 말한 대로 "무슨 소리, 조업자가 PM을 하다니! 내

담당이 아니야"라는 소리가 나올 만하다. 또한 당신이 선견지명이 있는 사장으로부터 예방 유지 보수 기술 분야로 지정된 행운아라면 동료로부터 받게 될 많은 견제에 시달릴 수밖에 없다.

변화는 쉽게 이루어지지 않는다. 특히 새로운 기술이나 수행, 그리고 어려운 작업이 자기가 책임져야 하는 일에 도입되는 경우에는 더욱 그렇다. 변화에 대한 저항은 인간의 본성이다. 심지어 그 변화가 막대한 이익을 준다는 것이 확실하다 해도 주저하기 마련이다. 이러한 장애물은 서서히 사라진다. 그러나 원하는 만큼 빨리 사라지지는 않는다. 의사 소통과 훈련만이 가장 확실한 해결 방법이다. 명심해야 할 것은, 일시 정지를 하지 않는 PM 작업(1.5절)의 도입이 세계적 수준의 유지 보수(WCM) 프로그램의 핵심 요소 중 하나라는 것이다.

8.1.5 불가침 영역에 대한 장애물

이 문제는 어떤 특정 PM 작업이 종종 전통적으로 실시해오던 일이라서 전혀 손댈 수 없는, 즉 불가침의 영역으로 다루어지는 것이다. 이러한 배경은 표면적으로 상당히 합리적으로 보이는 경우가 대다수이다. 예를 들어, 경험적으로 아무리 비용이 들더라도 되더라 하는 식이기 때문에 왜 굳이 그 방법을 변경해야 하는가하는 의문이 든다. 또는 관리자가 실시하라고 했는데, 어떻게 마음대로 바꿀 수 있는가하는 경우도 있다.

여기서 말하고자 하는 것은 모든 RCM 프로그램에서는 어떤 경우라도 무조건적으로 불가침 영역을 배제한다는 것이다. 그 이유는 간단하다. 임의로 어떤 일을 선정했는데 그 일이 한 가지 이상의 불가침 영역에 속한다면 그대로 두어야 한다. 하지만 이제 RCM 과정으로 인해 그 보다 훨씬 니은 방법이 있다고 결정을 내렸다. 그런데 RCM에서 나온 방법을 고려하지 않아도 되기 때문에 기존에 하던 대로 계속한다. 하지만 여기서 그간 해 왔던 상당한 보완책으로 인해 또 다른 선택을 할 수밖에 없다. 예를 들어, 관리자의 결정이 잘못되었다고 판단된다면 그 관리자의 지시에 대해 보다 많은 정보를 갖고 내린 결정을 피력할 수 있게 된다. 이러한 경우처럼 지금은 많은 조직들이 선택의 기본으로서 이런 방법으로 상당한 성과를 올리고 있다.

8.1.6 노동 감축 장애물

노동 조정에 대한 논의는 비단 숙련도나 훈련 요구뿐만 아니라, 공장 전 근로자의 감축에 대한 문제까지 다루게 된다. RCM 프로그램으로 인해 RCM이 적용된 시스템에 대한 유지 보수 비용을 줄일 수 있다면 일자리 역시 줄일 수도 있다는 의미가 된다. 하지만 지금까지 RCM에 의한 인원 감축은 없었다. 여기에는 여러 가지 다양한 이유가 있지만 두 가지 요소가 가장 두드러진다. 첫째로 현실화되는 PM 절감의 가장 주요한 부분은 복잡한 해체 분해 작업을 확장 또는 삭제하는 것에서 나온다. 이러한 작업은 보통 공급자 측에서 또는 공장 근무자에게 직접적으로 영향을 주지 않는 외부 유지 보수 전문 업체에서 수행된다. 두 번째로 공장 근무자들은 기를 써서라도 시작하려고 하기 마련이다. 따라서 RCM 프로그램은 근로자를 감축하는 것이 아니라 수입을 일으키는 가장 확실한 생산성과 가동률을 얻고자 하는 데에 그 목표를 두고 있다. 셋째로 어떤 특정한 부분의 생산성 향상을 위해 실시한 인력 감축(Reduction in Force, RIF) 시나리오를 본 적이 없다. 그보다는 RIF는 비용을 X% 줄이기 위해 보다 높은 수준의 관리 차원에서 실시하는 것으로서, 가장 손쉬운 방법인 인력 감축을 택할 뿐이다. 여기서 가장 염려되는 부분은 새로운 기술자가 필요하고 기존의 인력이 이런 기술을 습득하거나 과정의 한 단계로서 진행되어야 할 필요성이 있다는 것이다. 현재 미국에서 진행되는 적정 규모 유지(인력 감축의 온화한 표현)라는 일은 비용 측면에서 줄이고자 함이지 이익 측면에서 줄이고자 하는 것은 아니다. RCM 프로그램은 기업의 이익에 기여하는 중심에서 모든 역할을 하고 있다.

8.1.7 PM 작업 진행 장애물

모든 RCM 프로그램은 현장에 적용하기에 앞서 신규 또는 수정된 진행 방법을 만드는 새롭고 변형된 PM 작업이 되어야 한다. 이러한 절차에서 요구하는 형식이나 세세한 정도는 공장마다 각기 다르다. 원자력 발전소에서의 안전성 시스템/설비가 가장 극단적인 경우가 될 것이다. 여기서의 문제는 아주 간단해서, 누가 이런 절차에 대한 준비를 책임지고 담당하느냐이다. 아니면 드물긴 해도 책임 소재가 분명한 경우라면, 너무도 방대한 모든 관련된 일에 대한 진행 과정을 작성할 충분한 시간이 있느냐하는 것이다. 따라서 한 가지 RCM 프로그램의 계획과 일정에 대해서는 어떻게 완수될 것인가가 반드시 명시되어야 한다. 시간에 쫓겨서 그냥 아무 그룹이나 인력에게 맡겨서는 절대 성공할 수 없다. 이상적으로는 절차 과정을 감독할 그룹을 지정해시 그 절차 과정 작업이 공장의 다른 주요 작업의 발목을 잡는 요인이 되지 않도록 해야 한다. 아니면 시스템 분석가(필요하다면 외부에서 도움을 받아서라도)가 차선책이 될 수 있다. 최악의 경우는 그러한 작업을 유지 보수 감독자나 담당자에게 하도록 하는 것이다. 이들은 그런 작업을 하려고 하지 않을 뿐더러, 하고자 해도 그럴 시간이 없다(8.4절 PM 작업 절차 개발).

8.1.8 인력과 자원 조정의 장애물

RCM 프로그램은 전형적으로 새로운 (그리고 종종 좀 더 섬세한 기술의) CD나 FF 작업을 도입하며, 기존의 작업을 변경하여 보통은 작업의 간격(주기)을 늘리게 한다. 이러한 두 가지 변화 요인은 기존 PM 프로그램에서 실시하던 인력과 자원의 조정을 수반한다. 인력 조정으로는 CD나 FF 작업을 충분히 수행할 수 있는 능력의 소유자나 기술자로의 대체, 또는 신규 인력 수용(조업자를 포함)으로 가장 먼저 나타난다. 자원 조정은 시간에 따른 부속 고장의 감소 효과에 의한 스페어 부품 자재 감소뿐 아니라 신규 설비나 기기의 필요성으로 나타난다. 신규 설비나 기기의 필요성에서 또 결정 과정에서의 효율성 측면이 지출 비용(예를 들어, 열 감지 카메라의 구매)을 보증하는 결정 요소가 된다. 그리고 자재 감소로 인한 긍정적인 효과가 비용을 절감하는 결과로서 추적되고 정량화된다. 효과적인 비용 감소는 어림짐작이 아닌 최근의 사업 기류에서 너무도 자주 사용되는 정량적인 성질을 가진다. 따라서 새로운 기기나 설비, 그리고 기술 도입에 대한 필요성이 그런 투자에 대한 회수로 인한 기업 최저 이익을 저해하는 요소가 되어서는 안 된다.

8.2 성공을 위한 준비

RCM 프로그램의 성공을 위한 준비는 다른 어떤 경우에서도 중요한 성공적인 계획과 다를 바 없다. 전체적인 그림을 보도록 노력해야 한다. 첫 번째로 가장 중요한 것은 계획을 세우는 방법과, 그 예상 결과를 고려하기 전에, 또는 그 계획을 어떻게 모든 과정에 재실시할 것인지에 대한 고려를 하기 이전에, 계획을 세우는 것이다. 항상 앞에 무엇이 놓여 있는지 확인하며 지속적으로 반복하여 실행하는 것이다. 1980년대 중반에 도입된 품질의 중요성에 대해 이미 친숙한 사람들은, 아마도 여기서 설명할 RCM의 성공적인 계획 과정과 일본에서 처음 개발되어 전 세계적으로 데밍 원으로 알려진 그 유명한 품질 계획이 상당히 유사하다는 것을 알게 될 것이다. 바로 Plan, Do, Check, Action인 PDCA이다(그림 8.1).

그림 8.1의 원의 왼쪽 위 사분면에서부터 성공적인 RCM 과제는 시작한다.

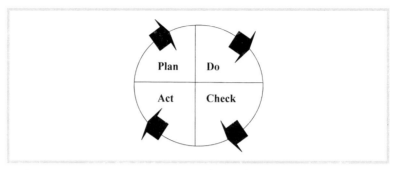

그림 8.1 The Deming quality wheel(PDCA).

8.2.1 Plan

1등급 RCM 과제 계획은 다음의 4가지 질문에 대한 답을 하는 것
으로 시작한다.

1. 최종 목표는 무엇인가?
2. 필요한 자원(인력, 자재, 기기, 수행, 매입, 돈, 회의장, 컴퓨터)
   은 무엇인가?
3. 이러한 자원을 확보하고 유지할 방법은 무엇인가?
4. 최대한 예상할 수 있는 진행 과정 중의 문제점과 장애물(부
   서 간의 영역 다툼, 자원의 유용성, 수행 변경, 애사심 부족
   등)은 무엇인가?

이러한 문제들을 총제적으로 한데 모아서 대답을 해보자.

간단히 당신이 이 모든 일이 끝났을 즈음에 되어 있어야 할 일을 정

해야 한다고 해보자. 단지 RCM이라는 것을 타진하기 위함인가? 아니면 새롭고 효과적인 비용의 PM 프로그램을 개발하는 데에 가장 중요한 수단의 한 가지로서 RCM을 선택한 것인가? 이 두 가지 질문 모두 당신이 이해할 수 있고 달성 가능한 목표를 세웠는지를 묻는다. 이는 그런 목표가 시간에 따라 변할지에 대해 묻는 것이 아니다. 다만 가능한 미래의 비전을 세워야 한다는 것이다. 즉 계획이 필요한 것이다. 우수한 계획이란 과제의 시작에서 실행과 그 이상까지의 모든 면을 다 고려한다. 그 시작은 초기 RCM 과제일 수 있으며, 그럴 경우 스스로 자문해야 할 몇 가지 질문이 있다. 이 질문 항목은 아직 완성되지는 않았지만 많은 생각을 하게 함으로써 우수한 계획을 만들도록 해준다.

계획 :

- 어느 관리 단계의 누구로부터 승인을 받아야 하는가? RCM은 성공적으로 되기 위해서 그리고 장기적으로 생산성을 갖기 위해서 어느 조직에서나 최고 관리자의 지원을 받아야 한다.
- 재원은 어디에서 받아야 하는가? 다음과 같은 계획이 필요하다.
  - 컴퓨터와 소프트웨어
  - 컨설턴트
  - 과제에 참여하는 인력(전문가, 설비보조자, 교육/진행 문서 담당자, 설계 입안자 등)의 급여
  - RCM 분석에 필요한 신규 설비(진동자 또는 온도 측정 설비 등)의 구매
  - 바인더, 보급품, 그리고 기타 자재들

- 누가 RCM의 선두주자인가? 이 문제는 보통 경영층의 지원을 얻고자 함과 연결되어 있다. 실질적인 선두주자는 조직 내부에서 아주 건전한 관계를 맺고 있고 있는 사람으로서 계획 과정의 초기 단계에 참여해야 한다. RCM이라는 성화를 지피고 계속해서 그 성화가 빛을 내도록 하는 사람이다. RCM 선두주자가 없다면 지속적인 RCM 프로그램도 없다.

- 다른 그룹이나 조직 또는 직접적인 통제 밖의 개인으로부터의 지원이나 승인을 받아야 할 필요가 있는가? 이는 아주 결정적인 것으로서 특히 다른 곳에서 통제를 받는 자원을 필요로 할 때 더욱 중요하다.
  - 운용
  - PdM 그룹과 같은 다른 지원 그룹
  - 계획과 작업 통제(CMMS)
  - 관리 형식(예산, 구매 관리)
  - 사무 직원

- 추천된 작업을 어떻게 실행할 것인가? 이는 성공적인 RCM 프로그램인가, 아닌가의 첨예한 대비를 만드는 문제이다.
  - 실행 계획이 있는가?
  - 당신의 팀에서 모든 추천 작업을 직접 실행할 것인가?
  - 추천 작업을 실시하는 역할에서 그 밖에 누가 더 필요하며, 그 사람들을 어떻게 선발하고 또 어떻게 지원할 것인가?
  - CMMS에는 어떤 영향이 있는가?
  - IOI는 어떻게 지정하고 과정의 추적과 기록은 어떻게 하는가? 그리고 ROI는 어떻게 나오는가?

- 회사 내의 다른 시스템에는 어떤 영향이 있는가? 비품과 회계는?

● 프로그램이 수행되면 조직에 영향을 줄 가능성은 무엇인가? 누가 그 작업을 할 것인가? 조업자가 유지 보수를 담당하게 할 것인가? 또 그들이 하려고 하는가? 인원 감축에 대한 우려는 없는가?

- 공장 근무 수준은?
- 공장 조직은 어떻게 되어 있는가?
- 작업 지정 방법은 어떻게 할 것인가?

● 성공 여부는 어떻게 측정할 것인가? 더욱 중요한, 어떤 작성법을 사용할 것인가? 다음에 몇 가지를 제안한다(이에 대한 자세한 내용은 제10장 '살아있는 RCM 프로그램'에서 다룬다).

단기

- 특정 RCM 분석에 대한 진행 보고서
- RCM 시스템 완성
- 실행할 RCM 프로그램으로 변경
- IOI로부터 얻은 예비 ROI, 특히 영향이 가장 크거나 금전적으로 확인이 되는 것

장기

- 총 유지 보수 비용이 줄어든 것은 모두 좋음
- RCM을 실시한 시스템(부속)과 실시하지 않은 시스템(부속)과의 긴급 정지율 변화

- RCM에서 놓친 CM 작업, 앞으로 생기지 않을 거라는 확신으로 실시한 작업
- IOI로부터 측정되고 예견된 장기적 ROI
- 과정 중에 얻은 정보 관리 유지 방법과 그 달성 방법은? 가시적인 프로그램일수록 주간 업무 협의 내용으로 올라오게 되고 지원이 지속될 수 있다. 개선할 여지가 있는 (문제점들) 보고에 대해 겁내지 말 것이며, 다만 해법에 대한 제시를 반드시 함께 해야 한다.

이 항목들 중에서 작성법과 보고서는 어느 프로그램에서나 성공의 핵심 요소이다. 어떤 과정의 보고 자료는 단기적으로 상당한 효과가 있을 수 있다. 그것은 몇 가지 완성된 시스템이나 하부 시스템에 초점을 맞춘다. 보고서에는 어떤 형태이든지 팀에서 못 찾은 큰 IOI를 포함해야 하며(5.10절), 이것이 가장 중요하다는 점을 잊지 말아야 한다. RCM 프로그램이 공장의 일상에 깊이 파고들면 들수록 측정 가능한 값으로 작성되고 보고되어야 하는 것이 더 중요해진다. 특히 프로그램으로 인해 발생된 최저 이익에 대한 금전적인 영향을 알려주는 부분에서는 더욱 그렇다. 금전적 내용은 없이 그냥 믿으세요라는 형태만의 그저그런 작성법으로는 효과가 없다. 유지 보수 총 비용에 대한 전반적인 효과와 같은 내용을 작성하기 위해서는 자금 부서와의 연계 방법과 같은 것도 찾아야 한다. 총 비용은 최저 이익, 다시 말해서 확률에 대한 지침과 같다. 매우 중요한 요소이다. 초기부터 자금과 관련된 사항을 참여 시켜야 강력한 효력을 얻을 수 있고, 작성된 보고서에 대한 일말의 의구심을 없앨 수 있다.

보다시피, 각 질문은 또 다른 질문을 요구한다. 이 모든 계획을 만들 거나 참여하지 못할 수도 있다. 하지만 시도를 해야 한다. 과제가 시작하기 전에 계획을 많이 할수록, 신규 유지 보수 체계에 대한 관리와 실행자로부터의 매입과 승낙이 포함된 승인을 받을 기회가 높다. 원의 다음 단계인 Do, 즉 현명한 자에게 해줄 수 있는 한 마디인 이행의 단계로 가기 전에 많은 계획이 필요하다. 직접적이든 간접적이든, 당신의 통제 밖에 있는 자원이나 영역 다툼에 대한 영향은 미리 예견하고 있어야 하며 필요한 조치를 강구해야 한다. 안 그러면 그런 영역 다툼으로 당신과 당신의 과제가 상당히 어려워진다. 현명한 사람은 이러한 상황 하나만으로도 어떤 준비를 해야 하는지 알 것이다.

8.2.2 Do

이 부분은 한결 간단하다. 그냥 행동으로 옮기면 된다. 계획대로 행동하고 그 행동이 지속되게 한다. 모든 부분을 들춰 보고, 모든 사실을 확인하고, 모두 보고서화하고, 모든 매입과 승낙을 받아내고, 완수 가능한 기회를 놓치지 말아야 한다. 그리고 계획대로 현장에 적용하여 모든 부품과 부속에 대해 일일이 다 확인한다. 가장 객관적인 내용으로 조치를 강구하여 가능한 예상 문제에 대비한다.

여기서의 실행이란 행동의 한 부분이다. RCM 프로그램을 처음 출발시키는 사람에게는 다음과 같은 점에 상당한 주의를 해야 한다. 계획에 의거한 윤곽으로부터 작업 일관화를 완성하기 위한 방법을 반드시 결정해야 한다는 것과 그것을 진행시켜야 한다는 것이다. 그렇지 않으면 시스템 분석과정과 거기에서 나온 가치 있는 결과, 그리고 이 모든 것에 대한 노력과 비용이 수포로 돌아간다.

한 가지 쉬운 방법은 시스템 하나씩 계획한 대로 실행하는 것이다. 속담 중에 틀린 말이 없다. 성공은 성공을 부른다. 한번, 특히 PM 개선에 대해서, 긍정적인 효과가 나면 탄력을 받게 되고 더 이상 과제를 방해하는 일이 나타나기 어렵다. 따라서 실패를 기회로 바꾸고, 작업을 진행시키고 지속되도록 한다. 막판에 가서 급하게 서두르면 안 된다. 이 간단한 방법이 실제로 성공과 실패를 가름하게 된다.

8.2.3 Check

계획 이후에 성공을 위한 준비의 두 번째 중요 사항은 확인 단계이다. 확인은 RCM 전반에 걸쳐 모든 사항을 꾸준히 실시해야 하며 여기서 또 다른 질문들이 나오게 된다. 그 질문에 대한 대답은 일정에 맞춰서 작업이 진행되고 있는지 그리고 그 작업의 효과가 나고 있는지를 알려 준다. 아래에 반드시 확인해야 할 몇 가지 중요한 질문을 소개한다. 추가로 질문이 더 있을 수 있지만 이 모두 솔직한 대답이 필요하다.

- 작성법에서 무엇을 알 수 있는가?
  - 일정대로 진행 중인가?
  - 작업 효과는 충분히 나고 있는가?
  - 개선되고 있는가?

- 프로그램에 대한 회사 내의 소문은 어떠한가?
- 실행은 하고 있으며 충분히 완수되고 접목되고 있는가?
- 계획 단계에서 윤곽을 잡았던 이어지는 순서의 성공적인 작업에 대한 준비는 되었는가?

최종적으로 관리와 인력에 대한 진도와 성취도 평가를 지속적으로 하고 있는가?

8.2.4 Act

이제 당신이 어디까지 와 있는지 알 수 있다. 성공적이든 성공적이지 않든 원의 4번째 사분면인 Act는 아주 간단하거나 또는 개선의 여지를 보여준다. 여기서도 역시 몇 가지 질문이 나온다.

- 단기적 또는 장기적 성공의 장애물은 무엇인가?
- 다음에 해야 할 작업은 무엇이고 언제 해야 하는가?

다시 말해서, Check 항목에서 나온 대답이 긍정적이라면, 성공적인 프로그램을 지속적으로 유지할 방법이 무엇인가? 대답이 부정적이라면, 성공하기 위해 무엇을 다시 검토하고 실행해야 하는가?

Check에 대한 측정 작업을 수행함에 있어서, 성공적인 프로그램은 계획을 검토하고 다시 확인하며 새로운 계획을 수행하는, 즉 Act를 하게 된다. 바퀴가 돌면 돌수록 바퀴의 살 하나씩은 볼 수 없고 빠르게 도는 바퀴 살의 윤곽만 볼 수 있을 뿐이다. 여기에 나온 이 간단한 단어들은(Plan, Do, Check, Act) 연속적으로 회전함으로써 연속된 기능을 보여야만 시너지 효과를 낼 수 있다. 이 단어들이 상호 의존하는 밀접한 관계를 갖고 있어야 RCM 프로그램의 성공적인 준비가 될 수 있다.

8.3 CMMS와의 조화

공장과 설비에 이미 CMMS(Computerized Maintenance Management System)가 설치되어 있다면 RCM 프로그램에서의 CMMS에 대한 질문은 사실상 거의 없다. 하지만 반대로 없다면 또는 기존의 CMMS에 대한 보완·변경이 필요하다면, 사람들은 이러한 필요성 여부에 관계없이 단지 그 필요성만으로 PM 개선 프로그램을 반대하는 경향이 있다. 어떠한 종류에 상관없이 PM 프로그램의 효율적인 수행에 있어서 CMMS가 도움이 된다는 것에는 의심의 여지가 없다. 그러나 RCM 프로그램은, CD 작업 변수(자동 경고 기능을 포함한)의 효율적 감시, 이익 분석에 필요한 PM과 CM 비용의 편집, 경년 진단 프로그램의 추적, 통계적 분석에 필요한 부속 내력, 다른 관련된 프로그램의 측정값 등을 수행해야 하기 때문에, CMMS가 없거나 또는 현대화되지 않고서는 거의 불가능한 작업들이다. 따라서 RCM 프로그램을 하고자 결정했다면 CMMS 역시(아직 고려 대상이 되지 않았다면), 보완되어야 한다는 결정을 내려야 한다. 어려움이 있기는 하지만(본 저서의 목적과는 직접적인 관련이 없다) CMMS의 구매나 보완에 대한 결정 때문에 RCM 프로그램을 시작하지 못하는 이유가 되어서는 안 된다. 여기서는 CMMS가 RCM 행동에 대한 지원 방법을 제공함으로써 CMMS를 필요로 하는 RCM에 대해 제한된 논의를 할 것이다. 특히 살아있는 RCM 프로그램에서 이를 다룰 것이다.

CMMS와 RCM 프로그램을 조화시켜야 하는 두 가지 특징적 이유가 있다. 첫 번째는 가장 기초적인 것으로서 부속 항목과 관련된 번호표 그리고 유용한 고장 내력을 RCM 분석 소프트웨어로 내려 받기 위함이다. 또는 단지 RCM 분석가에게 그러한 항목을 제공하기 위한 것이다. 두 번째로 더 중요한 이유는 RCM 분석에서 나온 중요한 데이터를 계속해서 직접적으로 사용하고자 하는 것이다. 이는 분석에서 CMMS로 넘어간 고장 형태, 원인, 작업 데이터를 얻어서 이를 이용한 작업 지시 계획과 방법을 만들기 위해, 그리고 CM 작업의 분석에 의해 지속적으로 PM 프로그램을 개선하기 위한 것이다. PM 프로그램 개선과 CMMS에는 상당한 투자가 있어야 하며, 이 두 가지의 상호 조화는 반드시 필요하다.

여기서 하나 짚고 넘어갈 것은, 금방 나오겠지만, 이 둘을 조화시키는 것을 방해하는 아주 중요한 장애물이 있다는 것이다. 예를 들어, 제5장에서도 언급했지만, RCM 분석을 위해 시스템을 구분 짓는 방식이 항상 CMMS에서 사용하는 설명 방식이나 시스템 경계 방식과 일치하는 것은 아니다. 보통 이러한 불일치나 CMMS가 자체적으로 갖고 있는 아주 유용한 능력들 때문에 나오는 기타 여러 가지 문제는 CMMS의 설치 시기와 RCM 또는 PM 개선 프로그램의 도입 시기의 차이 때문에 나타날 수 있다. 하지만 이런 불일치는 대부분, CMMS 기능을 주로 사용하는 유지 보수 부문, 즉 컴퓨터를 사용하는 시스템 그룹과, 공장 시스템이나 설비의 신뢰성과 가동성을 책임지는 기술·공학 담당자 간의 조정이 없기 때문에 일어난다. 다행히도 이미 RCM을 시행하고 있거나 CMMS가 신규로 구매 또는 대체되기 전에 RCM을 시행하고자 하는 경우라면 PM 개선 작업을 지원하는 CMMS의 구조, 사용, 능력에 큰 영향을 줄 수 있는 아주 좋은 기회다. 이런 기회를 잘 활용해야 한다.

아래의 요구 항목은 가장 간단히 그리고 가장 앞서가는 PM 프로그램의 지원을 위해 최소한 필요한 CMMS 능력과 기능을 보여 준다. 이 항목들이 각각의 상황에 맞는 CMMS의 자세한 모든 사항을 다루지는 못하지만, 시작하기에 앞서 상당히 긴 시간을 요하는 요소이다. 여기에는 저자가 중요하다고 생각하는 모든 기초적인 것이 담겨 있다. 어떤 항목은, 특히 자동 경보만 다루는 경우, 상황에 따라 상당히 앞서나가는 경우도 있다. CMMS 소프트웨어를 개선하는 기회를 포함하여 항목을 나열하였다. 따라서 이러한 기회를 이용할 수 있도록 준비해야 한다.

8.3.1 CMMS의 RCM 활동 통합 지원에 대한 요구 사항

1. RCM 기초의 PM 작업에 사용되는 모든 자산(부속)을 RCM 자산으로 식별하는 능력

2. RCM 분석에 의해 추천되는 작업이라면, CMMS 내의 모든 작업 및 작업 지시서를 RCM으로 식별하는 능력

3. RCM 분석으로부터 얻어진 다음과 같은 데이터를 적절한 CMMS 파일로 내려받는 능력
   - 부속(번호표 및 설명)
   - 고장 형태와 관련된 고장 원인

4. 위의 3번 항목의 CM 보고서 · 작업 지시서에서 동일한 데이터를 수집 · 파일하는 능력

5. 위의 3, 4번 항목의 내용과 CMMS에 입력된 데이터를 비교하는 능력, 그리고 다음과 같은 상황이 있을 때 경고(자동적)를 발생하는 능력
   - 3번 항목의 파일 데이터가 4번 항목의 파일 데이터로 입력된 고장 및 고장 원인을 인식하지 못하는 경우(즉, RCM 분석에서 고장 형태를 놓친 경우)
   - 두 개의 파일이 서로 인식하지만 고장 양상과 고장 원인의 빈도에서 4번 항목의 파일 데이터가 이미 결정된 값을 초과한 경우(즉, RCM에서 결정한 RTF가 고장률을 잘못 판단하여 재검토가 필요한 경우)

6. CM 작업으로 포함된 자산인지 여부를 비교하는 능력
   - 기존의 PM 작업 지시서가 섞여 있는지 여부
   - 그런 PM 작업 지시가 무엇인지 여부
   - RCM 자산이지만 PM 작업 지시서가 없을 경우 경고 메시지가 뜨는지 여부(즉 RTF 부속에서 나타나는 고장의 초기 경고로서 재평가가 필요하다)

7. 경년 진단에서 사용되는 데이터의 추적 능력과 이미 설정된 지점이나 조건이 설정되어 있다면 경고(자동적)를 하는 능력 (이런 데이터는 PM 작업 지시서의 빈번한 피드백에서 나오거나 CM 작업에서 나온다)

8. CMMS기 CD PM(또는 PdM) 작업에서 나온 경향을 알아내는 데이터를 만들거나, 그 경향에 따라 설정된 값에 도달하면 자동 경보를 하는 능력(CMMS에 입력되는 데이터는 얻어진 측정값 그대로일 수도 있고, 수집된 데이터를 가공한 분석 데이터일 수도 있다)

9. 다음 항목에 대한 기간을 연간의 일정으로 표시할 수 있는 능력
   - PM과 CM 작업 지시서에 대한 작업과 재료의 비용 정보
   - 유지 보수(PM + CM) 총 비용에 대한 시스템 또는 하부 시스템별 정리 보고서

10. 다음 항목에 대한 기간을 연간의 일정으로 표시할 수 있는 능력
    - 관심 대상 부속, 시스템 또는 하부 시스템의 총 DT 또는 정지 시간
    - 이러한 DT 및 정지 시간 때문에 발생한 매출 감소에 대한 부속, 시스템 또는 하부 시스템별 분기 보고서를 자동적으로 제공할 것

그림 8.2는 CMMS 입력 형식으로서 RCM 팀이나 PM 조정 담당이 RCM 작업 분석 데이터를 CMMS로 넘기는 데 사용하는 한 가지

CMMS INPUT FORM

Task Title: Task ID:

Requested By: RCM Recommendation: Y   N

Craft:

Equipment(s):   Equipment Tag/ID #s:

Work Task Description:

Task Frequency:

Crew Size / Manhour Total:

Special Instructions / Tools:

_____

Additional Information Required To Implement Work Task:

Entered By: Reviewed By: Approved By:

Date: Date: Date:

그림 8.2 CMMS input form.

방법을 보여준다. CMMS 입력 형식은 다음 절의 그림 8.4에서 좀 더 단순화된다.

다음에 논의하고자 하는 핵심 내용은 PM 프로그램 개선 행동과 일 상의 사업 환경을 이어주는 출발 시점을 보여 준다. 개별적으로 봐서는 CMMS나 RCM 모두 막대한 투자가 필요하다. 따라서 이 두 가지를 서로 도움을 주는 관계로 조화시켜 최대의 이익을 만드는 것이 바람직하다.

8.4 효과적이고 유용한 작업 절차 개발

지금까지 이 장에서는 RCM을 현장에 적용하는 효과적인 몇 가지 핵심 요소에 대해 살펴봤다. 실행을 하기 위한 마지막 행동은 당신의 지식을 실제 사용하는 유지 보수 운용 직원과 기술자들에게 전달할 수 있는 작업 설명과 절차를 문서화하는 일이다. 다음에는 각 부속에 대한 효과적인 PM 작업 설명에 대한 지침을 논의할 것이다.

8.4.1 RCM 정리

RCM 실행 결정의 첫 단계는 RCM 작업 결정을 정리해서 효과적인 유지 보수와 운용 절차에 대한 개발에 적용되는 간단한 형식을 만드는 것이다.

고전적 RCM(제5장)과, 제7장에서 소개한 단축된 고전적 RCM 과정, 또는 경험 중심의 유지 보수(ECM) 등의 작업 결정을 이용하여, RTF가 아닌 작업으로 지정된 각 번호의 부속(부속 #)에 대한 모든 고장 형태와 그 고장 원인을 정리한다. 그림 8.3의 왼쪽은 나열되어야 할 정리된 정보를 보여준다. 여기서 1에서 6까지는 RCM 5.2 단

RCM Analysis Information	Facility/Plant Information
1. Component #	9. Facility/Plant System Name & ID
2. Component Description	10. Plant procedure # or Job Plan ID
3. Failure Mode #	11. Plant Asset/Component Name
4. Failure Mode Description	12. Plant Asset Tag/ID #
5. Failure Cause #	13. Responsible Department or Person
6. Failure Cause Description(s)	14. *Optional* – Completion date
7. Task Description(s)	15. *Optional* – Procedure Development Status
8. Task Interval(s)	

그림 8.3 RCM rollup for component # xx.

계(FMEA)에서 쉽게 나오는 것들이고 7과 8항목은 RCM 7.1(작업 선택)과 7.2(정확한 확인) 단계에서 얻어진다. 오른쪽은 두 가지 정보를 함께 연결하는 추가의 설비/공장 정보를 보여준다. 선택 사항인 14와 15항목은 실행 일정에 대한 효과적인 추적이 요구될 경우 필요하다. 그러므로 RCM 정리에 의한 정보는 부속 번호와 작업 간격으로 좀 더 자세히 구분되어, 실제 절차를 개발하기 위한 유용한 작업 일관화군으로 나누어진다.

RCM 정리 개발에 대한 한 가지 방법은, 그림 8.3의 정보 항목을 확장한 작업 일괄 형식과 유사한 형식을 사용하는 것이다(그림 8.4). 여기서 가장 중점을 두어야 하는 것은 개발하고, 문서화하고, 원하는 장소에 주어진 설명서를 보관하기 위해 모든 정보를 수집하고 상호 연결시키는 것이다.

그림 8.4의 형식은 많은 조직들이 RCM 추천에 따른 PM 설명을 개

Task Packaging Form

Job Plan ID: [   ] Date: _____

New ____ Existing ____

Facility/System Name & ID:_____

Component Name:_____ Tag/ID #:_____

Task Interval /Frequency:_____ RCM Completed: ___Yes ___No

RCM Analysis Information
Title:_____ Date:_____
Facility:_____ RCM System:_____
Subsystem:_____ RCM Component #:_____
Responsible Department & Person:_____

Craft: _____ *Man Loading:* _____ *Estimated Manhours:* _____

Engineering Analysis Required:_____ For What:_____
_____

Major Task Elements: (List RCM Failure Mode and Failure Cause #'s)

1.
2.
3.
4.
5.
6.
7.
8.
9.
10.

Special Instructions:

Special Tools:

Required Parts:

그림 8.4 Task packaging form.

발하는 과정에서 나온 것으로서 상당히 유용하다고 알려져 있다. 여
기에는 단순히 본 절의 목적을 위해 예로서만 나타내었다. 이 형식
은 RCM 또는 ECM 작업 추천 내용을 확장하여, 작업 지시의 보관

자료로서 필요한 CMMS 작업 지시서나 PM 절차의 입력으로 변환되는 문서로서 상당히 효과적이다. RCM WorkSaver 소프트웨어를 사용하는 경우, FMEA에서 나온 RCM 분석 데이터는 이에 상응하는 작업 추천 및 작업 간격과 함께 좀 더 쉽게 다룰 수 있는 스프레드시트로 변환될 수 있다.

8.4.2 절차 개발

PM 작업 설명은 보통 한 가지 부속의 특정 작업 간격에 대해 만들어진다(자동차 정비 관련 소책자도 이와 같은 형식이다). 논리 경로, 순서, 장치 연결을 포함하는 부속 그룹에 대한 유지 보수는 단일 작업 설명으로 묶을 수 있다. 부속이 그룹으로 될 경우에는 작업 수행을 할 때 주의를 요하는데, 한데 묶은 부속 그룹은 동시에 유지 보수를 받아야 효과적이라는 것이다. 작업 간격이 다른 경우는 아무리 간단한 부속이라도 서로 묶어서는 안 된다. 이를 결정하는 요소는 한 가지 부속의 가동 변수가 다른 것과 연결하기 어려운지 여부이다. 따라서 한 부속에 대한 점검은 다른 부속에 대한 점검을 필요로 한다(이는 장치 연결의 배경이 되는 이론이다).

PM 일정에 따라 부속과 작업 간이 정해지면, 각 작업은 모든 변수가 그에 맞는 주기에 따라 확인 또는 수행되는 정상적인 주기에 따라 나열된다. 이미 언급한 것처럼 여러 개의 부속이 단일 PM으로 그룹 지어질 수 있지만 누가 그 작업을 할 것이며 어떤 작업을 수행할 것인가에 대한 고려가 필요하다. 작업이 다방면의 기술을 요구한다면 각 작업 그룹은 자기만의 PM 작업을 하기 때문에 각 그룹에 대한 각기 다른 설명이 필요하다.

그러나 각 작업 그룹 간의 조정은 각 설명의 한 부분으로 되어 있어 아 한다. 즉, 밸브 제거를 위한 기계 작업에서 밸브 조절 장치를 우선 제거하기 위해 장치 기술자를 필요로 하면, 장치 그룹에 의해 기계 설명과 조절 장치를 제거하는 다른 PM에서 동시에 일시 작업 중지 시점으로 나타나도록 문서화되어야 한다. 이미 설명한 것처럼 그림 8.4와 유사한 형식을 사용하는 것은 RCM 분석에 담겨진 정보를 수행하는 정확하고 함축적인 설명을 개발하는 절차 문서화 직원을 도와 준다.

다년간의 유지 보수 프로그램을 검토한 결과 효과적인 유지 보수 프로그램의 유지 보수 작업 설명으로 그림 8.5와 같은 항목 리스트를 얻었다. 모든 설명이 이와 같이 자세한 정보를 다룰 필요는 없지만, 유지 보수 작업 설명 개발을 담당하는 사람이라면 각 항목에 대해 자세히 검토하고 어떤 것을 적용할 것인지 결정해야 한다.

RCM 분석에서 PM 작업으로 지정된 모든 고장 형태는 한 가지 이상의 PM(조업자의 작업이나 확인)을 필요로 한다. RTF로 지정된 고장 형태이나 드문 작업은 PM 절차에 절대로 포함되어서는 안 된다. 모든 PM 절차는 각종 문제들과 혼합된 정보를 수기하거나 기록할 수 있어야 한다. 마지막으로 RCM 분석에서 나온 모든 사항을 검토하고 특별한 설명, 수기 그리고 절차상의 주의 사항을 찾아 낸다.

1. Instruction Title
2. Task Instruction Number
3. Task Interval
4. Priority
5. Manpower Required
6. Estimated Manhours
7. Actual Manhours
8. Component Name(s)
9. Component Tag/ID Number
10. Coordination (Other groups – contact with telephone number)
11. Special Safety Concerns and Instructions
12. Equipment Tag-Outs or Clearances (Which ones, when obtained, and who granted)
13. Tooling (standard and special)
14. Other Information
15. Task Objectives
16. Detailed Task Steps

    In the step that is specific to a failure mode analyzed in the RCM analysis, include the failure mode number and description and the failure casue or causes in brackets, e.g. [FM 12,.11, Failed insulation, and its FC, Heat and Age] Include special notes, warnings, etc. that enhance knowledge or performance.
17. Post Maintenance Testing Requirements
18. List of As-Found and As-Left Conditions and Measurements
19. PM Effectiveness Questions:
    - "Did the as-found condition warrant the work performed?" Yes/No
    - "Could the component have gone longer before doing this task?" Required immediate action/Required minimal to no action
    - "Could the effectiveness of this PM be improved?" Yes/No and How?
20. Notes and Observations

그림 8.5 Maintenance task instruction content list.

무엇을 어떻게 할 것인가(즉 유지 보수 설명)에 대한 자세한 사항은 RCM 분석과 직접적으로 관계가 없다. 이 정보는 보통 설비 공급자의 안내서나 설명서에서 나온다. 이는 무엇을 해야 하는지 그리고 어떤 순서로 진행해야 가장 큰 효과가 나는지 잘 아는 유능한 사람에게 하는 조언이다. 어떤 조직에서는 유능한 기술자 스스로가 PM 작업 설명의 주요 개발자로 되는 경우도 있다.

그림 8.5의 18과 19항목의 단어를 보자. 18항목은 유지 보수 작업 설명에, 확인된 상태(As-Found) 및 내버려 둔 상태(As-Left) 조건과 PM 수행 중 나온 측정값 간의 피드백이 있어야 한다는 것을 보여준다. 경험적으로 보면, 각 부속은 몇 가지 결정적인 고장 메커니즘을 갖고 있기 때문에(유지 보수의 다양성, 또는 유지 보수를 가장 먼저 수행해야 하는 이유) 고장으로 진행되는 범위를 설정할 수 있다면 PM 작업 간격을 효과적으로 판단할 수 있는 상당한 통찰력을 얻을 수 있다(즉 경년 진단). RCM 분석은 이런 결정적인 고장 메커니즘을 찾는 데 도움이 된다. 그리고 심지어 그와 관련된 다양한 정보를 수집함으로써 유지 보수의 전체적인 효율성을 개선할 수 있다.

이와 같이 항목 19의 3가지 질문은 이 절차가 잘못 진행되고 있는 것에 대해 정확히 초점을 맞추고 있는지, 그리고 정확한 시점에 정확한 방법으로 하고 있는지를 알려 준다. 충분한 시간을 갖고 계속해서 추적하다 보면, 3가지 질문에 대한 대답은 유지 보수의 개선 여지가 있는지를 알려 준다. 즉 우리가 작업을 하는 시점과 그 작업 간격이 정확히 맞는지의 여부나 또는 너무 앞서 나갔는지 여부를 알려 준다. 18과 19항목으로 집계된 자료는 성공적인 PM 프로그램의 결정적 신호가 된다. 따라서 이 두 항목은 RCM 분석에서 나온 이익을 현실화하고 유지하기 위해 살아있는 RCM 프로그램으로 계속 감시되어야 한다(제10장 '살아있는 RCM 프로그램'에서 자세한 논의를 하겠다).

절차 형식은 단순히 한 가지가 아니다. 내용의 깊이에 따라 또는 안전하게 작업이 진행되기에 충분한 다른 일반적인 상식에 따라, 가급적이면 짧은 시간에 부속이 작동하는 신뢰성에 영향을 주지 않는 범위에서, 기능을 수행하기에 충분한지의 여부에 따라 다르다. 어느 정도 하는 것이 지나친 것인지에 대한 논쟁은 충분히 있을 수 있다. 특히 각자가 하는 작업에 위험성이 있는지를 염려하는 사람들 사이에서는 심하다. 동전의 또 다른 면과 같이 가장 많은 지식을 갖고 있는 유능한 사람들은 장문의 논문이나 유지 보수 철학이 아닌 간결하고 의미 있는 설명을 할 수 있어야 한다.

실제로 진실은 두 가지 극단의 중간 지점에 있다. 그 방법은 지식을 전달하면서도 유지 보수 전문가의 자존심을 살려 주는 적절한 균형 지점을 찾는 것이다. 이 책은 바로 이러한 목적에서 소개되었다. 그러나 이것이 이 장의 목적이 아니므로 효과적인 PM 작업 설명을 개발하기 위해 최소한 반드시 이해해야 할 몇 가지만 소개하겠다.

- 직원들의 기술 수준(특히 나이가 들어 퇴직하면서 시간에 따라 변한다)
- 어떤 형태로든 일시 정지 유지 보수를 하는 위험성(일시 정지 작업의 50% 정도를 다시 실시해야 한다는 것은 데이터로 이미 보여 줬다)

- 주어진 모든 부속의 적절한 유지 보수를 위한 기술 요구 사항
- 마지막으로 관리자, 규범자, 확인자의 요청 사항

마지막 분석에서, PM 작업 설명을 효과적으로 만드는 것이 정확하고 충분히 정보를 전달하는 능력이 된다. 여기서의 정보란, 숙련된 직원이 자동적으로 알 것이라고 기대하지 않는 것이다(즉 왼 나사, 특수 볼트를 보호하는 데 필요한 약간의 회전력, 특정 해체 방법, 실수가 있었거나 안전성이 요구되는 것에 대한 경고 등). 반면에 이미 훈련을 받아서 인증받은 기초적인 사항에 대해서는 반복적으로 말해서는 안 된다. 작업 수행에 대한 책임을 정확하고 안전한 방법으로 덜어주면 무관심이라는 요소가 필연적으로 작업자들 사이에 비집고 들어가게 되고, 결국 우리가 피하고자 그렇게 노력했던 모든 일들이 수포로 돌아가고 만다.

Chapter 9

경험적 RCM 교훈

RCM Lessons Learned

Chapter **9**

경험적 RCM 교훈

기업 내에서 유지 보수 프로그램에 관련된 사람들, 특히 그 개선에 대한 책임을 지는 사람들이 주로 RCM이란 말을 많이 하고 또 듣는 경향이 있지만 RCM에 대해 상당한 이해력을 갖고 있는 사람들은 그리 많지 않은 것 같다. 이처럼 충분한 이해를 하지 못하는 사람들에게서 RCM에 대한 포괄적인 동의를 얻으면서 이를 실현시키기란 대단히 힘들다. 관리자 수준에서 그리고 시스템 기술자나 전문가 모두가 RCM에 대한 친밀감을 갖는 것이 매우 중요하다. 시스템 전문가 수준에서의 친밀감은 무엇보다 중요한데, 이 수준에서는 그러한 유지 보수 프로그램을 항상 긍정적으로 인식하고 수용하지 않기 때문이다.

이 책을 통하여 RCM이 유지 보수의 한 부문으로 어떻게 접목할 수 있고, 어떻게 해야 하는지를 보여주려 하였으며, 이것이 세계적인 수준으로 인식되길 바란다. 제8장에서는 RCM을, 성공적으로 현장에 접목하는 방법과 PM 프로그램의 중추적 철학으로 만드는 방법을 다루었다. 저자는, 1980년대 미국의 산업계 전반에 처음으로 RCM을 도입한 이후로 성공적인 RCM 프로그램과 그렇지 못한 프로그램을 좌지우지하는 모든 특징들을 경험했다. 이 장에서는 35여 년간의 RCM 경험에서 나온 성과와 그 동안 얻은 갖가지 교훈들에 대해 소개하고자 한다. 이러한 경험에서 나온 중요 문제점들을 소개함으로써 이후의 다른 모든 사람들이 전철을 밟지 않기를 바란다.

경험적 RCM 교훈에 대한 논의는, 세계적 수준의 유지 보수 여정에 지대한 영향을 미치는 조직적 요소를 좀 더 깊이 이해하는 것에서부터 시작하고자 한다. 적합한 팀 구성이 어떤 것인지를 다루고, 효과적인 RCM 행동 일정에 대한 아이디어를 제공하고, RCM 팀만이 아닌 다른 모든 사람들의 훈련에 대한 중요성을 다루고, RCM을 적용하기에 가장 적합한 또는 적합하지 않은 시스템을 구별하는 방법, 그리고 이러한 IOI를 가장 잘 사용하는 방법을 소개할 것이다. 그리고 끝으로 프로그램 관리의 고려 사항인 동료로부터의 동의를 얻어 내는 승리 전략과 성공적인 RCM 프로그램을 좌지우지할 핵심 요소로 끝을 맺음으로써 경험적 교훈의 장을 마칠 것이다.

9.1 조직적 요소

9.1.1 구조 요소

모든 과제나 제품의 성공 여부는, 사람들이 속해 있는 조직의 구조 보다는 궁극적으로 인력 배치, 각 인력의 개성, 그리고 동기 부여에 달려 있다는 격언이 있다. 경험적으로 보면 전적으로 옳은 말이다. 하지만 저자의 경험에서 보면, 같은 이유로 인해, 일을 성공적으로 마치기 쉬운지 어려운지를 결정 짓는 요소는 그 일을 행하는 조직 의 구조라고 말하고 싶다. 예를 들어 조직의 구조는 의사소통의 통 로를 결정 짓는다. 이는 짧고 간단할 수도 있지만, 매우 길고 복잡할 수도 있다. 또한 책임 소재에 대한 경계를 그을 수도 있어서, 매우 넓게 고도로 분리되어 제한적일 수도 있고 또는 최고의 아이디어를 얻기 위해 서로간에 상당히 중복된 경쟁을 벌일 수도 있다(책임 소 재가 중복된 경우를 많이 봐 왔는데, 솔직히 말해 궁극적인 성공에 는 상당히 역효과를 보여, 때로는 이러한 구조 때문에 매우 유능한 사람을 잃게 되는 경우도 있었다). 특히나 유지 보수의 세계에서는 법인 수준의 조직과 공장 수준의 조직 전반에 걸쳐 지속적인 논쟁 이 일게 되는데, 대체로 만족스러운 결과를 도출하지 못하는 경향이 있다. 여기서는 유지 보수 부문과 생산 부문이 서로 분리되어 동일 한 자격을 갖는 조직과 유지 보수 부문이 생산 부문에 보고를 해야 하는 하부 조직으로 구성된 경우를 비교하여 설명할 것이다. 고객에 게 이 두 가지 조직 모두를 경험하게 했고, 심지어는 RCM 프로그 램 진행 중에 한 조직을 다른 조직으로 바꿔서 작업 하기도 했었다.

여기서 이러한 문제에 대한 저자의 견해를 소개하겠다. 그러한 선택을 하는 데에 영향을 미치는 두 가지 주요 인자는 다음과 같다.

1. **대외적으로는**, 상담하는 고객의 요청 사항(납기, 품질, 비용)
2. **대내적으로는**, 팀 플레이 성취와 자원의 효율적 사용

이 두 가지를 성취하는 최적의 방법이 나오는 경우는 유지 보수 부문과 생산 부문이 서록 독립적인 조직으로 되어서 동등한 입장일 때였다. 유지 보수 부문이 생산 부문의 하부 조직으로 되어서 보고를 해야 하는 상황에서는 팀 플레이가 생산 부문의 고압적 자세에 눌려 제대로 이루어지지 않았다. 더한 것은 생산 부문이 유지 보수에 대한 결정적 역할을 잃게 된다는 점이다. 팀 플레이가 아닌 개인 플레이로 인해 서로 다투는 일이 잦았다. RCM 관점에서 보면 RCM 프로그램을 개시하고 수행하기 쉬운 방법은 두 개의 조직이 서로 독립적으로 분리되었을 때이다. 결정단계가 짧고, 직접적이며, 작업의 효율을 높이고자 하는 혁신적인 방법을 택하고자 하기 때문이다. 결국 효과적인 팀 플레이를 유도하는 것이 고객을 만족시키는 다수의 요소에 큰 영향을 미치게 된다.

이해를 돕기 위해, 유지 보수 부문과 생산 부문이 독립적인 조직으로 구성된 전형적인 기업 구조 내의 두 가지 계층(수준)을 살펴볼 것이다. 그림 9.1은 법인 수준을, 9.2는 공장 수준을 보여 준다. 이들과의 관계를 이용해 RCM 프로그램을 개시하고 수행하는 방법을 알아 보자.

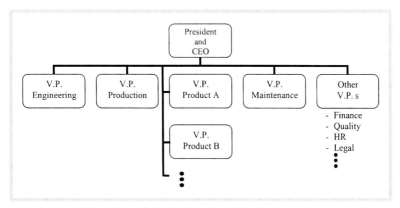

그림 9.1 Typical corporate orgabization.

9.1.2 결정 요소

법인 구조(그림 9.1 참조)에서 우리가 관심을 갖고자 하는 대상은 유지 보수 부문의 부사장급이며, 과정 개선 전반을 꿰뚫는 핵심 기술 이사급도 그 대상이 될 수 있다. 또 조직이 분리되어 있다 하더라도 판매 상담이라는 측면에서 생산 부문의 부사장급을 그 대상에 반드시 포함시켜야 한다. 그 이유는, RCM 과정에서는 PM 작업을 최적화하는 생산 부문의 설비 조업자의 협조가 반드시 필요하기 때문이다. 결국 가장 중요한 것은 누가 궁극적인 결정권자인지를 아는 것이다. 판매 과정 중 그 대상에 대한 적임자를 찾지 못하면 첫 발을 내딛기도 전에 모든 노력이 허사가 될 수 있다. 이러한 예를 한 가지 소개 하겠다. 당신이 RCM을 필요로 하는 유지 보수 부문 부사장을 설득하는 첫번째 임무를 진행하고 있다. 하지만 아무런 효과가 나오지 않는다. 그 유지 보수 부문의 부사장은 당신이 본 적도 없는, 모

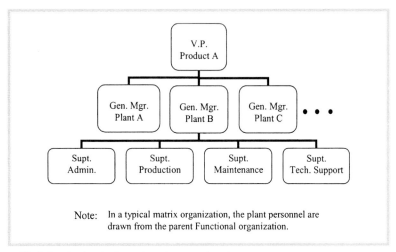

Note: In a typical matrix organization, the plant personnel are drawn from the parent Functional organization.

그림 9.2 Typical plant-level organization

든 생산 설비 변경에 대한 승인권을 갖고 있는 생산 부문의 다른 부사장을 설득해야 하기 때문이다. 만약에, 반대로, 생산 부문쪽에 먼저 접근을 했다면 아마 성공했을지도 모른다. 하지만 그런 식으로 성공을 한다 해도 생산에서 실행되는 조정 방법에 대한 새로운 유지 보수 아이디어는 영영 알 수 없게 된다.

그림 9.2에서와 같이 공장 수준의 구조에서는 우리의 관심 대상은 공장장뿐만 아니라 운용 관리 감독자, 유지 보수, 기술 지원 등이 된다. 물론 공장의 관심을 끌기 위해서, 우선 법인쪽의 긍정적인 확인이나 서명 자료가 필요할 수 있다. 이러한 확인이나 서명 자료가 없다면 기껏해야 공장 근무자로부터 친절한 답변만 듣고 말기 때문이다. 공장쪽과의 접촉을 하는 데에 있어서 또 한 가지 주의할 점은 운용 부서와 기술 지원 부서가 RCM 프로그램의 개시와 수행에 있

어서 유지 보수 부문의 역할만큼 아주 중요한 역할을 한다는 것이다(9.2절 RCM 팀). 만약 공장장이 조직 내에서 모든 권한의 중심적 역할을 한다면 영업활동의 시작과 끝은 공장장 수준에서 모두 마무리될 수 있다. 자주 있는 경우는 아니지만 그런 사례를 본 적이 있다. 우호적인 공장장이 법인쪽에 당신의 아이디어를 소개하고 진행하도록 재촉만 해주는 경우처럼 강력한 우군이 되는 경우는 없다. 어떠한 경우이든, 실제 결정권이 법인에게 있다 해도, 모든 영업 활동은 공장 수준에서 시작한다고 보는 것이 정확하다.

9.1.3 자금 요소

앞의 결정 요소에서 논의한 법인은 자금 요소에 직접적으로 관련되어 있다. RCM 프로그램과 같은 신규의 자금 투자는 법인의 예산에서 나오든지 공장 예산의 일부인 개발 지출에 대한 법인의 승인을 요청하는 데서 나오게 된다. 대다수의 RCM 도입을 긍정적으로 생각하는 사람들도 막상 자금을 집행하고자 하면 주저하기 마련이다. 그만한 비용을 감당하기 어렵다는 말은 수도 없이 들어 왔다. 그럴 경우 해야 할 일은 결정권자에게 그들이 이 프로그램을 도입하기 싫어하기 때문에 감당할 수 없다고 말을 한다라며 설득작업에 들어가는 것이다. 어떤 식으로 설득을 진행할까? 그 방법은 이렇다.

여기에는 몇 가지 변수가 있지만, ROI(투자 회수)를 이용하는 것이다. 얼마가 들어서 얼마가 나오는가? 이에 대해 좀 더 자세히 살펴보자.

비용 측면에서는, 종종 접할 수 있는 한 가지 RCM 신화에 대한, 다시 말해 이익을 현실화하기 위해서는 RCM을 공장 내에 있는 모든 시스템에 적용해야 한다는 신화에 대한 설명을 잠시 보류해 둘 필요가 있다. 이러한 신화적 사실을 너무 강조하다 보면 종종 비용을 감당할 수 없나라는 대답민 나오게 한다. 자 이제 이 신화는 잠시 보류해 두고 공장 내의 모든 시스템에 RCM을 적용하지 않는다고 해보자. 9.5절에서는 고전적 과정에 의한 RCM 프로그램을 사용하기 위해 통상 공장 시스템의 20%를 선택한다는 것과 단축된 고전적 과정을 사용하는 데에는 또 다른 20%가 될 수 있다는 것에 대해 자세히 설명했다. 이러한 퍼센트를 이용하여 다음과 같은 비용 계산을 제안할 수 있다(제11장에 나오는 RCM WorkSaver 소프트웨어를 사용한다고 가정한다).

고전적 과정, 3인으로 구성된 팀을 이용(9.2절 참조)

- 첫번째 시험 시스템 – 훈련 기간 포함 약 6주 소요 또는 주당 총 18인 필요
- 연결된 시스템 – 시험 시스템에서 훈련된 인력을 이용하면 4주 소요 또는 주당 총 12인 필요

단축된 고전적 과정은 총 고전적 과정의 75%의 인력 및 시간 필요 RCM WorkSaver 소프트웨어의 비용과 훈련 및 초기 과제 진행에 대한 상담 비용은 단 한 번만 드는 비용으로서, 약 $40,000에서 $50,000 정도이다. 화력 발전소의 경우와 같이 비교적 간단한 시스

템은 그 시스템의 가짓수가 약 30여 개로 RCM 프로그램 비용은 1 내지 2년 여에 걸쳐 $200,000에서 $300,000 정도가 된다. 공장이 매우 복잡하여, 예를 들면 원자력 발전소와 같이 시스템이 100여 개가 되는 경우의 비용은 3 내지 5년 여에 걸쳐 약 $900,000 정도 되기도 한다. 물론 이러한 비용과 일정은 대략적인 수치이며 습득 속도, 숙련도, 급여 수준, 팀원 및 팀 규모 등에 따라 달라질 수 있다(동일한 공장이나 설비를 여러 개 보유한 경우에는 신규의 RCM 분석이 그리 필요하지 않을 수도 있다. 단지 기존의 시스템 분석을 다른 시스템에 반복해서 적용함으로써 비용을 상당히 줄이는 방법이 될 수 있다. 이러한 반복의 개념은 유사한 공장/설비가 다수 포함될 경우에는 특히 유용하다). 이 정도 수준의 지출은, 유지 보수 부문의 부사장이 그의 핵심 직원과 함께 RCM 프로그램에 대한 일관된 예산안을 세우기 위해 합의된 결과를 보이는 법인 수준에서의 승인을 요한다고 할 수 있다. 따라서 판매의 첫 단추는 법인의 부사장급에서 이루어지며, 이러한 상황에서 공장장의 상당한 지원을 받기도 한다. 매우 바람직한 상황은 RCM 프로그램의 투자 소요 제기를 하는 사람이 바로 공장장인 경우다. 이 경우 판매 업무의 절반은 이미 완료된 셈이다. 이와 같은 경우가 가끔 있었는데, 나머지 일련의 일을 처리하기도 엄청나게 쉬워진다. 한 가지 극단적인 경우가 있는데, 이사회가 승인권을 갖고 있어도 정작 일을 시작하기 위해서는 법인의 부사장급을 제일 먼저 방문해야 하는 경우이다. 만약 상대해야 할 부사장이 두 명인 상황이라면 일은 두 배 이상으로 어려워진다. 각자의 투자 계획이나 의사 결정에 대한 이해 관계가 다르기 때문이다. 따라서 이 양측에 대한 계획과 의사 결정 모두를 고려해야 하며 두 군데 모두에 대해 동일한 노력을 두 배로 쏟아야 한다. 초기에 상대해야 할 부사장이 한 명이라면 일은 훨씬 쉽다. 매우 가능성이 있다는 설득만 잘 할 수 있다면 단독적으로 결정을 내릴 수 있기 때문이다.

그런데, 앞서 말한 비용이 충분한 가치가 있을까? 다시 말해 원금 회수가 가능한 것이 사실인가? 제1장의 그림 1.1을 다시 한 번 보자. 그 그림에서의 요지는 CM 작업(비용)을 줄이는 것과 긴급 정지(DT)를 줄임으로써 결과(이익)를 증대시키는 것에 모든 PM 자원(비용)의 초점을 맞출 필요가 있다는 것이었다. 이 중에서 긴급 정지 요소는 재정 상황을 가장 크게 흔드는 중요한 요소이다. 이에 대한 매우 보수적인 예측 방법으로 분석한 DT 보고서가 ROI에 대한 상황을 한눈에 보여준다. 대략 일일 생산량이 $100,000 정도의 범위인 경우, 즉 하루 문제가 생겨서 발생할 수 있는 손실량이 $100,000인 경우(예를 들어 원자력 발전소), 단 하루 동안만 예측 하지 못하는 긴급 정지 상황이 벌어지면 약 $800,000 정도의 교체 비용이 든다. 즉 단 하루의 예측 불가능한 긴급 정지 상황(DT)만 막는다면 RCM 기본의 PM 프로그램으로 인한 투자의 손익 분기를 넘기게 된다는 의미이다. 좀 더 현실적으로 말한다면, 다음과 같은 이익(ROI)을 금방 보여 줄 수 있다.

- 40% 이상의 DT 감소율
- 30~50%의 CM 감소율
- $100,000 이상의 이익 항목(IOI) 회수

이 모든 이익은 연간 회수되는 양이다. 이러한 수치가 타당하다면 (또는 이 수치의 절반만이라도 할 수 있기를 바란다면) RCM 프로그램 비용을 감당 못한다는 의견이 나올 수는 없을 것이다.

다음과 같이 자금에 대해 고려해 보기를 권한다. 12.2절에서 소개할, 그간의 우리 고객이 이 책을 전적으로 후원해 주는 7가지 사례 연구를 확인하기 바란다. 그리고 그들이 하는 말을 주의 깊게 새겨보길 바란다. 또한 부록 C의 ProCost에 대한 논의에서 RCM 프로그램의 개시 및 수행에 대한 ROI 예산을 계산한 자금에 대한 신뢰성 있는 개선 모델을 참조하기 바란다. ProCost와 같은 자금 모델은 PM 개선의 정당성을 부여하기도 한다. 이 모델은 현재 대다수 중서부 제조업체에서 사용되고 있다. 또한 ProCost의 자금 모델을 사용하는 경우 추가적인, 그러나 최소한의 과제 착수금을 알려 주기도 한다.

9.1.4 매입 요소

매입이란, 신규의 절차나 작업에 대해 책임을 져야 하는 개인이나 그룹이, 그러한 작업을 계획하고 개선하는 그룹으로 구성되고, 이러한 신규의 운용 방식이 필요하다는 인식과 함께 그에 따른 지원을 아끼지 않는 과정이다. 매입이 성공적으로 정착되면, 그에 속한 사람은 작업 계획에 직·간접적인 기여를 하게 되고 기업을 소유한 특정 수준의 사람들(소유자, 주주, 이사회 등)만큼 그 계획을 절대적으로 수용하게 된다. RCM으로 인한 이러한 매입 과정은 전적으로 공장 수준의 조직에서 발생하게 된다. 수용과 소유라는 궁극적인 요소가 없이는 어떠한 작업에 대해서도 공장 인력에 대한 동기 부여와 추진력을 기대하기 어렵다. 특히 RCM 프로그램에서 추천하는 PM 작업에 대해서는 두말할 나위도 없다.

RCM 매입에 대한 적정 수준의 달성은, 공장의 인력을 RCM 시스템 분석 과정으로 구성시키는 방법과 이익을 현실화시키는 방법을 다루는 여러 가지 요소에 달려 있다. 무엇보다도 최고위층(보통 유지 보수 부문의 부사장 수준)으로부터 얻어낸 RCM 프로그램에 대한 확실하고 가시적인 서명이 있어야 한다. 그러나 판매와 교육 작업이 절대로 거기서 끝나는 것이 아니다. 최고위층의 서명을 얻어냈다면 이제 시작일 뿐이다. 같은 작업을 공장측에 좀 더 발전시켜서 해야 하기 때문이다. 이러한 작업에는 RCM 팀에 전혀 관계하지 않을 기술 전문가도 포함된다. 이 후속 작업은 일시적인 일이 아니며, 1 내지 2년 정도 장기적으로 지속되어 성공적인 RCM 프로그램을 완수하는 일에 밀접한 관계를 갖고 있는 공장 조직 전체를 사로잡는 판매와 교육을 할 수 있는 아주 좋은 기회이기도 하다. 공장 인력에 대한 매입 접근 방법은 너무도 다양해서, 훈련 세미나나 일대일 교육뿐만 아니라, 시스템 분석 과정에서 모든 사람에게 방법론과 이익을 설명하고 동기를 부여해 줄 수 있는 다양한 경험의 존경 받는 기술자나 전문가를 포함시키는 것이 무엇보다도 필요하다.

지속적인 성공을 위해서는 RCM 챔피언이 매입 과정에서 지도력을 발휘하도록 해야 한다.

또 한 가지 고려해야 할 중요한 점은 조업자와 기술 지원 인력이 수용과 소유의 문제에 포함되어야 할 필요성이다. 이는 RCM 과정 자체에 직접적으로 관여하는 사람들이기 때문이며 CD나 FF 작업이 고전적인 TD 작업(해체와 정지 작업)만큼 중요하기 때문이다. 그리고 CD나 FF 작업에 대한 책임을 같이 나누어서 소유할 사람이 누군지 생각해 본다면 운용과 기술 지원을 어디서 받아야 하는지 쉽게 알 수 있다. 이러한 공장 조직의 단면을 알아채지 못한다면 RCM 프로그램을 성공적으로 수행할 수 없다.

어떤 조직에서는 매입에 대한 고려를 충분히 하지 않는 경우도 있었다. 이런 조직에서는 가동 중인 공장에 어떤 것이든 신규의 과정을 도입하는 경우에 심각한 문제가 발생했다. 이러한 문제는 남의 일이라는 것에서 기인한다. 정량화하기는 어렵지만 RCM 성취에 대한 성공은 공장의 운용, 유지 보수, 기술 지원에 의한 매입에 대한 성취도에 직접적으로 비례하는 것으로 보인다.

9.2 RCM 팀

9.2.1 자원 분배

시스템 분석 과정과 일괄 작업을 하기 위한 인력 구성은 어디서 나오는가? 이 모든 것은 승인된 RCM 프로그램을 초기화하는 것을 지연시키는, 너무도 자주 일어나는, 그리고 너무 엄청난 문제이다.

어떤 경우는 시작을 하는 데에만 수년이 걸리기도 한다. 이 문제의 근본은 RCM 프로그램의 수행과 인력을 담당할 가장 논리적이어야 하는 공장 그 자체가 일반적으로 이러한 일을 담당할 경험 있는 인력을 충분히 갖추고 있지 않다는 사실에 기인한다. 그러나 인력을 실제로 배치하여야 하는 공장에서는 현실적인 문제이다. 대부분의 공장은 어떻게 하든 인력을 감축하고자 하기 때문이다. 공장에서는 성공적인 프로그램에 필수적인 매입 요소와 시스템 분석 과정에 대한 설비와 운용의 데이터베이스를 만들 필요성 모두를 고려해야 하는 팀원 선발에서, 주저할 것 없이 가장 논리적인 선택을 하게 된다. 이러한 문제에 대해 4가지 해법이 있다. 인력 배치에 대한 고민을 해결하기 위해서는 각 해법이 한 번 이상은 도입되어야 한다.

1. 모든 일에 최우선권을 부여함으로써 적절한 공장의 인력을 RCM 팀으로 지정한다. 이 해법이 가지고 있는 문제는 이 최고 우선권이 종종 변질되어서 공장의 가동 상황에 긴급한 문제가 발생하면 곁길로 샌다는 것이다. 며칠만 이 긴급 상황을 정리하겠다는 일 때문에 지정된 RCM 팀에서 점점 멀어지게 되고 점진적으로 RCM 프로그램을 유지하기 어려운 상황이 된다. 과정을 진행하는 팀원 모두가 침체되고 심지어는 원래의 일정에 비해 늦어져서 프로그램 자체가 완수되지 못하기도 한다. 긴급한 위험 상황이 발생하여 RCM 팀원을 혼란스럽게 하는 이러한 일을 없애거나, 최소한 최소화시킬 수 있다면 효과적인 방법이 될 수 있다.

2. 각종 수행 주제로 인한 각 팀원의 평균 작업량을 감안하여 인력 증가를 허가하도록 한다. 이러한 접근법으로서, 기존의 임원에서 핵심 인력을 선임하여 신규의 인력을 공장의 공동체로 인도하고 흡수하는 선도 위치 역할을 하도록 한다. 이에 대한 적임자로는 퇴직자(은퇴자)를 활용하는 것이 상당히 효과적이다. 그들은 이미 공장이나 설비에 대해 잘 알고 있기 때문이다. 이러한 방법으로 상당한 효과를 본 경우가 여러 번 있었는데, 궁극적으로 최고의 수행 결과를 낼 뿐더러 일상 작업의 혼란을 부추기는 일을 피할 수 있었다.

3. 세 번째 가능한 방법은 법인의 본부에서 기술 지원 그룹을 통하여 RCM 프로그램의 인력을 배치하고 수행하는 것이다. 인력의 배치라는 측면에서 보면 이 방법이 종종 최선책이 된다. 하지만 공장의 매입이라는 측면에서 보면 그리 추천할 만한 방법은 아니다. 법인에서 지정한 RCM 팀이 공장의 인력 구성 및 거기에서 나오는 고도의 역할을 지속적으로 해야 한다면 이러한 매입 효과는 상당히 떨어진다. 이 방법으로 성공하기 위해서는 법인으로부터의 지정된 팀이 진행하는 일을 얼마나 잘 다루어야 하는지에 전적으로 의지할 수밖에 없다. 그러나 이와 같이 한다 해도 1번 항목의 혼란 문제는 여전히 피하기 어렵다.

4. 네 번째 가능한 방법은 모든 RCM 프로그램을 수행하기 위해 외부 인사를 도입하는 것이다. 이 경우 어느 정도는 공장

관리가 외부 인사에게 위임되어야 하며 공장 인력의 참여는 최소한의 역할에만 국한된다. 이러한 조건에서는 공장 인력의 매입에 대한 중대한 문제뿐만 아니라, 외부에서 도입된 인사의 경우, 과정을 수행하는 데에 필요한 시스템과 설비에 대한 깊은 지식을 깊고 있지 않을 수 있기 때문에 시스템 분석과정 중의 기술적 보완에 대한 문제를 일으킬 수 있다. 이 방법에 의한 결과는 복합적이다. 성공적인 경우도 있지만 대부분 부분적으로나 전적으로 실패하는 경우가 더 많다. 이 방법은 가장 비싼 방법으로, 만족할 만한 수행 결과를 내기가 가장 어렵다.

외부 도입 인사를 활용한 기업이 몇 있었으며, 이와 관련된 주제에 대한 예는 제12장에 소개하겠다. 그 기업들은 앞서 소개한 4가지 방법의 처음 3가지 중 한 가지를 이미 사용하고 나서 충분한 RCM 과정을 거친 후에 필요에 의해 한 명의 고문을 기업 스스로 영입했으며, 궁극적으로는 자체적으로 그 프로그램을 완료했다.

정리하면, 외부 전문가의 필요성이 있을 수도 있겠지만, 방법 1이 RCM 프로그램을 성공적으로 수행하는 데에 가장 가능성이 높다고 하겠다. 3과 4의 방법은 가급적 시도하지 않는 것이 바람직하다는 판단을 내린다. 이 두 가지 방법으로는 성공적이고 포괄적인 RCM 프로그램을 달성할 가능성이 가장 낮다.

9.2.2 팀 구성

팀원은 보조 인력을 제외하고 4~5명을 넘지 않게 구성하는 것이 바람직하다. 사공이 많으면 배가 산으로 간다는 격언을 상기하기 바란다. 너무 많은 인원은 역효과를 낳는다. 팀에는 조업자, 기계 기술자, 전기/I&C 기술자가 최소한 한 명씩은 포함되어야 한다. 균형 잡힌 RCM 팀을 위해서는 유지 보수와 운용 각각을 대표하는 전문가로 구성해야 한다. 유지 보수 기술자는 설비의 안팎을, 그리고 설비의 손상과 심지어 고장이 어떻게 일어나는지에 능통한 반면에, 조업자는 공장 시스템의 상호작용과 그 기능적 거동에 대해 능통하다. 대부분의 기술자는 시스템 상호작용 상황에 대해 막연한 지식밖에 가지고 있지 않다. 때때로, 공장에 대해 잘 알고 있는 유지 보수 기술자이면서 시스템 기술자인 전문가가 팀원에 합류할 수도 있다. 어쨌든 전문 인력이 팀원으로 구성되지 않으면 성공적인 RCM 분석을 달성할 수 없다. 분명한 확신을 가지고 단언하건대, 팀 구성에서 이러한 조건을 맞추지 않는다면 어떠한 팀도 성공적으로 과제를 수행은 하기가 불가능하다.

9.2.3 인력 선발

모든 사람이 다 RCM 과정에 직접적으로 참여할 기질이나 동기를 가질 수는 없다. 따라서 팀을 구성하기 위한 선발에서는 새로운 아이디어를 제공할 능력과 방법을 바꾸고자 하는 마음을 가지고 있으며, 사업 진행을 개선하는 데에 역할을 하고자 하는 열정(동기)을 갖고 있는 사람을 고르는 것이 바람직하다. 솔직히 말해서 일상에서의 창조력이나 책임감이 없는 사람은 팀의 환경에 긍정적인 영향을 줄 수 없다. 이 특수한 팀 구성은 고전적 RCM 과정과 단축된 고전적 RCM뿐만 아니라 제7장에서 소개한 ECM 모두에 필요하다.

RCM 팀 선정은, 특히 초기 과제를 위한 팀 선정은 훈련을 위한 연습으로 생각해서는 안 된다. RCM 팀 구성원의 지식 수준이 그 성공을 좌지우지하기 때문에 경험과 습득을 위해 다른 인력을 추가로 선발하는 경우는 단지 효과적인 훈련 시나리오밖에 안 된다. 그 이상의 효과는 기대할 수 없다.

9.2.4 보조원의 역할

이상적으로는, 최적화된 팀 환경은 다른 신규 과정을 성공적으로 이끄는 데에 큰 도움이 된다. 따라서 RCM 과정에서 매입 효과를 받은 기존의 팀은 각 팀원이 그 지식, 경험, 의견을 다른 사람과 거리낌 없이 공유하는 새로운 수행 환경을 만드는 데에 상당한 기여를 한다. 실제로는 과제 초기 수행 단계에서 이러한 매입 효과가 항상 있을 수 없다. 따라서 과제 초기 단계에 매입을 달성하는 데에 큰 도움을 주는 보조원이 필요하다. 어떤 극단적인 경우에서는 팀원이 지속적으로 부정적인 자세로 임할 때가 있다. 이때는 그 사람을 교체해야 한다(정상적인 경우는 아니지만 가끔 일어나기도 한다).

성공적인 RCM 프로그램을 위해서는 팀의 운용과 유지 보수에 대

336

한 과거 지식과 경험을 RCM과 ECM 과정에 사용되는 형식으로 구체화해야 한다(제5, 7장). 하지만 보조원은, 과정이 확장되어 새로운 아이디어가 도입되는 경우에는, 경험이 그다지 필요하지 않다는 것을 상기시켜야 한다. 이 점은 결정적인 고장 양상에 대한 적용 가능한 PM 작업을 규정할 필요가 있는 7-1단계에서 아주 극명하게 드러난다. 과거의 작업 방법과 완전히 다른 길로 간다 하더라도 혁신과 새로운 아이디어를 내도록 활성화시켜야 한다. 실제로 훌륭한 보조원은 자기의 방법에서 벗어나 새롭고 혁신적인 방법과 기술을 도입하도록 애쓴다. RCM에서는 새롭고 개선된 고효율의 PM 작업, 특히 CD 작업에 대한 강하면서 기업 실정을 보호하는 방법들을 추천한다.

가끔, 특히 쟁점이 될 만한 사항에 대해서는 팀원 간에 말하기를 달가워하지 않는다. 이러한 사항에 대해 보조원이 인식하고, 팀원을 설득해서 입을 열게 하여 그들의 전문성을 충분히 이용하도록 도와주는 것이 중요하다.

9.3 일정 계획에 대한 고려

성공적인 RCM 팀은 각 분야의 최고의 인력으로 구성된다. RCM 팀으로 봐서는 매우 다행스러운 일이나, 그와 같은 사람을 다른 곳에서도 반드시 필요로 한다는 것을 보면 그리 좋은 일도 아니다. 이와 같은 상황은 모든 RCM 프로그램에서 나타나는 공통적인 문제이다.

성공적인 작업을 위해서는 RCM 팀만을 위한 별도의 시차를 적용한 일정표를 사용해야 한다. 일주일 정도의 RCM 과제를 수행한 후에는 약 2~3주 정도 본업에 돌아가서 작업을 하고 다시 RCM 과제로 복귀하는 형태의 일정이 필요하다. 이러한 일정은 우선순위로 인한 문제를 해소하는 데에 적절하며 공장의 관리에서 이 핵심 인력을 효과적으로 배정하는 데에 도움이 된다. 하지만 과제를 수행하는 한 주 동안은 각 팀원이 아무런 방해 없이 RCM 과제만을 할 수 있도록 하는 확고한 팀 관리와 팀 작업이 이루어져야 한다. 일주일보다 짧은 기간으로 일정을 잡을 경우 지속적인 분석 작업을 완료하기가 어렵다.

처음에 이러한 관리 형태로 진행하면서 각 작업을 담당하는 인력이 업무에 착수하면, 일주일이란 시간 내에 아무런 방해 없이 개개인이 최대로 아이디어를 내는 일은 비현실적이고 매우 어렵다고 느끼게 된다. 그러나 다음과 같은 시나리오를 고려해 보자.

당신의 개선 팀이 결국 하루나 이틀만에 만나 회의를 할 수 있는 기회를 얻었다. 모든 사람들의 관심을 그 회의로 끌고 그 회의 목적에 맞는 방향으로 선회시킬 때까지는, 무엇이 성취가 되었건 간에, 당신이 들인 시간과 노력으로는 아무런 소득을 얻지 못한다. 이 얼마나 시간과 정력의 낭비인가. 이제 당신의 팀이 남은 5일간 모든 자원을 지정된 작업에 쏟아서 얼마나 생산성이 높아질지, 그리고 그 결과는 얼마나 나아질지를 상상해 보라.

이미 살펴본 바와 같이 **RCM**은 행동과 철학에 대한 체제의 변경이다. 그리고 이는 특히 하루종일 회의를 하는 일에 익숙하지 않은 사람들에게는 시간을 요하는 것으로, 그 모든 효과에 영향을 주는 것은 폐쇄 회로와 같은 결론들뿐이다. 팀에서, 특히 전문가인 팀원은 별도로 남아서 가치 있는 작업, 즉 유지 보수 프로그램의 이익 가능성을 증진시키는 일에만 몰두할 수 있어야 한다는 사실을 알아야 한다. 또 다른 일주일의 일정을 잡는 이유는, 모두 함께 자원을 효율적으로 사용함으로써 컨설턴트 비용을 효과적으로 사용하기 위함이다. 이는 시간과 비용, 특히 당일에 발생하는 비용을 보다 효과적으로 사용하게 해준다.

일정상의 긴급 정지는 RCM 팀의 일정에서 매우 위험한 행동이 될 가능성이 높다. 이러한 상황은 RCM 팀 회의에서 계획된 경우가 아니라면 해서는 안 된다. 계획 없이 실시하는 긴급 정지는 그 중에서도 가장 위험한 일이다. 이런 상황은 공장의 가동 인력에 손실을 초래하는 것으로, 공장의 재가동을 위해 애써야 하는 개개인은 RCM 팀으로 지정되어 임무를 수행하는 인력만큼이나 자기 일을 수행하는 중요한 인력들이다. 현실적인 면에서도 이러한 일시 정지는 절대로 일어나서는 안 된다. RCM으로 지정된 일들이 완료되어, 이에 따른 최저 이익의 증진이 실현되고, 불필요한 긴급 정지를 억제하는 것을 현실화하는 것에 대한 중요성을 인식하기를 바란다. 한 가지 더 바란다면, 관리적 차원에서 이 문제를 좀 더 민감하게 인식해서 RCM 과제 일정이 예정대로 유지되는 데에 방해가 될 만한 요소를 최소화할 수 있는 행동을 하기 바란다.

이제 우리는, 첫(초기) RCM 과제가 성공적으로 이루어지기 위해서는 핵심 공장 기술자가 RCM 팀으로 지정될 수 있는가하는 염려를, 완전히 배제할 수는 없어도 최소화해야 한다는 것을 알게 되었다.

9.4 훈련

모든 사람이 RCM으로 인한 이익을 현실화하고 그 도입을 지원하기 위해 RCM의 전문가가 될 필요는 없다. 하지만 법인 수준의 유지보수 부문 부사장(또는 이와 같은 수준의 권한)에서부터 하부 공장관리의 모든 수준의 사람에 이르기까지, 그리고 RCM 추천 사항을 실용화할 전문 기술자들 모두 RCM이 무엇인지에 대해 정확히 알 필요가 있다. 최소한 4~8시간 정도의 집중적 주입 교육을 통하여 모든 법인과 프로그램의 영향을 받을 공장 인력을 훈련시켜야 한다.

RCM 팀원은 말할 것도 없고 새로 참가하거나 교체된 팀원들은 RCM 행동의 세부 사항에 대해 반드시 훈련을 받아야 한다. 팀원 모두는 필수적으로 RCM 과정에 대한 지식과 어떻게 도입되어야 하는지를 알고 있어야 한다. 이 훈련 내용은 다음과 같다.

- 현 유지 보수 상황의 개선 방법을 이해시킨다.
- RCM 자체를 이해시킨다.
- RCM이 공장의 관리를 어떻게 도울 수 있는지, 전문 기술자가 비용 효과가 높은 PM 프로그램을 어떻게 성취할 수 있게

돕는지, 그리고 좀 더 많은 인력이 그들의 작업에 어떤 식으로 만족할 수 있게 도와 주는지 이해시킨다.

- 7단계의 RCM 과정에 대한 상세한 설명, 즉 RCM을 어떻게 하는지 이해시킨다.
- 분석과 수행의 그 모든 과정에서 팀의 역할은 무엇인지 이해시킨다.

이와 같이 다양한 RCM 팀 훈련은 다음과 같이 2단계 프로그램을 이용할 경우 가장 효과적으로 달성된다: (1) 각 RCM 과제마다 3 내지 4일간의 교실 수업, (2) 숙련된 RCM 보조자의 지침에 따라 실제 RCM 과제에 대한 직접 실시. 이 2단계 프로그램은 RCM 분석을 위해 신규 팀이 구성될 때마다 반복 실시한다. 실제 이 프로그램을 실시하면 교실 수업만으로는 매우 지루해서 큰 효과가 없다. 각 개인을 실제 RCM 전문가로 성장시키기 위해서는 숙련된 보조자와 함께 직접 경험하는 것이 필요하다.

RCM 철학이 공장에 제도로서 정착되려면 보조자가 도입되어야 하며 신뢰성과 고장 개념, RCM 과정, 팀 운영, 그리고 RCM 관련 소프트웨어의 효율적인 사용에 대한 특수 훈련을 받아야 한다(제11장). 각 팀이 자발적으로 행동을 할 때까지는 RCM 보조자가 가급적 많은 팀에 속해서 일을 해야 하는 것이 매우 중요하다. 심지어는 그 이후에도 자주 모든 팀과 함께 업무를 해야 한다. 우리의 고객 중 다수가 보조자의 첫 훈련을 위해 고문을 고용했고 이들은 그 보조자에게 조언해 주고 가르쳐서 팀을 인도할 수 있도록 했다.

따라서 훈련에 대한 문제는 광범위한 주입 프로그램에서부터 RCM 팀에 직접적으로 참여하는 인력들을 위한 집중적인 프로그램까지 모든 범위를 다루어야 한다.

9.5 시스템 선택

유지 보수 프로그램을 세계적 수준으로 바꾸기 위한 다섯 가지 요소 중 하나는 모든 자원을 최대의 ROI에 집중시키라는 것이다. 이와 같이 하기 위해서는 이러한 집중을 할 수 있는 신뢰성 있는 방법을 적용하는 것이 필요하다. 그 방법은 앞서 5.2절에서 논의한 80/20의 법칙이라고 할 수 있다. 모든 유지 보수의 최적화 프로그램에서 중요하다는 것을 강조하기 위해 이 80/20 법칙을 다시 한번 상기시키도록 하겠다.

초기에 상당히 어려움을 겪었던 경험으로부터 80/20 법칙의 필요성을 알게 되었다. 초창기 겪었던 경험 중, 두 업체가 그들의 유지 보수 프로그램을 개선하기 위해 자원(RCM 과제)을 어디에 집중시킬 것인가에 대한 정성적인(최종적 판단) 결정을 내렸었다. 두 경우에서 모두 초기에 내린 결정은 RCM 평가를 위해 원만한 가동을 하는, 그리고 ROI가 없는 시스템 선택이었다.

따라서 어떠한 방법을 사용하든지 유지 보수 프로그램을 개선하고자 한다면, 시작부터 80/20 원칙을 사용해야 한다.

우리가 사용하는 80/20 법칙은 고전적 RCM 과정을 사용하기 위한 신뢰의 기반을 지속적으로 제공하며 이미 선정된 특정 시스템을 지키는 매우 효과적인 방법이다. 정량적인 데이터와 파레토 다이어그램의 사용을 요구함으로써 효과적인 80/20 시스템으로 나타나는 시스템 선택을 피할 수도 있지만 RCM 과정에서는 전적으로 맞지 않는 상황이다. 이 상황에 대한 두 가지 예를 들어 보겠다. 첫 번째 경우는, 시스템이 평가를 위해 선택되어 18개월간 지속된 고가의 유지 보수 시스템인 경우인데, 이 유지 보수에 관련된 문제는 전적으로 설계 변경으로 인해 최근 교체된 단 한 개의 부품 때문에 생긴 것이었다. 유지 보수 문제는 완전히 사라졌으며, 이 새로운 상황에 대한 발견은 RCM 프로그램의 시스템 선택 승인을 담당하는 시스템 기술자의 발표에서 나왔다. 두 번째 경우는, 고도의 유지 보수 시스템이 파레토 분석에서 정확히 선택된 경우인데, 시스템의 정밀 검토 결과 이는 완전히 디지털 전자 설비였다는 것이 밝혀졌다. 인지할지 모르겠지만, 디지털 전자 기기에 대한 예방적 유지 보수(PM)는 사실상 존재하지 않는 것이다(TV에 대해 PM을 수행하는가?). 이 두 가지 예 모두에서, 시스템 분석 과정 1단계에서 선택한 것에 대한 좀 더 세심한 검토를 함으로써 비용과 수고를 덜 수 있다(또는 원하지 않는 상황 때문에 당황하는 일을 줄일 수 있다).

상기하는 차원에서 80/20 분석에 적합한 시스템 데이터에 대한 3가지 기초적인 요소를 말하겠다.

1. 총(PM & CM) 유지 보수 비용
2. 긴급 정지율 또는 DT
3. CM 작업 빈도

이 항목들은 최근 12~18개월간 평가한 데이터만이 유용하다. 이 세 가지 항목 모두가 해당되는 상황도 있었는데, 각 항목이 각기 찾아낸 시스템은 모두 동일한 80/20 시스템으로, 그 우선순위만 다소 차이가 났었다. 또한 모든 조직에서 상기 3가지 항목을 모두 기록하고 있다는 것도 알게 되었는데, 이 중에서 CM 작업 빈도가 통상 가장 쉽고 빠르게 정정하고 평가하는 데이터로 사용되었다.

9.6 IOI(이익 항목) 사용

시스템 분석 과정에 IOI를 도입하는 것은 우리가 RCM 초기에 처음으로 도입한 또 하나의 혁신적인 일이다. O&M 전문 기술자로 구성된 RCM 팀을 운용하면서, 회의석상에서 나온 각종 실질적 능력의 깊이는 7단계의 시스템 분석 과정을 실시하는 논의의 깊이와 결부되어서, 유지 보수 데이터의 저변에 깔린 상당히 유용한 정보로 나타남을 알 수 있었다. 그래서 이러한 지혜의 정화를 얻고자 IOI 항목을 제도화했다.

IOI는 막강한 현금회수 능력에 대한 엄청난 공짜 자원임을 보여준다. 이러한 이유로 즉각적인 평가와 행동에 대한 한 IOI를 선택적으로 추천하는 것이 바람직하다. 이러한 초기 IOI 행동은 초기 RCM 과제가 완료되고 수행되기 전이라도 총 RCM 프로그램에 대한 비용을 말 그대로 절감시킨다. 이러한 초기 비용 회수 현상은 관리 차원에서 상당히 긍정적인 반응을 이끌어 낸다.

9.7 O&M 동료간의 수용

매입에 대한 특별 세부 항목은 동료간의 수용을 다룬다. 모든 조직은 구조상 각 개인을 직장 동료로서 동일한 조건에서 일을 하게 한다. 즉 동일한 책임, 유사한 급여 수준 그리고 어떤 면에서는 동급의 사람들이 새로운 아이디어나 현실 변화에 어떻게 반응하는지에 대한 영향을 동일하게 받는 사람들을 동료라고 할 수 있다.

하지만 당신의 동료라고 해서 반드시 같은 조직 구조 내에 있으리란 법은 없다. 예를 들어 유지 보수 부문의 사람은 운용 부문에 속한 다른 동료와 별개의 상황을 맞게 된다. 경험적으로 보면 실제로 유지 보수 기술자와 운용 기술자는, 기억하는 한, 서로 불편한 사이이기 때문에, 어느 공장에서나 문제가 생기면 항상 서로 헐뜯는 관계가 된다. 세계적 수준의 시나리오에서는 이러한 상호간의 적대감을 반드시 배척해야 한다. 유지 보수 부문과 운용 부문이 상호 이해하고 협력하는 것만이 살 길이다.

RCM은, 기능을 유지하는 것에 그 초점을 맞추고 이에 따른 특수한 팀 구성을 하기 때문에, 일상의 시도와 시련과 각자의 책임을 양쪽 모두에게 보여 줌으로써 이와 같은 많은 장애물을 없앤다. 경험적으로 보면, RCM은 O&M에 대한 전통적인 역할이 상호 원활하게 융화된 조직에 대해 가장 영향력 있는 요소로 작용해왔다. 여기서 보여 주고자 하는 것은, O&M 개개인이 세계적 수준까지 도달하기 위해 공유해야 하는 상호 의존성에 대해 배우고 익힐 필요가 있다는 것이다.

9.8 프로그램 관리에 대한 고려

9.8.1 관리로의 피드백

관리란 거대하고 지속적인 의사 결정의 변화를 다루는 것이다. 해당 의제와 순간 순간의 위험 상황에 대해 행동하고 집중하는 것이 관리의 본질이어서, 관리의 사각 지대란, 관리가 당신을 무시하고 저버리는 것이 아니라 그 관리 레이더 망에 잡히지 못했을 뿐이다(자주 대하는 사람일수록 그만큼 관심을 가질 수 있다). RCM 팀 리더는 RCM이 항상 관리의 최전방에 놓여 있도록 해야 할 의무가 있다.

피드백, 특히나 대인 관계에서의 피드백은 성공의 핵심이다. 미리 조정되어 진행되는 일들에 대한 관리 의사결정에 귀를 기울여라. 착수 시점부터, 당신의 과제를 궁극적으로 책임질 관리 팀원과 원만한 관계를 만들고, 그들에게 정기적인 과제 검토 회의에서 당신이 이처럼 매우 중요한 과제의 상황 보고를 담당하는 사람이라는 것을 인식시켜야 한다. 당신의 운명을, 따라서 당신의 과제를 가급적 많이 통제할 필요가 있다. 상세한 내용은 필요 없다. 보고는 간단히 하고 목표로 진행되는 것에만 집중하라. 가급적 긍정적이어야 한다. 이는 일주일간 나타난 IOI와 그 잠재력이 어떠할지를 드러내기에 좋은 기회이다. 이 모든 일들의 목적은 당신의 과제에 관리의 관심과 흥미를 지속적으로 쏟게 하는 것이다. 비용을 쓰고 있는 것이 아니라 줄이고 있는 것으로 보여진다면 호의적인 반응을 얻게 될 것이다. 관리의 관심을 얻는 것은 잘못된 길로 가는 경우나 이해를 요구할 필요가 있는 경우에 쉽게 처리할 수 있게 해 주고, 과정 중에 어떤 수정이 필요할 경우에 도움이 된다. 관리의 도움을 요청하는 경우에는 반드시 그에 대한 해법을 제시할 마음의 준비를 해야 한다. 그들의 협력을 얻는 것이 목적이지 직접적인 해법을 얻어내는 것이 아니다. 당신이 대하는 사람은 또 다시 다른 상관에게 보고를 해야 하는 일개 직원임을 잊지 마라. 그러므로 그들에게 RCM이 세계적 수준의 성격과 인식으로 진행 중이라는 긍정적인 보고가 법인 상층부로 올라 가게끔 하는 뭔가를 줘야 한다.

앞서 관리자로서 열린 피드백을 유지하는 것에 대한 중요성을 언급했다. 이에 못지않게 중요한 것은 관리에서 하부의 세부 조직까지 각 사항이 전달되도록 하는 것이다. 관리의 지시 사항은 자주, 긍정적이고, 가시화된 것이어야 한다. 이와 같이 되기 위해서는 RCM 프로그램이 최저 이익과 세계적 수준의 상태로 기업이 진보하기 위해 지원되고 인식됨을 강조할 필요가 있다. 가장 성공적인 RCM 프로그램은 최고위층에서 하부의 세부 조직까지 첨예한 관심과 인식

그리고 기업 이익에 일조하는 행동을 갖추기 위해 함께 협력하도록 관리하는 것에 기인한다.

RCM 과제로 인한 통제 수준을 넘어선 관리 피드백 상황이 두 번 있었는데, 이 모두 실패한 사례이다(성공석인 초기 과제 수행을 할 수 없었으며 이에 따라 모든 RCM 프로그램을 그만 중지할 수밖에 없었다). 이 두 가지 경우 모두 같은 원인인 핵심 고위층 관리의 변경 때문이었다. 두 경우 모두, 초기에 핵심 관리자의 매입 효과와 지원을 얻어서 초기 과제를 통해 주요 일정의 긴급 정지 기간 동안 약 $300,000을 절감하는 두 가지 IOI를 성취하고 수행했다. 그들만의 핵심 기술 인력을 이끌고 새로 온 신규 관리자들은 초기 과제의 수행(8-단계 일괄 작업)을 막 시작하는 단계에 합류했다. 순간적으로 그 간 쌓아온 매입과 소유에 대한 효과가 물거품이 되었다. 아무리 재시도를 해도 프로그램을 정상적으로 다시 실시하는 것이 불가능했다. 신규 관리자들의 영입으로 인해 RCM은 과제에 사망 선고가 내려졌다. 그들의 생각이 아니었으며 그들만의 진행 의사 결정이 따로 있었다. 이런 상황을 대처할 만한 마땅한 조언은 따로 없다. 그러나 조직 구조상 전략적인 차원에서 관리자의 변경이 있을 수 있다는 것은 예상하고 있어야 한다. 다시 한번 말하지만, 매입과 소유의 효과는 매우 중요하다. 이것이 없이는 성공적으로 수행할 수 없다.

9.8.2 정량적 신뢰성 데이터 사용

지금까지 RCM 시스템 분석 과정에서 정량적 신뢰성 데이터를 사용하지 않았음을 인지하고 있을지도 모르겠다(5.2, 5.8절). 특히 7단계의 평가와 우선순위화 작업 어디에서도 어떠한 고장률(λ)이나 신뢰성 있는 모델링 데이터를 직접적으로 거론하지는 않았다. 이는 대단히 중요한 결정 때문이었는데, 그 이유는 다음과 같다.

1. 궁극적인 PM 작업 결정 필요성과 선택은 고장 형태 수준에서 나타난다. 가동 중인 공장이나 설비에서 나오는 현재의 데이터 보고 시스템에서는 믿을 만한 정량적 신뢰성 데이터가 고장 형태 수준에서 나오기 어렵다. 수집된 정량적 데이터는 부속 수준에서 나타난다. 그리고 이 수준에서는 PM 작업이 선택될 수 없다(또는 선택해서는 안 된다). 따라서 유용한 정량적 신뢰성 내력(예를 들어 고장률)은 RCM 과정에 도움을 주기 어렵다. 이는 시간이 지나면 변화하므로 그런 일이 벌어진다면 재검토를 해야 한다.

2. 하지만 실제로는 굳이 정량적 신뢰성 데이터를 RCM 시스템 분석 과정에 끼워 맞추려고 할 필요가 없다. 유지 보수 관점에서 실질적인 평가와 결정은 정성적인 기술과 시스템 분석 과정에서 체계적으로 개발되는 논리 트리 정보에서 나올 수 있다.

3. 덧붙여서 정량적인 데이터가 없이 숫자로만 다루는 추상적인 논의 과정에서는 결과에 대한 신뢰성에 의문을 제기할 수 없다. 기술적 비범과 그와 관련된 판단만이 의제로 될 수 있고 문제를 한결 풀기 쉽게 해준다.

4. 많은 사람들이 정량적 신뢰성 값을 이해하지 못한다. 그러므

로 불필요한 혼란과 몰이해가 없다(예를 들어 부록 B를 읽고 이해하는가?).

어떤 RCM 관련자들은 앞서 언급한 이유들에 대해 달리 느낄 수도 있지만 저자의 경험으로는 어떠한 형태로든 정량적 신뢰성 데이터나 모델을 RCM 과정에 도입하는 것은 PM 문제를 더 어렵게 하고 무의미한 신뢰성 의문만 생기게 할 뿐이다. 정량적 신뢰성 데이터는 기능의 선택, FMEA 실행 또는 LTA에서의 우선순위화에 필요한 사항이 아니다. 하지만 노화-신뢰성 관계만 안다면 PM 작업 빈도를 결정하는 데에 매우 유용하게 사용될 수 있다. 그러나 노화-신뢰성 관계에 대해서는, 부속 수준에서라도 대부분 정확하게 알 방법이 없다(5.9절).

9.8.3 정보 추적 능력과 코딩

정보 추적 능력에 관한 사항은 실질적인 행정상의 고려에 해당하는 내용이다. RCM이 여러 개의 시스템에 적용되면 4에서 7단계에 걸친 시스템 분석 정보는 피라미드 구조로 되고 각 피라미드의 최고점은 시스템 수준을 나타낸다. 각 시스템(피라미드)이 궁극적으로 공장의 RCM 프로그램이 된다는 가능성과 결부시키면 RCM 정보에 대한 상세 구조를 시각적으로 쉽게 나타낼 수 있다. 이와 같은 상세 구조는 특정 피라미드(시스템) 전체를 추적하는 것뿐만 아니라 전산 파일(하드 카피 보고가 안될 경우)을 생성할 수 있는 구조를 만들고 향후에 쓰일 참고 자료로서의 특정 핵심 데이터의 전산화된 데이터베이스를 만들 수 있다.

상세 구조에 대한 정보 코딩 방법은 여러 가지가 있다. 어떤 경우는 기업이나 공장의 시스템 그리고 시스템의 부속을 코딩하기 위해 이미 사용 중인 CMMS가 있을 수도 있다. 코딩의 근본적인 필요성은 RCM 과정의 독특한 정보와 관련이 있다. 여기서 대상으로 하는 시스템에 대한 간단한 코딩 방법을 아래에 제시하였다.

기능 시스템   X
기능   .XX
기능 고장   .XX
부속   .XX
고장 양상   .XX
고장 원인   .XX
PM 작업   .XX

따라서 이와 같은 공장이나 시스템에서는 각 RCM 정보에 식별과 추적을 위한 특정 13자리 번호가 부여 된다. 처음에는 다소 복잡해 보이는 일이긴 하지만 시스템 분석 정보가 컴퓨터에 저장되고 실행되는 경우에만 국한된 일은 아니다. 또한 한 개의 복잡한 시스템에서도 시스템 분석 데이터 상호간의 확인이 필요한 경우 이와 같은 상세 시스템의 값은 확연한 정보를 보여주며, 다단계 시스템에서는 이런 번호 구조가 각 RCM 정보에 대한 특정 식별 방법과 번호표를 부여함으로써 정보의 혼란을 겪지 않게 해준다.

9.9 성공과 실패의 핵심 요소들

이 장에서는 수년간 RCM을 수행하면서 겪었던 현저하게 두드러진 많은 교훈적 특징을 종합적으로 살펴봤다. 이 특징을 알고 계획하고 실행한다면 성공할 가능성은 매우 높아지지만, 이를 간과하면 프로그램은 실패할 가능성이 높다.

정리하는 단계로서, 해야 하는 것과 하지 말아야 하는 것에 대한 핵심 특징을 아래에 설명하겠다.

- 모든 수준에서, 특히 유능한 동료로부터 매입 효과를 얻어내라. 모든 사람은 성공의 욕망을 가지고 있다. 그들에게 현실적인 단어로서 어떻게 그 일이 진행되는지를 보여주고 그들이 그 과정의 일부임을 인식하게 하라.
- 자금과 예산 그룹을 간과하지 마라. 그들의 영향력은 생각하는 것보다 강하다. 따라서 돈독한 유대 관계를 맺으면서 사업 비용과 ROI 계산에 대한 협조를 얻도록 하라.
- RCM을 일과성의 일로 치부하지 마라. 그 이익은 실제로 나타난다. RCM이 관리 팀으로부터 지원을 받고 있으며 오늘 이 자리에 있다는 사실을 모든 사람이 지켜 봐야 한다.
- 관리와의 피드백 창구를 항상 유지하고 그러한 RCM 행위가 개발적이고 활동적으로 진행되도록 유지하라. 다른 중요한 문제가 매일 일어난다. 그러나 현재 진행 중인 RCM을 성취하고 유지하는 것이 RCM을 장기적으로 성공시키는 결정적인 역할을 한다.

- RCM 팀에 최고의 인력을 배치하라. 뿌린 만큼 거둘 수밖에 없다.
- RCM의 추천 사항은 아무리 간단한 변화라도 가급적 빨리 실행하라. 실행을 빨리 할수록 일상의 공장 작업과 문화에 빨리 스며든다. 오늘 일을 내일로 미루면서 막바지까지 기다리지 마라. 내일이란 단어에는 기약이 없다.
- 그냥 막연하게 모든 일이 잘 될 거라고 가정하지 마라. 목전에 닥친 장애물과 기회를 놓치지 말고 그 상황에 맞게 적절히 대응하라. 많은 계획을 짜고 그것이 끝나면 조금 더 계획을 짜도록 하라.
- 프로그램으로 인한 개선에 대해 크게 선전할 수 있는 기회를 놓치지 마라. 긍정적인 비전만큼 성공의 핵심 요소가 될 만한 것은 없다.
- 모든 IOI를 관리할 사람을 선임하라. IOI는 공짜로 하늘에서 떨어지는 횡재와 같아서 이들이 합쳐지면 기대 이상의 이익을 얻을 수 있다.

정리하면, 모든 일의 가장 높은 자리를 고수하고 비전을 보여 주며 방심하지 마라.

Chapter **10**

살아있는 RCM 프로그램

The Living RCM Program

Chapter **10**

살아있는 RCM 프로그램

1.5 절에서 세계적 수준의 유지 보수에 대한 설명을 하면서, 이는 다섯 가지의 핵심 요소로 구성된 특징을 갖고 있다는 것을 보여 줬다. 세계적 수준의 상태에 이미 도달한 조직(세계적 수준의 여부에 대해서는 다소의 이견이 있을 수 있기 때문에 그 수준에 대한 결정과 측정 정도는 각 조직이 정의내려야 할 몫이다)에게 있어서는 이러한 수준을 지속적으로 유지하는 방법을 이해하는 것이 중요해진다. 저자의 관점에서는 RCM 과정이 세계적 수준으로 도달하는 데에 핵심 요소라고 판단한다. 이 과정이야말로 모든 자원을 최대의 ROI에 집중시키는 가장 효과적인 방법이기 때문이다. 여기에 필요한 요소로서 측정 결과 역시 중요한 사항이다. 따라서 세계적 수준으로 유지하는 능력은 이 두 가지 요소를 지속적으로 반복하여 실행하는 능력에 전적으로 의존한다. 이러한 일은 RCM 과정의 9단계인, 즉 살아있는 RCM 프로그램을 활발히 수행함으로써 이루어진다.

이 장에서는 실제로 효율적인 살아있는 RCM 프로그램에 숨겨져 있는 간단한 단계별 이행 사항을 소개할 것이다. 그런 프로그램의 필요성에 대한 검토를 실시한 후 그 필요성에 대한 인자를 논의할 것이다. 또한 이 논의에서는 예방적 유지 보수 프로그램의 현 상태와 항후 이익에 대한 유용한 관리 감독 방법을 제안할 것이다.

10.1 정의와 필요성

살아있는 RCM 프로그램은 지속적으로 거듭해서 시행해야 하는 세 가지 부분의 과정으로 나누어져 있다. (1) RCM 기준에 의해 결정된 예방적 유지 보수에 대한 정당성을 입증하고, (2) 그런 PM 결정에 대한 재평가를 실시해야 하며, (3) PM 프로그램과 RCM 기준 정의에 대하여 필요한 모든 조정을 실시해야 한다. 살아있는 RCM 프로그램은 효과적인 비용의 운용과 공장의 유지 보수에 대한 지속적인 개선을 확인한다. 또한 그 프로그램이 상기 세 가지 항목 중 정확히 어디에 해당하는지를 알게 해주는 효율적인 방법도 동시에 갖고 있어야 한다.

제5장과 7장에서 설명한 RCM 과정들은 한 번에 끝나는 것으로, 문제의 시스템에 대한 PM 프로그램 기준 정의를 제공한다. 그러나 RCM 과정이 지니는 모든 잠재력을 지속적으로 얻기 위해 연속적인 RCM 프로그램 실행이 요구되는 세 가지 기술적 인자를 알 필요가 있다.

358

1. **RCM** 과정은 완전한 것이 아니기 때문에, 기준 결과를 정기적으로 조정할 필요성이 있다.

2. 설계, 설비, 가동 절차 등이 시간에 따라 변화하기 때문에, 공장 그 자체가 변한다. 그리고 이러한 변화는 기준 결과에 영향을 끼친다.

3. 설비의 거동 방법에 대한 이해와 기준 결과를 훨씬 더 개선할 수 있는 새로운 기술에 대한 이해가 모두 지식으로서 축적된다.

네 번째로 이에 못지않은 중요성을 갖는 인자는 일련의 기준에서 실제로 개선된 것과 계획상의 개선에 대한 차이를 측정하는 것이다.

여기에는 네 가지만 나열했지만 유지 보수 프로그램의 효율성에 대해 영향을 미치는 인자는 더 있다. 그러나 네 가지 인자와의 혼란을 일으킬 수 있기 때문에 여기서는 그 외의 인자에 대한 설명을 더 이상 하지 않겠다. 주의해야 할 것은 RCM의 개선·권고사항에 대한 수행으로 나타난 직접적인 결과와 그렇지 않은 결과를 구분하는 것이다.

- 시스템에서 발생한 고장이 RCM 프로그램에 포함되지 않는 경우
- RCM 시스템으로 관리 감독되는 경계의 바깥쪽 다른 시스템에서 발생한 고장과 그로 인한 RCM 시스템의 2차 고장
- RCM PM 작업 추천이 아직 효율적으로 적용되지 않은 상황에서 RCM 기준 시스템의 고장 발생

- RCM 추천이 아직 수행되지 않은 경우
- PM 작업이 요청된 대로 수행되지 않은 경우
- 노화나 사용에 관련된 고장 메커니즘 특징이 완전히 이해되지 않거나, 이해되었다 하더라도 고장이 유지 보수로 예방할 수 있는 것이 아닌 경우. 예를 들어 매우 짧은 시간의 퓨즈 고장(디지털 전자 기기), 또는 유지 보수 행동이 아닌 이유로 나타난 고장(조업자 실수)
- 유지 보수 작업자의 위임이나 누락에 의한 행동 결과로 나타난 고장

10.2 살아있는 RCM 프로그램의 4가지 인자

상기의 4가지 인자로 보여 준 지속적인 활동을 살아있는 RCM 프로그램이라고 한다. 여기서는 첫 번째 세 가지 인자에 대해서 간략히 논의하고, 이후의 나머지 부분에서는 네 번째 요소인 프로그램 측정에 대한 논의에 집중할 것이다.

10.2.1 RCM 분석 결과 기준에 대한 조정

여기서 다룰 주된 관심사는 과연 기준 정의가 완전히 맞는 것인가에 대한 것이다. 대부분의 대답은 완전하지 않다이다. 하지만 완전하지 않다는 것을 어떻게 알 수 있을까? RCM의 5, 6, 7단계로 다시 돌아가 보면, 어떠한 고장 형태가 정말로 고장을 일으킬지, 그리고

그에 맞는 적절한 PM 작업은 무엇일지를 결정 내렸다. 따라서 RTF 결정에 직접적으로 관련이 없는 고장 형태가 나타난다면, 예상하지 못한 고장 형태에 맞닥뜨리게 된다. 그리고 심지어는 RTF의 빈도가 너무 잦은 경우에도 예상하지 못한 고장 형태로 구분할 수 있다. 이러한 상황을 관찰하는 가장 좋은 방법은 기록된 CM 작업을 주기적으로 검토하는 것이다. 이 측정은 RCM 기준 정의에서 뭔가 중요한 것에 대한 실수나 누락을 직접적인 검토할 수 있게 해준다. RCM 행동에도 불구하고 예상하지 못한 고장 형태를 경험하거나, 또는 RTF 비율이 비정상적으로 높을 경우, 원래의 PM 작업 선택이 잘못되었을 수 있기 때문에 작업 수행 방법에 대한 조정(예를 들어 작업 내용 또는 빈도)도 수정되어야 할 수 있다. 어떤 예상하지 못한 고장으로 인해 기준 정의로 설정되지 않은 고장 양상을 추적할 수 있다면, 원래의 시스템 분석 과정을 수정해야 할 필요가 있다. 그리고 새로운 PM 작업을 도입할 필요성에 대해 재검토를 해야 한다.

고장이란, 일반적으로 기능 고장이 이미 일어난 설비의 손상을 나타내는 단어로 사용한다. 이러한 고장이 상기의 이유 중 어느 한 가지로 인해 발생했다면 이는 예상하지 못한 고장이 된다. 그러나 기능 고장이 일어난 것이 아니라 설비가 예상대로 가동하지 못하는 다른 손상 조건 상태도 있다. 이러한 예상하지 못하는 조건 상태를 추적하는 유용한 정보는 세 가지 확인된 조건 집합으로 나눌 수 있으며, 각 집합 고유에 대한 반응 방법은 살아있는 RCM 프로그램에서 얻을 수 있다. 대부분의 PM이나 CM과 관련되어 기록할 수 있는 확인된 조건 상황은 다음과 같다.

1. **우수함.** 어떠한 하부 부속에 대한 손상도 없다.

2. **만족함.** 모든 하부 부속이 예상 조건에서 거동을 보이며 오차 범위 안에 있다. 현재의 작업과 작업 간격이 정확하다.

3. **수용 불가.** 한 개 이상의 하부 부속이 오차 범위를 넘거나, 이미 이전에 작업 수행이 되었어야 한다. 현재의 PM 간격으로는 지속적인 기능 수행이 어려울 수 있다.

확인된 조건 1, 즉 우수함으로 판명된 경우, PM 작업 빈도를 증가시킬 수 있는 가장 적절한 경우로서 경년 진단을 실시할 수 있는 좋은 경우이다. 확인된 조건 2, 즉 만족함으로 판명된 경우, 기본적으로는 PM 작업 내용과 그 빈도가 정확하다고 볼 수 있으므로 어떠한 추가의 수정도 필요하지 않다고 할 수 있다. 단지 관리 감독만 지속적으로 하면 된다. 확인된 조건 3, 즉 수용 불가로 판명된 경우, 기능 고장이 임박하여 수리/교체가 이미 진행되었어야 하는 것으로 다음 작업 전에 PM 작업 간격 간의 작업 내용에 대한 재검토가 필요하다.

10.2.2 공장 변경

공장이나 설비는 말 그대로 정형화된 것이긴 하지만, 이를 가동하는 수명 동안에 변화 없이 운용하는 경우는 정말 드물다. 이러한 변화는 다양한 이유에서 비롯된다. 생산량 증가, 생산성 개선, 안전성과 환경에 대한 강화, 규정 강화 그리고 노화와 같은 것이 그 이유들이다. 여기에 새롭게 추가될 수 있는 상황으로는, 기존 시스템에 대한 설계 변경, 성능 향상을 위한 부속의 교체, 그리고 설비의 무리한 사용을 감소시키고 효율을 높이기 위한 운용 절차의 변경 등이 있다. 이러한 변화에 대해서는, 신규 또는 변경할 PM 작업이 필요한지, 또는 더 이상의 적용성과 효율성이 없어서 배제해야 할 PM 작업이 있는지를 확인하는 차원에서, 상기의 어느 경우라도 RCM 기본의 PM 기준 정의에 대한 재검토가 필요하다.

10.2.3 새로운 정보

우리의 지식 수준은 나날이 발전한다. 운용 경험이 쌓이면서 공장의 특성에 대해 알게 되고 설비의 거동을 이해하고 분석하는 능력을 확대시키는 운용과 유지 보수에 대한 데이터를 수집한다. 이와 같은 공장 거동에 대한 확장된 지식은 PM 프로그램에 어떤 조정이 있어야 한다는 사실을 알려 준다. 예를 들어, 경년 진단으로부터 얻은 지식은 작업 간격을 조절할 수 있게 해주며, 예상 유지 보수 기술을 넓혀 준다. 이 책에서 읽듯이 CD 작업에 대한 새로운 기법을 보여 준다. 따라서 이러한 새로운 지식을 우리의 장점으로 사용하기만 하면 PM 작업 효율성을 높일 수 있다.

10.3 프로그램 측정

비록 기준 정의가 변하지 않는다고 하더라도, 최소한, 일상의 공장 운용 기록을 관리하기 위한 한 부분으로서 RCM 프로그램에서 나오는 이익을 측정해야 한다. 물론 경영층은 RCM이 최저 이익에 어떤 영향을 미치는지에 특별히 관심을 쏟기 마련이다. 기준 정의에 대한 변화 역시 PM 작업 효율성 항목이 실제로 최적화되었는지를 확인하기 위해 측정되어야 한다. 이러한 측정은 다소의 어려움이 따른다. 예를 들어 그 측정 범위가 너무 광범위해서 관측된 결과에만 해당하는 변수를 추려내기가 어려울 수 있다. 반면에 그 측정이 너무 추상적이어서 의미 있는 내용으로 단언하기가 불가능할 수도 있다. 공장의 가동률과 생산량 인자는 전형적으로 광범위한 측정값이다. 매우 중요한 측정값이긴 하지만, 너무 많은 인자가 그 측정값의 변화에 영향을 미쳐서 이러한 변화에 대한 정확한 원인을 집어내기가 아주 어렵다. PM과 CM의 비용에 대한 상대적 비율은, 저자의 관점에서는, 매우 추상적인 측정값이다. 어느 비율이 좋다거나 나쁘다라고 규정하기가 불가능하다. 예를 들어 아주 잘 조성된 RCM 프로그램에서는 모든 결정 중에서 RTF 결정이 매우 중요한 부분이다. 여기서, RTF 결정으로 인해 영향을 받는 PM:CM 비용 비율 가운데 어떤 비율이 좋은지 또는 나쁜지 설명할 수 있겠는가? 앞서의 주의사항을 전제로, 그간 경험적으로 보아 왔던 최소한의 유용한 측정값 세 가지를 소개하겠다.

1. **예상하지 못한 고장.** 앞서 언급한 것과 같이, 이것은 각 시스템의 PM 기준 정의에 대한 미세한 조정에 있어서 매우 중요한 측정값이다. 시간이 지날수록, 예상하지 못한 고장은 Zero에 접근한다.

2. **공장 가동률.** 이는 광범위한 측정값이지만, 매우 중요한 공장의 수행 정도를 정확히 알려 준다. 그리고 가동률이 증가할

RCM−세계적 수준의 유지 보수 기술

수록 비용 회피 증가가 최저 이익의 주요 항목으로 될 수 있다. 즉, 비용 회피나 소득 감소는 공장의 DT에 관련되어 있다. 초기 단계의 RCM 프로그램에서는 RCM을 받는 시스템에 대해서만 이러한 측정값을 얻는 데에 집중하고 보고해야 한다.

3. **PM + CM 비용.** 시간에 따라 산출된 총 비용 양상은, RCM 프로그램이 유지 보수 지출에 어떤 식으로 영향을 미치는지에 대한 매우 효과적인 측정값을 제공한다. 이 비용은 각각의 비용이 아닌 총합으로 계산한다. RCM이 제대로 작동만 되면 이 총 비용은 시간에 따라 감소한다. 만약 PM과 CM이 각기 나뉘어서 보고되면, 관리 측면에서 볼 때 매우 왜곡된 자료가 될 수 있다. 이미 과거 수년간 반응적 유지 보수 양상으로 일해 왔음을 충분히 고려해야 한다(PM보다는 CM이 월등히 많았다). 이제 RCM은 사전에 유지 보수하는 프로그램을 제공한다. 따라서 초기에는 PM 비용이 증가하더라도 CM 비용이 그대로 유지되기 마련이다(관리적 차원에서 보면 PM에 의한 충분한 효과가 아직 발생하지 않는다). 이 때에 나오는 관리쪽 반응은 대체로 이렇다. '무엇 때문에 PM을 해야 하는가, 정작 CM에는 아무 변화가 없는데. 이렇다면 RCM이란 비용만 증가시킬 뿐 아무 소용없는 것이 아닌가?' PM + CM 비용에 대한 정당성을 부여하는 데에는 다소의 시간이 걸리긴 하겠지만, 이를 각각 나누어서 측정한 것으로는 아무런 설득을 할 수 없다.

유지 보수 비용 보고에 대한 내용 중에서 지속적으로 논쟁과 혼란을 일으키는 한 분야가 있다. CD나 FF 예방적 유지 보수 작업과 관련된 결과를 찾았을 때, 유지 보수 행위(통상 실제의 행동)에 대한 지불 방법에 대한 결정 방법이다. 예를 들어 회전하는 설비에 있는 특정 진동 센서가 이격값이 0.004인치를 벗어나면 자동적으로 경고를 하게끔 설치되어 있다고 하자. 이러한 경고는 베어링이 마모나 손상 때문에 향후 45일 이내에 교체가 요구되는 고장 초기 단계에 직면했음을 알려 준다. 따라서 교체 일정이 잡히게 될 것이고 (가급적 설비의 가동을 멈춘 것으로 인해 생산에 악영향을 주지 않는 시간을 골라) 수행될 것이다. 이러한 비용을 PM 비용으로 할 것인가 아니면 CM 비용으로 할 것인가? 이는 PM 비용이다.

왜냐하면 (표현은 되어 있지 않지만) 일정에 의한 예방적 작업의 한 형태가 설비의 가동 수명 기간 중에 일어난 CD 작업이 포함되어 있기 때문이다. 이는 원래 의도했던 CD 작업에 대한 명확한 일정 확인의 한 부분이다. 이와 같은 방법이, 예상된 어떤 특정 빈도로 나타나서 확인 작업을 통해 고장을 수리하는 FF 작업에도 동일하게 적용된다. 이러한 비용을 회계 원장에 CM 쪽으로 표시한다면 CM에 대한 PM 비용이 왜곡될 수밖에 없다.

RTF에 관련된 비용을 어떻게 처리할 것인가에 대해서는 다소 복잡한 상황이 된다. RTF는 고장이 날 때까지 기다리는, 상당히 심사숙고해서 결정해야 하는 선 계획 작업임을 상기하기 바란다. RTF에 관련된 수리/교체 작업 역시 PM 비용이다. 하지만 명심해야 할 것은, 앞서 언급한 대로 PM + CM 비용을 항상 단일 값으로 산출하고 보고하면 이러한 논쟁이나 혼란은 사라진다는 것이다.

10.4 살아있는 RCM 프로그램의 검토

마지막 남은 문제는 각 시스템의 기준 정의에 대해 살아있는 RCM 프로그램의 검토가 얼마나 자주 이루어져야 하는가이다. 앞서 논의한 네 가지 인자 각각에 대한 정보의 축적 그 자체가 연속 과정으로 진행되는 것이라는 점을 상기하기 바란다. 여기서의 문제는 얼마나 자주 이 정보를 이용하고 기존의 살아있는 RCM 프로그램과 비교할 것인가에 대한 것이다. 광범위하게 보면 이에 대한 해답은 전적으로 판단에 따를 수밖에 없다. 대다수의 예상하지 못한 고장의 경우에 대해서는, 공장 규모의 주요 변경이나 이와 유사한 당면한 검토가 순차적으로 이루어진다. 하지만 형식적인 검토란 대부분 12에서 24개월마다 이루어진다. 이러한 검토 주기에서는, 살아있는 RCM 프로그램에서 요구하는, 자원이 최소화되어 조정을 필요로 하는 항목이 발견되기까지 충분한 시간을 허용한다. 대부분 조정의 필요성은 시간이 지남에 따라 사라져서 살아있는 RCM 프로그램 검토 주기는 36개월 이상으로 늘어날 것이다. 그러나 총 PM 프로그램의 주기에 대한 감시는 지속적으로 이루어져야 한다.

10.5 살아있는 RCM 프로그램의 과정

살아있는 RCM 프로그램의 목표는 RCM 프로그램의 이익이 확실히 실현되고 수행되는지를 확인하는 것이다. 어떤 종류든 상관없이 살아있는 프로그램의 복적은 PM 작업 효율의 지속적인 개선과 유지 보수 총비용의 감소에 있다.

그림 10.1에서 표현한 이러한 과정의 다이어그램은, 효율적인 살아있는 RCM 프로그램을 개발하고자 하는 사람의 기초적인 출발점으로서 사용될 수 있고, 어느 조직에서나 쉽게 적용할 수 있다. 여기서 보여 주는 과정은 데밍의 원칙인 Plan-Do-Check-Act 순환을 기초로 한다. 이는 단순화된 것으로 세계적 수준의 유지 보수로의 접근 방법을 표방하는 대다수의 6시그마/TQM과 상당히 유사하다.

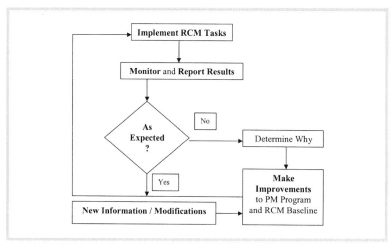

그림 10.1 Living RCM program – a simplified process diagram.

RCM-세계적 수준의 유지 보수 기술

이 다이어그램은 비교적 간단하지만 모든 효과적인 개선 과정의 핵심이다. 결과에 대한 지속적인 관리 감독은 다양한 형태로 나타나므로 개별 조직의 구조로 되어야 한다. 여기서 명심해야 할 점은, PM 프로그램을 현재 상태로 이익을 낼 수 있도록 유지하기 위해서는 우선 그 프로그램을 관리 감독하고 나서 그에 필요한 조정을 실시하는 것이다.

Chapter 11

소프트웨어 지원

Software Support

Chapter 11

소프트웨어 지원

이 장에서는 RCM 소프트웨어에 대해 알아 보겠다. 여기서는 독자에게 무슨 키를 누르면 어떤 실행이 되는지와 같은 사용 방법을 설명하는 것이 아니다. 다만 이와 같은 지면을 통해 잘 구성된 RCM 소프트웨어의 적절한 사용이 시간과 비용 면에서 얼마나 이득이 되는지, 그리고 왜 저자가 RCM 소프트웨어를 권장하는지, 또 그 이유는 무엇인지 설명하고자 한다.

11.1 RCM 소프트웨어의 역사적 배경

이 책을 통해서, 실제로 효과적인 PM 프로그램을 개발한다는 것은 RCM의 네 가지 원칙을 몸과 마음으로 적용함으로써 얻어진다는 사실을 설명하고자 했다. 모두들 인지하듯이 소프트웨어는 RCM 과정의 일부분을 실제로 자동화할 수 있다. 그러나 지난 수년간 컴퓨터의 도움이나 그를 이용하지 않고서도 RCM을 충분히 성공적으로 수행해 왔음을 지적하고 싶다. 하지만 소프트웨어를 적용하기 이전에는, RCM은 그 많은 분석 정보를 수작업으로 기록하는 매우 힘든 노동 집약적인 작업이었다. FMEA의 기록과 수행에 요구되는 일들은 상당히 지루한 작업으로, 내용의 변경이나 새로운 고장 형태가 더해지면 수행하기가 너무 어려웠다(수작업으로 기록하는 일은 구시대의 유물이다). 이제는 분석 시트의 내용이 온통 수정할 부분과 그로 인한 일련의 작업으로 꽉 차서 분석지로부터 얻은 데이터를 이용해서 유용한 정리 보고서를 만들어야 하는 일이 더욱더 어려워졌다. 자 이제 바꿔 보자. 그 동안은 효율적이지 못한 일들이 너무 많았다. 컴퓨터의 시대로 입문하자.

1980년대 후반에서 1990년대 초에 산업계 전반에 개인용 컴퓨터인 PC가 널리 퍼지기 시작했다. PC를 사용함에 따라 더 편안하고 사용에 친숙한 소프트웨어의 필요성이 늘어갔다. 초기에는 문서 작업을 위한 소프트웨어가 대부분이었다. 이는 명료한 보고서 작성에는 매우 유용했지만 RCM 분석을 하기 위한 분석 팀의 환경에는 그리 적합하지 않았다. 꽤나 열정적인 사람들이 분석가의 결정 내용을 스프레드시트에 기록하기 시작했는데, 이러한 작업이 계기가 되었다. 스프레드시트는 읽기도 편하거니와 인쇄 출력(즉 보고서 작성)도 쉬웠다. 이러한 열정과 컴퓨터 지식이 합쳐져서 과거에는 힘들고 어렵게 기록하던 작업을 손쉬운 방법으로 바꿀 수 있었다. 그리고 좀 더 발전시켜서, RCM을 데이터베이스 적용의 방법으로 다루어 스프레드시트와 유사한 데이터 표를 개발해서 모든 분석에 대한 자세한 내용을 놓치지 않고 기록했다. 이러한 시도는 상당히 유용하고 효과도 있었지만 이 작업은 대개 RCM 분석을 함으로써 수행되었다. 따라서 다소 다듬어지지 않은 상태로 사용되었고, 사용이 불편하기도 했으며, 다양한 단계의 RCM 과정을 함께 효과적으로 수행하기에는 그 정교함이 떨어졌다. 이와 같이 국부적으로 적용되는 분야에 한정되었던 개발은 초기 분석 단계와 그 다음으로 이어지는 각 수행 단계에 대한 올바른 정보와 결정을 내리지 못하게 했다. 간단히 말해서, 분석가가 자신이 하고 있는 일이 제대로 진행되는지, 또 그와 같은 결정을 해야 하는 이유는 무엇인지를 추적하기 위해 이전 데이터시트에 대한 지속적인 확인을 할 수밖에 없었다.

이제까지 언급한 각종 문제들과 필요성 때문에, 저자와 같은, 고유의 RCM 소프트웨어 패키지를 개발할 수 있는 상당한 RCM 실력자가 필요했다. 하지만 저자의 경우는 좀 더 많은 장점을 갖고 있다. 그 장점은 간단하고 성공적이며 역사적으로 증명된 RCM 과정에서 나타난다.

비록 저자가 개발한 RCM 과정이 보잉 747-100에 적용된 초기 개발 제품에서 궁극적으로 달라진 것이 없긴 하지만, 이러한 성공 덕분에 빠르고 신뢰성 높고 사용하기 편한 소프트웨어를 만들 수 있었다. 그 품질에 대해서는 다음 장에서 자세히 설명할 것이다. 심지어는 RCM 소프트웨어에 대한 우리의 선택도 보여줄 것이다(이에 대한 내용을 지금 보고자 한다면 11.5절로 넘어가라. 그러나 소프트웨어가 RCM을 지원하는 방법에 대한 전반적인 이해를 위해서는 이 장의 나머지 부분을 반드시 읽기 바란다).

11.2 관찰

다소 은유적인 표현으로서 관찰이라는 내용을 살펴보자. 소프트웨어는 불과 같아서 시대(소프트웨어는 미약한 기간이지만)의 요구를 만족시켜 주는 창조물이나. 그리고 불처럼 따뜻한 온기를 일는 이점이 있는 반면 이를 잘못 다루면 대형 화재와 같이 큰 재난을 입을 수도 있다. 보통 사람들이 말하는 다루는 기법이란 불에 이끌려 다니는 것이 아닌 불의 지배자가 되는 것이다. 그와 같은 전지 전능의 힘을 갖는 지배자는 불의 장점과 단점을 충분히 이해함으로써 장점은 살리고 단점은 최소화할 필요가 있다.

주의해야 할 점은 쉽다거나 노력이 덜 든다거나 합리적인 과정이라는 것과 같은 말들에 현혹되지 말아야 한다. 만약 우리의 과제를 최단 시간에 적은 노력과 최소한의 비용으로 마치고자 한다면 상당한 위험이 따르는 지름길을 택할 수밖에 없다. 이러한 지름길은 초기에는 그 결과를 확연하게 볼 수 있다. 그리고 그 성공을 가늠하는 기준이 서류함을 가득 채우는 일이라면 기존의 소프트웨어 패키지로도 가능하다. 하지만 진정한 성공이란, RCM 분석이 완전히 완료된 후에 현장에서 직접적으로 상호 주고받으며 사용할 수 있어야 하는 것이다. 동료나 상사 그리고 이 과정을 사용할 전문가의 매입효과와 지원이 없이는 일상의 또 다른 일과 같은 단순한 서류 작업으로만 일을 끝낼 수밖에 없다. 이러한 자충수에 빠지지 않기 위한, RCM 실력자를 동반자로 만들기 위한 RCM 소프트웨어 과정의 역할은 무엇이겠는가?

가장 먼저 소프트웨어는 RCM 과정을 지원해야 한다. 그럼으로써 앞서 소개한 RCM의 네 가지 원칙을 따르고 고수해야 한다. 컴퓨터 신봉자들 중에는 다수의 유지 보수 실력자들에게 상당히 위험하거나 잠재적인 위험성을 갖는 결정을 내리게 하기도 한다. 소프트웨어는 단지 PM 프로그램 개선을 성공적으로 하기 위한 방법일 뿐이다. 다시 말해서 이는 수단일 뿐이지 그 자체가 목적이 되는 것이 아니다. 소프트웨어가 목적이라고 한다면 현실적인 논리로서 설득할 수 있어야 한다. 즉 단추를 누르고 서류를 복사하며 자동적으로 일을 완수하는 것이 그 목적이라면, 이는 말이 된다. 그러나 RCM이라는 것은 인간의 경험과 지식을 반드시 필요로 하는 현실적인 결정 과정이다. 소프트웨어란 시간적으로 서류 작업을 쉽게 할 수 있도록 도와 줌으로써 RCM 과정을 지원해 줄 뿐이지, 우리를 대신해서 생각하는 것이 아니다. 궁극적으로 아무리 자동화가 된다 하더라도, 또 아무리 소프트웨어에 다양한 기능이 많다 하더라도 성공의 관건은 RCM 팀의 지식과 RCM 보조자의 실력이지 소프트웨어의 적용 때문이 아니다. 다시 한번 강조하는데, 소프트웨어를 사용하는 것은 RCM의 지원 수단으로써 분석 자료를 완성하는 데에 가급적 시간과 노력을 짧게 들이고자 하는 것뿐이다. 이러한 시간 절감은 비용 절감에 직접적 영향을 준다. 따라서 적합한 소프트웨어를 사용하게 되면 궁극적으로 RCM 비용을 절감할 수 있다는 의미가 된다.

11.3 RCM 분석 노력과 비용 절감

RCM 소프트웨어의 목적은 실질적인 시간을 단축함으로써 비용을 절감하고, RCM 분석의 주요 세부 사항을 놓치지 않고 수행하는 데에 필요한 노력의 수준을 줄이는 것이다. 유용한 소프트웨어 패키지는 이러한 효율적인 작업을 수행할 수 있어야 하고 수행해야 한다. 매우 잘 적용된 경우란 최소한 80/20의 결정적인 악역 시스템에 필요한 고전적 RCM 접근법을 쉽고, 명료하고, 빠르게 수행할 수 있는 것을 말한다. 또한 RCM 소프트웨어는, 제7장에서 정의한 단축된 고전적 RCM을 사용함에 있어서, 그 자체로 사용상의 문제가 없어야 하며, 상세 정보, 속도 그리고 20/80의 원만한 시스템을 다루는 특별한 요구 조건에 대한 처리 등 다재 다능한 기능을 가져야 한다.

PM 프로그램 개선이 작업 횟수를 줄이는 것처럼 PM 작업은 각 작업 간격을 늘리는 방법으로 수행되어야 한다. RCM 분석을 완료하기 위한 입력 수량 및 빈도를 줄이는 것과 같은 것은 시간과 비용을 줄이는 것과 유사한 효과를 낸다. 입력을 단순화하고 각 정보를 사용 및 재사용하는 노력을 줄임으로써 전체 과정을 빠르게 진행시킬 수 있는 총체적 효과를 낼 수 있다. 소프트웨어의 역할이 바로 여기에 있다.

소프트웨어에 추가의 성능을 도입함으로써 간단하고 직접적인 RCM 과정이 다소 복잡해지는 경향이 있다. 자체적으로 부속이나 고장 양상 및 원인, 그리고 PM 작업 등 선택 항목을 보유한 경우가 그러하다. 이러한 추가적 성능 대부분은 보기에는 필요할지 몰라도 일반적인 유용성에서는 그리 효과적이지 못하다. 예를 들어 그러한 소프트웨어는 모든 가능한 신뢰성 있는 고장 형태를 담지 못한다. 유용한 기능이나 기능 고장에 대한 항목에 대해서는 더욱 제공하지 못한다. 너무 많은 선택 항목은 분석을 복잡하게 만들고 많은 입력 시간을 필요로 한다. 선택 항목을 고르는 것은 보통 직접적으로 알고 있는 내용을 입력하는 것보다 느리기 때문이다. 특히 그 항목의 내용이 길거나 산업 또는 설비 형식에서 큰 중요성을 갖지 않을 때는 더욱 그렇다. 대단히 우수한 소프트웨어가 RCM 과정을 개선하는 것은 아니다. 단지 그 능력만큼이나 대단히 비싼 RCM 소프트웨어 패키지 비용이 들 뿐이다.

또 한 가지 심각하게 고려해야 할 부분은, 분석을 너무 자동화하거나 이미 설정되어 확정된 선택 항목을 강요해서 고르게 하는 경우, 현재의 상황을 고려하지 않은 채 수용할 수 있기 때문에 사람이 결정하는 과정에서 오류를 범할 수 있다는 것이다. 어떠한 특수 설비 장치나 운용 순서에 대해서도, 장기적으로 회사의 요구에 부합하는 유지 보수 방법을 미리 결정 지을 수 있는 RCM 접근 방법을 두부 자르듯이 한 번에 결정할 수는 없다.

예방적 유지 보수 전문가인 홀리 그레일은 항상 최저의 투자로 일률적인 결과를 얻음으로써 적절한 PM 작업을 결정할 수 있는 간단한 접근법을 개발하고자 했다. 지속적인 RCM으로 인해 RCM이 그 해법임을 알았지만 여기에는 항상 대가를 치러야 했다. RCM은 시간과 자원과 인력과, 이에 따른 당연한 비용을 필요로 했다. 진정으로 유용한 RCM 소프트웨어의 적용은 간단하고, 사용하기 쉽고, 불필요한 기능으로 인해 너무 복잡해지지 않으며, RCM 원칙을 고수하는 것이어야 했다. 소프트웨어에서 자동적으로 결정하는 것은 RCM 과정 자체에서 나오거나 자연적인 결과들일 뿐이다. 예를 들어 분석가가 RTF로 지정한 각 결정 내용을 다음 단계인 정확한 확인으로 자동적으로 넘어가게 할 뿐이다. 소프트웨어의 역할에 대해서는 다음 절에서 논의하겠다.

그렇다면 RCM 소프트웨어는 얼마만한 가치가 있을까? 시스템 분석 과정을 수작업으로 기록하는 일을 효율적이고 유용한 소프트웨어 분석 기법으로 대체할 경우 (저자의 경험에 비추어 본다면) 대략 20% 정도의 감소 효과가 있다. 이 정도의 감소는 대략 $10,000의 비용 정도이거나, RCM 팀이 각 시스템 연구를 완료하는 데에 드는 시간 정도로 추정된다. 11.5절에서 추천하는 소프트웨어로 본다면, 이 소프트웨어를 설치해서 처음 한 번 사용하는 것만으로 비용이 회수되고도 남는다.

11.4 유용한 역할과 능력

RCM 소프트웨어가 처리해야 할 역할과 능력에는 어떤 것들이 있을까? 가장 먼저 RCM 소프트웨어는 RCM의 네 가지 원칙을 반드시 고수해야 한다. 경험적으로 보면 오늘날 사용되는 대다수의

RCM 소프트웨어는 이러한 첫 번째 조건을 충족하지 못하고 있다. 두 번째는 정보를 쉽게 입력할 수 있고 모든 사람에게 일목요연하게 보일 수 있도록 사용자에게 친숙한 형태로 이루어져야 한다. 이 경우에서도, 모든 RCM 소프트웨어에서 궁극적으로 사용자 중심의 형태나 처리 과정을 고려한 것을 아직까지 볼 수 없었다. 세 번째는 데이터의 연속성과 정확성은 유지하는 반면, 불필요한 데이터의 재입력을 없앤 상태에서 다음 단계로 전달하는 능력이라는 또 다른 RCM 소프트웨어 특징을 갖추어야 한다. 이것은 우리가 추천하는 소프트웨어가 사용자 중심이 될 수 있도록 만든 기본 특징 중 하나이다.

유용하면서 시간을 절약하는 능력은 다음과 같다.

- 소프트웨어는 부속이나 그 고장 형태에 대한 심오한 결정 과정을 쉽게 해줘야 한다.
- RCM 기초의 문서화의 시작으로서, 문서화된 시스템에서의 수치는 시스템의 존재 이유와 경계로 구분 지어진 부속, 그리고 이러한 부속이 시스템과 전체 공장을 어떤 기능으로 지원하는지 등이 입력될 수 있어야 한다.
- 기능 블록 다이어그램의 개발은, 대다수 사용되는 소프트웨어 패키지로부터 그림, 다이어그램, 개략도 등으로 직설적이고 쉽게 이루어질 수 있어야 한다. 그리고 소프트웨어 자체에서 나온 다이어그램은 작업 현장에서 개발하는 것이 매우 유용하다.

- 소프트웨어는 시스템 설명에 따라 시스템의 부속 번호표(ID)를 발급하는 능력이 있어야 한다. 고객의 내부 IT 시스템으로의 연결은 이러한 정보를 직접 받음으로써 또 다른 시간 절감 효과를 얻을 수 있다.

- 부속 ID와 그 설명, 그리고 초기 단계에서 개발된 그 기능과 기능 고장은 자동적으로 후속 단계에서 사용된다.

- 부속과 그 설명에 따라 각 부속 ID에 지정된 고장 형태 및 원인은 분류된 번호 순서에 따라 그에 적합한 단계로 자동적으로 전달된다.

- 적용 가능하고 효율적인 PM 작업에 따라 모든 고장 형태는 작업 비교 단계로 쉽게 정리된다. 여기서는 분석에 의해 추천하는 개선 방법과 기존의 PM 프로그램을 비교할 수 있다.

- 인체에 상해를 입힐 수 있는 문제(안전성 문제)이거나 밖으로 나타나야 하는 문제가 숨겨지거나 나타나지 않는 경우, 모든 RCM 소프트웨어는 부속의 고장을 결정하고 알려 줘야 한다.

- 기능상 그리 심각하지 않은 부속은 수리 비용이나 규정 위탁과 같은 추가의 고려가 이루어지는 정확한 확인 단계로 자동적으로 넘겨져야 한다. 이는 기초적인 유지 보수 수행이나 부속의 고장 양상을 RTF로 지정하는 데에 필요한 추가의 정보를 제공한다.

- 분석 과정 중에 안전성, 신뢰성, 가동성 그리고 유지 보수성과 같은 것을 증대시키는 새로운 방법이나 다른 방법을 제안하는 지혜의 정화, 즉 IOI를 확인할 수 있는 기능이 있어야 한다.

- 보고서 작성 능력은, 총체적인 분석 내용이나 발표 자료의 표지 및 다른 복합적인 보고 내용을 사용자가 출력할 수 있도록 해준다.
- 좀 더 규모가 큰 형식(예를 들어 FMEA, 작업 선택 등)에 대해서는, 선택된 부속에 대한 분석을 우측으로 끌어서 이에 대한 분석 과정을 지속적으로 유지함으로써, 그 형식의 좌측에 속한 정보를 다시 나타내 줄 수 있고 사용자가 동시에 좌우를 비교할 수 있게 해준다.

여기에 덧붙여서 또 다른 유용하고 중요한 효율로는 다음과 같은 것들이 있다.

- 소프트웨어는 각종 사용 기법에 대해 사용자를 지원하는 도움 기능을 포함해야 한다. 도움은 (1) 소프트웨어 사용법, (2) RCM 과정의 두 가지 형태로 되어야 한다.
- 사용자가 원하는 분석 내용이나 단계로 효율적이고 쉽게 이동할 수 있도록, 각 형식으로의 빠르고 쉬운 이동이 가능해야 한다.
- FMEA나 작업 선택과 같은 어떤(RCM) 단계는 가장 읽기 쉬운 스프레드시트 형식으로 표시되고 출력되어야 한다.
- 분석 데이터는 컴퓨터 시스템 외부로의 이동이 가능하여 시스템 기술자가 중요한 설비 고장 정보나 RCM 분석 과정의 세부 사항을 쉽게 얻을 수 있도록 해야 한다.

끝으로, 다음에 소개할 추가적인 역할은 유용한 RCM 소프트웨어 패키지를 만들 수 있고, 매우 뛰어난 능력을 발휘하게 한다. RCM 분석 수행에는 필요한 것이 아니지만 그 역할로 인해 각 분석 방법이 완전한 패키지로 된다. 그 역할이란 다음과 같다.

- RCM 분석 소프트웨어를 고객의 데이터베이스로 연결 하는 것은 부속 번호표, 부속 설명, 고장 양상 정보, 현재의 작업과 그 주기 등과 같은 일련의 데이터를 직접적으로 입수할 수 있게 해준다.
- 부속의 번호표, ID, 작업명, 작업 주기, 작업 상승 생성 등을 이용하여 RCM 선택 작업의 정리 및 그룹화를 위한 보고 형식을 포함해야 한다. 작업 상승은 기존의 PM을 변경하거나 새로운 PM 작업을 개발하는 데에 유용하다. 추가적 향상을 위해서는 포괄적인 유지 보수 및 운용 절차, 설명서 개발을 지원하는 추천된 작업으로서 지정된 고장 양상을 포함해야 한다.
- 고객의 비용 데이터에 사용되는 ROI 기능을 제공하는 기능을 포함해야 한다. 이것은 유지 보수 프로그램의 개선 내용을 현실적으로 수용할 만한 값으로 관리쪽에 보여 줄 수 있다.
- 마지막으로 이상의 내용 못지않게 중요한 것은, 유지 보수 프로그램을 고객에게 지속적이고 생생하게 회수되는 값으로 유지함으로써 그 필요성을 강조할 수 있도록, RCM이나 PM을 살아있는 프로그램으로 개발하고 유지하는 능력을 포함해야하는 것이다. 이러한 기능은 RCM 분석으로 재연결되어 상황변화에 따른 유지 보수나 갱신을 할 수 있게 해준다.

아직까지 상기의 모든 역할과 기능을 골고루 갖춘 RCM 소프트웨어는 없지만, 그 소프트웨어들 중 한 가지는 가장 다양한 기능을 갖추고 있다. 그 소프트웨어가 바로 저자가 RCM 작업에 사용한 소프트웨어이다. 이것이 바로 우리의 선택이다. 이 소프트웨어에도 아직까지 마지막에 언급한 네 가지 기능에 비추어 볼 때 다소 미흡한 점이 있지만, 본 저서가 출간되는 동안 개선될 것이다.

11.5 RCM 소프트웨어-우리의 선택

저자가 선택한 우리의 선택은 캘리포니아 산 호세에 위치한 JMS Software가 개발한 RCM WorkSaver이다. RCM WorkSaver는 본 저서의 저자가 사용하는 고전적 RCM 접근법을 따르도록 특별히 설계되었다. 또한 단축된 고전적 RCM 과정에도 큰 무리 없이 적용 가능하다. RCM WorkSaver는 모든 종류의 공장, 설비, 또는 부속 형식에 공통적으로 적용될 수 있다. 실제로 RCM WorkSaver는 항공기 제작사, 발전소, 제지공장, 우주항공 시험소(USAF, NASA), 그리고 해군 지원 설비와 같은 다양한 산업 전반에 성공적으로 사용되고 있다. 이 소프트웨어는 심지어 연료전지의 PM 프로그램 개발에도 사용되었다.

RCM WorkSaver는 필요에 의해서 만들어졌다. 저자는 앞서 언급한 방대한 수작업 접근법을 이용한 RCM을 오랫동안 다루어 왔다. 어떤 경우는 고객이 설계한 RCM 적용을 시도한 적도 있었다. 이 중에는 너무 쉽게 접근하려다 보니 고전적 RCM 과정을 고수하지 못한 경우도 있었으며, RCM 분석을 완료, 출력, 발표할 시간을 충분히 갖지 못하기도 했다. 그 해답은 보다시피 명확하게 나온다.

우리는 우리의 RCM 과제에 참여했던 소프트웨어 개발자들을 선임했다. 그들은 우리가 하고자 하는 RCM 과정을 잘 알고 있었고 충분히 이해하고 있었다. 또한 어떻게 소프트웨어를 구성할지도 잘 알고 있었다. JMS Software는 이를 개발하고자 하는 의지를 갖고 있었고, 더욱 중요한 것은 제5장에 설명한 특정 과정에 대한 소프트웨어를 만들고자 했다. 따라서 처음부터 아주 자연스럽게 성공적인 공동 연구를 할 수 있었다. JMS Software와 RCM WorkSaver는 www.jmssoft.com에서 찾아볼 수 있다.

정리하면, 유용한 RCM 소프트웨어는 아주 훌륭하고 다양한 일을 할 수 있으며 우리는 그러한 소프트웨어를 보유하고 있다. 최소한 이 소프트웨어는 RCM의 네 가지 원칙을 충분히 따르고 있다. 그리고 쉽고 빠르게 모든 분석 과정을 진행하게 해준다. 이러한 목적에 부합하기 위해서는 RCM 소프트웨어가 분석을 유도하는 것이 아니라 그러한 작업을 지원하고 향상시켜야 한다. 한 가지 명심해야 할 점은, 이것은 단지 컴퓨터화된 소프트웨어이기 때문에 앞서 언급한 여러 가지 역할을 포함하지 않는다면 아무 의미가 없을 수도 있다는 것이다.

고전적 RCM의 적용 사례

Industrial Experience with Classical RCM

Chapter *12*

고전적 RCM의 적용 사례

제5장에서 소개한 고전적 RCM 과정은 지난 20여 년간 산업 무대에서 다양한 시스템에 성공적으로 적용되어 왔다. 저자는 50여 건 이상의 성공적인 과제에 개인적으로 조언하고 참여한 바 있다. 이 장에서는 고전적 RCM을 성공적으로 수행하면서 겪은 몇 가지 매우 특별한 연구 사례를 소개하고자 한다.

12.1절에서는 부속 수준에서의 시스템 분석 과정으로부터 얻은 실질적인 결과를 예를 들어 간단히 소개하겠다. 이와 같은 예는 우리의 고객이 RCM 프로그램으로 현실화시킨 기술적 이득에 대한 형식을 설명하기 위해 몇 가지로 나눈다. 12.2절에서는 미국 산업 전반에 걸쳐서 수행되었던 몇 가지 특정 과제의 자세한 내용을 담은 일곱 가지의 고전적 RCM 사례 연구를 보여 주겠다.

12.1 선택된 부속 PM 작업 비교

그림 12.1은 80/20 시스템에 수행된 고전적 RCM 과정으로부터 얻은 15개의 특정 부속 PM 작업 비교(RCM과 기존 유지 보수 비교)를 보어 준다. 이 15가지의 예는 PM 최적화 과정에 있어서 RCM이 얼마나 강력한 수단이 되는지를 보여 주는 아주 좋은 예이다. 이 예들은 크게 3가지 분야로 나뉘는데, 고객이 고전적 RCM 과정을 통하여 PM 프로그램을 재구성하는 데에 중요한 역할을 했다.

- PM 작업 추가
- PM 작업 삭제
- PM 작업 재정의

PM 작업 추가

재구성을 해야 하는 가장 흔한 분야는, 잠재적 위험성이 있어서 비용이 가장 많이 들지만 과거에는 미처 인식하지 못했던 고장 형태를 다루는 PM 작업에 대해 작업을 추가하는 부분이다. 통상 이러한 고장 양상은 PM을 안 하거나, 한다 하더라도 필요할 때만 교정적 유지 보수를 하는 경향이 있다. 이와 같은 경우를 그림 12.1의 4, 9, 10, 12항목에 나타내었다. 이 네 가지 예 모두, RCM을 기본으로 한 PM 작업에서 유효성에 대한 문제를 거론하고 있다. 이는 고비용의 수리 작업이나 시스템 및 공장의 DT를 피할 수 있게 해준다. 소수의 경우이긴 하지만 몇몇의 경우에서는 부속의 수행 능력과 신뢰성에 대한 유효성을 증대시키기 위해 기존의 PM 작업에 대한 논의를 더 하고자 PM을 추가하기도 한다. 그 예가 14항목이다.

	System title	Component / failure mode	RCM program RCM-based task	Freq.	Existing program Current task	Freq.	Comment
1.	Air-cooled condenser	Vacuum deaerator condenser / internal fouling	RTF	-	Clean shell and tube sides (TDI)	1 year	System water quality makes fouling implausible.
2.	Electrical	Transformer fan / seized bearing	RTF	-	Replace bearing (TDI)	3 years	Fans are redundant. Spares are available, and bearing condition at 3 years is satisfactory.
3.	All systems	Manual valves / leaks	Visual inspection during walkdown (FF)	Daily	Repacking (TDI)	1 year	Costly to repack, often causes leaks due to repacking errors.
4.	Main generator	Generator / journal bearing fails	Perform oil analysis (CD)	1 month	None	-	Monitoring very cost effective.
5.	Circulating water	Pump / seized coupling	Inspect for wear and lubricate (TDI)	2000 hours	Repack coupling (TDI)	1 year	History of wear and need for more frequent lubrication.
6.	Feedwater	Pump suction strainer / plugged	Record pressure drop across strainer (CD)	1 month	Clean strainer (TDI)	1 month	Infrequent clogging history. Operations can easily monitor pressure drop.
7.	Condensate	Heater drain motor / seized bearing	Monitor bearing temperature and vibration (CD) Perform oil analysis (CD)	3 months 18 months	Overhaul (TDI)	6 years	Overhaul history void of problems. Monitoring very cost effective.
8.	Electro-hydraulic control	Load unbalance amplifier / out of adjustment – high	Perform calibration (TD)	18 months	Perform calibration (TD) [Does not include load current card]	18 months	Minor modification to current task was very cost effective.
9.	Electrically operated valve	Actuator / gear wear	Inspect gears (TDI) Test grease for wear metals (TDI)	24 months w/AE 12 months	None	-	Positioning of valves critical to test performance.
10.	Hydraulically operated valve	Barrel seal / oil ring leak	Visually inspect for leakage (TD)	6 months	None	-	Cost effective task with no intrusive concerns.

그림 12.1 Selected PM task companion.

	System title	Component / failure mode	RCM program RCM-based task	Freq.	Existing program Current task	Freq.	Comment
11.	Compressed air	6.9 kV Drive motor / insulation degradation	Motor Current Signature Analysis –MCSA (CD) Acoustic monitoring for coronal discharge (CD)	1 month w/AE 3 months	Winding inspection (TDI)	12 months	New tasks are more effective and non-intrusive.
12.	Lube oil	Lube oil heat exchanger / clogged	Track and Trend lube oil temperature (CD)	1 month w/AE	None	-	Non-intrusive cost effective task to determine heater cleanliness
13.	Computer driven router	Router bed / worn ways or bearings	Inspect for contaminated grease and excessive wear, replace only if necessary (TDI)	18 months w/AE	Replace way bearings (TDI)	12 months	Very cost effective change both in machine availability and total O&M costs
14.	Process air	Compressor / dirty blades and diffuser	Vibration analysis with trending (CD) Performance Monitoring to track changes in inlet and outlet pressures (CD)	1 month 6 months	Vibration analysis with trending (CD) None	1 month -	Performance Monitoring task is cost effective, non-intrusive, and informs system engineer about the total machine performance and operational parameters
15.	HVAC – Conditioned Air	Activated carbon filter / saturated	Randomly remove one filter from matrix and send to lab for contamination testing (TDI)	12 months	Randomly puncture one filter and remove a sample and send to lab for testing, making sure to seal puncture (TDI)	12 months	Filters are key to maintaining certified air quality. New task does not have a contamination risk as does the current task

그림 12.1 Continued

RCM-세계적 수준의 유지 보수 기술

PM 작업 삭제

RCM 방법론은, 모든 PM 작업은 적용 가능하고 효율적이어야 한다는 네 가지 특징을 필요로 한다(4.4절). 둘 중 어느 것이라도 만족하지 않는다면, 구성된 작업은 고장 형태를 막는 데에 궁극적으로 도움이 되지 않으며, 단순히 고장이 난 후 고치는 비용보다 더 많은 비용만 지불하는 결과를 초래한다. 지난 20여 년간의 경험을 돌이켜 볼 때, 기존에 실시하고 있는 PM 작업의 대략 5 내지 25% 정도가 적용 가능성과 효율성이라는 부분에 부합하지 않다는 것을 확인했다. 다시 말하면, 한 조직이 기존에 실시하는 PM 작업을 적용 가능성과 효율성이라는 잣대로 재확인해 보면, 막대한 양의 PM 자원을, 심지어 다른 어떤 작업을 하지 않더라도 절감할 수 있다는 얘기가 된다(이와 같은 내용에서 더 이상의 설명을 하지 않으면 교정적 유지 보수나 공장의 DT에 대한 실질적 비용 문제는 희석될 수 있다. 이는 시작일 뿐 더 발전적인 내용을 고객에게 피력해야 한다).

기존의 PM 작업 중 아무것도 하지 않는, 즉 RTF로 넘기기 위해 삭제되어야 할 작업에 대한 예는 1과 2번 항목에 나타내었다. 1번 항목은 적용 가능성이 없는 작업이다. 다시 말해서 쓸데없이 비싼 청소 비용이 매년 지출되고 있다는 의미이다. 그 시스템은 처음 설계부터 (설계에 비용이 포함되어) 오염과 막힘을 방지하도록 되어 있었다. 2번 항목은 고비용의 교체 작업이 필요 이상으로 너무 자주 실시되었다. 그러나 그러한 필요 이상의 작업으로 인해 냉각 기능을 보호할 수 있었으며, 필요에 따라 스페어 팬으로 사용되기도 했다. 효율성 측면에서만 본다면 이는 RTF 항목으로 결정하는 것이 바람직하다.

393

PM 작업 재정의

PM 작업 추가에 대한 본격적인 확장 사안인 재구성의 세 번째 분야는 재정의로서, 기존의 PM 작업에 대한 상당한 변화를 의미하기도 한다. 그림 12.1에서는 다양한 재정의에 대한 몇 가지 예를 보여준다. 이 중 한 가지는 기존의 직업을 RCM 과정에 의해 좀 더 쉬운 (효율성) 작업으로 바꾸는 것이다. 이와 같은 예로는, 일시 정지를 요하는 TDI 작업을 일시 중지 없는 CD나 FF 작업으로 교체한 3, 6, 7, 11항목들이 해당된다. 다른 한 가지 경우는 기존의 작업 주기를 바꾼 것이다. 5번 항목은 주기를 짧게, 13번 항목은 주기를 길게 하였다. 결국 다른 고장 양상(8번 항목)을 포함하는 기존 작업에 점진적으로 추가될 수 있는 재정의이거나, 위험을 줄이거나 비용을 줄이는 작업(15번 항목)으로 방법을 변경할 수 있는 재정의들이다.

지난 20여 년간, 저자는 고전적 RCM 과정을 수행한 결과로서 50% 이상의 기존 PM 프로그램을 항상 재구성해 왔다. 실제로 12.2절의 사례 연구를 보면, 기존 프로그램에 대한 변경내용이 대부분 50에서 60%, 심지어 높을 때는 71%까지 달하는 것을 볼 수 있다. 이와 같은 변경 내용은 제품 결과에 의한 부속물로서 교정적 유지 보수 작업과 비용을 현저히 감소시키는 결과를 낳았다.

12.2 사례 연구

이 절에서는 미국 산업 전반에 걸쳐 고전적 RCM을 적용하여 수행

했던 7가지 특정 과제에 대해서 소개하고자 한다. 이러한 사례를 보여 주기까지는 7군데의 탁월한 기관에서 제공된 방대한 지원과 동의가 있었기에 가능했다는 것을 밝혀두는 바이다. 이 7개의 기관은 다음과 같이 4가지 산업군으로 나누어질 수 있다.

1. 발전소(12.2.1, 12.2.2, 12.2.3절)
   - 원자력 발전소 Three Mile Island Unit 1, AmerGen Energy (이전 소유자, GPU Nuclear)
   - 화력 발전소(석탄) Neal 4, MidAmerican Energy
   - 화력 발전소(배출 가스 탈황) 컴버랜드, 테네시 밸리 공사
2. 처리 공장(12.2.4절)
   - 펄프 표백 Leaf River Pulp Operations, 조지아 퍼시픽 기업
3. 제조 공장(12.2.5절)
   - Frederickson Wing Responsibility Center, 보잉 민간 항공기 제작사
4. 연구 개발 설비(12.2.6, 12.2.7절)
   - Arnold Engineering Development Center, USAF/ Sverdrup Technology, Inc.
   - Ames Research Center, NASA/Calspan Corporation

이와 같은 소중한 사례 연구를 위해 기꺼이 도움을 준 상기 기관들에게 감사를 표하는 바이다.

12.2.1 Three Mile Island Unit 1 원자력 발전소

기업 소개

Three Mile Island 원자력 발전소는 초기에 GPU Utilities의 자회사였던 메트로폴리탄 에디슨 사에 의해 실립되있다. TMI-2 사고(다음의 공장 설명에서 논의할 것이다) 이후에 Three Mile Island 공장의 가동만을 목적으로 GPU Nuclear가 설립되었고, 이후 이 회사는 뉴저지에 있는 Oyster Creek Nuclear Generation Station이라는 또 다른 공장을 보유하게 된다. TMI-1은 GPU Nuclear의 소유 아래 1999년 12월까지 가동했고, 그 후에 현재의 소유주인 AmerGen Energy 사로 매각되었다.

공장 설명

Three Mile Island 원자력 발전소는 펜실베이니아 해리스버그에서 남동쪽으로 10마일 정도 떨어진 웨스트스퀘아나 강에 위치하고 있다. 초기에는 두 대의 설비(TMI-1, TMI-2)가 건설되어 가동되었다. 1979년 3월, TMI-2에는 이미 잘 알려진 작은 균열인 LOCA(냉각제 유실 사고, Loss of coolant accident)에 의한 핵 용해 사건이 일어났다. 후속 조사에 의한 결과와 NRC의 지시로 인해 TMI-1은 6년 반 동안 정지했다가 1985년 10월에 재가동되었다.

TMI-1은 870-MWe급의 압축수 반응기이다. 원자로 구조물(자로의 안전 격납과 그와 관련된 시스템)은 Babcock & Wilcox 사의, 한 번에 관통하는 스팀 발전기 방식이다. TMI-1은 1974년 9월에 상업적으로 가동을 시작하여 TMI-2 사건에 의해 가동 중지될 때까지 평균 77.2%의 발전 용량으로 가동되었다. 재가동을 한 1989년 이후에는 평균 발전 용량이 83.6%로 증가했으며, TMI-1은 100%를 상회하는 발전 용량으로 22개국 359개 원자력 발전소 가운데 가장 뛰어난 성능을 보이는 기록을 세웠다(참조 39). TMI-1은 고도의 신뢰성을 보여 주면서 지속적으로 가동되어 세계 최장의 가동 주기 기록을 세웠다. 1989년까지 평균 발전 용량은 91.4%였다.

관련 배경

TMI-1에 원래 사용되었던 PM 작업은 기본적으로 설비 공급자의 추천과 상당히 정교한 경험 및 판단에 의한 실험에 근거하고 있었다. 그에 따라 정해진 PM 프로그램은 자원 투입에 대한 정확한 우선순위를 맞추기 위해 지속적으로 검토되었다. 이와 같은 프로그램은 부속 중심(고장 형태가 아닌)으로 되어 있었고, 그 작업들은 공급자가 처음에 추천하거나 아니면 실시되어야 한다고 한 작업을 기본으로 하고 있었다. 그와 같은 작업은 대부분 전적으로 TD(Time-Directed) 작업인 해체, 재조정 그리고 다양한 일시 중지 검사 등이었다. 예비 저장품들이 너무 많아지자 안전성이나 공장의 시동 장치에 무관한 부속에 대해서는 종종 PM 작업을 건너뛰는 일이 생기기도 했다. 그 결과 몇 가지 중요한 부속들(공장의 가동 균형을 잡으면서 개폐 연동 기능을 제공하는 부속들)이 고장을 일으키기 쉬운 상태로 방치되었다. 이러한 전통적인 접근 방법으로는 모든 결정적인 부속에 대해 급박한 교정적 유지 보수(반응적) 작업이 행해질 때까지 아무것도 보증할 수 없었다.

TMI-2 사건 이후, 1985년 10월, 6년 반만에 TMI-1이 재가동되었다. 이 기간 동안 모든 PM 프로그램에 대한 전반적인 검토가 이루어졌다. 여기에는 설비 1, 2의 가동 이력에 대한 자세한 재조사와 원자력 산업에서 사용되는 압축수 반응기에 대한 유지 보수 및 긴급 정지 데이터, 그리고 설비 공급지의 최신 추천 사항에 대한 재평가가 포함되었다. 이러한 과정을 통해 세계에서 가장 뛰어난 PM 프로그램으로 여겨지는 내용이 만들어졌다.

공장 관리자들은 이 시기에 RCM 접근법에 대해 심각하게 고려했으며, 1987년 기존에 실시하던 PM 작업에 대한 독립적인 확인을 하고자 포괄적인 RCM을 실시하기로 결정했다. 짐작했던 바와 같이 몇 가지 결정적인 시스템을 확인하고 이에 대해서는 아주 사소한 변경을 했지만, 이 외의 다른 부분에 대해서는 상당히 많은 변경을 하였다. 이와 같은 크고 작은 여러 가지 변화들이 1980년대 후반에서 1990년대 초반 발전 용량값을 증가시킬 수 있었던 핵심 요소였다.

우리가 하고자 했던 RCM 프로그램은 1988년 9월부터 시작해서 1994년 6월에 완료되었다. 다음에 이어지는 내용에서는 그 프로그램이 어떤 것이었으며 그로 인해 나타난 유익한 결과에는 어떤 것들이 있었는지에 대해서 설명하겠다.

시스템 선택
착수 당시의 목적은 발전소 시스템 중 결정적인 부분을 식별하여 각 시스템에 대한 고전적 RCM 과정을 사용할 프로그램 일정을 잡는 것이었다. 시스템 선택에 대한 초기 접근 방법은 변형된 델파이 과정(구조적 의견 조사)을 이용했는데, 이는 교정적 유지 보수나 긴급 정지를 줄이는 목적의 유지 보수 최적화 요소보다는 안전성을 최우선으로 고려해서 선택하는 방법이다(TMI-2 사건에 대한 우려가 가장 컸다). 여기서 상당히 놀라운 두 가지 결과를 알게 되었다. 첫 번째는 그 항목들 대부분이 전적으로 안전성과 관련된 시스템이었다는 것이고, 두 번째는 그 모든 시스템들이 가동률은 매우 높은 반면 유지 보수 비용이 매우 적게 들었다는 것이었다. 물론 이와 같은 것들에 우리의 RCM 프로그램이 초점을 맞출 필요는 없었다.

우리의 고문(이 책의 저자)은 델파이 조사를 다시 하자고 조언하면서, 100여 개가 넘는 공장 시스템의 교정적 유지 보수나 긴급 정지 이력에 대한 파레토 다이어그램을 이용하여 80/20 시스템을 찾아보자고 제안했다(그림 12.2는 설비 1 공장과 그 시스템에 대한 간단한 도식이다). 우리는 선택 과정을 재실행했으며 이번에는 전혀 다른 결과를 얻었다. 그림 12.3에서 보여 주듯이 80/20의 법칙에 맞는 28개의 시스템을 선정했으며 이 중 4개만이 안전성에 관련된 것이었다(나중에 실시했던 다른 원자력 발전소에서도 이와 비교적 유사한 결과를 얻었다).

처음 평가했던 두 개의 시스템은 Main Feedwater(MFW)와 Instrument Air System(IAS)이었으며, 여기에서 나온 결과를 이용하여 다음 절의 RCM 과정을 설명하고자 한다.

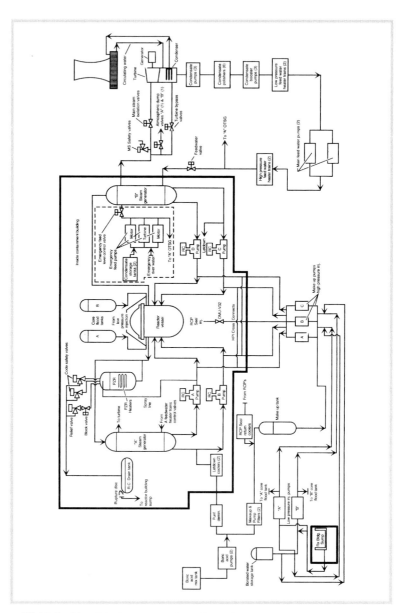

그림 12.2 Simplified schematic – TMI–1 nuclear power plant
(courtesy of GPU Nuclear Copr.)

Condensate
Condensate Polishing (Powdex)
Main Stream
Makeup and Purification (including HPI)
Main Turbine
Turbine Auxiliaries
Main Generator and Auxiliaries
Main Feedwater
Instrument Air
AC and DC Vital Power
Main and Auxiliary Transformers
Decay Heat Removal (including LPI)
Decay Closed Cooling Water
Decay River Water
Nuclear Services Closed Cooling Water
Nuclear Services River Water
Intermediate Closed Cooling Water
Containment Isolation
Reactor Coolant System
Extraction Steam
Heater Drains
Secondary Closed Cooling Water
Circulating Water
Control Rod Water
Emergency Feedwater
Emergency Diesel Generator
Reactor Building Emergency Cooling
Building Spray
Table 1

그림 12.3 Systems selected for the RCM program.

RCM 프로그램은 총 6여 년간 진행되었고, 80/20 법칙에서 식별된 28개의 모든 시스템에 대한 프로그램이 완료되었다.

RCM 분석 및 결과

이미 언급한 것처럼, 우리는 80/20 시스템을 분석하기 위해 고전적 RCM 과정(제5장에서 소개한)을 도입했다. 왜냐하면 민간항공기 산업에 성공적으로 도입되어 확실하게 증명된 개념과 수행 단계를 따르는 것이 중요하다고 판단했기 때문이었다.

기술자를 일일 3 교대로 RCM 팀에 배정하고 유지 보수 부문에 각각의 독립적인 RCM 기능을 하는 조직으로 만들었다. RCM 과정의 전반을 알게 하기 위하여 각 팀을 다른 팀과 여러 차례 임무 교대를 시켰다. 이와 같은 조직화에는 두 가지 중요한 경험적 교훈이 담겨져 있다. 첫째는 모든 팀원이 모두 설비 1의 담당자(다시 말해서 일상의 TMI-1 가동에 직접적으로 책임을 지는 내부 인력)로 구성되었다는 점과, 둘째는 조업자를 반드시 팀의 구성원으로 포함시켰다는 점이다.

한 시스템의 분석을 수행하는 비용은 평균적으로 $30,000(현재의 달러 시세 기준) 정도였다. 하지만 경험이 축적되면서 나중에는 처음에 실시했던 몇 개의 시스템에 비해 약 40% 정도 적은 비용이 들었다.

내용의 이해를 돕기 위해서 Main Feedwater와 Instrument Air Systems를 아래에서 살펴보겠다. 그림 12.4에는 RCM 시스템 분석 개요를 나타내었다. 그리고 그림 12.5에는 RCM 작업 형식 개요를, 그림 12.6에는 RCM 작업 유사성 개요를 나타내었다.

시스템 분석 개요(그림 12.4)는 각 시스템에 적용된 평가 범위를 보여 준다. 이 두 시스템 사이에서 1200개가 넘는 고장 양상을 검토했으며 개별적 PM 행위가 필요한 465개의 결정이 나왔다. 이러한 행위를 그림 12.5와 그림 12.6에 추가로 정리했으며, 여기에는 다음과 같은 두 가지 특징적 내용이 있다.

RCM-세계적 수준의 유지 보수 기술

	Main Feedwater	Instrument Air
Functional Subsystems	3	5
Subsystem Functions	69	136
Subsystem Functional Failures	145	187
Failure Modes Analyzed	806	433
RCM-Based PM Tasks	230	235

그림 12.4 RCM system analysis profiles.

	Main Feedwater		Instrument Air	
	RCM	Current	RCM	Current
Time Directed (TD)	188	162	169	103
Condition Directed (CD)	18	16	23	9
Failure Finding (FF)	19	18	33	21
Run to Failure (RTF)	5	-	10	-
None	-	34	-	102
Total	230	230	235	235
(RCM Δ)	(+29)		(+92)	

그림 12.5 RCM task type profiles.

	Main Feedwater	Instrument Air
RCM Task Equals Current Task	175	65
RCM Task Equals Modified Current Task	9	54
RCM Task Recommended, No Current Task Exists	34	102
Current Task Exists, No RCM Task Recommended	12	14
Total	230	235

그림 12.6 RCM task similarity profiles.

1. 이미 언급했듯이, 어떤 시스템은 매우 조직적으로 만들어져서 RCM 과정은 단지 몇 가지 작은 PM 조정만 필요하다는 것을 확인시켜 주었다. Main Feedwater가 그중 한 예이다. 다른 시스템은 PM이 잘 이루어지지 않아서 상당한 개선이 필요한 것으로 밝혀졌다. Instrument Air System이 그중 한 예가 된다. 이러한 차이점은 RCM 작업 추천, 현재의 유지 보수 작업이 없음이라는 통계를 반영한 그림 12.6에서 극명하게 볼 수 있다.

2. 시스템에 따라 PM 작업이 상당히 증가하는 경우도 있었지만(앞선 항목 1에서 보여주듯이), 대다수의 추가된 작업은 일시 정지를 하지 않는 CD나 FF 작업이었다. 여기서도 그림 12.5에 나타낸 Instrument Air가 그중 한 예가 된다.

이해를 돕기 위해, 시스템 분석 과정의 3에서 7단계의 규칙을 적용하여 한 개의 고장 양상에 대한 PM 작업 본질 및 그 결과를 좇은 IAS로부터 나온 수직 단면을 그림 12.7에 나타내었다. 이 특수한 예에는 세 가지의 흥미로운 점이 있다.

1. 고장 형태(건조제 고갈, desiccant exhausted)는 숨겨진 양상이다(6단계: Evident=No). 조업자가 특정 추가 정보 없이 이러한 고장이 일어났는지를 정상적으로는 인식하지 못한다.

2. 위험도가 낮은 수준(D/C)이지만, 물로 인한 시스템의 피해는 지속될 것이다.

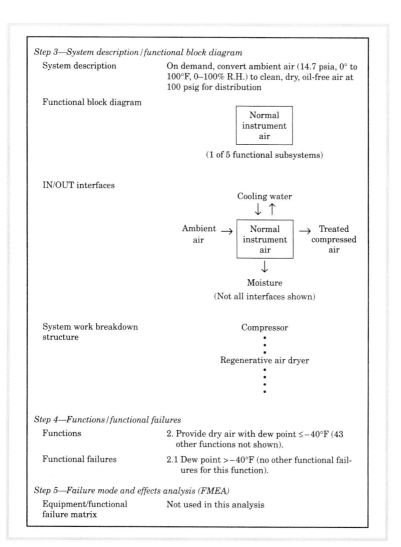

Step 3—System description / functional block diagram

System description

On demand, convert ambient air (14.7 psia, 0° to 100°F, 0–100% R.H.) to clean, dry, oil-free air at 100 psig for distribution

Functional block diagram

Normal
instrument
air

(1 of 5 functional subsystems)

IN/OUT interfaces

Cooling water
↓ ↑

Ambient → Normal → Treated
air instrument compressed
air air

↓

Moisture
(Not all interfaces shown)

System work breakdown structure

Compressor
•
•
•
Regenerative air dryer
•
•
•

Step 4—Functions / functional failures

Functions

2. Provide dry air with dew point ≤ −40°F (43 other functions not shown).

Functional failures

2.1 Dew point > −40°F (no other functional failures for this function).

Step 5—Failure mode and effects analysis (FMEA)

Equipment/functional failure matrix

Not used in this analysis

그림 12.7 Maintenance optimization strategy

```
FMEA

                                              Failure effects
            Failure    Failure      ┌──────────────────────────────────────┐
            mode       cause        Local      System        Plant         LTA
Equipment
IA-Q-Z Air  Desiccant  Normal       Wet        Wet air dis-  Degraded       Y
dryer       exhausted  wear         desiccant  charged into  operation due
                                               system.       to water
                                               Long-term     intrusion into
                                               damage        equipment.
                                               accrual.
```

Step 6—Logic tree analysis

Failure Mode = Desiccant   1. Evident: No
                 exhausted   2. Safety: No
                            3. Outage: No

                       Category D/C
                       (minor economic problem)

Step 7—Task selection

Applicable task candidates   1. Monitor dew point continuously and alarm at
                                     −30°F (CD)
                                  2. Inspect condition and color annually (TD)
                                  3. RTF

Effectiveness factors   Both No. 1 and No. 2 are considered to be cost
                                  effective in order to avoid water damage to equip-
                                  ment. RTF not considered to be cost effective.

RCM decision   Perform both continuous dew point monitoring
                                  with alarm at −30°F, and the annual inspection.
                                  Plan to delete the annual inspection after opera-
                                  tional verification of the dew point monitoring
                                  has been achieved.

Current task   New equipment. No previous PM tasks were in
                                  place.

그림 12.7 Continued

3. 이러한 분석이 완료되어도 이에 대한 **PM** 작업이 없다. 비용
   측면에서만 본다면, 이슬점 경고만 충분할 경우 연간 검사 일
   정을 통한 작업 삭제를 하여, 두 가지의 적용 가능한 간단한
   PM 작업이 가능하다.

평가된 28개의 시스템 안에는 3,778개의 부속이 속해 있다. 이 부속에 대한 4,874개의 기존(pre-RCM) PM 작업은 RCM 프로그램이 완료된 후 5,406개의 RCM 기본 PM 작업으로 바뀌었다.

RCM 수행

우리는 이미 다른 RCM 추천 수행 과정에서 나타났던 각종 문제점을 알고 있었기 때문에, 그러한 문제를 피하고자 다음과 같은 수행 전략을 수립했다.

1. RCM 분석과 수행은 공장의 유지 보수 조직에서 책임지며 하도록 했다. 실제로 분석 팀원이 수행 과정에 직접 참여하여 추천된 작업에 대한 분석 논리를 직접 넘겨주었다(매입 효과).

2. 3 개월을 넘지 않는, 즉 장시간의 작업이 아닌 문제의 RCM 분석에 대해서는 경영의 목표를 RCM 작업에 집중시킴으로써 관리의 지원이 가시적으로 나타나게 했다.

3. 매우 중요한 코드를 포함해서, RCM 기본의 PM 작업으로 Generation Management System 2(GMS 2)의 기존 작업을 대체했으며, GMS 2 Management Action Control(MAC) 모듈에 대한 추적과 측정을 촉진하는 RCM으로 명명했다.

4. PM 작업에 대해 변경, 추가 또는 삭제를 필요로 하는 것은, GMS 2로 투입되기 이전에, 시스템 기술자, 훈련 성과를 높이는 PM 현장 주임, 그리고 조업자들의 승인을 얻었다.

5. 수행 중에 장시간의 작업이 필요한 경우(새로운 작업) RCM 분석가가 필요한 작업을 직접 수행하거나 각 부분을 조화시

407

켰으며 일정에 대한 진행 상황을 추적하는 데에 MAC 모듈을 사용했다.

6. 검토와 작업 과정을 촉진시키기 위해 각 RCM 추천 사항을 다음의 6가지로 분류했다.

- 기존의 작업 지속
- 기존의 작업 변경
- 새로운 작업 추가
- 기존의 작업 삭제
- 작업 주기 변경
- 공장 변경

다행스럽게도 요구되는 절차나 배치 변경을 수행하기 위한 정확한 과정을 만들 수 있었다.

위의 6가지 특징을 모두 담은 과정에 대한 성공적이고 수월한 수행 발판을 마련했다.

달성된 이익

앞의 발전소 설명 부분에서, RCM 프로그램에 의해 나타난 가장 획기적인 이익이었던 발전소의 발전 용량의 현저한 증가에 대해 소개했다. 정량적으로 정확히 말하기는 어렵지만, 그러한 증가의 가장 큰 요인은 식별된 28가지의 80/20 시스템에 대한 진보적인 RCM 수행에서 나온 것과 RCM 프로그램에 의한 훈련과 경험적 교훈으로부터 나온 부수적인 이익 실현인 것으로 보인다.

특히, 그림 12.8에서 보듯이, 설비 고장이나 교정적 유지 보수 작업의 현저한 감소가 있었다. 공장 수준에서의 고장 발생 경향은 1990년 4분기 950건을 정점으로 하여 1993년 중반 약 600여 건으로 대략 37%가 감소했음을 보여 준다. 그림 12.8의 수평 지점인 1990년 1월, 1991년 10월, 1993년 9월은 연료의 재보급을 위해 정지한 기간이다. 여기서 주목할 점은 중지 작업에 의한 이 수평 지점에서의 고장 발생 건수가 950, 821, 745로 22% 감소했다는 것이다. 다시 말해서, 계획된 정지 기간 동안이니까 그냥 가능하다는 이유만으로, 임의로 설비를 유지 보수함으로써 작업자의 오류를 유발하는 일시 중지 작업이나 (불필요한) PM 작업은 할 필요가 없다는 것을 점차 알게 되었다.

PM 작업 간격에 대해서는, 결정적인 고장 양상(A와 B 항목)에 경년 진단 프로그램을 도입했지만 과거 이력에 대한 자료가 많지 않

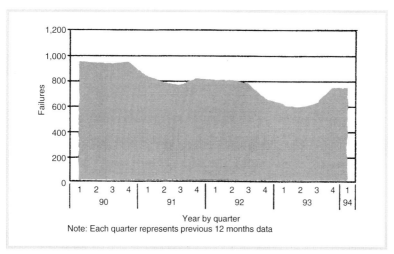

그림 12.8 Plant level equipment failure trend.

Craft	Man-hour savings/year	Dollars/year
Electrical	2210	$77,350
Instrumentation & Control	2188	76,580
Mechanical	1552	54,320
Utility	1719	60,165*
TOTAL	7669	$268,415

* Assumes $25 per man-hour cost plus an estimated materials and supplies cost of 40% of the man-hour cost.

그림 12.9 Category saving via interval extension.

았기 때문에 그다지 효과를 볼 수 없었다. 그러나 결정적이지 않은 C 항목의 고장 양상에서는 비용이 허락하는 범위에서 PM 작업을 유지시켰다. 하지만 그림 12.9에서 보여 주듯이 연간 비용 절감을 얻기 위해 상당수의 부속에 대한 작업 간격을 즉시 연장시켰다.

결국 몇 가지 중요한 정성적인 이익을 실현했으며, 그 내용은 다음과 같다.

● 스페어 부품의 재고를 개선시켰다.
● 숨겨진 고장 양상을 식별했다.
● 기존에 알지 못했던 고장 시나리오를 발견했다(주의, TMI-1에는 이미 확률적 위험 판단(Probabilistic Risk Assessment, PRA)이 시행되고 있었다).

- 시스템 기술자와 조업자들에게 훈련받을 기회를 제공했다(주로 FMEA를 통해서).
- 설계 변경이 가능한 부분을 식별해 냈다.

결론적으로, 80/20 시스템을 다루는 경우에는 최신식 RCM을 도입하는 것이 능사는 아님을 알게 되었다. 모든 이익 내용은 고전적 RCM 과정에서 최대의 효과를 냈다. 이러한 것은 손익 분기가 매우 빠르다는 것에서 알 수 있다. 따라서 요구되는 추가 작업이 상대적으로 크지 않다면 고전적 과정을 통하는 것이 훨씬 바람직하다고 하겠다.

감사의 글

이러한 사례 연구에 노력을 해준 RCM 팀과 도움을 아끼지 않은 지원자 여러분께 감사를 드리는 바이다.

RCM 팀	지원자
Barry Fox	Bob Bernard
Dave Bush	Gordon Lawrence
John Pearce	Harold Wilson
Pete Snyder	
Mac Smith(보조자)	

12.2.2 MidAmerican Energy-화력 발전소(석탄)

기업 소개

MidAmerican Energy는 아이오와 주의 가장 큰 설비 회사로서 아이오와, 일리노이스, 사우스 다코타, 네프라스카 등의 550개의 공동체, 170만 소비자에게 전기와 천연가스를 공급하고 있다. MidAmerican Energy는 1995년 Midwest Resources와 Iowa Illinois Gas & Electric 사 간의 합병에 의해 탄생했다. Midwest Resources는 Iowa Resources와 Iowa Public Service 사와의 합병에 의해 만들어진 회사이다.

MidAmerican Energy는 아이오와 주에 10개의 석탄 가동 화력 발전소를 운영하고 있다. 이 회사는 아이오와 주에 있는 또 다른 석탄 가동 발전소와 두 개의 원자력 발전소(아이오와 주와 네브라스카 주에 각각 하나씩)의 주주이기도 하다.

Neal 4 발전소

Neal 4는 MidAmerican과 시옥스 시 근방에 위치한 Iowa 사가 공동으로 운영하는 644MW 급의 석탄 가동 화력 발전소이다. 이 발전소는 1979년부터 본격적으로 가동을 시작하여 연간 2,500,000톤의 Powder River Basin 석탄을 소비하면서, 4,000,000MW/h의 전력을 생산한다. 1994년 UDI의 생산 비용 보고서를 보면, Neal 4 발전소가 총 메가와트-시간당 평균 비용(연료 포함)이 미국 내에서 두 번째로 낮은 것으로 나타났다. 1990년에서 1994년까지 Neal 4의 가동

률과 긴급 정지율은 각각 84%와 5%로서 동일한 설비에 대한
NERC GADS 평균 79%와 8.7%보다 월등히 우월함을 보여 줬다.

시스템 선택

Nea 4는 30여 가지의 주요 시스템으로 구성되어 있다. 착수 초기에
공장의 80/20 시스템을 알아내기 위해서 지난 2년간의 유지 보수 비
용을 기본으로 한 파레토 다이어그램을 작성했다. 최상위 항목으로
있는 석탄 처리 시스템을 RCM 초기 과제로서 선택했다. 이 시스템
은 발전소의 석탄 저장고 출구에서 시작하여 분쇄된 석탄과 공기의
혼합물이 보일러 내부로 날려지는 보일러 조절 입구에서 끝난다. 발
전소에는 7가지의 석탄 처리 시스템이 있다.

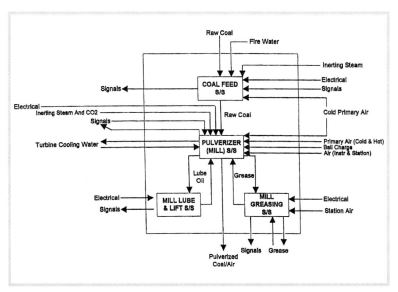

그림 12.10 Neal 4 coal processing, functional block diagram.

그림 12.10은 석탄 처리 시스템의 기능 블록 다이어그램을 보여 준다. 이 시스템은 4개의 독립적인 하부 시스템으로 구성되어 있다. 이 시스템에서 가장 복잡한 부분은 석탄 공급 하부 시스템(Coal Feed Subsystem)과 분쇄 하부 시스템(Pulverizer Subsystem)으로서 전체 석탄 처리 시스템 중 가장 높은 유지 보수 비용과 DT가 이 두 가지 시스템에서 나타나고 있다. RCM 초기 과제로서 석탄 공급 하부 시스템을 선정했다.

석탄 공급 하부 시스템

석탄 공급 하부 시스템은 석탄 처리 시스템의 4가지 하부 시스템 중 하나이다. 이 시스템은 분쇄기로 석탄을 공급하는 속도를 조절한다. 석탄 공급기(Coal Feeder)는 중량에 의해 공급하는 형식으로 석탄의 밀도에 따라 자동적으로 석탄 공급을 조절한다. 석탄 공급은 분쇄 석탄의 수위 조절기와 연소 조절 시스템의 신호에 따라 조절된다. 벨트 컨베이어가 한 회전할 경우 공급되는 양은 밀도에 관계없이 석탄 100파운드이다. 무게 측정과 보정 시스템은 컨베이어 벨트 1회전당 100파운드를 유지하기 위해 석탄 수위 눈금의 조절을 함으로써 석탄 밀도의 변화를 나타낸다.

공급기는 SECOAL 복합 핵 감지기를 장착하고 있어서 원탄 도관 내에 있는 석탄의 유무를 확인한다. 상부의 감지기는 저장고 바로 아래에 위치하여, 원탄의 양이 줄어들면 자동적으로 저장고 옆에 있는 진동자를 움직이게 한다. 하부의 감지기는 공급기에서 약 5피트 정도 떨어진 곳에 위치해서 원탄의 양이 줄어들면 공급기를 멈추게 한다.

각 분쇄기(Mill)에는 2개의 석탄 공급기가 있어서 발전소에는 총 14개의 공급기가 있다. 공급기를 차단하고 있는 수동 공기 조절 댐퍼가 있어서 공급기의 차단된 공기가 분쇄기보다 높은 압력을 유지할 수 있도록 만들어 준다. 계량 챔버의 공기 차단 밸브 역시 챔버 내의 차단된 공기를 압축하게 해준다. 이 시스템에는 분쇄기와 분쇄 건조 투하 장치 사이에 수동으로 작동되는 차단 장치도 있다. 공급 벨트 아래에는 잔여 분진을 제거하기 위한 또 다른 벨트가 설치되어 있다.

RCM 분석 및 결과

석탄 공급 하부 시스템에 제5장에서 소개한 고전적 RCM의 7단계를 실시했다. 이 분석 과정에서 얻은 데이터는 팀의 보조자에 의해 RCM 형식으로 일일이 기록했다(이때는 아직 RCM WorkSaver 소프트웨어가 개발되기 이전이다).

통계적 정리

그림 12.11에서 분석 과정 그 자체의 개요를 보여 준다. 여기서 14개의 석탄 공급 하부 시스템 각각의 설비로 식별된 130개의 고장 양상으로부터 총 152개의 개별 PM 작업 결정이 나왔다. 이러한 고장 양상은 하부 시스템에서 정의된 4가지 기능과 8개의 기능 고장에서 직접 유도되었다. 여기서 주목할 점은, 고장 양상의 절반 이상이 숨겨진 고장 양상(다시 말해서 조업자가 예측할 수 없는 결과를 보고 나서야 뭔가 잘못되었음을 알게 된다)으로 Neal 4에서의 운용 경험에 비추어 볼 때 상당히 놀라운 발견들이었다. 또한 대부분의

• Number of S/S Functions	4
• Number of S/S Functional Failures	8
• Number of components in S/S boundary	14
• Number of failure modes analyzed	130
- number of hidden failure modes	71 (55%)
• Number of critical failure modes	78 (60%)
(i.e. A, D/A, B, D/B)	
• Number of PM tasks specified	152
(including run-to-failure decisions)	

그림 12.11 RCM systems analysis profile.

고장 양상(60%)은 작업자의 안전성이나 공장의 긴급 정지 등에 관련되어 매우 결정적인 것들이었다. 따라서 이러한 문제를 제거하는 PM 행위에 집중할 필요가 있었다.

그림 12.12는 PM 작업 형식 개요로서, 기존의 PM 작업과 분석의 7 단계로 만들어진 RCM 작업을 비교했다. 이러한 비교에서 두 가지 특별한 점을 알게 되었는데, (1) 총 활동적 PM 작업(TDI, TD, CD, FF)이 거의 3배(34에서 90으로)로 증가되었고, (2) RCM으로 인해 상당한 양의 일시 정지를 하지 않는 CD나 FF 작업(55 대 12)이 도입되었다는 것이다. 이 두 가지 점 모두 그림 12.11에서 보여주는 다량의 숨겨진 고장과 결정적인 고장 양상으로 인해 직접적으로 나온 것이다. 기존의 PM 작업에서는 118개의 특정 항목을 언급하지 않았다. 반면 RCM 작업 결정에서는 이 항목을 모두 언급했으며, 이 중 55개는 RTF로 분류했다. 다른 63개의 결과는 TD, CD, 또는 FF 작업으로 분류했다(그림 12.13, 항목 3A).

Task Type	RCM	Current
• Time directed		
- Intrusive (TDI)	29	20
- Non-intrusive (TD)	6	2
• Condition directed (CD)	22	7
• Failure finding (FF)	33	5
• Run-to-failure (RTF)	62	--
• None specified	---	118
	152	152

Note: 55 of the "RTFs" were also "NONES"

그림 12.12 PM task type profile(for failure modes).

	Similarity Descriptor	Number		Percent
1.	RCM = Current (Tasks are identical)	6		4%
2.	RCM = Modified Current (Same general task approach)	20	√	13%
3A.	RCM Specifies Task – No Current Task Exists (current missed important failure modes)	63	√	41%
3B.	RCM Specifies RTF - No Current Task Exists (Similarity probably accidental in most cases)	55		36%
4.	RCM Specifies RTF - Current Task Exists (Current approach not cost effective)	7	√	5%
5A.	Current Task Exists - No Failure Mode in RCM Analysis	0	√	0%
5B.	Current Task Exists RCM Specifies Entirely Different Task	1	√	1%
		152		100%

√=60%

그림 12.13 PM task type similarity profile(for failure modes).

RCM과 기존 PM 구조를 비교하는 또 다른 방법을 그림 12.13에 PM 작업 유사성 개요로 나타내었다. 이러한 비교는 RCM 기본의 PM 작업이 기존의 PM 작업과 어떤 점에서 동일한지, 또는 어떤 점에서 다른지를 보여준다. 확인 표시(✓)를 한 항목은 RCM 과정이 PM 자원에 가장 크게 영향을 미치는 것을 나타낸다. 이 경우, 그 영향은 기존의 프로그램에서는 없었지만 RCM에 의해 필요하다고 했던 63개 분야의 PM 행동을 보여준 3A 항목에서 확연히 나타났다. 전체적으로 보면, RCM 결과로 인해 석탄 공급 하부 시스템에 대한 기존 프로그램의 60%를 변경시켜야 한다는 결론을 내리게 되었다.

선택된 작업의 비교

그림 12.14는, 지난 수년간 지속해 오던 전통적인 방법의 PM 프로그램에 영향을 줄 수 있는 RCM 분석 결과들을 보여주는 6가지 비교를 설명해 준다.

항목 1

이것은 RCM 과정에서 자주 발견되는 전형적인 내용이다. 공급기에 있는 계량 조절 챔버의 지속적인 조정 필요성에 대해 자세히 조사한 결과, RCM 팀은 이러한 석탄 계량 측정이 전혀 쓸모 없음을 알게 되었다. 다른 공장 작업자에 의해 별도로 평가된 또 다른 2곳에서도, 요청된 석탄 계량을 확인한 결과, 이러한 비싼 조절 과정을 지속시킬 필요가 없음을 알았다. 다시 말해서 이와 같은 기존의 작업은 RCM의 4번째 원칙인 효율성에 부합하지 않는 것이었다. 그

Component & Failure Mode	RCM Task	Current Task	Comment
1. Weigh Control - all failure modes	RTF	Calibrate (TDI) - 3 months	An equivalent method for weighing coal can be used (7A and 7B scales). There is no negative plant consequence if failure does occur.
2. Feeder Head Pulley -outboard bearing fails/seizes	1. Periodically grease bearings (TDI) - 6 months with AE (AE=Age Exploration) 2. Do thermographic test and trend result - 1 month with AE (use these results to also adjust the greasing interval).	Grease all fittings (TDI) - 1 week --	Generally, all intervals for greasing have been extended from weekly to 3, 6, or 12 months. An example of new technology being utilized in the PM program.
3. Vibrator - coil burned out	1. Periodically operate (FF) - 1 month, 4/1-10/31 - 1 week, 11/1-3/31 2. Modify wiring to run each vibrator in-dividually. (DM)	None Currently, both vibrators operate simultaneously.	Recently did a random check on one, found it did not operate. Then, checked others and found two more that did not operate. Noise makes it virtually impossible to distinguish if one or two vibrators are operating.
4. Feeder Inerting Valve - isolation valve jammed open	Periodically operate to assure it can work (FF) - 12 months (before boiler outage)	None	Team checked these valves and found three that were 'frozen' in the open position.
5. Feeder Control Cabinet - TD-2 timer fails.	RTF *BUT* Operators will verify by inspection that there is no coal on the belt immediately after each shutdown.	None This is not currently done.	This is a new procedure for the operators. This particular failure mode is hidden, and would result in coal left on the belt.
6. Feeder Control Cabinet - MSC relay fails to close	Inspect for drag chain failure (FF). - each shift	None	This inspection must be done by looking directly at the drag chain – not the coupling which could be turning with the worm gear stripped. This latter situation has actually occurred.

그림 12.14 Other selected results.

러한 조절 장치는 삭제되었고 계량 조절 챔버는 폐쇄되어 연간 $50,000을 절감하게 되었다.

항목 2

이 항목은 새로운 PdM 기술(온도기록계)의 적용과 기존 프로그램의 윤활 작업에 대한 작업 빈도의 급격한 변화를 동시에 보여준다. 근원적으로 윤활 작업이 너무 많이 실시되어 비용을 낭비하고 있었으며 베어링이나 기어 상자 내에서 윤활유가 뭉쳐서 굳는 것 때문에 고장 초기 양상을 일으키는 요인이 되기도 했다.

항목 3

석탄 저장고와 공급기 주입 파이프 사이의 경계에 위치한 진동자는 석탄이 얼거나 뭉치는 일이 자주 생기는 겨울이 아니고는 별 쓸모가 없었다. 따라서 한동안 쓰지 않다가 갑자기 겨울이 닥치면 한두 개의 진동자가 고장이 나곤 했다. 간단한 FF 작업이 이러한 문제를 해결하기 위해 적용되었다. 또한 설계 변경이 도입되어 별개의 시험 운용을 위해 진동자에 배선이 새롭게 설치되었다(저장고별로 2개를 설치했고 시험 동안 실제 가동 여부에 상관없이 가동 소음을 방지했다).

항목 4

석탄 공급 하부 시스템의 조업 정지 기간 동안 화재 발생을 방지하기 위하여 유출 방지 기능이 설치되었다(Neal 4는, 공급기 내부에 머물 경우 자연 발화하는 경향이 있는 Powder River Basin 석탄을 사용한다). 그러나 한 번 조업이 정지되면 작업이 수행되더라도 차단 밸브가 막히게 된다. 이러한 밸브는 한동안 사용하지 않으면 보통 열린 상태로 굳는다. 여기서도 간단히 주기적인 밸브의 작동을 시행함으로써 밸브의 가동성을 유지하도록 하였다. 기존의 PM 프로그램에서는 이러한 FF 작업이 없었기 때문에 RCM 팀의 간단한 확인만으로도 3개의 밸브가 열린 상태로 굳어진 것을 발견했다.

항목 5

통상적인 공급기 조업 중지에서는, 통제 시스템의 타이머가 그 벨트를 120초 더 가동시켜 모든 석탄이 분쇄기로 넘어가 공급기 내에 석탄이 남지 않도록 해 주어, 공급기의 화재 위험을 방지해 준다. 이러한 타이머가 고장이 나면 벨트는 석탄을 가득 실은 채로 멈추게 되고, 화재가 나기 전까지는 아무도 이에 대해 알지 못할 수 있다(또는 우연히 알 수밖에 없다). 따라서 모든 조업 중지 이후에 공급기 벨트 상태를 육안으로 확인하도록 조업자 SOP를 제도화했다.

항목 6

이 FF 작업을 작업 관리 정보 시스템(Work Management Information System)의 형식으로 만들었다. 그러나 가장 중요한 것은, 외부에서 공급기쪽에 설치된 모터와 기어 상자 간의 결합을 단지 육안으로 확인하는 것보다 예인 사슬 자체에 대한 검사가 완료되도록 절차를 변경한 것이었다. 이는 Neal 4의 설비 이력 중 일부가 RCM 7단계인 작업 선택과 정의에 어떤 영향을 미치는지에 대한 좋은 예가 된다.

선택된 IOI 발견

고전적 RCM 과정은 선택된 시스템에 대해 매우 광범위한 검토와 평가를 수반한다. 그 결과 RCM 팀은 유지 보수에는 무관하지만 추가의 평가, 조정, 행동을 필요로 하는 다양한 항목들을 찾았다. 이러한 항목들을 일컬어 관심항목(IOI)이라고 한다. 이러한 IOI 중 몇 가지 예를 다음에 소개하겠다.

1. 분쇄 포이 베어링에 대한 윤활유 공급을 없애기 위해 유량 스위치를 제거하여, 이 베어링을 보호하는 아무런 윤활장치도 남기지 않았다.

2. 이 그룹은 실제로 사용되지 않는 분쇄 드럼 화재의 소화 방법을 찾았다.

3. 공급기 주입구에 있는 수동 운전대에 표시가 잘못되어 있어서, 닫힌 상태에서 열림 표시가 되었다.

4. 공급기가 작동할 때 SECOAL 핵 석탄 감지가 조정 위치로 놓이면 어떤 일이 발생하는지 아무도 몰랐다. 공급기를 멈추게 하는지 위험한 상황인지의 여부를 알지 못했다.

5. BTG 기판 상에 있는 SECOAL 핵 석탄 감지기의 이상 발생 경고가, 실제로는 대다수 조업자가 생각하는 공급기로의 석탄 부재라는 것 외에 다른 것을 의미했다.

6. 교정적 또는 예방적 유지 보수 작업에 대한 현장 발견 상황 기록이 없었다.

모두 합치면 총 24개의 IOI가 석탄 공급 하부 시스템에서 나왔다.

RCM-세계적 수준의 유지 보수 기술

RCM 수행 과정

AMS 회원들이 초기 과제를 유도하고 촉진하는 고문으로 남아 있었다. 그 과제의 RCM 팀은 3명의 고도로 전문화된 인력, 즉 기계 유지 보수 전문가와 전기/I&C 전문가, 그리고 운용 책임자급으로 구성되었다. 우리가 선임한 고문의 지적대로, RCM 팀원을 발전소 내의 전문가로 구성했었기에 가장 성공적인 RCM 프로그램 중 하나로 만들 수 있었다. 왜냐하면 실제 발전소에 대한 광범위한 지식을 한 곳에 모을 수 있었고 그로 인한 결과를 직접 실행할 바로 그 사람들로 인한 소유 효과를 낼 수 있었기 때문이다.

초기 과제를 마치는 데에는 35일이 소요되었으며, 7단계에서 추천된 계획과 실행 작업을 위해 발전소의 작업 관리 정보 시스템(Work Management Information System, WMIS)에 대한 특정 입력 내용을 개발하였다. 이 35일이라는 기간은 팀원들의 중요한 일상 업무에 지장을 주지 않기 위해 7개월 넘는 기간 동안 매월 일주일의 시차를 둔 작업에서 나온 일수이다. 향후에는 RCM 과제 일정이 좀 더 단축될 수 있을 것이다. 그러나 통상적으로 전문가로 구성된 팀에게는 일주일 간격의 시차 업무를 하는 것이 매우 효과적이다. 지금은 훈련 경험이 쌓여 향후의 80/20 시스템에 대한 과제는 평균 25일 정도로 예상된다. RCM WorkSaver 소프트웨어를 사용하게 되면 약 20일 정도로 더 줄어든다.

7단계의 분석에서 발견된 것을 RCM 기본 PM 작업으로 현장에 원활하게 접목시켰던 5가지 핵심 활동 사항은 다음과 같다.

1. RCM 팀은 RCM 방법론과 분석 결과에 대한 설명을 전직원을 대상(전문 기술자, 감도자, 관리자 등)으로 한 회의에서 보여 줬다. 따라서 여기에는 갑작스럽거나 의도적으로 감춘 의사 결정이 없었고 PM 작업의 변경이 있기 전에 발전소 전체의 매입 효과를 촉진시키기에 충분했다.

2. 분석 결과는 PM 작업 변경에 대한 명령이 내려지기 전에 모두 발전소 관리자와 그 담당자들에 의해 검토되고 승인되었다.

3. 분석팀은 WMIS(그림 12.15 참조)로의 정확한 입력을 하기 위해 7 단계 PM 작업 결과에 대한 확장된 정의를 작성했다.

4. 중복에 대한 혼동을 없애기 위해 모든 기존 PM 작업(RCM과 기존 작업이 동일한 6가지 항목만 제외하고)을 WMIS에서 제거했다.

5. 운용 인력들이 다수의 CD나 FF 작업에서의 주요 역할에 대해 공식적으로 책임을 담당하기로 동의했다. 이와 같은 역할은, 기존에는 없었거나 비공식적으로만 행해졌었다.

실현된 이익

Neal 4에 대한 RCM 초기 과제는 실제 두 가지 목적에서 실시되었다: (1) 고전적 RCM 과정으로 Neal 4의 실제 이익이 나올 수 있다는 것을 보여 주는 것, (2) 7단계 시스템 분석 과정을 수행하는 정확한 방법에 대해 발전소 인력 및 팀을 훈련시키는 것. 우리는 이 두 가지 목적을 성공적으로 수행했다.

RCM 과제로 인한 경제적 이익이라는 관점에서 보면, PM 인력-시간에 대한 전체적인 절감은 그리 크지 않았다. 실제로 이 특정 초기

WMIS INPUT FORM

Task Title: _Ultrasound_

Requested By: RCM # 11- 015

Craft: M

Equipment: _Crusher Dryer Outlet Gate_   **Equipment #:**

Work Task:

Take Ultrasound (3 Meter) readings and trend. Initially, take baseline readings on all (6.1) 14 Gates - then select four of the 14 Gates (at random) for continued readings at the frequency shown below. The selected four Gates should be from those used the most.

Frequency: _6 month with A.E._

Crew Size/MH (Tot): _One / 6 hours (for all 14 Gates) One / 2 hours (for 4 Gates)_

Special Instructions:

Sufficient readings must be taken to assure wall thickness integrity in the circumferential region between the bottom flange and 6 inches above the bottom flange.

Additional Information Required To Implement Work Task:

1. _A definition of " acceptable wall thickness " must be established._
2. _A consistent pattern for the readings must be defined for use in establishing trend information(e.g. at 90° mid-point locations for use in trending)._

Entered By: _RCM Team_ 2/22/96   **Reviewed By:**

Approved By:

그림 12.15 WMIS input form.

과제는 기존의 PM 작업에 대한 인력-시간에 비해 거의 두 배의 인력-시간이 들었다. 그러나 이러한 증가에 대해서는 인공적으로 어느 정도는 부풀려진 점이 있다. 왜냐하면 여기저기서 비공식적으로 또는 무작위로 행해진 CMMS에서의 조업자들의 PM 작업을 상당수 공식적인 것으로 합쳐서 계산했기 때문이다. 주요 경제적 이익은 다음의 3가지 분야에서 나타날 것으로 예측된다.

1. 정밀한 RCM 과정으로부터 나온 효율성 때문에 교정적 유지 보수(CM) 비용은 현격하게 줄어들 것이다. 예측하기로는 40에서 60%, 또는 이보다 더 많은 감소가 예상된다.

2. 감소된 CM 활동은 긴급 정지율을 자연적으로 감소시킨다. 어느 정도나 감소시킬지에 대한 것은 예상하기 어렵지만 (Neal 4는 이미 뛰어난 EFOR 이력을 갖고 있다), 아무리 사소한 감소라고 하더라도 의미 있는 O&M 비용 절감으로 바뀌게 된다.

3. 고전적 RCM 과정에서 실현된 의도하지 않던 이익이 경제적 상황에서 가장 주요 인자로 되는 경우가 있다. 예상하기는 어렵지만, 초기 과제의 IOI(관심항목)는, 어떤 시스템의 경우 이렇게 추가로 발견된 비용 절감 정도가 유지 보수 비용 절감 정도와 동등하거나 그보다 더 많을 수도 있음을 시사한다. 실제로, 이러한 추가의 발견은 고전적 RCM 접근법을 상당히 긍정적으로 보게 해주는 놀라운 결과 중 하나이기도 하다. 이와 같은 포괄적 분석 과정이 없이는 이런 이익이 얼마나 될지 알 방법이 없다.

감사의 글

이러한 사례 연구에 노력을 해준 RCM 팀과 도움을 아끼지 않은 지원자 여러분께 감사를 드리는 바이다.

RCM 팀	지원자
Jeff Delzell	Rod Hefner
Joe Pithan	Dana Ralston
John Riker	Chuck Spooner
Mac Smith(보조자)	

12.2.3 테네시 밸리 공사 컴버랜드 발전소 FGD

기업 및 공장 소개

테네시 밸리 공사(Tennessee Valley Authority, TVA) 컴버랜드 발전소는 지역 경제 개발 기관이면서 미국의 가장 큰 민간 발전소이기도 한 완전한 국영 기업이다. TVA의 발전 및 하천 관리 부문은 정부의 보조를 받지 않는다. 이 부문은 기본적으로 7개 주, 80,000 평방마일 면적의 TVA 고객에게 전기를 판매함으로써 운영된다.

2001년, TVA가 생산하는 에너지의 65%는 화력(주로 석탄) 발전소에서, 29%는 원자력 발전소에서, 나머지 6%는 수력 발전소에서 나왔다. 같은 해 총 판매한 전력량은 1,610억 kW/시간 이었다. 그 시스템에는 170,000마일 가량의 전력선이 포함되어 있으며, 13,500명의 직원이 근무하고 있다.

화력 시스템에는 11개의 발전소가 있는데 그중 컴버랜드 화력 발전소가 2,600MWe로 가장 크다. TVA의 화력 부문과 수력 부문에 대한 초기 신뢰성 중심의 유지 보수(RCM) 프로그램이 컴버랜드에서 이루어졌다.

컴버랜드 화력 발전소(Cumberland Fossil Plant, CUF)에는 TVA 그리드 시스템에 석탄을 연소시켜 증기로 운용되는 설비가 2대가 있어서 기본적으로 2,600MWe(각 설비당 1,300MWe) 정도의 생산을 할 수 있다. 이 발전소는 1972년 가동을 시작하여 서부 켄터키주 석탄을 연간 6,000,000톤에서 7,000,000톤을 소비하고 있다. 컴버랜드 강의 내슈빌에서 북서쪽으로 40마일 떨어진 곳에 위치하고 있어서 천연의 수자원을 이용할 수 있을 뿐만 아니라, 이를 수송 수단으로 사용, 바지선을 통해 석탄이나 석회석을 운송하기도 한다.

1990년 공기 정화 운동에 대한 위원회의 활동에 따라 TVA에서는 배출 가스 탈황(Flue Gas Desulfurization, FGD) 집진기를 CUF에 있는 설비 두 군데 모두에 설치했다. 이에 대한 총 비용으로 5억 달러가 들었으며, 집진기는 1994년 4분기부터 가동을 시작했다. 이 집진기는, 배출되는 이산화황의 94%를 제거하도록 설계되어 있어서 연간 375,000톤을 처리할 수 있다. CUF 집진기는 습식 공법을 사용하여 SO_2를 제거한다. 이 공법으로 연간 725,000톤의 석회석을 분쇄하여 물과 섞인 슬러리 상태로 소모한다. 이 슬러리는 흡착 모듈로 펌프질되어, 위로 상승하는 배출 가스와 반대로, 흡착 용기 내에서 아래로 떨어지면서 재생 저장고에 쌓이게 된다(그림 12.16 참조).밀도와 pH를 정밀하게 조절하는 화학 공법으로서, 이 슬러리-SO_2 혼합물을 고품질의 합성 석고(황산 칼슘)로 만들어 폐기물로서 재생 저장고로부터 창고로 이동시킨다. 이 부산물인 합성 석고 역시 판매가 가능한 제품이다. 각 설비에는 3대의 흡착 모듈이 있고, 크기는 지름 60피트에 높이 165피트이다.

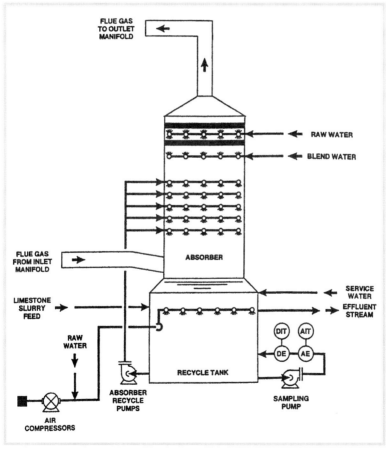

그림 12.16 CUF/FGD scrbber schematic.

CFU 집진기에 의해 생성되는 다량의 고품질 합성 석고로 인해 인근에 인조 벽체 제조 공장이 생기게 되었다. 그 공장은 Standard Gypsum에 의해 건설되었으며 직원은 125명으로 미국 내 동종 업계에서 가장 큰 회사 중 하나이다. 건물 면적만 대략 11에이커인 그 공장은 연간 7억 평방피트의 건식 벽체 생산 능력을 갖추고 있다.

천연의 수 자원은 집진기의 가동에 없어서는 안될 필수 요소이다. 석회석 슬러리를 만들고 물로 희석시키는 데에 사용되며, 동시에 흡

그림 12.17 Aerial view of powerhouse and scrubber(courtesy of Tennessee Valley Authority).

착 모듈 청소에도 빠져서는 안 되는 요소이다. 집진기는 연간 34억 갤런의 물을 소비하며, 사용되는 물의 대부분은 석고 폐기 창고에서 컴버랜드 강으로 되돌아간다. 그림 12.17에 발전소 전경과 새로운 집진 설비를 보였다.

관련 배경

에너지와 관련된 내용은, 지난 25년간 주기적으로 희비가 교차했던 주요 기사였다. 1970년대 중반 OPEC의 석유 위기와 1979년 Three Mile Island(TMI-2)의 원전 사고는, 오늘날까지도 이어지는 정확한 미국 에너지 정책에 대한 국제적 관심과 논쟁을 일으킨 기록적인 두 가지 사건들이었다. 이러한 논쟁의 중심에는 공급(석유 수입 의존도, 풍부한 국내 석탄량), 안전성(원전 사고 위험), 그리고 환경(핵 폐기물, 화석 연료에 의한 공기 오염) 등에 대한 문제가 자리잡고 있다. 하지만 에너지 정책 선정과 관련된 모든 정치적, 수사학적 환경 가운데에는 두 가지 명백한 요소가 숨어 있다. 석탄이 미국 전력 생산의 주 연료라는 것과 문제가 되는 석탄 발전소의 배출(SO_2와 NO_x)을 현 시점의 기술로도 상당량 줄일 수 있다는 것이다.

따라서 이러한 사례 연구를 보여 줄 가장 적절한 시기로 판단된다. 이 사례 연구에서는 비단 TVA 시스템에 있는 거대한 석탄 발전소에서 배출되는 SO_2를 줄이기 위한 노력에 대한 것뿐만 아니라, 컴버랜드 집진기에 대해 고도로 성공적이었던 예방적 유지 보수를 정의하는 RCM 방법론을 포함하는 혁신적인 단계에 대해서도 설명할 것이다.

컴버랜드의 성공적인 집진기 가동에 더해서, TVA는 최근 15억 달러를 들여서 테네시와 알라바마, 그리고 켄터키의 석탄 발전소에 5대의 집진기를 추가로 도입했다. 이러한 추가 설비로 TVA는 연간 200,000톤 정도 SO_2 배출량을 더 줄이게 될 것이고 현재 주정부 기준치의 20%를 하회하는 이산화황 배출을 실현할 것으로 보인다.

시스템 선택 및 소개

가동 이력이 실제로 있는 경우라면, 긴급 정지율이나 제품 손실 또는 교정적 유지 보수 비용과 같은 변수를 이용해서 발전소 시스템에 대한 파레토 다이어그램을 만들게 된다. 그런 다이어그램은 가시적으로 눈에 확 띄는 시스템을 골라낼 수 있어서 80/20 법칙을 통한 선택이 매우 용이하다. 하지만 이번 경우에는 집진기의 건설 막바지 단계였다는 것이 RCM 과제가 시작될 무렵에 확인되었기 때문에 그와 같은 데이터가 없었다. 따라서 FGD 임원들은 최대한 신중하게 판단을 내려 5가지의 분석 가능한 시스템을 선택했다. 그리고 결론적으로 집진 공정에 필수적인 가장 중요한 두 가지 인자 중 하나인 원수 시스템을 선택했다.

원수 시스템은, 석회석 슬러리 준비 작업 과정과 흡착 작업의 통합 설비 부분 중 하나인 분사기 등 두 군데에 물을 공급한다. 이번 RCM 과정에서는 원수 시스템이 6개의 하부 시스템으로 더 세분화되어 시스템 분석 과정을 밟았다. 이 하부 시스템 가운데 가장 중요한 부분은 원수 공급기로서 모든 필요한 양의 물을 강에서 끌어 올

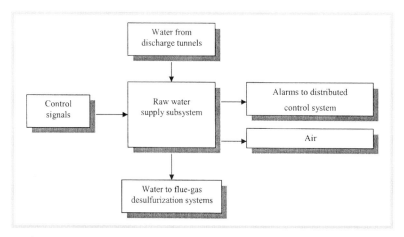

그림 12.18 Simplified raw water supply subsystem – functional
block diagram.

려 FGD 설비에 있는 주요 분배기로 보내 준다. 따라서 원수 공급기
하부 시스템을 초기 RCM 과제로서 선택했다(그림 12.18 참조).

FGD에 필요한 물은 발전소 건물의 터널을 통해서 분배되는 냉각
수로서, 강에 또 다른 주입구를 설치할 필요 없이 충분한 양의 물을
쉽고 경제적으로 공급받는다. 하지만 이 터널은 땅속 20피트 정도
깊이에서 하부 시스템의 주 펌프로 퍼 올려지기 때문에, 터널에서
물을 끌어올리는 42인치의 흡입 파이프에 진공 발생 시스템을 부착
할 필요가 있었다. 미끄러지도록 설계된 진공 시스템에는 두 개의
모터로 작동하는 펌프가 있어서 흡입구에 음압이 유지되도록 한다.
필요한 경우, 물을 끌어올리거나 진공 시스템을 유지 보수하기 위해
두 진공 펌프 모두를 사용할 수 있다. 시스템에 진공이 걸리기 시작
하면 4개의 공기 배출 밸브(3개의 물 펌프와 1개의 흡입구)에서는

파이프 내에 물이 다 찰 때까지 파이프 공기를 빼내고 밸브를 닫는다. 진공 발생기의 조절은 각 구역별 조절판이 있어서 긴급 상황과 유지 보수 가동에 자동(설비의 조절 시스템)적으로 움직이며 진공이 새는 경우 경고를 하게 되어있다.

세 개의 원수 펌프는 자동 세정 여과기를 통과하여 두 개의 개별 관으로 보내며, 이 관은 이 하부 시스템 외부의 24인치 나비 밸브에서 끝난다. 끝나는 이 지점에는 공통 관이 있어서 물을 다른 5개의 하부 시스템으로 분배한다. 이 세 개의 펌프는 AC 모터로 작동되는 회전 펌프로서 각 펌프 능력은 분당 6,200갤런(GPM)이다. FGD에서 요구되는 최대의 펌프 능력이 8,800GPM이므로 항상 한 대는 대기 상태로 놓여 있다. 일반적인 조건에서는 집진기가 주입된 원수의 총 손실을 고려해도 최대 8시간 정도까지 가동 가능한 충분한 물을 함유하고 있다. 이처럼 충분한 양을 공급하고 있기 때문에 가동은 최대 24시간까지 가능하다. 따라서 필요한 교정적 측정 자료를 얻기에 충분한 시간적 여유를 가질 수 있다. 이러한 상황을 고려해 볼 때, 집진기에 대한 물 공급이 발전소의 긴급 정지 원인이 될 것이라는 것은 상상하기 어려운 일이다.

RCM 분석 및 결과

원수 공급 시스템에 대해서 제5장의 고전적 RCM 과정이 실시되었다. 분석 과정에서 나온 데이터는 RCM 형식에 수기로 기록되었다(아직 RCM WorkSaver가 개발되기 전이다).

이 초기 과제는 연구를 수행하는 3명의 RCM 팀의 정규 업무에 방해가 되지 않도록 일정을 조절했기 때문에 7개월 넘게 걸려서 완료되었다. 이 3명은 가동 교대 감독자와 기계, 그리고 전기/I&C 유지보수 그룹의 전문가로 구성되었다. 초기 연구를 위해 RCM 고문/보조자와 TVA 화력 및 수력 발전 부문 유지 보수 프로그램 관리자가 동참했다. 팀은 한 달에 일주일간 작업을 했고 총 35일간 작업을 수행했다. 이 3명의 팀은 FGD RCM 프로그램을 지속하여 추가로 3개의 결정적인 하부 시스템을 완료했으며, 분석 생산 모드의 각 하부 시스템당 25일간 분석을 실시했다.

초기 과제에 대한 결과를 그림 12.19, 12.20, 12.21에 정리했다. 그림 12.19는 시스템 분석 개요를 보여 주는데 152개의 식별된 가능한 고장 양상에 대해 156개의 개별 PM 작업 결정이 정해졌다. 이 고장 양상의 거의 절반은 숨겨진 것(72개)이었지만, 안전성과 긴급 정지의 중요도를 갖는 것은 얼마되지 않았다(17개). 이는 FGD 설계에 다양한 중복 인자가 있다는 증거이기도 했다.

Number of S/S Functions	5
Number of S/S Functional Failures	12
Number of Components within S/S Boundary	46
Number of Failure Modes Analyzed	152
Number of Hidden Failure Modes	72
Number of Critical Failure Modes (i.e., A, D/A, B, D/B)	17
Number of PM Tasks Specified (including run-to-failure decisions)	156

그림 12.19 RCM systems analysis profile.

집진기는 새로 설치된 설비였고, 따라서 비교하기 위한 어떠한 PM 이력도 있지 않았기 때문에, 초기 집진기 PM 프로그램을 구성하기 위해 TVA가 규정하던 PM 지시 사항을 이용했다. 결국 이 규정된 PM 프로그램이 그림 12.20과 그림 12.21에서 보여 주는 RCM 결과의 비교에 대한 기본 자료로 활용되었다. PM 작업 형식 비교를 그림 12.20에 나타내었다. 여기서 두 가지 눈에 띄는 점이 있었다. (1) RCM으로 인해 필요한 PM 작업을 2.8배(98/35) 감소시켰다. (2) RCM으로 인해 상당한 양의 긴급 정지를 하지 않는 CD나 FF 작업이 PM 프로그램에 도입되었다. 또한 RCM은 121개의 항목을 RTF로 결정했다. 그림 12.20의 RCM 작업 형식 개요 역시 소요 인력을 기존의 규정된 경우보다 3배 정도 감소시켰다.

그림 12.21은 RCM과 기존의 규정된 PM 프로그램에 대한 또 다른 비교 방법인 작업 유사성 개요를 보여 준다. 이러한 비교는 RCM 기본의 PM이 기존의 규정된 PM과 일치하는 것은 무엇이고 다른 것은 무엇인지를 반영한다. 확인 표시(✓)를 한 항목은, RCM 과정이 비용 면에서 효과가 없는(IV 항목) 작업을 삭제하거나, 이전의 규정된 프

Task Type	RCM	Conventional
Time Directed		
- Intrusive (TDI)	9	56
- Nonintrusive (TD)	1	40
Condition Directed (CD)	10	1
Failure Finding (FF)	15	1
Total PM Tasks	35	98

그림 12.20   PM task type profile(for failure modes).

RCM-세계적 수준의 유지 보수 기술

	Similarity Description	Number		Percent
I.	RCM = Conventional (Tasks are identical)	5		3%
II.	RCM = Modified Conventional (Same general task approach)	9		5%
III. A.	RCM Specifies Task Where No Conventional Task Exists (Conventional approach not cost effective)	11	√	6%
III. B.	RCM Specifies RTF Where No Conventional Task Exists (Similarity probably accidental in most cases)	74		41%
IV.	RCM Specifies RTF Where Conventional Task Does Exist (Conventional approach not cost effective)	47	√	26%
V. A.	Conventional Task Exists – No Failure Mode in RCM Analysis	20	√	11%
V. B.	Conventional Task Exists – But RCM Specifies Entirely Different Task	16	√	8%
	Total	182		100%
			√ = 51%	

그림 12.21 PM task similarity profile(for failure modes).

로그램(III.A 항목)에서는 인지하지 못하던 결정적 고장 양상을 막
기 위해 작업을 추가함으로써 PM 자원에 가장 크게 영향을 미치는
것을 나타낸다. 여기서 또 주목할 점은, 20가지의 경우, FMEA에서
조차 식별하지 못하는 고장 양상에 대해 기존의 PM 프로그램은 PM
작업을 실시하고 있었다는 것이다(V.A 항목). 16가지의 경우는 두
가지 프로그램 모두에서 PM 작업이 필요한 것으로 나타났지만
RCM은 어느 작업이 가장 효율적인 접근법인가에 대해서 완전히 다
른 접근 방법을 택했다(V.B 항목). 그리고 이러한 차이는 TD를 CD
나 FF 작업으로 전환하는 데에서 기인했다. 전체적으로 보면, RCM
결과는 기존 PM 작업 계획의 51%에 대해 상당한 변화를 주었다.

RCM 수행 과정

새로운 RCM 작업에 대한 컴버랜드에서의 수행 과정은 매우 더디었는데, 이는 두 가지 가장 큰 요소 때문이었다. 첫 번째는 집진기가 아직 가동되지 않아서 이를 궁극적으로 해결할 장기적으로 수립된 방법이 없었다. 두 번째는 유지 보수 감독자가 전직원을 대상으로 RCM 기본의 PM 작업 사용에 대한 설명과, RCM에 의한 경제적 이익을 추구하기 위해서는 기존의 PM 작업에 내재된 많은 업무를 단순히 유지하기 위해 추가의 OT나 주말 작업이 필요하다는 설명을 실시했다. 직원들은 기존의 PM 프로그램이 단지 많은 PM 일정을 유지하기 위해 그들의 작업량을 상당히 증가시킨다는 사실에 대해 잘 알고 있었다.

RCM 작업을 수행하는 기술적 방법 역시 간단했다. 컴버랜드는 MPAC CMMS 소프트웨어를 사용하고 있었다. 기존의 PM 프로그램에 설치된 소프트웨어를 빼내고 RCM 기본 작업으로 교체했다. 이는 전적으로 일시정지를 요하지 않는 CD와 FF 작업이었다.

TVA에서 겪었던 CUF/FGD에 대한 경험으로 보면, 신규 설비에 RCM PM 작업을 수행하는 것이 장기적으로 오랫동안 사용해서 이미 자리를 잡은 설비보다 훨씬 수월하다는 것을 알 수 있었다.

실현된 이익

RCM 프로그램에 의해 현실화된 두 가지 주요 이익을 소개하겠다.

1. 원수 공급 시스템에서 나온 RCM 결과는 우리의 PM 작업을 기본으로 하여 출발했던 기존의 PM 프로그램이, 실제로는 너무 과장되어서, 적어도 3배의 시간을 소요하고 있었다는 상당히 신빙성 있는 증거를 보여 줬다. RCM으로 인해 직원 들이 수긍할 만한 좀 더 현실적인 상황으로 바뀌었다.

2. RCM 결과에서 또 하나 알아낸 것은 원수에 대한 중복된 자 원의 필요성이다. 이는 원수 자원으로 인한 일련의 가능한 기 본적인 고장 시나리오(한 가지 가능한 단일 고장을 포함하 여)를 제거시킬 수 있다. 이러한 중복된 물 공급은 발전소 분 진 방지용 물에서 끌어 오도록 설치되었다. 지금까지 이 보조 물 공급 시스템은 두 번 사용되었다. 결국 집진기는 발전소 건물의 긴급 정지를 일으키는 원인이 아니었다.

궁극적으로 모든 고전적 RCM 분석은 PM 작업의 최적화를 통해 실현된 것 이상의 다양한 형태의 상당한(그러나 예기치 못한) 이익 을 만들어 냈다. 이 분석은 결국 유지 보수 비용에서 나타나는 이익 인 경제적 지불 측면에서 다양한 부가적 이익을 산출해 냈다. 이 부 가적 이익은, 고전적 RCM 과정이 문제의 시스템에 대해 대단히 포 괄적으로 조사한다는 사실에 기인하며, 이 때문에 분석가가 관심 분 야에 대한 설계, 가동 그리고 물류에 대한 문제를 평가하게 한다. 이 연구에서 실현된 부가적 이익 몇 가지를 소개한다.

1. 진공 저장소의 배수 장치는 배수가 될 경우 시스템의 진공도 감소를 방지하는 배수조를 포함하도록 변경시켰다.

439

2. 각 RTF 결정은 자재 수급이 긴 경우에 대비해 스페어가 충분하도록 재검토되었다.

3. 온라인 유지 보수에 대비해 추가의 격리 밸브가 설치될 곳을 여러 곳 선정했다.

4. 각 위치마다 있는 압력 게이지를 시스템 통제의 결정적인 사항으로 지정하여 통제실에서 직접 그 수치를 읽을 수 있도록 했다.

5. RCM 과정을 통해 기능적 하부 시스템에 대한 이해 수준을 높이고 그 시스템 간의 관계에 대해 강화시켰다.

6. FMEA는 변화 조건이나 임박 조건에 대해 작업자들을 훈련시키는 데에 사용되었다.

결론

TVA CUF PM 프로그램은 오직 고전적 RCM 과정만 사용한다. 고전적인 RCM(다른 첨단의 방법과 비교해서)만을 고집하는 데에는 다음과 같은 두 가지 이유가 있기 때문이다.

1. RCM은 가장 큰 ROI를 얻을 수 있는(즉 80/20 법칙에 맞는) 시스템에만 사용된다.

2. 고전적 RCM 과정은 역사적으로 상당한 부가적인 경제적 이익을 창출한다. 80/20 시스템에서나 가능한 그런 이익은 가능한 한 최대로 될 수 있어야 한다.

80/20 시스템에 사용하는 고전적 RCM 과정은 유지 보수 전략에

RCM-세계적 수준의 유지 보수 기술

RCM을 도입하고자 심사 숙고하는 사람이라면 항상 고려해야 할 내용이다.

감사의 글

이러한 사례 연구에 노력을 해준 RCM 팀과 도움을 아끼지 않은 지원자 여러분께 감사를 드리는 바이다.

RCM 팀	지원자
Richard Byrd	Dale Gilmore
Mark Littlejohn	Ron Haynes
Rodney Lowe	Robert Moates
Mac Smith(보조자)	

12.2.4 조지아-퍼시픽 기업의 Leaf River Pulp Operations

간단한 기업 소개 및 공장 소개

애틀랜타에 본사를 두고 있는 조지아-퍼시픽은 휴지, 펄프, 종이, 포장지, 건축 자재 및 이와 관련된 화학제품을 제조, 공급하는 세계에서 가장 큰 회사 중 하나이다. 연간 270억 달러의 매출을 올리고 있으며, 북아메리카 및 유럽의 600개 지점에 85,000여 명의 직원을 두고 있다. 우리에게 친숙한 제지 브랜드로는 일회용 컵, 접시, 칼 등의 Dixie 브랜드뿐만 아니라 Quilted Northern, Angel Soft, Brawny, Sparkle, Soft N Gentle, Mardi Gras, So-Dri, Green Forest 그리고 Vanity Fair 등이 있다. 조지아-퍼시픽의 건축자재 배급소는, 목재나 건축 자재 판매업자 및 손수 만드는(DIY) 자재의 대규모 소매상을 대상으로 하는 미국 도매 공급자의 오랜 선도 기업이었다. 여기에 조지아-퍼시픽의 자회사인 Unisource Worldwide는 북아메리카에서 포장 시스템, 인쇄 및 화상 종이, 그리고 유지 보수를 해주는 가장 큰 공급회사 중 하나이며, 제록스 브랜드의 종이를 공급 및 배포하는 유일한 기업이다.

조지아-퍼시픽의 Leaf River Pulp Operations는 미시시피 주 뉴 오거스타의 Leaf River 근처에 500에이커 규모로 위치하여 345명의 직원을 두고 있으며, 연간 600,000톤의 염소(Chlorine)가 첨가되지 않은 상태로 표백 처리된 펄프인 고품질의 Leaf River 90을 생산한다. 천연 목재를 연간 약 3백만 Green톤 사용하며, 목재에서 나온 찌꺼기와 나무 껍질 등은 공장의 가동에 사용되는 전체 연료의 93%를 차지한다. Leaf River 90은 내수로도 판매되고 알라바마, 미시시피, 루이지애나 항구를 통하여 유럽, 멕시코, 아시아 등지로 수출된다. 펄프에서 나오는 통상적인 제품으로는 미세한 노트 종이, 우표, 휴지 종류, 커피 필터 등이 있다.

Great Northern Nekoosa(GNN)는 약 3년간의 공사를 거쳐 1984년 공장을 처음 가동하기 시작했다. 공사비는 약 5억 6천만 달러 규모로서 이 중 1억 5천만 달러는 환경 보호를 위해 배정된 비용이었다. 새롭게 제작된 최첨단 설비인 분쇄기가 많은 일을 해냈다. 이 설비의 장점은 최첨단 기술의 설비로 환경을 고려하면서 세계에서 가장 많은 양의 일을 쉼 없이 소화해 내고 있다는 것이다. 또한 더욱 주목할 것은 높은 작업 동기를 갖고 있는 숙련된 직원들이 일상의 업무 결정에 직접적으로 참여하고 있다는 것이다. 조지아-퍼시픽은 GNN과 Leaf River를 1990년에 인수했다.

Leaf River는 안전성에 대하여 다양한 상과 인지도를 갖고 있는데, 1993년 OSHA 자발적 보호 프로그램의 STAR 지위(가장 높은 등급)와 1998년 올해의 펄프와 종이 안전성 협회에서 선정한 최고 안전 기록 상을 받았다. 이 회사의 친환경 관련 성과로는 1990년에 염소 무첨가(Elemental Chlorine-Free, ECF) 펄프 생산을 시작하여, 2000년에 미시시피 주 최우수 폐수 처리 설비 상을 받았으며, 1999년과 2000년에 국가 야생 생물 서식지 인증서를 받았다. Leaf River의 공동 지역사회 봉사 프로그램에서는 지방 대학에 장학금을 수여하고 있으며 미시시피 남동부에서는 유나이티드 웨이의 최대 기부 회사이기도 하다.

공장을 가동하기 시작한 지 17년이 지난 지금, Leaf River Pulp Operations는 초기 설계 용량인 일일 1,050톤을 훨씬 넘어선 일일 1,800톤 이상을 생산하면서 표백 처리된 펄프를 가장 저렴한 가격에 생산하는 기업 중 하나로 성장했다. 두 번째 증발기 세트와 산소 탈 목화 시스템의 설치를 포함한 자본 투자로 인해 세계 시장에서 경쟁력을 갖춘 분쇄기를 갖추었다. 오늘날 Leaf River가 이처럼 지속적인 성공을 이룰 수 있었던 데에는 모든 가동 상황을 꿰뚫고 지속적으로 개선을 하고자 했던 전종업원의 헌신적인 노력이 있었기 때문이다.

시스템 선택과 설명

Leaf River는 습식 마감과 건식 마감으로 일컬어 지는 두개의 주요 공정 분야로 이루어져 있다. 습식 마감에서 원목을 들여와서 펄프 슬러리를 만들고 이후에 슬러리를 건식 마감으로 보내서 건조시키고 넓은 펄프 시트로 만든다. 이 시트들은 건조 공정을 거쳐서 소비자의 요구 사양인 포장과 선적에 맞추어 절단된다. RCM 초기 과제는 건식 마감 공정에 대해서 실시하기로 결정했다. 이 공정에서의 교정적 유지 보수와 DT 문제가 공장의 처리량(생산량)과 납기 일정에 가장 결정적인 영향을 미친다는 과거 이력을 갖고 있기 때문이었다.

건식 마감은 두 개의 주요 공정 시스템, 즉 건조기 시스템과 상자/포장/선적 시스템으로 이루어져 있다. 건식 마감에 있는 다양한 요소와 하부 시스템에 대한 분석이 RCM 시스템 분석 방법론의 시스템 선택인 제1단계에서 이루어졌다. 여기에서는 80/20(악역) 시스템을 식별하기 위해 지난 12개월간의 교정적 유지 보수와 DT 통계에 대한 데이터를 이용했다. 건조기 시스템에 대한 기능 블록 다이어그램을 그림 12.22에 나타내었다.

Cutter Layboy 하부 시스템은 오븐 건조기에서 최종 작업으로 이송되는 전체 펄프 시트를 자르고 이송하도록 설계되어 있다. 전체 펄프 시트는 두루마리의 폭을 절단하여 8개의 두루마리로 나눌 수 있는데, 전체 펄프 시트를 절단기쪽으로 풀어 주면서 원하는 폭만큼 자르도록 되어 있다. 원하는 폭으로 절단된 시트는 다시 피드롤에

444

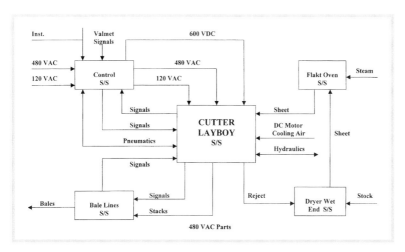

그림 12.22 Dryer system - functional block diagram.

의해 이송되어 플라이 나이프에 공급된다(플라이 나이프는 회전하는 칼로서 시트를 원하는 길이로 자를 수 있다). 플라이 나이프에서 일정 크기로 절단된 펄프 시트는 오버래핑롤로 전달되며, 플라이 나이프보다 훨씬 빠른 속도로 움직이는 오버래핑롤이 플라이 나이프에서 절단된 펄프 시트를 꺼내고 시트 컨베이어에 싣는다. 시트 컨베이어와 오버래핑롤 간의 속도 차이가 시트를 겹쳐서 쌓을 수 있는 양을 결정한다. 시트 컨베이어는 시트를 시트 분리막 위로 옮기며, 이 분리막이 시트를 접는다. 이 때 시트간에 간격을 만듦으로써 분리판 위에 매달리지 않은 상태로 상자에 시트를 넣게 된다. 시트 분리막에서 나온 시트는 드로잉롤 위로 보내지고 이어서 시트를 상자에 넣는다. 상자는 분리판과 시트 멈추개, 그리고 시트 정렬기로 이루어져 있다. 펄프 더미는 화물 테이블에 모아져서 확인된 수량과 무게가 되면, 화물 테이블이 화물 이송을 하는 동안 레이보이 집게로 잡아 쌓는다. Cutter Layboy 하부 시스템은 건조기가 제품을 생산하는 동안은 쉬지 않고 계속 작동을 한다. Cutter Layboy의 개략도는 그림 12.23에 나타내었다.

RCM 분석 및 결과

제5장에서 소개한 고전적 RCM 과정을 Cutter Layboy 하부 시스템에 실시했으며 제11장에서 소개한 RCM WorkSaver 소프트웨어가 이 작업에 지원 역할을 했다. RCM 과제 팀은 팀 리더와 각 구역의 운용 기술자, 각 구역 유지 보수 E&I 기술자, 기계 유지 보수 기술자, 그리고 과제 보조자로 구성되었다. 이 팀에는 RCM 고문과 기업 유지 보수 기술자가 시간제로 참여했다. RCM 훈련은 과제 첫 주에 실시되었다. 과제 팀원 모두와 각 구역 유지 보수 감독자, 그리고 유지 보수 PM 감독자가 이 훈련에 참가했다. 시스템 분석은 1주일 간격으로 실시되었으며 2000년 5월 초에 시작하여 6월 말에 끝났다. 이처럼 신속하게 끝낸 이유는 팀이 늘어지지 않도록 하기 위해서였다. 초기 과제는 총 25일이 소요되었다. 분석은 업무 방해를 최소화하기 위해 건조기 시스템 구역에 있는 회의실에서 실시했다. 이 구역에서 분석을 실시함으로써 팀원이 선택된 시스템을 수시로 볼 수 있었고 이 때문에 회의실에서 나오지 않는 해답을 현장에서 찾는 데 도움이 되었다. 팀원 모두가 돌아가면서 랩탑 컴퓨터로 분석 데이터를 RCM 형식에 입력했다. RCM 소프트웨어를 컴퓨터 Light Pro 프로젝션 시스템에 연결시켜서 모든 팀원이 쉽게 볼 수 있도록 했다. 최종 분석 정보는 구역 조업자와 유지 보수 감독에게서 검토와 승인을 받았다.

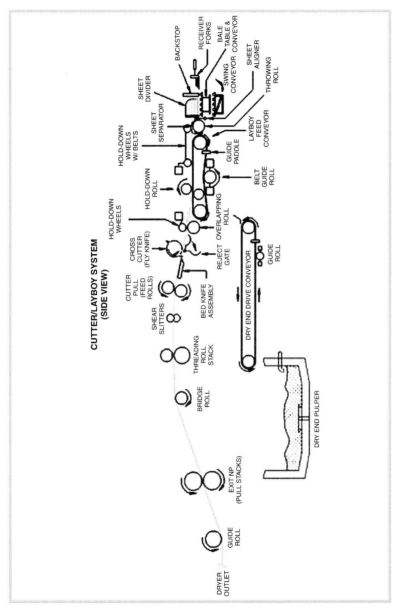

그림 12.23 Cutter layboy schematic

분석 결과를 그림 12.24, 12.25, 12.26에 정리했다. 그림 12.24의 시스템 분석 개요는 분석팀 조사 내용의 상세 정도를 나타낸다. Cutter Layboy가 중복된 과정도 없고, 대체 방법도 없으며, 또는 서서히 문제가 발생하는 것이 없는 직선적인 처리 과정이라는 점으로 볼 때, 가능한 고장 양상의 10개 중 거의 9개가 결정적(안전성과 긴급 정지 관련)인 인자가 된다는 것에 주목할 필요가 있다. 하지만, 설비와 조업자의 조화로 인해 모든 기능 고장은 그것이 발생할 경

• Subsystem Functions	5
• Subsystem Functional Failures	10
• Components Within Boundary	44
• Failure Modes Analyzed	198
- # Hidden	32 (16%)
- # Critical	172 (86%)
• # of RCM – Based Tasks Identified (including Run-To-Failure)	249

그림 12.24 Systems analysis profile.

	RCM	Current
• Time Directed		
- Intrusive (TDI)	58 (23%)	29 (12%)
- Non-Intrusive (TD)	44 (18%)	7 (3%)
• Condition Directed (CD)	62 (25%)	41 (16%)
• Failure Finding (FF)	11 (4%)	0 (0%)
• Run to Failure (RTF)	74 (30%)	-
• None	-	172 (69%)
• Total Active	<u>175 (70%)</u>	<u>77 (31%)</u>
	249 (100%)	249 (100%)

그림 12.25 PM task type profile(by failure mode)

RCM-세계적 수준의 유지 보수 기술

우 확실히 외부의 요인으로 인한 것으로 보이기 때문에, 숨겨진 고장의 수는 상대적으로 적은 편이다.

기존의 PM 프로그램과 RCM에서 제안된 249개의 PM 작업을 비교해 보면 이 과제로 인한 효과가 어느 정도인지 확연히 알 수 있다. 그림 12.25에서 보면 실제로 능동적으로 해야 할 PM 작업이 77에서 175로 두 배 이상 증가했다. 증가된 만큼 모든 PM 작업 형식(TD, CD, FF)이 증가했다.

그림 12.26에서는 이 249개 작업에 대한 유사성 개요를 보여 준다. 이는 기존의 작업과 RCM에서 제안하는 작업 간에 얼마나 유사한 점이 있고 또 다른점이 있는지를 분석한 것이다. 가장 중요한 것은 제안된 작업이 기존 PM 프로그램의 68%를 변경했다는 것이다. 그 중에서도 가장 주목할 부분은, RCM으로 제안된 작업 중 99개

	RCM vs Current	
• RCM = Current	4	(2%)
• RCM = Modified Current	66	(26%) √
• RCM Specifies Task, Currently No Task Exists	99	(40%) √
• RCM Specifies RTF, Currently No Task Exists	74	(30%)
• RCM Specifies RTF, Currently A Task Exists	0	(0%)
• Currently A Task Exists, RCM Task is Entirely Different	6	(2%) √
	───	
	249	

그림 12.26 PM task similarity profile(by failure mode).

(40%)가 기존의 PM 작업으로 지정된 바 없는 고장 양상에 관련된 것이라는 내용이었다.

RCM 수행 과정

수행 과정에는 RCM 작업 결정에 대한 체험적인 지식을 지속적으로 변환시키기 위해서 분석 팀 인력을 그대로 연속해서 실시했다. 그러나 분석 팀에 직접적으로 참여하지 않았던 다른 기계나 전기 관련 유지 보수 기술자도 참여시켰다. 이와 같은 수행 과정은 모두에게 RCM 과정을 접할 기회를 주었고 PM 작업 변경에 대한 개개인의 매입 효과를 얻게 해 주었다. 처음에 해야 했던 것은 우리의 분석 데이터와 결정에 대한 총제적 검토를 통해 기계나 전기 관련 최고 감독자의 승인을 얻는 일이었다. 이러한 방법으로 인해 분석 팀에서 결정 내린 사항에 대한 어떠한 문제점도 모두 확인할 수 있었다. 그리고 추천된 RCM 기본 작업을 수행하기 위한 정밀한 단계에 대한 해법도 얻을 수 있었다.

우리가 주로 해야 했던 일은 기존의 PM 작업(TD나 TDI 작업)과 보다 정교해진 PD 또는 예견 형식 작업(CD나 FF 작업) 모두를 다룰 수 있는 CMMS 수단에 대한 작업 지시서 모델을 만드는 것이었다. 그림 12.26에서, RCM 분석에서 나온 175개의 작업 중 171개가 기존의 PM 프로그램과 다소 다르다는 것에 주목하기 바란다. 또한 171개 가운데 99개는 전혀 새로운 작업임을 주목해야 한다.

수행이 단계별로 넘어감에 따라, 본래 분석 팀이 재검토를 하여 정확한지의 여부를 확인해야 했고, 171개 작업에 대해 좀 더 관리가 가능한 10 내지 15개(거의 90%가 A나 B항목의 중요성을 갖는다)의 그룹으로 나누어서 다루어야 한다는 것이 명확해졌다. 이 과정에서, 요청된 변수 기록(각 기록에 필요한 시간을 고려하면서)에 대한 PD 작업을 만드는 것과 CMMS에서 자동적으로 생성되는 PD 작업인 시작 지점에 대한 정의를 내리는 것에 상당히 주의를 기울여야 했다. 다음 그룹에 작업을 넘기기 전에 반드시 현 그룹에서 나타난 문제를 그 자리에서 해결해야 했다.

일정 기간 동안 PM과 PD 작업 지시서에 대한 문제가 모두 거론되고 사용된 이후, 작업 확인 항목이나 형식, 작업 빈도 변경, 또는 (드물지만) RCM 분석에서 놓친 고장 양상에 대한 새로운 작업에 대한 문제 여부 등에 대한 실수를 방지하기 위해 문제에 대한 개정이 필요해졌다.

여기서 경험한 교훈은 다음과 같다.

1. 모든 RCM 작업은 현장에 적용하기 전에 정확한지, 그리고 승인을 받았는지 반드시 확인해야 한다.
2. CMMS에 입력할 데이터를 만드는 작업에 가능한 한 많은 현장 기술자를 참여시켜야 한다.
3. 일괄적인 작업 지시서를 만드는 데에는 그 연속성을 유지하기 위해 전수행과정에 참여하는 핵심 그룹을 보유하도록 해야 한다.

4. 변화와 새로운 정보가 CMMS의 PM 및 PD 작업에 부합하는 인자가 될 수 있도록 살아있는 프로그램을 촉진시켜야 한다.

실현된 이익

우리가 실시한 수행 과정은 시스템 분석에서 놓친 새로운 고장 양상을 식별해 내는 살아있는 프로그램을 촉진시키는 계기가 되었으며, 이를 통해 제안된 RCM 작업 형식 역시 적절한 조정이 필요함을 알게 되었다.

또한 Cutter Layboy 분석을 실시하던 중, 다른 건조기 시스템의 유사한 부속에 대해서도 RCM 방법론과 분석의 세부적인 내용을 실시했다. 그리고 나서 2000년 4분기와 2001년 1분기의 수행 결과를 측정하고 이전 연도의 같은 기간과 비교했다. Cutter Layboy 하부 시스템에서는 DT가 42% 줄어들었다. 전체 건조기 시스템에서는 총 유지 보수 비용의 36%를 절감했고(교정적 유지 보수의 감소가 예방적 유지 보수 증가보다 훨씬 컸다), 건조기 시스템 DT를 52%나 줄였다. 초기 과제에서 얻어진 이와 같은 예상치 못한 우수한 결과로 인해, RCM 프로그램은 이후로 Leaf River 공장의 하부 시스템의 전체적으로 고전적 방법과 단축된 고전적 RCM 과제 모두에 지속적으로 사용되고 있다.

감사의 글

이러한 사례 연구에 노력을 해준 RCM 팀과 도움을 아끼지 않은 지원자 여러분께 감사를 드리는 바이다.

RCM 팀	지원자
Jack Cross	Gene Flanders
David Hill	Charlie Hodges
Jack Wallace	Richard King
Frankie Yates	Louis Wang
Gary Ficken(보조자)	
Mac Smith(고문)	

12.2.5 보잉 민간 항공기 Frederickson Wing Responsibility Center*

서론

보잉 민간 항공사(Boeing Commercial Airplane, BCA)는, 반응적 프로그램에서 사전적 프로그램으로 바뀌던 1997년에서 2000년 사이, 유지 보수 행동에 대한 대대적인 혁신을 이루었다. 본 절의 내용에서는 그러한 변화에 대해 논의할 것이며 특히 신뢰성 중심의 유지 보수(RCM)가 담당했던 중요한 역할에 대해 설명할 것이다.

'RCM, 보잉의 품에 돌아오다' 의 부제목을 달고 있는 이번 사례 연구는, 비행기 자체에서 비행기를 만들고 제작하는 BCA 내 공장 기계로 이전된 RCM 과정의 뒤늦은 기술 이전에 대한 다소 환상적이 얘기이다.

---

* 이번 사례 연구는 텍사스 휴스턴에서 열린 Maintech Souch 98 컨퍼런스에 실렸던 'RCM, 보잉의 품에 돌아오다(RCM Comes Home to Boeing)' 라는 문헌의 제목을 기반으로 하고 있다. 이 문헌은 유지 보수 기술(Maintenance Technology) 지의 2000년 1월 호에 실렸다.

이 얘기의 시작은 FAA에 의해 747-100 기종의 형식 승인 과정이 유발된 1960년대 초로 거슬러 올라간다. 그 승인 과정에는 보잉사로 하여금 747-100기종에 대한 만족할 만한 예방적 유지 보수 프로그램을 정의하라는 요구가 있었다. FAA는 초기에, 707기 정원의 3배가 되는 747기는 당연히 유지 보수 프로그램도 3배 정도가 되어야 한다고 했었다. 팬암과 함께 당시 가장 큰 구매자였던 유나이티드 항공사와 보잉에서는, 그런 식으로 유지 보수를 할 경우 비용 면에서 너무 과다한 지출을 발생시키므로 상업적으로는 수지 타산이 맞지 않음을 알게 되었다. 이러한 문제는 기존의 707 유지 보수 철학이 비행기가 주기적으로 마멸된다는 전제를 기초로 한 사실 때문에 더욱 증폭되었다. 따라서 비행이 가능한 상태로 유지하기 위한 가장 중요한(가장 비싼) 해체 작업만 할 수밖에 없었다. 유나이티드 항공사와 보잉은 원점으로 다시 돌아와 마멸이라는 전제 조건이 갖고 있는 근본 원인에 대해 처음부터 재검토를 실시했다. 이러한 평가 작업에는 유나이티드 항공상의 톰 매트슨과 그의 분석 팀의 역할이 매우 컸는데, 이들은 방대한 과거 데이터베이스를 이용하여, 실제로는 제트 비행기에 있는 비구조적 설비의 단지 10%만이 수명을 다하거나 마멸되는 특성을 보여 준다는 사실을 밝혀냈다.

그 결과 그들은 비행이 가능하도록 유지되기 위해서는 언제, 어디서, 어떠한 예방적 유지 보수(PM) 작업이 실제로 이루어져야 하는지에 대한 체계적 결정을 내리는 상식적인 결정 과정을 만들었다. 이러한 새로운 개념은 유지 보수 조정 그룹(Maintenance Steering Group, MSG)으로 잘 알려져 있다. MSG는 747-100기종에 대해 수행 가능하고 경제적인 PM 프로그램을 정의했으며 이는 FAA의 승인을 받았다. 이 MSG 과정은 민간 항공기의 표준으로 바뀌어 오늘날까지 사용되고 있다. 1970년 그 과정은 DOD(특히 해군)로부터 신뢰성 중심의 유지 보수(Reliability-Centered Maintenance) 또는 RCM으로 명명되었고, 이제는 다양한 산업 전반에 두루 사용되는 매우 유명한 유지 보수 과정이 되었다.

RCM 개발의 수단이 되었던 BCA의 비행기 설계 부문은, 이러한 발견을 사내의 비행기 제작 공장과 교류하지 않았다. 오히려 보잉의 설비 유지 보수 인력이 RCM에 깃든 그들의 최고의 실천 연구의 내용을 배우기까지 RCM은 30여 년간 다른 산업 전반에서 성장해 왔다. 이 때문에 RCM이 보잉의 품에 돌아왔다고 하는 것이다. 다음 절에서는 1997년에 처음 실시된 RCM 초기 과제를 설명할 것이다.

보잉사의 유지 보수 프로그램
BCA 내에는 모든 비행기 제작 공장을 포함하는 여섯 개의 주요 분야가 유지 보수라는 목적하에 하나의 설비 조직으로 묶여 있다. 이 조직은 설비 자산 관리 조직(Facilities Asset Management Organization, FAMO)으로 알려져 있다.

이 여섯 개의 분야는 워싱턴 주, 오레건 주, 캔사스 주 그리고 캘리포니아 주에 위치하고 있다. 이 분야에 있는 제조 센터는 FAMO 서비스의 주 고객들이다. 각 분야의 리더는 FAMO의 부사장에게 보고를 하며, 그들의 관리 조직으로서 그룹과 팀 리더를 보유하고 있다.

각 분야마다 저마다의 자치권을 갖고 있으며, 대부분의 분야에 기계, 연관, 기계 수리, 전기 관련 전문가와 유지 보수 분석가, 신뢰성 기술자 등으로 구성된 다양한 팀이 있다. 핵심 자원 그룹은 설비나 공장 기수 능력뿐만 아니라 기획 부서를 추가로 보유하기도 한다.

FAMO 관리 전략의 핵심 요소는 FAMO의 고객인 생산 부문과 연계된 자산 관리 발의(Asset Management Initiative)의 제창이다. 이러한 발의는, 제조와 공정 개선, 그리고 신뢰성 있는 자산의 운용 측정값을 얻기 위해, 앞서 언급했던 BCA의 모든 자산 관리의 엄청난 개선 방법에 의해 FAMO와 생산업체 간에 맺어진 정식 협력 관계이다.

FAMO는 최적화된 자원, 즉 인력, 재료, 설비, 특수 공구 등의 적용을 위해 장기적 전략을 수립했다. 이러한 실행에 고객(생산 부문)이 참여하는 것은 FAMO 계획이 고객의 사업 위원회와 잘 부합하는지를 확신하기 위해 당연한 일이다. 이러한 목적을 달성하기 위해 FAMO는 진보된 유지 보수 과정 프로그램(Advanced Maintenance Process Program, AMAP)을 통한 다양한 예술적 경지의 유지 보수 개념을 전개하고 있다.

BCA는, 전술적 기획 및 일정 관리, 숙련자 개발을 위한 지속적인 프로그램, 진보된 예방적 및 예상적 유지 보수 기술, TPM, RCM 등과 같은 유지 보수 실천에 오늘날 가장 많은 투자를 하고 있는 기업이다. 또한 그들은 안전성과 규정적 문제에 대해서도 동일한 비중을 두고 투자를 하고 있다. **AMAP**의 한 가지 가장 기본적인 요소는 그들이 실시하는 모든 작업에 대해 신뢰성 변수를 포함하는 것이다. **FAMO**에서 신뢰성이란 자산 가동률과 집행력으로 정의되며, 이는 한 조직이 일상의 기본으로서, 가장 중요한 직원의 안전성을 유지 하면서도 결정적 설비 시스템에 일어날 수 있는 문제를 방지하기 위한 모든 면에 대해서 망라하고 있다.

산업 최고의 실천에 대해 검토한 결과, 항공기에 사용된 RCM 과정 이 미국 산업 전반에 걸쳐 유지 보수 자원의 최적화된 적용의 효과 적인 결정 기술로서 널리 이용되어 왔다는 것을 알게 되었다. RCM 으로의 집중은 설비의 교정적 유지 보수 행위나 시스템 가동률(낮 은 DT)의 감소와 같은 현격한 결과를 제공해 왔다. 더구나 유지 보 수 시장에서 사용되고 있는 다른 종류의 다양한 RCM 해법들을 보 면, 대다수의 효과적인 프로그램이 초기 항공기 방법에 적용했던 고 전적 RCM 과정을 사용하고 있다는 사실 역시 확인되었다. 이 고전 적 RCM 과정은 RCM(참조 1) 저자인 맥 스미스 혼자서 거의 진행 했던 것이다. 그래서 고전적 RCM 과정을 사용하고 있고, 맥 스미 스를 고문으로 영입하여 세 개의 생산 라인에서 초기 과제를 시작 하게 되었다. 그 첫 번째 초기 과제는 Frederickson(최신 공장으로 시애틀 남쪽에 위치하고 있다)에 있는 Wing Responsibility Center 의 Spar Mill에서 실시하였다. 이후로 다룰 내용은 Spar Mill 과제 에 대한 논의이다.

Spar Mill에 대한 RCM 과제

이 과제는 Frederickson 생산 설비에 실시되었다. 두 개의 주요 생산 시설이 그곳에 위치하고 있는데, 한 곳은 777 항공기의 수직 날개와 수평 꼬리 날개 부분을 제작하며, 다른 한 곳은 BCA의 렌톤과 에버렛에 있는 최종 조립 라인에서 현재 생산되고 있는 모든 항공기 형식에 사용되는 날개 뼈대와 외장재를 생산한다. 이 날개 뼈대와 외장재를 생산하는 시설에 대해서 첫 번째 RCM 초기 과제가 실시되었다.

날개 뼈대와 외장재 시설(Wing Responsibility Center)은 550명의 직원으로 연간 3억 달러의 예산을 사용하는 조직이다. FAMO의 인력은 전문화된 기계학자, 기계 및 전기 기술자, 통계 제어(Numerical Control, NC) 전문가, 설비 및 신뢰성 기술자, 그리고 다른 지원 인력으로 구성되어 있다. 이 시설은 1992년 4월 생산을 시작했다. 최대 110피트까지 연속적으로 알루미늄판 외장재와 뼈대를 생산하는 21에이커의 작업 공간을 확보하고 있다. 뼈대 제작 라인에는 자동화된 종통재 취급기(Stringer Handling), 고가 크레인, 뼈대 제작기, 드릴 라우터, 연마기, 도료, 칩 수거기, 샷 핀, 벤딩/포밍 시스템 등이 있다. 다음에 논의하겠지만 이 중에서 뼈대 작업 시스템(Spar Mill System)이 이번에 실시하고자 했던 초기 과제의 80/20 시스템으로 나타났다.

인그레솔 7축 Spar Mill을 그림 12.27에 나타내었다. 여기에는 7개의 동일한 Spar Mill이 한 개의 라인에 있다. 따라서 한 가지 RCM 결과로 다른 부분에 동일하게 적용할 수 있었다. 각 Spar Mill에는 한 개의 커다란 뼈대나 두 개의 작은 뼈대 쌍을 동시에 자르고 형상화하는 두 개의 스핀들을 갖춘 기계가 있다. 그 제작기 받침대는 자체 선로를 따라 움직여 공장 바닥의 진동에 영향을 받지 않게 되어 있다. 각 스핀들에는 회전하는 기능뿐만 아니라 수평 및 수직으로 이동하도록 되어 있다. 제작기에 의한 모든 절단 작업은 통계적으로 제어되면 그 오차 범위는 0.003인치 이내로 매우 정밀하게 절단한다.

RCM 과제를 하기 위해 Spar Mill을 (1) 절단, (2) 제어, (3) 보조 지원의 세 개의 하부 시스템으로 나누었다.

그림 12.27 Ingersol 7-axis spar mill(courtesy of Boeing Commercial Airplane).

RCM 팀

과거의 성공 사례에 기초하여, 신뢰성 기술자와 유지 보수 분석가의 지원하에, 전문 인력(조업자, 기계 전문가, 전기 전문가)으로 RCM 팀을 구성했다. RCM 고문은 팀의 훈련 교관이면서 보조자였다. 설비에 대한 상세한 기술적 이해도, 또 일상의 가동 조건에서의 사용 방법, 그리고 제5장에서 소개한 RCM 방법론의 적용 방법 등에 대해 이들이 기여한 바를 고려한다면, 뼈대 제작기에 대한 경험과 체험 지식으로 이루어진 이러한 조합이 과제를 성공적으로 해낼 수 있었던 핵심일 수밖에 없었다.

초기에는, 보통 그룹 내에서 각기 다른 훈련을 받아 체계 변경을 하고자 노력하는 직원들에게서 발견되는, 상당히 오래된 기준에 마주치기 때문에, 이러한 인력을 팀으로 만들어야 했다. 변화에 대한 두려움, 목적에 대한 의구심, 뿌리 깊은 관념, 새로운 공정에 대한 회의론, 그리고 개인별 의사 등 모든 것이 내재되어 있었다. 그러나 과제가 진행될수록 팀은 우리가 의도한 과제의 원동력으로서 기능 상실에 초점을 맞추고 있다는 것과 예방적 유지 보수 행위를 선택하는 핵심으로서 설비 고장에 대한 '무엇'과 '왜'에 대해 이해를 유도하고자 하는 것을 인식하기 시작했다. 궁극적으로는, 팀원 모두가 일상의 작업으로서 의미 있는 부가가치를 제공할 수 있는 기회에 직접 참가하고 있었기 때문에, 그들은 실질적으로 만족스러움을 느끼게 되었다.

RCM 분석 및 결과

기존의 뼈대 제작기 PM 프로그램은 원천적으로 9개월마다 한 번씩, 통째로 해체 작업을 해야 하는 것이었다. 설비를 설치한 이후 5년이 넘도록, 이 작업 간격이 9개월을 넘어서 실시된 경우가 80%이상이라는 것과 18개월 이상을 넘긴 경우가 40%나 된다는 것을 알았다. 이 때문에 주요 DT 문제를 야기하는 이상 발생(Trouble Call) 이력이 예상치를 초과하고 있었으며, 이 뼈대 제작기가 Frederickson에서 80/20 시스템의 한 가지로 나오게 되었다.

팀이 해낸 분석과 결과를 토대로 통계적 검토를 한 결과를 그림 12.28에서 12.30에 나타내었다. 이 결과는 우리가 소위 말하는 절단 하부 시스템을 보여 준다.

시스템 분석 개요(그림 12.28 참조)는, 완료까지 32일이 걸렸고 6개월이 넘는 기간의 작업을 일주일 동안 전개했던 과제의 범위를 보여 준다. 14개의 일어나지 않기를 바라던 기능 고장 가운데, 172개의 선별된 고장 양상으로 인해 한 개 이상의 고장을 일으킬 수 있는

Spar Mill #6 – Cutting Subsystem

- Subsystem Functions   8
- Subsystem Functional Failures   14
- Components Within Boundary   58
- Failure Modes Analyzed   172
  - # Hidden   72 (42%)
  - # Critical   150 (87%)
    (i.e. A, D/A, B, D/B)
- # of RCM – Based Tasks Identified   197
  (including Run-To-Failure)

그림 12.28 Systems analysis profile for spar mill #6 – cutting subsystem.

어마어마한 부속의 수에 주목하기 바란다. 그 고장 가운데 거의 절반(42%) 가량이 숨겨진 양상이라는 사실이 아마도 가장 놀라운 점일 것이다. 다시 말해서 만약 이런 고장이 일어난다면, 조업자는 그 고장으로 인한 눈에 띄는 결과로, 때로는 상당히 해로운 결과로 나타나기까지 뼈대 제조기에서 어떤 문제가 발생했는지 전혀 알아차릴 수 없을 것이다. 대부분(87%)의 그런 고장 양상이 매우 중요한 항목이라는 것과 사람에게 해를 끼치거나 DT를 증가시킬 수 있다는 것은 새삼 놀라운 일도 아니다. 분석 팀은 이 172개의 고장 양상에 대해 197개의 작업 결정을 내렸다(어떤 고장 양상에는 중복된 PM 작업이 정해졌다).

그림 12.29에서는, 작업 형식 개요에서의 RCM 결과 구조와 기존에 실시하던 소위 말하는 CPM과의 비교를 볼 수 있다. 여기서 눈에 띄는 점은 기존에 신경 쓰지 않던 고장 양상의 수(120)가 1/3로 줄었다는 것과 CD(PdM 포함)로 실시하는 일시 정지를 요하지 않는 작업 수와 FF 작업 수가 4배로 증가했다는 점이다.

그러나 RCM 결과의 실질적 효과는 작업 유사성 개요를 나타낸 그림 12.30에서 볼 수 있다. 여기서는 기존의 PM 작업과 RCM 간의 유사성과 다른점에 대해서 검토했다. 분석 결과에 따라 어디에 결정적인 고장 양상이 내재되어 있는지 알고 있기 때문에 필요한 곳에 적합한 PM 작업을 도입할 수 있었다(그림 12.30, 3A 항목을 보라). 그리고 필요하지 않은 곳의 PM 작업은 삭제했다(그림 12.30의 4와 5A 항목을 보라). 전체적으로는 RCM 결과로 인해 Spar Mill에 대

Spar Mill #6 – Cutting Subsystem		
	RCM	Current
• Time Directed		
- Intrusive (TDI)	32 (16%)	34 (17%)
- Non-Intrusive (TD)	16 (8%)	30 (15%)
• Condition Directed (CD)	34 (17%)	2 (1%)
• Failure Finding (FF)	21 (11%)	11 (6%)
• Run to Failure (RTF)	84 (43%)	-
• None	-	120 (61%)
• Design Modification (D)	10 (5%)	0 (0%)
	197	197**

그림 12.29 PM task type profile(by failure mode) for spar mill #6-cutting subsystem.

Spar Mill #6 – Cutting Subsystem		
	RCM vs Current	
1. RCM = Current	0	(0%)
2. RCM = Modified Current	45	(21%) √
3A RCM Specifies Task, Currently No Task Exists	56	(26%) √
3B RCM Specifies RTF, Currently No Task Exists	64	(29%)
4. RCM Specifies RTF, Currently A Task Exists	18	(8%) √
5A Currently A Task Exists, but no failure mode was identified	22	(10%) √
5B Currently A Task exists but the selected RCM Task is Entirely Different	14	(6%) √
	219	

그림 12.30 PM task similarity profile for spar mill #6-cutting subsystem.

한 기존 CPM 작업의 71%가 변경되었다. Frederickson에는 이와 같은 뼈대 제작기가 11개가 있으므로, 이곳에서의 중복된 효과는 실로 엄청나다.

최종적으로, RCM 과정에서 나타난 효력은 팀이 엄청난 양의 비유지 보수 관련 사항을 발견하게 했다는 것으로 이 역시 상당한 이익을 달성하게 해주었다. 우리는 이러한 발견을 관심항목, 즉 IOI (Items of Interest)라고 한다. 여기서는 36개의 IOI가 나왔으며 설계, 운용, 신뢰성, 안전성 그리고 물류 등에 큰 영향을 끼쳤다.

분석 결과의 수행

시스템 분석 과정의 7단계에서 소개된 PM 작업 발견의 수행은 그리 간단한 일이 아님이 증명되었다. 여기에는 몇 가지 이유가 있다.

1. RCM 과정에 대한 일반적 이해와 팀의 동료로서 다양한 분야의 인력에게서 얻은 분석 결과에 대한 매입 효과를 개발할 필요가 있다. 막연히 될 것이다라고 외치는 것만 가지고는 어떠한 것도 현장에서 성공적으로 일을 전개해 나갈 수 없다.

2. 새로운 작업의 상당수는 조업자들의 좀 더 직접적인 참여를 요구한다. 따라서 이러한 점을 생산 변경 감독자들에게 조심스럽게 접목할 필요가 있다.

3. CPM 절차에서 상당히 많은 변경(71%)이 있을 때에는, 시간을 갖고 새로운 절차를 만들어야 하며, 이에 영향을 받는 부서의 재검토와 승인 내용을 잘 조화시켜야 한다.

4. CD 작업의 상당수는 문제의 고장 양상에 적합한지의 여부를 확인하기 위해 현장 답사를 필요로 하는 작업이 되기도 한다. 이러한 작업은 아직도 실시 중이다.

위에 언급한 모든 사항은 생산 및 유지 보수 종업원 간의 다양한 조직 서열과 많은 훈련을 통한 활발한 의사 소통을 필요로 한다. FAMO와 함께한 경험과 관점을 한군데 모은 가운데, 생산 인력이 참여했던 것이 전체 과제의 핵심 요소였다는 것을 보았을 것이다.

그 당시(2000년 초) 우리는 뼈대 제작기에 대해 21개의 RCM의 기본적인 PM 절차를 개발했다. 이 절차에는 모든 분석 발견 내용이 들어있으며, 몇 가지 CD 작업만 아직도 평가 중이다. 사용되고 있는 새로운 PM 형식에는 수행해야 할 작업에 대한 추가의 설명과 함께, 특정 고장 양상과 PM 작업을 필요로 하는 고장 원인에 대한 참조를 포함시켰다. 현장으로의 접목은 기존의 작업과 RCM 작업의 혼란을 방지하기 위해 단계별로 이루어졌다. 여기서도 열린 의사 소통이 필수였다. 다양한 질문에 대한 솔직하고 긍정적인 답변이 결국 긍정적인 체제의 변화를 일으킬 수 있었다.

평가 과정과 필요한 부분의 IOI에 대한 수행은 아직도 진행 중이며, 지금까지 다음과 같은 몇 가지 내용이 완료되었다.

- 기계 전체에 대한 고압 세척 작업은 삭제되고 몇 가지 필요한 부속의 세척으로만 한정했다. 이러한 작업은 고압 세척에 의한 심각한 부식이나 그로 인해 떨어져 나온 칩에 의한 오염을 궁극적으로 방지 할 수 있을 것으로 판단된다.
- 스핀들 진동 분석은 그 스핀들이 수명을 다할 때까지 최대한으로 사용할 수 있도록 하는 스핀들 부품의 품질(허용 오차)과 아주 밀접한 관계가 있다.

- A & B축 선반 덮개는 칩이 쌓여 매우 작은 밀폐 손상을 일으키기 때문에 제거되어 칩이 그냥 선반 안으로 떨어지게 했다.
- 향후에 일곱 개 축의 구동 모터 모두가 브러시리스 모터로 교체되면 문제가 되는 5개의 고장 양상에 대해서는 염려하지 않아도 된다.
- 모든 W & Z축에 평형추를 추가해서 베어링의 고장을 방지하게 되었다.

투자 회수율(Return On Investment)에 대한 고려

RCM 프로그램을 하는 목적은 PM 자원에 초점을 맞추어 비용이 많이 드는 교정적 유지 보수 행위를 줄이고 기계의 사용 시간을 늘리는 것에 있다. 측정하기에는 다소 무리가 따르긴 하겠지만 이 기간 동안 다음과 같은 상황을 볼 수 있었다.

1. PM 프로그램에 상당히 많은 변화가 있었음에도 불구하고 비용 면에서는 거의 변화가 없었다. 비용이 많이 드는 TD 작업이 비용이 별로 들지 않는 CD나 FF 작업으로 대체되었고 작업의 빈도가 매우 잦아졌다.

2. 결정적 고장 양상에 초점을 맞춘 현재의 프로그램으로 인해 예상하지 못했던 교정적 유지 보수 작업(이상 발생)이 적어도 50%가량은 줄어들 것으로 예상된다. DT 역시 적어도 50%가량 줄어들 것이다.

3. 예비 분석으로부터, IOI가 수행만 된다면 연간 3백만 달러 이상의 절감 효과를 보일 수 있는 능력이 있음을 알게 되었

다. 지금까지 보면 연간 50만 달러 이상의 절감 효과가 있는 것으로 예상된다.

향후의 방향

Frederickson에서의 성과와 경험과 함께, 최근 에버렛과 위치타에서 두 개의 추가 RCM 초기 과제를 시작하여 완료했다. 이 과제는 신시네티 5축 라우터와 모딕 사출 제작기에 대해 각각 이행되었으며 지금은 수행 단계로 넘어가고 있는 중이다. 이 과제에서도 역시 뼈대 제작기에서와 유사한 ROI 이익이 있을 것으로 예상된다.

지금은 BCA가 모든 737기종의 동체뿐만 아니라 모든 보잉 기종의 조종석 부분 동체를 만들고 있는 위치타의 생산 라인에 있는 중요한 시스템에 대해 추가의 과제를 하려고 한다.

우리는, 필요할 수도 있는 PM 작업의 주기적인 개선을 위해, 그리고 효과적으로 RCM 프로그램의 결과를 측정하기 위해 완료된 모든 과제의 RCM이 살아있는 프로그램으로 되길 바라고 있다.

우리는, 실제의 이익이 당초의 예상보다 훨씬 뛰어넘기 때문에, 중요한 시스템에 대해서는 고전적 RCM 과정을 지속적으로 사용하고자 한다.

감사의 글

이러한 사례 연구에 노력을 해준 RCM 팀과 도움을 아끼지 않았던 지원자 여러분께 감사를 드리는 바이다.

RCM 팀	지원자
Dave Bowers	John Donahue
Bob Ladner	Dean Nelson
Pat Shafer	Max Rogers
Lynn Weaver	Dennis
Westbrook	
Mac Smith(보조자)	

12.2.6 Arnold Engineering Development Center (AEDC) Von Karman Gas Dynamics Facility

기업 및 시설 개요

AEDC는 총 60억 달러 규모의 자본 투자가 된 국가 자원 시설이다. 이 시설은 압축기, 배출기, 냉각 시스템, 공기 가열 시스템 그리고 최첨단의 컴퓨터와 데이터 저장 시스템 등의 설비와 시스템을 갖춘 매우 거대하고 복잡한 기반 시설이다. 압축기 중에는 공기를 4,000psi까지 압축할 수 있는 것도 있으며, 13억 마력을 생산해 내는 56개의 대형 모터가 이 거대하고 복잡한 시설을 가동시키고 있다. 1940년대부터 설치되기 시작한 이들 시스템 중에는 매우 오래된 것들도 있지만 아직도 효율적으로 사용되며 유지 보수되고 있다. 그림 12.31과 12.32는 이 센터의 능력과 복잡한 기반 시설에 대해

Aeropropulsion Systems Test Facility (ASTF)	Engine Test Facility (ETF)	***Von Karman Gas Dynamics Facility*** (VKF)	Propulsion Wind Tunnel Facility (PWT)
90,000 lbs Freon Refrigerated Systems	1940's Vintage Compressors (B-Plant)	**10 Compressors in series – 4000 psi**	30 Foot Diameter Compressor
1500 lbs-m/sec Compression	60,000 lbs Freon Refrigeration	**Electric Motors Total 92,500 Hp**	Electric Motors up to 83,000 Hp each
2200 lbs-m/sec Exhaust Capacity	Liquid Air System		
Electric Motors Totaling 215,000 Hp	Multi-Stage Cooling		
387,000 gal H₂O/min Cooling	Fuel Temperature Conditioning		
1700 Steady State & Transient Parameters			
1 Billion BTU/hr Heater Capacity			

그림 12.31 AEDC facilities.

MAJOR SYSTEMS	A PLANT	B PLANT	C PLANT	P PLANT	V PLANT	TOTAL
Main Drive Power (Hp)	138,000	48,000	609,000	398,000	**100,000**	1,293,000
Maximum Motor Size (HP)	36,000	6,000	52,500	83,000	**16,000**	83,000
Number of Motors - >3,000 Hp	8	12	18	11	**7**	56
Maximum Airflow (lbs/sec)	500	200	2,200	15,500	**84**	N/A
Maximum Pressure (psia)	120	50	150	30	**3,800**	N/A
Refrigeration (Tons)	4,900	3,060	23,000	1,500	**600**	33,060
Number of Main Compressors	5	10	18	18	**15**	66
Main Ducting - Wind Tunnels (Miles)	2	2	3	11	**10**	28
Hydraulic Systems (psi)	10	8	18	21	**10**	67

그림 12.32 AEDC major system.

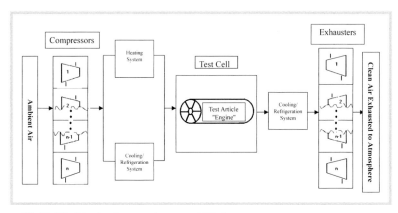

그림 12.33 Typical test plant at AEDC.

말해 주고 있다. 그리고 그림 12.33에서는 전형적인 시험 설비나 공장의 예를 보여 준다.

이와 같은 AEDC의 광범위함과 복잡함에 대한 상황을 제대로 알기 위해서는, 세계 어느 곳에서도 이곳 AEDC에서처럼 정교한 기술과 비행 시뮬레이션 시험 설비를 갖춘 곳이 없다는 것을 이해할 필요가 있다. 이 센터 안에는 대부분 한 가지 시험을 위한 각종 시험 설비를 갖추고 있는 58개의 독립된 시설이 있으며, 그러한 시설의 설비로는 유체 역학과 추진 바람 터널, 로켓과 터빈 엔진 시험실, 우주 환경 챔버, 아크 히터, 탄도 측정기, 그리고 그 밖의 특수 설비들 등이 있다. 이 시설에서는 해수면에서부터 고도 300마일(거의 대기권 끝)까지의 범위에서 경험할 수 있는 비행 조건 시뮬레이션과 음속 이하에서부터 마하 20(음속의 20배)까지의 속도 범위에 대한 가상 시뮬레이션을 할 수 있다.

AEDC의 주요 임무는 항공기, 미사일, 그리고 우주선 시스템과 그 하부 시스템들이 가동 기간 동안 겪을 수 있는 각종 비행 상황에 대한 시험과 평가이다. 이러한 임무를 수행하는 데에 있어서, AEDC 는 비행 시스템에 대한 고객의 개발과 성능 보장을 도와 주는 역할을 하며, 이러한 역할에는 시스템 설계를 확인하고 개선하는 것, 생산 이전에 성능 검증을 하는 것, 그리고 문제점 확인 및 분석, 해결, 현재의 가동 시스템 수집 등을 함으로써 고객을 돕는 것들이 포함된다.

AEDC는, 과거 미 육군 항공단의 기지였고 지금은 미 공군이 소유하고 있는 테네시 주 한복판에 자리잡고 있다. AEDC의 명칭은 제 2차 세계 대전 중 습득한 독일의 기술을 평가할 중심지를 설립할 필요성과 향후 미국이 우주 항공 시대로 나아가는 데에 필요한 새로운 기술의 개발 및 시험에 대한 필요성을 예견한 Hap Arnold 장군을 기리기 위해서 지어졌다. AEDC는 정부의 일급 비밀 임무를 시작으로 군수 산업과 보잉 777기종의 엔진 설계를 시험해 온 General Electric과 같은 기업 모두의 이점을 살리는 쪽으로 전개해 왔다. 이처럼 확장된 임무를 달성하기 위해서 미 공군은 Sverdrup Technology, Inc.와 같은 민간 계약자로 하여금 AEDC 특수 시설의 운용과 유지 보수를 실시하도록 했다. 오늘날 AEDC는 국방부 예산만으로는 더 이상 유지하기 어렵다는 것을 알고 있기에 상업적, 산업적 시험 시설로서 탈바꿈해야 한다는 과제를 안고 있다.

이러한 설비들이 상업적으로 사용되는 데에는 가격 경쟁력이 필수적이다. 이는 Sverdrup Technology에 의지해 오던 AEDC가 현재의 RCM 프로그램을 도입해야만 하는 근본적인 이유이기도 하다. AEDC는 더 이상 정부 지원금만으로 호화스럽게 운용할 수가 없다. 이제는 신뢰성과 높은 가동률, 그리고 이익을 창출하기 위한 상업적 경쟁에서 이길 수 있어야 한다. AEDC는 유지 보수와 예기치 못한 DT의 비용을 절감하고, 그로 인한 이익을 증대시키기 위한 RCM 적용을 통해 점차 이러한 목표를 깨닫고 있다.

관련된 배경

AEDC에서의 RCM은 수년간 진보를 지속해 왔다. 여타의 기업과 마찬가지로 AEDC에서도 RCM의 적용에 대해 갖가지 의견들이 있었으며, 가동률과 유지 보수를 책임지는 사람들은 운영비를 줄이고 이익률을 높임으로써 최저 이익을 개선하고자 부단히 노력해 왔다. 1985년부터 다양한 형태의 RCM 프로그램을 몇 차례 수행해 왔으나 그러한 노력은 결국 PM 작업의 수량을 감소시키는 결과로만 나타났다.

1985년도에는 PM이 높은 전체 유지 보수 비용을 낮추지 못하기 때문에 그리 쓸모 없다고 여겼다. 다시 말해서 PM 프로그램이 각 요소에 있어도 상당한 양의 설비 고장이 여전히 일어나고 있었다. 또한 당시에는 PM의 수를 줄임으로써 비용적 문제를 해결할 수 있다는 잘못된 판단을 하고 있었다. PM을 줄이게 된 이유는 그 작업이 가지는 의미(기능을 유지해야 할 필요성)나 초기에 나타나는 비용 절감에 대한 무지에서 비롯된 것들이다. 비용을 절감하고자 하는 것

RCM−세계적 수준의 유지 보수 기술

이 이러한 프로그램을 하게 된 근본적인 이유였으므로, 총 유지 보수 비용이 계속해서 증가하게 된다면 궁극적으로는 아무런 일도 하지 않아야 한다는 모순을 드러내었다. 이러한 PM 프로그램의 최적화에 대한 초창기 시도는, 기존의 빈약한 PM 프로그램으로부터 직접 경험했던 유지 보수 전문 인력들이 내리는 결정을 유지 보수 기술자들이 전혀 알지 못한 상태에서 실시한 시스템 엔지니어링 접근법이었다.

두 번째 RCM 시도는 1992년에 실시했는데 저자가 집필한 본 저서에서 다루는 기초 개념을 일부 도입했다. 그 접근법은 너무나 치명적인 결점, 즉 엔지니어링 접근법을 택하는 우를 또 다시 범하여, 팀을 이룸으로써 얻을 수 있는 전문 기술 지식을 활용하지 못했다. 결국 그 분석 내용은 믿을 수 없게 되었고 작업 수행 자체는 수렁에서 헤어나지 못했다.

이 이후, 1997 회계 연도(FY 1997)가 시작할 즈음에 미 공군에서 AEDC에 대한 유지 보수 과정의 개선 작업에 막대한 자원을 쏟아 붓기 시작했다. 그 이후로 AF/DOO부서와 Sverdrup Technology는 상호간에 유지 보수 비용을 줄이고 시험 설비와 지원 설비의 가동률을 높이는 데에 책임을 지고 있다. 바로 이 시도 내용이 본 AEDC 사례 연구이다.

1998 회계 연도(FY98)에 각기 다양한 종류의 RCM 과정에 대한 왕 중 왕을 결정하는 평가가 있었다. 이러한 평가 작업을 통해, 설비

와 시스템 전문가, 즉 조업자와 유지 보수 인력들에 대한 적합성에 따른 다양한 RCM 과정의 적용성에 대해 많은 교훈을 얻을 수 있었다. 1999 회계 연도 이후에 Sverdrup Technology는 한 가지 RCM에 집중하기 시작했으며, 그 한 가지 RCM이 바로 이 책의 제5장과 6장에서 보여 준 RCM 과정이다.

시스템 선택 및 설명

1997 및 1998 회계 연도 기간 동안 추진 바람 터널과 Von Karman Gas Dynamics 설비에 몇 가지 RCM 초기 과제를 동시에 실시해 보기로 결정했다. RCM 분석 과정의 세 가지 각기 다른 개정판 내용이 이들 초기 과제에 적용되었다. 그중 하나가 제5장에서 소개한 고전적 RCM 과정이었으며, 두 설비에서 각각 한 개의 시스템씩에 사용되었다. 이번 사례 연구에서는 Von Karman Gas Dynamics 설비(V Plant)에 대한 초기 과제를 설명하기로 한다. 이미 언급한 것처럼, 광범위한 검토 과정을 거친 이후, 1999 회계 연도부터는 고전적 RCM 프로그램이 적용되었다.

1996 회계 연도와 1997 회계 연도 동안 VKF 또는 V Plant(그림 12.31과 12.32에서 굵게 표시한 부분 참조)로 명명된 Von Karman Gas Dynamics 설비에 대한 교정적 또는 예상에 없던 유지 보수(CM) 비용 데이터는 Sverdrup Technology 품질 부서에서 얻을 수 있었다. 이 데이터를 파레토 다이어그램으로 전개한 후 80/20 법칙을 이용하여 악역 시스템을 찾아냈다(그림 12.34 참조). JM-3 펌핑 시스템을 RCM 시스템에 적용할 시스템으로 선택했다. 하지만 JM-3 펌

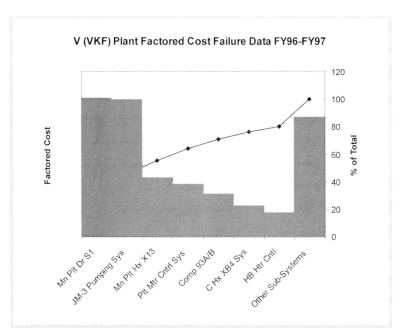

그림 12.34 V plant(VKF) factored cost failure data.

핑 시스템은 3800psi까지 고온의 기체를 순차적으로 가압을 할 수 있는 압축기가 배열된 너무 복잡하고 큰 시스템이었다. 이처럼 복잡한 시스템 때문에 JM-3 시스템을 좀 더 작고 다루기 쉬운 범위로 나누었다. AEDC 공장 고장 데이터에서 보면, JM-3 펌핑 시스템의 C92 압축기가 CM 작업을 주로 받는 것으로 나왔기 때문에 이 압축기를 RCM 시스템의 대상으로 선택했다.

C92 압축기는 JM-3 펌핑 시스템의 하부 시스템으로서, GE사의 1250 HP, 6.9kV, 3600rpm 모터에 의해 구동되는 단일 Ingersoll-Rand CENTAC 원심 공기 압축기를 탑재하고 있다. 회전축과 압축기 및 모

터의 베어링은 공통 스키드 설비 밑의 오일 저장소에서 윤활유가 공급된다. 압축기는 걸러진 대기를 받아들여 3단계로 압축하는데 100psig에서 6050cfm을 낸다. 100psig로 압축된 공기는 조임 압력 조절 밸브를 지나면서 38psig로 낮추어 져서 다음 압축기로 보내진다 (주의 : C92 압축기는 최종 공기압이 3,800psig인 공기를 공급하기 위해 연속적으로 연결된 JM-3 펌핑 시스템의 압축기 그룹 중 하나이다. 압축된 공기는 본 사례 연구 초기에 언급한 시험 조건을 만드는 AEDC의 다양한 바람 터널 시험소 설비를 지나면서 사용된다).

RCM 분석 과정 및 결과

이미 언급한 것처럼, 초기에 RCM 프로그램을 개발하고자 했던 시도 과정에서 힘들었지만 매우 중요한 교훈을 배웠다. 그 교훈에는 시스템 기술자뿐만 아니라 운용 및 기계, 전기, I&C 유지 보수 전문 인력들이 모두 포함된 RCM 분석 팀을 구성할 필요성이 있다는 내용이 들어 있었다. 이러한 조화가 성공의 핵심이라는 것을 증명했다 (저자는 팀 보조자로서 여러 과제에 참여했다).

초기 연구 시작 단계 때 팀원들에 대한 3일간의 훈련 과목이 있었고, 이어서 하루씩 AEDC 임원들에 대한 세미나를 실시하여 RCM 과 향후에 일어날 변화들에 대해 숙지하도록 하였다. 하루씩 실시한 이 세미나를 통해 AEDC의 모든 관리자, 공학자, 기술자들을 RCM에 접하게 했다.

초기 과제는 총 25~30일 정도가 소요되었으며, 3~5개월간 5일씩 교대로 실시하여 정규 O&M 일정에 가급적 차질을 주지 않도록 했다. 숙련도가 늘어감에 따라 분석 시간은 20% 이상 급속히 줄었고 단축된 고전적 RCM 과정(7.2절 참조)을 적용했던 마지막 시스템은 분석 시간이 50%로 감소했다. 초기 과제의 첫번째 시도에서 RCM WorkSaver 소프트웨어를 적용한 이후 모든 과제를 실시했다(제11장 참조).

분석 결과를 그림 12.35, 12.36, 12.37에 정리했다. 그림 12.35의 시스템 분석 개요는 작업의 범위와 60개의 다른 부속에서 231개의 독립적인 고장 양상을 식별하고 평가한 세부 사항을 보여 준다. 이 고장 양상의 약 3분의 1 정도는 숨겨진 것들이고 몇 가지를 제외한 나머지 모두가 결정적(84%)인 것으로 판명되었다. 여기서 RTF 결정과 중복된 PM 작업이 포함된 254개의 특정 PM 작업 결정을 내렸다. 이 254개의 특정 결정 조합을 그림 12.36에 작업 형식(Task Type)으로 나타내었다. 여기서 가장 중요한 부분은, 이전에 실시하지 않았던 고장 양상이 엄청나게 감소했다는 점(150에서 94로)과 일시 정지 작업이 아닌 CD와 FF PM 작업이 총 9%에서 21%로 급격히 증가했다는 점이다. 또 기존 PM 프로그램 중 12개 작업(266 빼기 254)은 어떠한 고장 양상도 식별하지 못하는 것에 적용되는 작업이거나, 또는 두 개의 다른 조직에서 같은 PM 작업을 하고 있는 고장 양상이었다.

하지만 가장 놀라운 결과는 그림 12.37의 PM 작업 유사성 비교에서 나타났다. PM 작업 사양에 의해 규명되어야 할 고장 양상 중 59

• Subsystem Functions	6	
• Subsystem Functional Failures	12	
• Components Within Boundary	60	
• Failure Modes Analyzed	231	
- # Hidden	75 (32%)	
- # Critical	193 (84%)	
• # of RCM – Based Tasks Identified	254	
(including Run-To-Failure)		
• # of Items of Interest	31	

그림 12.35 C92 systems analysis profile.

	RCM	Current
• Time Directed		
- Intrusive (TDI)	53 (21%)	43 (16%)
- Non-Intrusive (TD)	50 (20%)	47 (18%)
• Condition Directed (CD)	39 (15%)	17 (6%)
• Failure Finding (FF)	16 (6%)	9 (3%)
• Run to Failure (RTF)	94 (37%)	- - -
• None	- - -	150 (57%)
• Design Modification (D)	2 (1%)	0 (0%)
	254*	266*

그림 12.36 C92 PM task type profile(by failure mode.)

		RCM vs Actual	
1.	RCM = Current	4	(2%)
2.	RCM = Modified Current	72	(28%) √
3A	RCM Specifies Task, Currently No Task Exists	59	(23%) √
3B	RCM Specifies RTF, Currently No Task Exists	88	(35%)
4.	RCM Specifies RTF, Currently A Task Exists	6	(2%) √
5.	Both Specify a Task, But RCM is Entirely Different	25	(10%) √
		254	

그림 12.37 C92 PM task similarity profile(by failure mode).

개가 기존의 프로그램에서는 전혀 없었다는 사실에 대해 특히 주목할 필요가 있다. 전체적으로 RCM 분석이 기존 PM 계획 내용의 63%를 변경시켰다.

RCM 수행 과정

이번 사례 연구뿐만 아니라 2001 회계 연도 동안 실시했던 50여 가지의 다른 연구를 통해서, RCM 추천 사항을 수행하는 데에는 그 일이 되게끔 변경하는 수행을 하기 위한 공식적인 절차가 있어야 함을 알게 되었다. 한 개의 부서에만 일을 위임하거나 한 사람의 능력에만 의존해서는 그런 기념비적인 작업을 해내기란 사실상 불가능하다. 이는 조직 상호간에 목적과 책임을 공유함으로써 전체적인 작업 수행이 가능기 때문이다.

고전적 RCM과 단축된 고전적 RCM 모두 고장 양상 수준에서의 작업을 만들어 내며, 이후 이러한 작업들이 서로 조화되고 역할을 맡음으로써 설비 유지 보수 프로그램이 되는 좀 더 높은 수준의 PM이 만들어진다. 그 당시에는 160개의 고장 양상 수준의 작업이 15개의 설비 수준 PM, 즉 CMMS 일정 작업으로 만들어졌다.

기본적인 수행 절차는, 그림 12.38에서 보듯이 분석된 시스템을 수행에 필요한 단기, 중기, 장기 항목으로 분류하는 것에 대해 기술자가 원천적인 책임을 져야 한다. 전형적인 단기 항목으로는 작업 간격과 같이 몇 가지 변경을 필요로 하는 기존의 PM 작업 변경이 대표적이다. 중기 항목에는 새로운 PM과 그에 따른 작업 설명서처럼

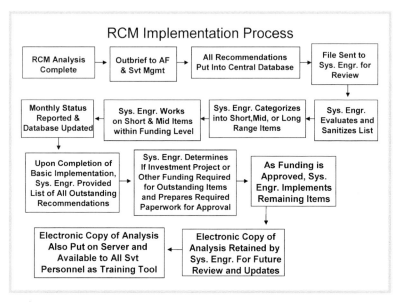

그림 12.38 AEDC RCM implementation process.

새로운 작업들이 포함된다. 장기 항목은 대부분 수행을 하기 전에 고려해야 하는 추가의 기술적 평가와 같은 IOI 추천 내용들이다. 중기 항목 가운데 사전 작업(예를 들어 해체 작업)이 장시간을 요하는 경우에는 장기 항목에 포함시킬 수도 있다.

수행 절차를 돕기 위해 월간 보고 형식을 만들었다. 한 가지 항목이 완료되면 즉시 유지 보수 작업으로 적용되어 유지 보수 프로그램 문서의 한 부분이 되도록 했다.

가장 어려웠던 점은 회사의 기밀 사항에 관련된 경우, 과거의 사고 방식으로 되돌아가려는 경향이 나타나는 것이었다. RCM은 여정이

RCM-세계적 수준의 유지 보수 기술

다. 초기에, 또는 예상하지 못한 고장 때문에 때로는 역행하는 일도 있을 수 있다. 그러나 이러한 역행은 분석에 대한 신빙성을 높이기 위한 것으로 살아있는 RCM 프로그램을 만들어 가는 과정일 뿐이다. 결코 RCM 성공을 방해하는 역행이 되어서는 안 된다.

다른 프로그램에서와 마찬가지로 여기에서도 많은 교훈을 얻었다. 그중에서 가장 어려웠던 점은 RCM은 여정이다라는 성질을 이해하는 것과 결코 서둘러서 되는 일이 아님을 인식하는 것이었다. 비록 AEDC가 신속한 변화에 직면하고 그들 스스로와 고객 모두에게 만족을 줘야 하는 상황이지만, AEDC나 Sverdrup Technology 모두 효율적인 비용으로 적용 가능한 유지 보수 프로그램을 위해서는 그만한 노력과 시간이 필요하다는 것을 인식하고 있다.

실현된 이익

C92 압축기에 대한 RCM 연구는 1998 회계 연도 말에 끝났다. 다른 모든 PM 개선 프로그램과 마찬가지로, 완료된 분석 내용과 RCM 연구 추천 사항을 수행에 옮기는 과정의 시행 착오 때문에 완전한 수행은 1999 회계 연도 하반기에 모두 끝났다. 이러한 시간 지체, 특히 문제점들로 인한 지체 때문에, C92 압축기는 1999 회계 연도까지도 주요 고장 원인이 되었다. 비록 RCM 분석에 의해 밝혀지긴 했지만 그 문제의 기간 중에는 제대로 된 수행이 이루어질 수 없었다. 이러한 문제 발생과 이후 개선된 PM 프로그램에 의해 나타난 CM 감소 효과(2000 및 2001 회계 년도)에 대한 내용을 그림 12.39에 나타내었다.

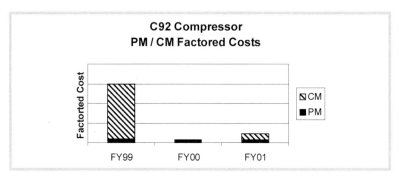

그림 12.39 C92 compressor - PM/CM factored costs.

앞서도 지적했듯이, IOI(관심항목, Items of Interest)는 RCM 분석이 아닌 다른 형식적인 작업 분석 과정과 같은 것으로는 영원히 해낼 수 없는 부가가치의 전형, 또는 개선의 기회이다. C92 압축기에 대한 분석에서는 31가지의 IOI가 나왔다. 이 중 29가지의 IOI는 공장을 물리적으로 변경하거나 설계를 바꾸도록 하는 것으로 신뢰성과 유지 보수성 또는 가동률을 개선하는 데에 필요한 사항들이다. 그리고 나머지 두 가지 IOI는 스페어 부품 재고를 저장하는 방식, 또는 스페어 부품이 적재 적소에 사용될 수 있도록 하는 물류 방식에 대한 개선 사항이다. 이러한 IOI로 인한 투자 수익률(ROI) 계산을 이번 사례 연구 내용에 포함 시키는 것은 적절하지 않지만, 이 31가지 부가가치의 전형(IOI)으로 인해 연간 수백만 달러의 비용 절감 효과가 발생한다는 점에 대해서는 자신 있게 말할 수 있다.

감사의 글

이러한 사례 연구에 노력을 해준 RCM 팀과 도움을 아끼지 않은 지원자 여러분께 감사를 드리는 바이다.

RCM 팀	지원자
ED Ivey	Paul McCarty
Brown Limbaugh	Bert Coffman
Brian Shields	Dan Flanigan
Ronnie Skipworth	Ramesh Gulati
Glenn Hinchcliffe(보조자)	

12.2.7 NASA Ames Research Center / 12 ft Pressure Tunnel(PWT)*

관련된 배경

대중 매체에서 NASA를 언급하는 경우, 보통 우주 왕복선, 우주 정거장, 기상 및 통신 위성, 항공기 연구와 같은 것들을 연상하게 만든다. 하지만 외부로 잘 알려져 있지 않은 NASA 업무와 성공에 관련된 일들의 실제 핵심에는, 앞서 말한 일들이 가시적인 결과를 낼 수 있도록 과학과 기술 작업으로 돕는 미국 내의 일련의 센터들이 있다. 이러한 센터들(예를 들면, Ames, Langley, Lewis, Kennedy, Johnson, Marshall, 그리고 기타 여러 센터들)은 안전성과 제조 기능을 확보하기 위해 상당히 조심스럽게 유지 보수하고 보관해야 하는 다양한 연구 개발 설비 및 설비를 갖추고 있다.

---

* 이번 사례 연구는 Ames Research Center(ARC)에서 1995~1996년 동안 실시했던 초기 RCM 과제이다. 그 후 12피트 PWT에 대한 두 가지 추가 시스템에 대해 완료했고, 403803120피트 바람 터널에 대한 두 가지 시스템을 완료했으며, Unitary Plan Wind Tunnel에 대한 5가지 시스템을 완료했다. 바람 터널 RCM 프로그램은 1998년에 완결되었다.

NASA 본부는 각 센터들 간의 자원, 경험, 실적 등과 같은 것을 공유함으로써 NASA 설비에 대한 운용 및 유지 보수 비용을 절감할 목적으로 정부기관과 같은 작업을 진행해 왔다. 이러한 작업의 중심에서 NASA의 유지 보수 프로그램 비용을 줄이고 그 효율을 높이는 방법으로서, 신뢰성 중심의 유지 보수(RCM) 방법론이 사용되고 있다. Ames Research Center는 이러한 작업의 핵심 역할을 하고 있으며, 이 절에서는 이 RCM을 Ames에 실시했던 초기 과제에 대해 논의할 것이다.

센터와 터널의 설명

캘리포니아 뷰 마운틴에 위치한 NASA-ARC는 1939년에 설립되어 항공학 개발 분야에서 계량적으로나 실험적으로나 그 성과와 능력을 세계적으로 인정받고 있다. 이 센터에는 여러 가지 바람 터널과 세계에서 가장 큰 수퍼 컴퓨터 설비 등 다양한 지상 시험 설비를 갖추고 있다. 이러한 설비 가운데에는 $40 \times 80 / 80 \times 120$피트짜리 대기 바람 터널(세계에서 가장 큰 바람 터널)인 실제 크기의 공기 역학 단지(National Full Scale Aerodynamics Complex)와 이번 사례 연구의 대상인 12피트짜리 압축 바람 터널(PWT)이 있다.

12피트짜리 PWT는 수년간 1억 2천만 달러를 들여 재건조한 이후 1996년에 재가동을 시작했다. 이 설비는 0.14기압에서 6기압까지 압축된 바람을 만들어 낼 수 있으며 광범위한 레이놀즈 넘버 범위에서 단일 모델 배치 시험을 할 수 있다. 새로운 12피트짜리 터널에는 터널 연결 구간에서 물질 충만 구역(시험 구역)에서만 압력을 조절할 수 있는 특수한 특징이 있다. 이러한 특징 때문에 다른 터널 구간은 필요한 가동 압력으로 유지하면서도 물질 충만 구역에 대해서만 대기압을 감소시킴으로써 모델 변경이 가능하다. 이 특징으로 인해, 6기압으로 맞추기 위해 터널 내의 압력을 줄이거나 높이기 위해 2시간 가량 걸리던 과거에 비해, 이제는 단 20~30분이면 충분하게 되었다.

시스템 선택 및 설명

이 설비는 PM이나 CM 기록이 전혀 없는 새로운 설비였기 때문에, 전통적인 PM 작업 계획에 사용되던 내용을 기초로 하여 파레토 다이어그램을 만들기로 했다. 그 터널은 12개의 개별 시스템으로 이루어져 있고, Makeup Air System(MU)에 대해 PM 작업 계획 데이터를 기초로 하고 있다. 다른 모든 시스템들은 MU에 대한 기능의 복잡도에 따라 연간 PM 시간을 추정해서 지정했다. 이러한 접근법에 의해 나온 결과를 그림 12.40에 나타내었다. 첫번째로 올라온 물질 충만 시스템(Plenum System, PL)을 RCM 초기 과제 대상으로 결정했다. 이렇게 내린 결정으로 인해, 이 새롭고 독특한 설계 내용을 RCM 시스템 분석 과정을 통해 자세하게 분석을 하게 된 추가의 효과를 얻었다.

이처럼 빠른 시험 모델 변경이 가능한 Plenum 시스템은 이동 위치와 출입 위치 간에 시험 구역을 90도로 회전하는 원형 회전식(회전이 가능한)과 시험 구역 위아래의 터널 연결 부위를 닫는 15피트 두께의 격리문(밸브)으로 구성되었다. 시험 구역 입구에 송풍을 한 다

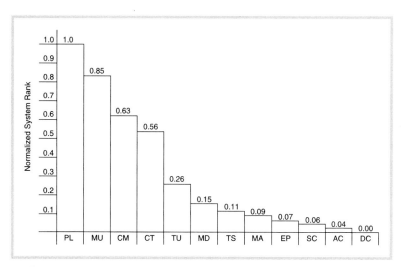

그림 12.40　12 ft pressure sind tinnel – normalized ranking by estimated annual PM man hours.

음 격리문과 유사한 출입문(밸브)이 열리게 되어 있다. 이것은 원형 회전식이 회전하고 안팎의 3개 문을 움직이도록 복잡한 구조, 모터, 기어박스 그리고 구동 메커니즘의 배치로 설계되어 있으며 각 문에 잠금과 밀봉 장치가 있다. 이러한 움직임을 통제하도록 다양한 조절 장치가 있어서 정확한 위치를 잡고, 혹시라도 압력이 새는 일이 없 도록 설비를 유지하게 되어 있다. Plenum 시스템을 제품 시험 시간 에 영향을 안 주면서도 모든 안전 특징을 유지하면서 최상의 가동 조건으로 유지하기 위해서는 중요한 모든 터널 시스템에 매우 정교 한 예방적 유지 보수(Preventive Maintenance, PM) 프로그램이 필 요하며, 그중에서도 Plenum 시스템이 가장 중요한 부분이다.

Plenum 시스템은 너무 복잡하기 때문에 이 시스템을 4가지 하부

RCM-세계적 수준의 유지 보수 기술

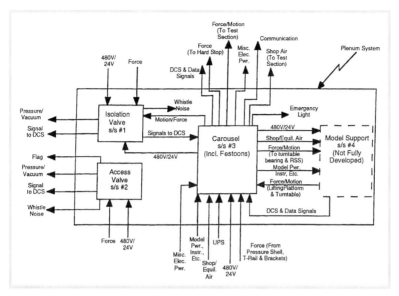

그림 12.41 Functional block diagram of plenum system.

시스템으로 나누었다. 이에 대한 기능 블록 다이어그램을 그림 12.41에 나타내었다. RCM 초기 과제는 출입 밸브, 격리 밸브, 그리고 원형 회전식 하부 시스템에만 한정해서 실시했다. 이 절에서는 원형 회전식 하부 시스템의 분석과 결과를 보여 준다.

RCM 분석 및 결과

12피트짜리 PWT 초기 과제는 두 가지 목적에서 실시되었다: (1) ARC가 고전적 RCM 과정을 사용함으로써 얻을 수 있는 이익을 보여 주는 것, (2) 7단계 시스템 분석 과정을 수행하는 방법에 대해 바람 터널 조업자 및 유지 보수 팀을 훈련시키는 것. 이 두 가지 목적 모두 성공적으로 달성했다. 그러나 원래 훈련을 받았던 인력의 교체로 인해 이후에 팀에 합류한 인원에 대해서도 추가의 훈련이 필요했다.

AMS 위원회(Mac Smith)가 초기 과제를 설명하고 촉진시키는 고문으로서 참여했다. 이 과제의 RCM 팀은 고도로 경험이 많은 두 명의 감독자와 유지 보수 기술자, 설비 기술자로 구성되었다. 고문의 조언에 따라 RCM 팀에 유능한 인력을 참여시켰으며, 설비에 대한 광범위한 지식을 이론적으로 직접 접할 수 있는 기회와 분석 결과를 실행할 바로 그 인력들을 보유함으로써 가장 성공적인 RCM 프로그램 중의 하나로 남는 기록을 세울 수 있었다.

초기 과제를 완수하는 데에는 특정 유지 보수 추천 작업을 개발하는 일을 포함해서 39일이 소요되었으며, 7개월 동안 일주일씩 교대로 작업하여 팀원의 정규 작업에 문제가 생기거나 연속성에 악영향을 미치는 일이 없도록 했다. 향후에는 RCM 과제에 대한 일정을 좀 더 단축하겠지만 보통 전문인력의 경우 교대 작업의 형태로 일을 하는 것이 가장 효과적이다. 이후에 실시한 40×80×120피트짜리와 Unitary Wind Tunnel에서와 같이 한 번 훈련 과정을 모두 마친 후에는 보통 20일 이내에 끝난다.

초기 과제의 분석 내용을 문서화는 수작업으로 실시했다. 이후의 과제에서는 RCM WorkSaver 소프트웨어를 사용했다.

그림 12.42의 PM 작업 형식 개요에서는 CMMS 상의 기존 PM 작

488

Task Type	RCM	Current
• Time Directed		
- Intrusive (TDI)	11	23
- Non-Intrusive (TD)	14	18
• Condition Directed (CD)	15	0
• Failure Finding (FF)	12	5
• Run to Failure (RTF)	18	N/A
• None Specified	N/A	39
	70	85

그림 12.42 PM task type profile.

업 일정과 7단계의 분석으로부터 나온 RCM 작업을 비교하여 보여
준다. 이 비교 내용에서 놀랄 만한 특징은, 총 PM 작업 수에서는 상
당히 유사하나(46대 52), 작업 형식의 혼합에서는 현격한 차이를 보
인다는 것이다. 특히, 일시 정지를 필요로 하지 않는 CD나 FF 작업
은 약 5배로 늘어난 반면, 일시 정지를 필요로 하는(Intrusive) TD
작업이 약 절반으로 줄어들었다. 이러한 내용은 PM 프로그램 중에
잦은 일시 정지를 필요로 하는 행위로 인해 작업자의 오류가 발생
하는 빈도를 줄일 수 있다는 것을 반영하는 것으로, 엄청난 비용이
나 긴급 정지 상황이 나타나기 이전에 필요한 유지 보수 행위를 효
과적으로 식별할 수 있도록 해준다.

다른 방법으로 RCM과 기존의 PM 구조를 비교한 내용이 그림 12.43
의 PM 작업 유사성 개요이다. 이 비교를 보면 RCM 기본의 PM 작업
가운데 기존의 전통적인 PM 작업과 동일한 것도 있고 전혀 다른 것
도 있다. 확인 마크(✓)로 표시된 항목은 RCM 과정이 PM 자원의 최

		RCM		%
1.	RCM = Current (Tasks are Identical)	4		5%
2.	RCM = Modified Current	16	√	19%
3A	RCM Specifies Task, Currently No Task Exists (Current Missed Important Failure Modes)	24	√	28%
3B	RCM Specifies RTF, Currently No Task Exists (Similarity Probably Accidental in Most Cases)	15		18%
4.	RCM Specifies RTF, Currently A Task Exists (Current Approach Not Cost Effective)	3	√	3%
5A	Currently Task Exists - No Failure Mode in RCM Analysis	9	√	11%
5B	Currently Task Exists – RCM Specifies Entirely Different Task	14	√	16%
		85		100%
			√	77%

그림 12.43 PM task similarity profile.

적화에 상당히 큰 영향을 준 항목들이다. 전체적으로 보면 원형 회전식 하부 시스템에 대한 기존의 PM 프로그램 중 77%가 RCM 과정으로 인해 바뀌었다. 주로 바뀐 부분은 3A항목(28%)과 5B항목(16%)으로서, RCM으로 인해 아무런 PM 작업이 없던 곳에 PM 작업이 도입되었거나, PM 행위에 대한 좀 더 효과적인 방법이 제시되었다.

RCM 수행

원형 회전식 하부 시스템에 대한 RCM 초기 과제를 시작하기 이전에 기존의 전통적인 PM 작업을 Maximo CMMS에 올리는 작업이 거의 진행되었다. 따라서 RCM 기초의 PM 작업을 성공적으로 수행하기 위한 핵심은 이 전통적 PM 작업을 삭제하고(4가지 변경이

안된 작업은 제외) 새로운 RCM 작업을 CMMS에 올리는 것이었다. 이미 다른 과제에서도 경험했듯이, CMMS에 대한 재조정이 실시되는 동안 RCM 분석 결과는 책상 서랍 속에서 그 빛을 잃어 심지어는 없어지기도 한다.

ARC의 CMMS에 대한 재조정을 하기 위해서는, 7단계의 시스템 분석 결과에 설명된 PM 작업 개요를 CMMS로부터 나온 작업 지시서 및 절차에 필요한 완전한 데이터 형식으로 바꾸는 작업이 필요했다. ARC에서는 이러한 정보가 없었기 때문에 ARC에서의 기준 작업 방식으로는 현장에 직접 수행하는 일이 불가능했다. 이러한 작업에는 다음과 같은 내용이 포함된다.

1. 각 작업을 CMMS에 입력하기 위해서는 다른 20가지 항목의 데이터를 더 만들어야 했다(예를 들어 설비 ID와 설명, 작업 계획, 공구/재료 요청 사항, 작업 형식과 시간, 잠그라거나 번호표를 붙여야 하는 등의 특별한 주문, 필요한 절차 등).

2. RCM 분석에 의한 원형 회전식 하부 시스템 경계와 설비 항목이 기존의 정의와 다소 달랐으며, CMMS의 다른 시스템과의 격차와 중복을 피하기 위한 재조정이 필요했다.

3. 모든 RCM 작업 지시에는 정확한 데이터 확인을 위해 시스템 전문가, 전기 감독자, 기계 감독자 등이 필요했다. 이러한 인력이 항상 같이 있는 것이 아니어서 필요할 때 적시에 작업을 할 수 없었다.

4. 종종 RCM 작업에 새로운 절차나 변경해야 하는 절차가 필

요했다. 시스템 전문가와 RCM 팀원은 작업 내용이 확실한
지를 검증하기 위해 공동 작업을 했다.

5. CD나 FF 작업을 다루는 데에 있어서는, 대부분이 새로운 작업이어서(그림 12.42), 인력의 훈련과 새로운 설비를 구매할 필요가 있었다.

6. 모든 RCM 작업 지시서는 최종 관리 승인을 받기 전에 RCM 팀에서 검토하고 승인을 내렸다.

이와 같은 수행 과정은 실제 잘 진행되었지만 처음에 예상했던 내용보다 더 많아졌다는 것을 알게 되었다. 이처럼 많은 변경이 나온 원초적 이유는 RCM 분석 과정에서 추천한 내용과 별 변경 내용이 없을 것이라는 당초 예상과의 차이 때문이었다. 우리가 직접 수행한 과제에서뿐만 아니라 다른 형태의 과제에서도 보면, 변경 내용이 50에서 75% 정도가 되는 것이 상당히 일반적이라는 것을 알게 되었다. 이와 같은 통계적 수치를 본다면, 설비에 대한 PM을 정의하는 전통적이고 보수적인 과거 방법에 대해서는 개선의 여지가 반드시 있다는 것을 보여 주는 증거라 하겠다. 또한, 새로운 PM 작업(그것이 RCM 기초이든 아니든 간에)의 수행을 필요로 하는 작업의 중요성을 과소평가하지 말라는 의미도 된다.

실현된 이익

RCM 과제를 통해 성취한 이익 측면에서는, PM 인력-시간의 감축의 효과가 다른 3개 분야에서의 경제적 이익에 비해 그다지 크지 않았다.

1. RCM 과정을 통한 효율성의 증가로 인해 교정적 유지 보수 (Corrective Maintenance, CM) 비용이 현저하게 줄었다. 이 분석 과정에서 중요한 고장 양상(안전성과 긴급정지에 영향을 미치는 것들)들이 완벽하게 식별되었다. 따라서 PM 작업 결정은 이러한 고장 양상에 집중되었다. 감소폭은 대략 40에서 60% 이상으로 예상된다.

2. 감소된 CM 활동으로 인해 예상하지 못하던 DT가 자연스레 줄어드는 효과가 나타났다. RCM 과정 중에 다른 설비에 대한 개선도 동시에 이루어졌기 때문에, 어느 정도의 감소가 되었는지에 대한 예상은 하기 어렵다. 다만 이로 인한 다소의 감소 효과는 의미 있는 비용 절감으로 나타난다(DT로 인해 진행 중이던 시험이 중단될 경우 대략 시간당 4,000달러 정도의 손해가 발생한다).

3. 이 고전적 ECM 과정에서 실현된 급격한 이익 발생은 경제적 구도의 주요 인자로서 나타나게 된다. 예상하기는 쉽지 않지만, 초기 과제의 관심항목(Items Of Interest, IOI)은 이러한 이익이 어떤 시스템에서는 유지 보수 비용보다 더 많다는 것을 보여 준다. 실제 이러한 추가로 확인된 이익은 고전적 RCM 접근법에 대해 매우 긍정적으로 생각하게 하는 놀라운 결과 중 하나이기도 하다. 이 같은 광범위한 분석 과정이 없이는 이러한 효과를, 또는 그 이상을 내기가 어렵다.

전반적으로 보면, 우리는 RCM 프로그램을 위해 적어도 100배의 투자 수익률(ROI)을 낼 수 있는 시스템을 찾고자 했다. 그만한 가능성이 없을 경우, 그보다는 비용이 적게 드는, 원만한 가동을 하는 시스템에 대한 기존의 PM 구조를 검토하는 방법을 사용할 것이다.

고전적 RCM 접근법을 사용함으로써 얻는 가장 큰 이익 중 하나는 팀원 스스로 익히게 되는 시스템 설계와 운용에 대한 정제된 지식이다. 결국 RCM 팀은 각각의 설비에 대한 유지 보수 경험과 더불어 시스템의 전문가가 되었다. 분석에서 얻는 또 다른 유익한 점은 과정 중에 발견되는 IOI라고 말하는 것이다. 실제로 이 놀라운 발견들은 RCM 분석에 지출된 비용을 훨씬 뛰어넘는 경제적 효과로 나타났다.

이러한 IOI 자체만으로도 고전적 RCM 접근법에 대해 긍정적인 평가를 내리게 한다. RCM의 첨단 접근법이라고 하는 여타의 다른 방법들은 고전적 방법에 비해 광범위하지 않기 때문에 고전적 방법만큼 IOI를 내기가 어렵다. 원형 회전식 하부 시스템이 완료되자, 유지 보수 감독자와 설비 기술자들이 해야 할 적절한 수정, 문서화, 평가, 그리고 활동 등에 38가지의 IOI가 나타났다. 몇 가지 IOI 예를 그림 12.44에 나타내었다.

RCM에 대한 Ames Research Center 관리의 관점
NASA-ARC는 생산성과 데이터 품질의 개선을 위해 12피트짜리 PWT의 재건과 자주 사용하는 다른 바람 터널에 대한 현대화 작업에 많은 투자를 해왔다. 그러나 점점 정부의 예산이 줄고 있기 때문에 바람 터널의 가동과 유지 보수에 대해 예전처럼 자원을 쓸 수 있

IOI - DESCRIPTION	COMMENTS
• Paint/Coat Carousel Drive Steel Wheels to prevent Corrosion	Rapid Temp changes due to Pressurization of Six Atmospheres and Blowdown to atmospheric conditions enhance corrosion due to condensation.
• Install Dust Cover on Carousel Drive Clutch Assembly Inspection Ports	Two Large 5"Holes were cut into clutch housing for inspections. Inspection dust covers will prevent clutch contamination and excessive wear.
• Drawing M427 (design) shows Carousel location locking pin sliding sockets anchored in place using ¾" square stock and welded on three sides. As build drawings do not. They are not installed.	Square welded stock needed to guarantee no movement of pin sockets after initial installation. Stock will be welded in place and drawings corrected. A failure due to socket movement could cause downtime with an estimated productivity loss valued at $4,000 per hour.
• What procedures are in place to preclude the replacement of a failed limit switch with one that has not been properly vented?	Limit switches were found to fail as supplied unless a vent hole was drilled to equalize pressure in the switch. Procedures must be in place to eliminate wrong replacement of switch.
• It would be advantageous to eliminate the Proximity Switch from any role in a locking pin retraction scenario.	A proximity switch failure (loss of or erroneous signal) would preclude the retraction sequence; but otherwise has no role in retraction. Change Software to eliminate switch activity in circuit of the extraction mode.

그림 12.44 Item of interest(IOIs).

는 상황이 안되고 있다. 따라서, 설비 고장과 관련된 DT를 줄이고 바람 터널 시험 프로그램에 대한 전반적인 비용을 줄이기 위해 유지 보수 자원의 활용을 최적화할 새로운 방법의 개발이 필수적인 상황이다. RCM 접근법은 이러한 PM 프로그램을 최적화할 수 있는 방법을 제시할 수 있는 유일한 대안이라고 생각한다.

지원 서비스를 계약했던 유지 보수 감독자 중의 한 사람이 Mac Smith의 저서인 RCM 서적(참조 1)을 소개해서 처음 RCM을 알았다. PM에 대한 그의 접근 방식, 그리고 오늘날 고전적 RCM으로 명명된 그만의 비법이 우리에게는 상식으로 다가왔다. 그래서 본 절의 내용인 초기 과제를 시작했던 것이며, 선택된 주요 시스템에 대해 우리가 사용한 고전적 RCM 방법론, 즉 과거의 표준이 유지 보수의 집약으로 되는 이 방법론이 최적의 접근법임을 증명하게 되었다.

향후의 방향

- RCM 팀에 의한 추천 사항은 CMMS(Computerized Maintenance Management System)를 이용해 지속적으로 수행하게 된다.

- Plenum 시스템에 대한 향후의 모든 교정적 유지 보수 작업은 RCM 팀에서 가정하는 고장에 대하여 확인하고 평가하게 된다.

- 예방적, 교정적 유지 보수 비용은 우리의 유지 보수 프로그램의 효율을 평가하는 방법으로써 측정하고 추세를 보게 된다.

- RCM 팀은 주기적인 고문의 지원을 받아 다른 12피트짜리 PWT의 주요 시스템에 대한 업무를 지속적으로 실시 했고, 이러한 시스템에 대한 RCM 분석을 1996년 말에 완료했다.

- 40×80 / 80×120피트짜리 바람 터널의 주요 시스템에 대한 작업을 위해 또 다른 RCM 팀이 구성되었으며 이 작업 역시 1996년 말에 완료했다.

- 1997년, 이전의 두 팀에 참여했던 인원을 포함시킨 세 번째 RCM 팀이 구성되었으며, 당시 현대화 작업으로 진행 중이던 Unitary Plan Wind Tunnel의 주요 시스템에 대한 작업을 했다.

감사의 글

이러한 사례 연구에 노력을 해준 RCM 팀과 도움을 아끼지 않은 지
원자 여러분께 감사를 드리는 바이다.

RCM 팀	**지원자**
Jim Bonagofski	Herb Moss
Mike Harper	Jim McGinnis
Tony Machala	John Thiele
Dave Shiles	
Mac Smith(보조자)	

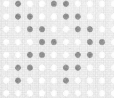

List of Acronym

Appendix **A**

약어표

K

KSC	케네디 우주 센터

M

MO	유지 보수 긴급 정지

N

NRC	핵 감시 위원회
NASA	미 우주 항공국

O

O&M	운용과 유지 보수
OEE	전반적인 설비 효율성
OEM	설비 제작 공급 업체
OSHA	보건 당국

P

PDF	확률 밀도 함수
PdM	예상적 유지 보수
PM	예방적 유지 보수
PMP	예방적 유지 보수 프로그램
PUC	공공 설비 위원회

R

RAV	대체 자산 가치
RCFA	고장 근본 원인 분석
RCM	신뢰성 중심의 유지 보수
ROI	투자 수익률
RTF	고장까지 가동

S

SWBS	시스템 작업 분석 구조

T

TD	시간 중심
TDI	시간 중심의 일시 정지
TPE	총 생산성 공학
TPM	총 생산성 유지 보수
TPR	공장 총 신뢰성
TQM	전사적 품질 관리

W

WCM	세계적 수준의 유지 보수
WIIF	나와 무슨 상관이 있는가(Whats in it for me)

B

기본적인 신뢰성 이론에 대한 수학

The Mathematics of Basic Reliability
Theory

Appendix **B**

기본적인 신뢰성 이론에 대한 수학

B.1 서론

제3장에서 신뢰성 훈련에 대한 기초적인 내용을 다루었다. 그리고 그 내용에 대한 이해를 돕기 위해 기초적인 확률 또는 기회 요소에 대해 별도로 설명을 했다. 또한 매우 간단하고 정성적인 방법으로 확률에 대한 수학적 개념과 **RCM**과 밀접한 관계가 있는 신뢰성 이론의 핵심 요소를 유도하는 방법에 대해서도 소개했다.

부록에서는 수학적 방법으로 신뢰성 이론에 대한 핵심 요소를 유도하는 것에 대해 다룰 것이다. 여기서도 비교적 간단히 소개하겠지만, 독자들이 기초적인 미적분학과 확률 이론에 대해 어느 정도 지식을 갖고 있다면 더욱 쉽게 이해할 수 있을 것이다.

B.2 신뢰성 함수의 유도

제3장에서 신뢰성이란 특정 시간(t)까지 특정 항목이 생존하는(만족스럽게 수행을 하는) 확률로서 정의되었다. 그렇다면 그 신뢰성은 그 시간(t)까지 생존하는 항목의 초기 모집단에 대한 기대 분률이라고 생각할 수 있다. 여기서 주의할 점은 시간에 따라 생존하는 항목의 수가 증가하지 않는다는 것이다. 따라서 신뢰성은 시간 t=0에서의 초기 모집단 항목 상태로 별도의 재설정이나 회복을 시키지 않는다면 시간이 지날수록 감소할 수밖에 없다. 이것이 바로 예방적 유지 보수 행위의 기초적인 개념이다.

신뢰성 함수를 유도함에 있어서, 다수의 유사한 항목을 고장이 날 때까지 시험(Run to Failure)하는 것을 고려할 것이다. 따라서 아래와 같은 변수를 정의할 수 있다.

N_0 : t = 0에서의 초기 모집단 크기. N_0는 상수이고 t_0에서 모집단에 대해 정해진 수

N_s : t_x에서 생존해 있는 모집단 항목. N_s는 시간의 함수

N_f : t_x에서 고장이 발생한 모집단 항목. N_f는 시간의 함수

$R(t)$: 시간의 함수로서 모집단의 신뢰성

$Q(t)$: 시간의 함수로서 모집단의 비신뢰성

따라서 특정 시간 t_x에서,

$$N_0 = N_s + N_f \tag{B.1}$$

$$R(t) = N_s \,/\, N_0 = N_s \,/\, N_s + N_f \tag{B.2}$$

$$Q(t) = N_f \,/\, N_0 = N_f \,/\, N_s + N_f \tag{B.3}$$

그리고

$$R + Q = N_s \,/\, N_0 + N_f \,/\, N_0 = N_0 \,/\, N_0 = 1 \tag{B.4}$$

여기서 R과 Q는 여집합의 관계이다. 즉 모집단 항목은 특정 시간 t_x 에서 생존해 있거나 고장이 발생한 상태가 된다.

$$R(t) = 1 - Q(t) \tag{B.5}$$

N_s는 시간에 따라 감소하므로 N_f는 증가하게 된다.

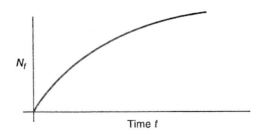

이러한 간단한 그림으로 시간에 따른 모집단의 누적 고장 내력을 나타낼 수 있다. 여기서 N_f는 N_0(상수)로 나눌 수 있으며 이 곡선의 기본적인 형태는 변하지 않는다. 더 나아가,

$$N_f \,/\, N_0 = Q(t) \tag{B.6}$$

따라서 이제 시간(t)에 따른 Q 곡선을 나타낼 수 있다.

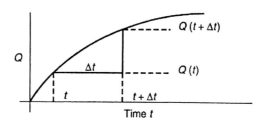

확률적인 개념에서 보면 이 곡선은 모집단 고장 내력에 대한 누적 밀도 함수(Cumulative Density Function, CDF)가 된다. 또한 CDF의 도함수는 모집단 밀도 함수(Population Density Function, pdf), 또는 고장 밀도 함수(Failure Density Function, fdf)가 된다.

CDF의 도함수를 계산하면,

$$\lim_{\Delta t \to 0} \frac{Q(t + \Delta t) - Q(t)}{\Delta t} = \frac{dQ}{dt} = \frac{d}{dt}\left(\frac{N_f}{N_0}\right)$$

$$= \frac{1}{N_0}\frac{dN_f}{dt}$$

따라서 $dQ\,/\,dt$가 고장 밀도 함수라는 것을 알게 된다. 그리고 $dQ\,/\,dt = f(t)$로 놓으면,

$$f(t) = \frac{1}{N_0}\frac{dN_f}{dt} \tag{B.7}$$

방정식 (B.7)에서 특정 시간 간격 Δt 동안에 총 고장의 일정 분률 N_f가 일어날 것이라는 예측을 할 수 있다. 물론 이러한 고장은 초기에 고정된 모집단 N_0에서부터 나오며, $\Delta N_f / \Delta t$ 는 Δt 동안 총 고장 빈도를 나타낸다. 이것을 N_0로 나누면 그 값은 초기 모집단에 대하여 Δt 내에 있는 항목당 고장 빈도를 나타낸다. 이 값은 사망률(death rate)이라고 한다.

따라서

$$f(t) = \text{death rate} = \frac{1}{N_0} \frac{dN_f}{dt} \tag{B.8}$$

이에 대한 간단한 사망률 계산 예는 3.4절에서 소개한 바 있다.

여기서부터, 앞서의 방정식을 다양하게 변형하여 우리가 보고자 하는 추가의 신뢰성 함수를 얻을 수 있다.

방정식 (B.5)의 도함수를 취하면,

$$\frac{dQ}{dt} = -\frac{dR}{dt} \tag{B.9}$$

방정식 (B.7)에서 $dQ/dt = f(t) = (1/N_0)(dN_f/d_t)$ 이므로

$$-\frac{dR}{dt} = \frac{1}{N_0} \frac{dN_f}{dt} \tag{B.10}$$

양변에 N_0/N_s로 곱하면

$$-\frac{1}{R}\frac{dR}{dt} = \frac{1}{N_s}\frac{dN_f}{dt} \qquad (B.11)$$

방정식 (B.11)로부터 사망률 방정식 (B.7)과 유사함을 볼 수 있다. 하지만 여기서는 $\Delta N_f/\Delta t$가 N_s로 나누어졌으므로 이 값은 초기 Δt 구간에서의 모집단 생존에 대한 Δt 동안의 항목당 고장 빈도를 나타낸다. 이 값을 고장률(mortality 또는 failure rate)이라고 하며, $h(t)$ 또는 λ로 표시한다. 3.4절에서도 고장률과 사망률의 차이에 대해 간단한 예를 보여준 바 있다.

따라서

$$h(t) = \lambda = \frac{1}{N_s}\frac{dN_f}{dt} \qquad (B.12)$$

또한

$$h(t) = \lambda = -\frac{1}{R}\frac{dR}{dt} \qquad (B.13)$$

이를 다시 정리하면

$$\lambda dt = -\frac{dR}{R}$$

여기서 $t=0$일 때, $R=1$이다.

적분하면

$$\int_0^t \lambda dt = \int_1^R -\frac{dR}{R} = -\ln R$$

그리고

$$R = e^{-\int_0^t \lambda \, dt} \qquad\qquad (B.14)$$

방정식 (B.14)는 신뢰성에 대한 가장 일반적인 공식이다. 여기에는 특정 λ 형식이나 시간에 따라 변화하는 것에 대해서는 아무런 가정을 하지 않았다.

여기서 또 다시, 고장 밀도 함수 $f(t)$를 알면, 보고자 하는 모든 다른 신뢰성 함수를 유도할 수 있다. 따라서 실험적으로 $f(t)$를 결정하는 능력뿐만 아니라 특정 $f(t)$ 형식에 대한 신뢰할 수 있는 가정이 있어야 함이 매우 중요하다.

B.3 특수한 경우

신뢰성 분석에서 가장 많이 사용되는 고장 밀도 함수 $f(t)$는 지수함수 fdf로서 다음과 같은 형태이다.

$$f(t) = \lambda e^{-\lambda t} \qquad\qquad (B.15)$$

방정식 (B.15)에서 λ는 상수값이므로 임의의 Δt에서 λ는 상수이다. 이는 고장률이 상수라는 의미이며 따라서 방정식 (B.15)의 λ는 가 고장률로서 유도된 λ가 된다.

또는 방정식 (B.14)의 λ를 상수로 가정하여 $f(t)$를 다시 얻으면,

$$R = e^{-\int_0^t \lambda dt} = e^{-\lambda t}$$

$$-\frac{dR}{dt} = -\frac{d}{dt}(e^{-\lambda t}) = \lambda e^{-\lambda t}$$

하지만

$$-\frac{dR}{dt} = \frac{dQ}{dt} = f(t)$$

따라서 λ가 상수이면 이에 대한 $f(t)$는

$$f(t) = \lambda e^{-\lambda t}$$

여기서 λ = 상수로 가정하면(또는 알고 있다면) 그것이 실제로 나타내는 의미를 이해하는 것이 중요하다.

1. 임의의 시간 간격에서 나오는 고장은 평균적으로 일정한 비율로 일어난다. 즉 고장이 무작위로 일어나며 이는 우리가 어떤 고장 메커니즘 때문에 일어나는지 또는 그 원인을 알 수 없기 때문에 결국 이를 방지할 방법을 찾을 수 없다.

2. 문제의 항목에 대한 λ가 상수라고 믿고는 있지만(알고는 있지만) λ의 특정 값을 모른다면 1시간 동안 1,000개의 항목을 시험하거나 1,000시간 동안 몇 개의 샘플을 시험하여 λ를 계산해야 한다. 어느 방법을 택하든지 그 결과는 거의 동일할 것이다(λ가 상수라고 가정한 것이 확실히 맞을 경우).

3. 지수함수 fdf의 중간값, 또는 평균 고장 발생 시간(Mean Time To Failure, MTTR)은 1/λ이다. 따라서 가동이 지속되는 시간은 MTTF와 같아진다.

$$R = e^{-\lambda t} = e^{-\lambda(1/\lambda)} = e^{-1} = 36.8\%$$

4. 3번 항목에서 누적 가동 시간이 MTTF와 같아지면 모집단에서 무작위로 고른 항목 중 63.2%는 이미 고장이 나 있을 가능성이 있다는 것을 알 수 있다.

3번과 4번 항목을 보면, PM 작업 빈도를 결정하는 데에 있어서 MTBF를 이용하는 것은 현명한 방법이 아님을 알 수 있다. λ = 상수라는 것과 관련된 다른 함정 때문에, 불행히도 이러한 부분에 유지 보수 담당자들이 쉽게 빠지곤 한다.

여기서 소개해야 할 개념이 한 가지 더 있다. 어떤 형태를 취하든지 모든 fdf는 평균값 또는 신뢰성 표현으로 하면, 고장까지의 평균 시간(MTTF)을 나타낸다. 지수함수의 경우 λ를 적절한 상수로 놓으면 MTTF는 MTBF가 된다.

그러나 λ가 상수가 아니라면,

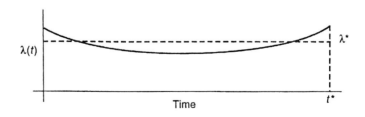

이론적으로는 $\lambda^* \cdot t^* = \int_0^{t^*} \lambda(t)dt$에서 λ^*의 평균값을 찾을 수 있다. 따라서 $t=0$에서 $t=t^*$ 동안 λ^*는 상수로 고려할 수 있으며 $1/\lambda^*$를

평균 MTBF라고 한다. 실제로도 종종 이런 방법으로 사용된다. 하지만 실제 λ = 상수인 경우를 만날 수 있을지에 대해서는 알 방법이 없다.

이것은 상당히 위험한 경우이다. 예를 들어 위의 그림과 약간 다른 아래의 그림을 고려해 보자.

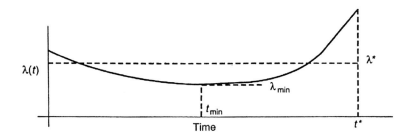

만약 설비가 t_{min} 까지 가동을 한다면 우리가 가정한 λ*는 유지되어 예상보다 낮은 고장률을 보일 것이다. 하지만 t^* 까지 가동을 한다면 예상보다 훨씬 높은 고장률을 보게 될 것이다(아마도 2배 또는 3배). 이때에는 엄청난 재앙이 벌어진다.

여기서 또, λ가 시간에 따라 변하든 변하지 않든 간에, 설비나 시스템의 신뢰성을 다루는 경우에 있어서는 $f(t)$를 알고 있어야 한다는 것이 더욱 중요해진다.

예방적 유지 보수의 경제적 가치
-David Worledge, 응용 자원 관리

The Economic Value of Preventive Maintenance

Appendix **C**

예방적 유지 보수의 경제적 가치

David Worledge, 응용 자원 관리

C.1 개요

PM 최적화 작업은 유지 보수 과정에 대한 부족한 인식과 또는 한 가지 이상의 공장 시스템의 수행이라는 것에서 기인한다. 최적화된 투자 수익률을 얻고자 하는 것에 초점을 맞추고자 한다면 제1장의 1.4.4절에서 정리된, 그리고 제5장에서 자세히 소개한 작업 범위를 필요로 한다. 이러한 작업에는 유지 보수 직접 비용, 긴급 정지율에 대한 시스템의 기여도, 그리고 공장의 DT와 같은 변수들이 사용된다. 이러한 조사를 통해 충분한 자료를 얻지 못할 경우, 이들 변수나 그 외의 변수들에 대한 경험 있는 전문가의 대략적인 예상이나 주관적인 판단에 의지할 수밖에 없다. 그러나 이 전문가들도 조직 내부의 환경이나 여건에 따라 편향될 수 있고 어떤 분야의 운용 및 유지 보수에 대해서는 정확한 지식을 갖고 있지 못할 수도 있다.

예를 들어, 한 기계 장치는 많은 고장과 DT를 겪을 수 있다. 이 경우 기계 전문가와 전기 전문가가 그 기계 장치의 가동을 유지시키기 위해서 항상 옆에 붙어 있어야 한다. 비록 바람직한 효과를 내지 못하고 또 실제로는 제대로 된 PM 프로그램이 없어서 그렇기도 하지만, 이런 방법으로는 RCM 기본의 프로그램을 실행한다고 해도 큰 성과를 보기 어렵다. 여기에는 다양한 오류, 즉 소프트웨어 오류, 작업자 오류, 또는 기계 설비의 설계 자체의 문제 등이 있을 수 있기 때문이다. 또 다른 원인으로는 대부분의 DT가 부품, 설비, 재료 등의 공급이나 크레인과 같은 다른 설비를 사용해야 하는 것들과 관련된 물류 및 배급 문제들이 있을 수 있다.

기계나 공정이 신속하게 재가동될 수 있는 경우, DT는 그리 심각한 문제가 안될 수도 있다. 따라서 이러한 경우의 고장은 상대적으로 가볍게 받아들일 수 있다. 그러나 제조 공정의 중단과 재가동으로 인해 생산량에 심각한 변화(감소)를 일으키는 경우, 재가동에 대한 실질적 비용을 제대로 산출하지 못하면 신뢰성에 대한 중요도가 상당히 왜곡될 수 있다. 저자가 한 번 경험한 경우로, 관리쪽에서 재가동의 비용을 단지 같은 기계의 문제 부품에 대한 교체 비용만으로 산정한 일이 있다. 결국 그 비용은 미미한 것으로 나왔다. 하지만 추가적으로 조사한 바에 의하면, 교체 부품을 찾고 품질 보증 관련 서류 작업을 재실시하는 등의 경영상의 비용이 일반 가동 비용 보다 7배 정도 높다는 사실이 밝혀졌다. 또 이 추가 조사에서는, 재 가동으로 손실된 시간을 보충하기 위해 정상적인 생산을 밤 새워 작업할 수밖에 없었고, 생산 라인에서는 문제의 기계 설비와 다음 공정 간의 완충 여유가 없어져 다음 단계의 과정 역시 초과 근무를 해야 한다는 사실을 보여 줬다. 이 모든 경우, 아주 작은 DT로 인한 근본적인 신뢰성 문제는 제조 비용에 막대한 영향을 미치며, 정상적으로 작동하던 경우에 비추어 약 12배의 작업량이 필요했다. 이 모두는 결국 품질 보증 비용에 추가된다. 불행히도 그 과제를 통해서는 너무도 자주 일어났던 문제를 초기에 제대로 밝혀낼 충분한 능력도, 자원도 없는 것처럼 보인다.

RCM 과제가 한번 실행되면, 추천된 PM 변경이 완전히 완료되었다는 가정하에서 관리자가 그에 대한 이익을 예상하는 것이 전형적인 현상이다. 물론 RCM 실행자들은 최적화된 PM으로 인해 직접적인 유지 보수 비용과 DT가 30~70% 정도 감소한다는 사실을 주지하고 있다. 이러한 수치는 전적으로 과거 경험에 의한 것이긴 하지만 공장마다의 상황이 다르므로 현재 적용된 공장에 딱 맞는 수치는 아니다. 실제로 그 이익이 거의 없을 수도 있고, 100%에 달할 수도 있다. 이는 원래의 PM 프로그램이나 앞서 언급한 각종 요소들로 인해 예측이 불허하다. 어떤 경우는 직접적인 PM 비용이 매우 증가하기도 한다. 그러나 DT를 30% 개선할 경우 대부분은 그 증가된 PM 비용을 상쇄하고도 남는다. 그러나 이처럼 빠른 비용 회수의 경우에도 RCM 과제가 자원을 최대한 사용하지 못하는 것이 현실이다. 예를 들어, 근본적인 고장의 상당 부분이 무슨 이유로든 유지 보수로 예방하기 어려운 경우, 비록 RCM 과제에 든 비용보다 더 많은 비용을 회수할 수 있다 해도, RCM에 자원을 사용하는 것보다는 다른 문제에 사용하는 것이 더 바람직할 수 있다.

여기서 한 가지 확실히 해 둘 것이 있다. 자원의 최대 활용을 위한 결정에 가장 크게 미치는 영향을 어림짐작으로라도 가늠해 보기 위해서는 고장과 DT로 인한 비용에 대해 보다 깊은 이해가 필요하다. 이러한 작업은 신뢰성-유지 보수 모델과 생산-비용 모델에 대한 소프트웨어를 사용함으로써 가능하다. 전술적으로 작게 보면 단지 PM 행위나 PM 프로그램에 대한 신뢰성 있는 금전상의 가치를 계산하는 것이지만, 일단 성공적으로 실시되면 전략적인 수익(ROI)과 같은 추가적인 이익을 얻을 수도 있다. 이러한 이익은 유지 보수 자원을 좀 더 합리적으로 전개할 수 있게 해주며, 자산을 기준으로 한 기업의 이익이라는 측면에서 프로그램 개선에 영향을 주고 평가를 할 수 있게 해준다. 전략적인 이익은 관리자들이 유지 보수를 기업의 자원을 소비하는 비용으로만 보는 편견을 바꾸어 부가가치가 있는 작업이라는 긍정적인 시각을 갖게 한다. 다시 말하면, 1.5절에서 보여 줬던 것처럼 유지 보수 조직을 이익의 중심으로 보게 된다. 따라서 수익은 적은 비용으로 생산하는 것만으로 발생하는 것이 아니다. 유지 보수 비용에 미치는 영향과 이익 중심의 견해에 대한 신뢰성 있는 역할은 PM 프로그램에 의한 레버리지 효과와 이를 실행하는 사람들이 기업의 가치를 높인다는 것을 관리자가 충분히 인식하도록 해준다.

이 전략적 이익은 유지 보수 조직에 대한 중요성을 높이는 충분한 계기가 된다. 예방적 유지 보수는 단지 기업의 최고 관리자를 설득하는 의제가 아니다. 공장이나 설비의 유지 보수는 운용 비용의 상당 부분을 차지하는 많은 자원을 소모하기 마련이다. 그러나 이러한 투자의 긍정적인 결과는 쉽게 눈에 띄지 않는다. 긴급 정지 후에 설비를 고치는 교정적 유지 보수는 재가동이라는 중요한 효과를 충분히 보여 주지만 관리자는 비용 때문에 이를, 정확하기도 하지만, 차가운 시선으로 볼 뿐이다. 반면에 예방적 유지 보수는 즉각적이고 가시적인 이익을 보여 주기 어렵다(보이지 않는 것을 믿으라고 하는 것만큼 어려운 일도 없다).

유지 보수 배경에 대해 문외한인 대부분의 관리자는 생산이 일정 수준으로 유지되도록 적절한 PM 작업이 필요하다는 것을 인식하고는 있지만, PM 프로그램 개선 작업은 전통적으로 비용 지출에 대한 정당성을 갖고 있는 다른 우선순위 과제와 경쟁할 수밖에 없다. 문제는 PM 자원 지출과 개선된 생산 간의 정량적인 관계가 실체적으로, 또는 단기간에 보여지기 어렵다는 것이다. 무엇보다도 PM에 지출된 자원이 설비 고장에 대한 악영향을 부정하고 기업의 자원을 활용하기에 충분한 승인만을 얻어내려고 한다는 편견이 상황을 더욱 어렵게 만든다.

C.2 대표적인 가치

가치란 보통 수익성 분석에서 나온다. PM의 경우, 설비 고장에 대한 비용의 산출, 안전성이나 품질 문제뿐만 아니라 자산의 DT를 야기하는 심각한 고장을 구별하는 것, 그리고 이로 인해 다른 부분에 실제로 비용적 영향을 미치는 것에 대한 추적 등이 중요하다.

생산-비용 모델은 생산과 DT 간의 상호 작용을 보고자 할 때 필요하다. 이러한 상호 작용에는 정상적인 생산 목표, 그리고 제품의 재처리 및 제품 교환을 포함하여 설비 DT로 인해 발생된 모든 생산 손실분을 복구하는 능력이 포함되어야 한다. 물론, 여기에는 생산 손실을 충당하기 위한 추가 근무와 이러한 추가 근무로 새로운 제품을 만들 때 지원된 자원도 포함되어야 한다.

생산-비용 모델에는 추가 시간으로 인한 매출과 DT로 인한 비용, 그리고 유지 보수 직접 비용 모두가 포함된다. 이런 모델은 실제 생산 및 주어진 시간 동안의 비용 데이터로 각 자산과 그 성과에 대한 경제적 가치를 산출하는 데 사용된다. 비록 유지 보수 조직의 필요와 능력이라는 복잡성을 손쉽게 알아낼 수는 있지만, 이런 모델은 다소 진부한 것이다.

비록 생산-비용 모델이 다른 측면에서 생산과 유지 보수 비용을 보여 주지만, PM에 대한 이익을 보여 주지는 못한다. 좀 더 효과적으로 하려면, 별도의 PM 가치에 대한 모델이 있어서, 신뢰성과 DT에 대한 PM 작업 효과를 보여 주어야 한다. 그러면 PM으로 인한 변화가 고장 횟수의 변화, DT 변화, 재작업의 변화 등을 산출하게 된다. 생산-비용 모델과 함께 사용하면 생산 비용 및 수익 변화를 예측할 수 있다. 이것이 바로 PM 변경에 따른 수익성 평가에 필요한 입력 데이터이다.

따라서 신뢰성과 DT에 대한 PM의 영향을 보여 주기 위해서는 신뢰성-유지 보수 모델이 필요하다. 이 모델에서는 유지 보수로 예방이 가능한 모든 고장의 비율(소프트웨어나 작업자의 오류와 같은 것은 PM 개선으로 나아지는 것이 아니다), 결정적인 모든 고장의 비율(모든 고장은 수리가 필요하지만 결정적이라는 것은 DT나 재작업을 유발한다), 그리고 특정 수준의 효율성에 대한 PM 작업에 의해 보호되는 결정적이거나 결정적이지 않은 것의 비율 등이 고려되어야 한다. 긴급한 요청이 있는 경우(고객의 요청 시간에 맞추어 추가 근무 생산을 하는 경우), 이러한 비용은 다른 손실된 제품과 관련된 비용보다 매우 심각해져서 심지어는 모든 일에 우선되어야 할 수도 있다.

이러한 정보의 대다수는 정기적인 RCM 평가 과정 중에 사소한 노력에 의해 나오기도 하며, 그 결과에서 직접적으로 산출된다는 점이 중요하다. 또한 작업자, 유지 보수 전문가 그리고 TPM 프로그램(전체적인 설비 효율성 데이터와 같은)의 주어진 입력 구조에서, 유지 보수 개선이 이루어지기 이전이라도 입력 데이터의 가치를 예측하는 것은 어려운 일이 아니다. 이러한 대략적인 입력은 PM 최적화가 자원을 최대한 사용하는 것들을 선정할 자산을 검토하는 상당한 지식을 추가하기에 충분하다. RCM 분석에서 나온 데이터를 가공하는 것은 그 결과를 개선시키고 자산의 수행 능력과 유지 보수 효율성에 대한 장기적인 추적과 경향의 기초를 만들어 준다.

앞서 논의한 내용에서, 모델이라고 하는 것은 정밀한 결과를 얻기 위한 정밀한 데이터를 사용하는 과정을 말하는 것이 아닌, 합당한 근사치를 보여주는 공학적인 평가를 강조하기 위해서 사용되어 왔다. 이러한 접근 방법은 필요한 데이터를 만들고 우리가 실제로 알필요가 있는 다음과 같은 것들에 집중하게 해준다: (1) PM 변경이 신뢰성과 DT의 개선을 정말 이루어낼 것인가, (2) 기업의 현재 자산에 대한 부가가치에 더 얹을 수 있는 가치는 무엇인가, (3) PM이 개선되기 이전에 언급되어야 할 다른 분야로는 어떤 것들이 있는가, (4) 자산 가치와 유지 보수 효율성을 확인하기 위해 향후에도 지속적으로 측정되어야 하는 것에는 어떤 것들이 있는가.

그러한 일련의 노력에 대한 모든 불확실성 때문에, 우리가 이와 관련된 문제에 대한 경험을 정량화하도록 노력하지 않는다면, 우리가 사용하고자 하는 자원 자체를 사용하지 못하게 된다. 물론 이러한 계산도 할 수 없다. 이 책에서 다루는 모든 기술적인 내용(RCM, 살아있는 PM 프로그램, 생산-비용 모델)이 지닌 의도는 관리자가 설비 유지 보수 프로그램, 생산 공정, 그리고 자원 분배와 관련된 제대로 된 결정을 내릴 수 있도록 하는 것이다. 이러한 결정은 여기서 소개한 방법을 사용하든 안 하든 간에 이루어져야 함을 잊지 말기 바란다. 여기서 소개한 방법들은 지속적으로 모든 관련된 사항과 유용한 정보를 제공하는 구조적인 방법들이다. 이러한 방법을 사용함으로써 결정권자가 고도의 확신을 갖고 보다 나은 품질 자원 결정을 내릴 수 있을 것이다.

C.3 모델의 일반적인 범위

앞서 소개한 목적을 달성하려면 기업의 자산과 PM에 의해 변화하는 민감성에 의한 경제적 부가가치를 볼 수 있는 시각을 가져야 한다. 이 모델들은 생산과 유지 보수 비용, 생산량, 그리고 매출에 대한 요약 내용을 제공해야 하며 기업 차산의 경제적 가치에 대한 결산 보고서를 보여 줄 수 있어야 한다. DT나 생산량, 그리고 예방적, 교정적 유지 보수 인력-시간 회수와 같은 양에 대한 통계적 데이터는 임의의 기간 동안 수치를 확인하기에 앞서 미리 나와야 한다.

우선, 통계적 입력 자료로서 기존 PM 프로그램에 대한 결과를 계산할 필요가 있다. 비용 항목에는 PM 인건비, PM 스페어 부속비용, 고장에 따른 인건비 및 스페어 비용, 그리고 손실을 만회하기 위해 정규 시간과 추가 근무 시간에 생산되는 비율에 따른 다양한 자산 DT 항목에 대한 생산 손실 만회 비용 등이 포함되어야 한다. 정상적인 가동과 재료 비용을 포함시키고 매출과 특별한 자산에 대한 세전 이익을 계산한다. 세후 이익에서 자본 비용을 빼면 자산에 의한 부가가치를 계산할 수 있다. 이 양을 경제적 부가가치(Economic Value Added, EVA)라고 한다.

EVA는 생산을 고려한 별도의 가정에서 계산된다. 예를 들어 정규 시간(주중) 동안의 생산은 기초적인 생산 모드로, 추가 근무 시간은 한 주 동안 손실을 만회하기 위한 생산으로 가정할 수 있다. 추가 근무로 인해 생산 손실을 만회한 후에도 추가로 더 근무하는 경우는 제조 부품이나 생산에 포함될 수도 있고 포함되지 않을 수도 있다.

계산의 두 번째 부분은 PM 프로그램 변경에 따른 영향을 예측하기 위해 신뢰성-유지 보수 모델을 실행해 보는 것이다. 이러한 실행을 해보면 앞서 제안된(또는 변경된) 프로그램에 대한 모든 양을 재 계산하게 된다. 결과 목록을 절대값과 분률, 도표 등의 방법으로 표시하여 기존의 프로그램과 신규 프로그램을 비교할 수 있다. 이러한 방법은 예상했던 수치와 실제 수치, 그리고 RCM 최적화로 인한 이익을 확인하는 이상적인 방법이다.

이 접근 방법에 대한 수월성, 신뢰성, 그리고 실용적 가치를 확인하기 위해 이러한 범위와 능력에 맞는 소프트웨어가 개발되었다. 이 소프트웨어는 ProCost라고 불리며 각 계산 작업은 마이크로소프트 엑셀 97 프로그램에서 실행된다. 이러한 방법은 아주 적은 수의 자산에 대한 PM 프로그램 변경을 평가할 수 있게 해준다. 또한 이 소프트웨어는 입력 데이터와 주기적 계산 결과를 수행하는 마이크로소프트 액세스 데이터베이스로도 읽혀진다. 그 결과는 경향을 만들어 다량의 자산이 수행한 내용을 쉬운 하부 집합, 즉 자산 형식, 공정 설비, 기업 부문, 지역 등으로 나누어 검토할 수 있다. 부록에서 소개한 것과 같은 제조 설비나 발전소 등의 현장 상황에 따라 소프트웨어 형식의 변환이 가능하다.

C.4 데이터 정의 문제

처음 ProCost가 실행되던 당시에는 모델에 필요한 데이터가 각 공장의 데이터 시스템에 맞아야 했다. 이는 거대한 Midwestern 제조 및 조립 공장에서 처음 실행되었다. 1990년대 말 이 회사는 생산 비용 절감을 위한 작업의 일환으로 유지 보수 조직을 다시 짜고 유지 보수 과정과 절차에 대한 재설계를 하기 시작했다. 유지 보수 조직에서는 이와 같은 개선을 통해 자산이 보여 줄 막대한 부가가치에 대한 향후의 RCM 평가를 하기 위해 ProCost 방법을 사용하고자하며, 손익계산에서 지속적으로 모든 자산이 가치를 더해 갈 것이라고 믿고 있다.

모델 변수들이 공장의 데이터 능력에 좀 더 맞게 수정된 뒤에도 데이터 보고와 정의에 대한 문제가 남는다. 데이터의 품질이 직원 개개인의 데이터 값에 대한 충분한 이해와 유연성에 따라 달라지는 것은 보통 있는 일이다. 그러나 데이터의 정의에 대한 도전은 설비에 대한 훈련이나 사용 내력에 대한 문제와는 별도의 내용이다. 예방적 또는 교정적 유지 보수라는 단어를 정의할 때에는 정밀도와 정확성이 표현되게끔 상당히 신중을 기해야 한다. 그리고 이러한 정의를 실행하는 것은 각 산업마다 조금씩 다르다. 그리고 각 상황에 맞는 작업 지시를 결정하는 일 또한 매우 중요하다. 그림 C.1은 양호한 부품과 닳거나 고장난 부품을 언급한 모든 작업 지시의 구분을 보여 준다. 이 그림은 PM 작업 형식을 특화시켜 주지는 않는다 (PM 작업 정의에 대한 내용은 제2장을 참조하기 바란다). 다만, 이 그림에서는 다양한 작업 지시 형식으로 이루어진 작업과 예방적 유지 보수 또는 교정적 유지 보수에 따라 각 작업을 배치해 볼 뿐이다.

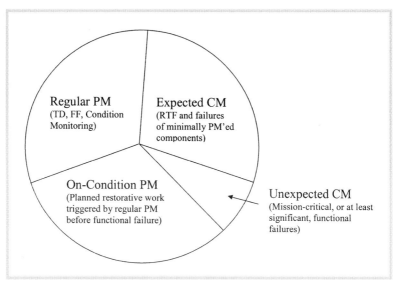

그림 C.1 Partition of work orders.

정상적인 일정에서의 **PM** 작업을 언급한 작업 지시는 Regular PM 으로 표시되어 있다. 이는 검사와 같은 전통적인 **TD PM** 작업을 수 행하는 것과 재조정/교환 작업, 그리고 감시 시험이나 조건 감찰, 수 행성 감찰, 그 외의 다른 예상적 유지 보수 행위와 같은 고장 발견 작업을 수행하는 작업 지시이다.

On-Condition PM 항목은 주요 부속에 대한 정기적인 예방적 유지 보수 작업 중에 발견된, 마모된 하부 부속의 수리, 교체에 관한 작업 지시이다. 이러한 재조정 작업이 좀 더 나중에 실시된다면 대다수의 설비에서는 교정적 유지 보수 작업 지시에 속하게 된다. 그러나 이 마모된 하부 부속(어떤 것들은 고장이 난)은 전적으로 **PM** 프로그램의 일부일 뿐이다. 따라서 PM 프로그램으로 방지되도록 고안된 하부 부속의 마모 상태나 고장은 그 자체로 심각한 영향이나 주요 기능 상실과 같은 고장을 즉시 일으키지는 않는다. 이에 대한 한 예로, 일상적인 검사를 통해 누수가 생겼지만 기능의 한계를 넘지 않은 펌프를 재조정하는 것이 있다. 또 다른 예로는 진동 감시 중에 진동이 심해져서 계획을 세워 모터 베어링을 교체하는 것도 있을 수 있다. 이 경우는 모터가 매우 중요한 기능일 수 있지만 급박한 조건이 발생하기 이전에 계획된 조치로서 수정된 경우이다. 전체적으로 보면 마모 조건을 수정하는 작업이 On-Condition 상태로 발견하는 PM 작업으로 정확히 수행되지 않는 행위는 수도 없이 많다.

PM의 일환으로 고려되기도 전에 급박하게 처리해야 할 작업을 계획해야 한다는 중압감은 조건-감시 작업의 효율성을 상당히 제한하게 만든다. 만약 급박한 작업이 너무도 시급해서 심각한 긴급 정지 상황을 만드는 경우라면 이는 전적으로 교정적 유지 보수로 봐야 한다. 계획이라는 단어에는 적절한 작업 계획을 세울 수 있는 시간이 충분히 있어서 가장 적당한 시기에 정지를 할 수 있다는 의미가 내포되어 있다. 이러한 계획은 정확한 시간을 잡기 위해 5.9절에서 보여준 경년 진단과 같은 자료를 필요로 하기도 한다.

Expected CM 작업(그림 C.1 참조)에는, 바로 이 Midwestern 발전소에서 수리를 하기 위해 교정적 유지 보수 작업 지시를 요청했던 RTF가 포함된다. 그러나 이러한 고장은 일어날 것이라고 예측된 것이고, 결국 PM 프로그램의 일환일 뿐이다. 이러한 작업 지시가 교정적 작업 지시로서 분류되어야 하는지는 명확하지 않다. 왜냐하면 이러한 작업 지시들이 빈약한 PM 프로그램을 의미하지 않는 예상된 교정적 유지 보수로서의 등급, RCM 최적화로 감소되기보다 실제로는 도리어 증가하는 등급을 형성하기 때문이다. 이와 유사한 방법으로, 최소한의 PM만 받던 부속의 고장을, 수리하기 위해 필요한 Expected CM 작업 가운데 하나로 포함시켜야 한다. 이러한 설비에 어느 정도의 PM이 실시되고 있다 해도, 어떤 경우는 사실상 고장을 예측하지 못하지만, 대다수는 PM에 의해 예측할 수 없는 고장 양상에 관련되어 있다. 고장이 그리 심각한 영향을 미치지 않는 설비 항목에 대해 두 가지 종류의 작업 지시로 나누는 것은 비용 면에서 그리 효율적인 방법이 아니다. 이 모든 고장을 Expected로 나누는 것은 이들이 PM 프로그램의 일환으로 계획적으로 실시되는 것을 강조하기 위함이다.

마지막으로, PM이 방지하고자 하는 가장 고비용의 사고로 이루어진 실제 기능 고장이 있다. 이를 Unexpected라고 하며 이러한 수리 작업을 Unexpected CM으로 부른다(그림 C.1 참조).

비신뢰성에 대한 비용의 예측과 같이 PM과 CM 특성이 관련되어 적용되는 경우, 적합한 작업 지시를 등급으로 나누는 것이 중요한데, 그래야 On-Condition 작업들이 PM 비용 측면에 대한 정기적인 PM 행위와 함께 포함된다. 이러한 요구 사항의 일부분만이 세심한 과정 설계로 가능하다. 훈련 역시 필요한데, 데이터 보고에 대한 부적합한 인력의 훈련은 전혀 엉뚱한 분류를 하게 만들기 때문에 모

530

델을 사용하는 데에 걸림돌이 될 뿐이다. 예를 들어 예방적 작업 지시상에 실제 교정적 작업이라고 보고하는 일이 자주 있는 일이다. 왜냐하면 감당하기 힘든, 발견된 자체 조건을 재조정할 기회가 있기 때문이다. 비록 누군가에게 모든 작업 지시 내용을 검토하게 한다 해도, 기능 손상의 정도에 대한 불확실성이나 On-Condition 작업이 제대로 계획되어 긴급 정지를 피할 수 있는지 여부를 알기 어렵기 때문에, 어떤 PM/CM 항목의 결정에는 상당한 경험이 필요하다. 이러한 설비에 대한 예상된 CM의 비용은 ProCost에서 교정적 유지 보수의 부분으로 다루어진다. 예상하지 못한 모든 CM을 제거할 수 있는 완벽한 PM 프로그램이라고 하더라도, 기능적으로 중요하지 않은 부품을 고장이 날 때까지 가동을 함으로써 예상된 기여를 구성하고, 이러한 고장을 적은 경제적 손실로 수리하는 막대한 CM 비용이 필요하다.

결론적으로 아무리 완벽한 PM 프로그램이라고 하더라도, 또 On-Condition 비용이 PM 프로그램에 적절히 할당되어 있는 경우라도 어느 정도의 CM 비용은 있을 수밖에 없다. 예상된 CM 비용을 CM 또는 PM으로서 다룰 것인지에 대한 문제는 이러한 논의로 명확해졌다. 이를 ProCost가 하듯이 CM으로서 다루는 것은 비록 예견상 다소 비논리적이긴 해도 고장을 수리한다는 사실을 인정하는 것이다. 이들 비용을 다른 CM 비용에 얹는 것이 PM 프로그램의 효율성을 왜곡시키지는 않는다. 왜냐하면 PM 프로그램은 고장을 방지하는 것과 고장이 일어나도록 놔두는 것 간의 적절한 균형을 유지하도록 함으로써 총비용을 최소화하도록 고안되기 때문이다. PM 프로그램은 유지 보수 총비용을 최소화시킬 뿐, 교정적 유지 보수 비용을 줄이는 것이 아니라는 것을 분명히 해두는 것이 중요하다.

C.5 측정 기준

ProCost는 한 유지 보수 조직의 의미 있는 수행 능력 관점을 추적하기 위해 11가지의 양을 계산한다. 이러한 측정 기준은 자산의 부가가치와 유지 보수 효율성에 대한 기준점으로서 정규 작업을 이용하여 계산된다. 추가 근무 시간을 포함시키면 데이터가 왜곡될 수 있다. 어떤 자산의 경우는 추가 근무자가 정규 근무자만큼 설비를 잘 다루지 못할 수도 있고 정상적인 가동 조건에서와 같이 물류 배분이 원활하지 못할 수도 있기 때문이다. 여기서는 회계적으로 정확한 내용을 계산하기보다는 유지 보수의 효율성을 보여 주는 데에 주력해서 예를 보여줄 것이다. 이 측정 기준은 비가동 분야, PM과 CM의 양, 생산량과 재작업, 생산 손실 비용, 그리고 자산에 의한 기업의 경제적 부가가치 등에 중점을 둘 것이다.

비가동성에는 세 종류가 있어서 각기 다른 행위와 조직에 의해 DT를 유발한다. 유지 보수 비가동성은 PM을 실시하고 유지 보수로 예방적 조치(완전한 교정적 유지 보수)를 완료하는 동안 자산의 긴급 정지를 하는 경우이다. 이러한 비가동성은 유지 보수 조직이 전적으로 책임진다. 기계 고장 비가동성은 기계가 고장이 난 것 때문에 발생하는 것으로, 이는 하드웨어나 소프트웨어 모두에 기인한다. 이

RCM-세계적 수준의 유지 보수 기술

중 소프트웨어에 의한 것은 유지 보수 조직에서 담당할 일이 아니다. 부품이나 기구를 기다리는 일과 같은 운용 중의 비가동성 역시 유지 보수 조직의 관할이 아니다. 하지만 앞서의 두 가지 종류보다 매우 큰 양이 되는 경우가 허다하다. 이 세 가지 변수는 각기 다른 환경에 따라 재조정하기가 쉽긴 하지만, 특정 그룹의 개개인에 대하여 각기 내포하는 의미가 다르다.

다음의 측정 기준 두 가지는 궁극적으로 PM과 CM의 양을 결정 짓는 인력-시간 변수이다. 그러고 나면 모두들 관심을 갖고 있는 고장과 DT로 인한 실제 비용을 산출하는 세 가지 측정 기준이 있다. 이 세 가지 측정 기준 가운데 첫 번째는 모든 고장과 DT에서 비용을 발생시키는 생산 손실 만회 비용이다.

만회 비용 비율 =

$$\frac{\text{모든 손실 만회 비용 + 정규 작업 인건비 + 재료}}{\text{정규 작업 인건비 + 재료}}$$

이는 날아가 버린 가치를 나타낸다. 다른 두 가지 측정 기준은 부품을 만드는 실제 비용과 고장이나 DT가 없었을 경우의 부품 비용을 비교하는 사뭇 다른 방법이다. 마지막으로 경제적 부가가치는, 아래와 같은 식으로써, 기업에 얼마나 이익 또는 손실을 주는지에 대한 손익 계산을 제공해 준다.

$$\text{경제적 부가가치 = 세후 이익 − 자본 비용}$$

정리하면, ProCost 소프트웨어는 합리적인 공학적 접근법을 담은 공학적 모델을 사용함으로써, 생산 및 유지 보수 비용, 생산량, 매출, 경제적 부가가치, 그리고 다른 특수 자산에 대한 측정 기준을 사용자가 예상할 수 있게 해준다. 가장 주된 개념은 예방적 유지 보수로 인한 부가가치에 중점을 두고 모델과 통계적 데이터를 이용하여 자산 능력의 표준화된 측정값을 만드는 것이다. ProCost는 신뢰성 공학자, 유지 보수 기안자, 유지 보수 기술자 그리고 설비 관리자의 요구에 부합하도록 고안되었다. 비록 그 결과가 생산 또는 회계 전문가의 관심을 끌기는 해도, 지금의 수준에서는 그들의 특수한 요구 사양에 맞도록 고안되지는 않았다.

C.6 전형적인 결과

여기서 보여 주는 계산 내용은 기업의 Midwestern 설비에서 많은 연습과 훈련을 했던 방법 가운데 하나이다. 이 기계는 2명의 작업자가 들어가서 운전하는 것으로 하루 3교대를 하면서 연속적으로 가동되고 있었다. 이 기계는 끊임없이 고장을 일으켜서 유지 보수 관련 기계 전문가와 전기 전문가가 각각 한 명씩, 이 두 대의 기계에 전적으로 매달려야 했다. 시간이 지날수록 기존의 PM 프로그램은 (아마도 원래의 설계가 잘못되었기 때문에) 점점 쓸모가 없어졌고 너무도 잦은 고장 수리로 인해 예방적 행위는 꿈도 꾸지 못했다.

따라서 이는 보다 나은 PM 프로그램이 개발되어야 한다는 점에 대

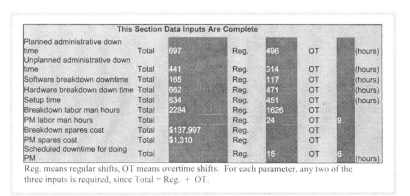

This Section Data Inputs Are Complete							
Planned administrative down time	Total	697	Reg.	496	OT		(hours)
Unplanned administrative down time	Total	441	Reg.	314	OT		(hours)
Software breakdown downtime	Total	165	Reg.	117	OT		(hours)
Hardware breakdown down time	Total	662	Reg.	471	OT		(hours)
Setup time	Total	634	Reg.	451	OT		(hours)
Breakdown labor man hours	Total	2284	Reg.	1626	OT		
PM labor man hours	Total		Reg.	24	OT	9	
Breakdown spares cost	Total	$137,997	Reg.		OT		
PM spares cost	Total	$1,310	Reg.		OT		
Scheduled downtime for doing PM	Total		Reg.	15	OT	6	(hours)

Reg. means regular shifts, OT means overtime shifts. For each parameter, any two of the three inputs is required, since Total = Reg. + OT.

그림 C.2 Statistical data inputs for the sample asset.

해 이견이 없는 비교적 간단한 경우였다. 대부분의 하드웨어 고장이 유지 보수로서 방지가 가능했다는 점에서 이러한 결정을 보다 수월하게 할 수 있었다. 그러나 그 기계는 상당 부분 작업자의 실수와 소프트웨어 고장으로 문제를 발생시켜 결국 막대한 경영적 DT를 유발하였다. 이러한 요소들 때문에 PM 최적화가 상당히 힘들었다. RCM 분석을 해본 결과 결정적인 고장의 약 40% 정도가 어떠한 예방적 작업으로도 방지할 수 없었다는 사실을 알게 되었다. 그림 C.2는 통계적 입력 데이터를 보여 준다.

그림 C.3의 바 차트는 ProCost에 의해 실시된 주요 결과를 비교해서 보여 준다. PM 프로그램 변경으로 인해 유지 보수 직접 비용과 총 생산 비용이 상당히 감소했음을 볼 수 있다. 다시 말해서 이는 수입과 세전 이익을 증가시키며 자산에 긍정적인 가치가 생기도록 해 준다. 총 수입보다 다소 높던 총 생산 비용이 오히려 역전된 결과에 주목하기 바란다. 또 주목할 부분은 세전 이익을 상당히 개선시키고

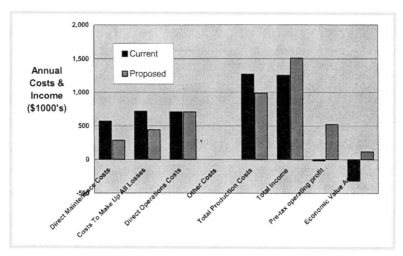

그림 C.3 Comparison of major cost and value categories for the curren and proposed PM programs.

경제적 부가가치에 작지만 개선 여지를 보여 준 세금과 자본 비용의 효과이다. 이러한 결과로 인해 연간 315,000달러의 손실을 보이던 EVA가 연간 115,000달러의 순익으로 돌아서게 된다. 이전의 상황(existing)과는 완전히 딴판의 결과이다.

그림 C.4는 이러한 결과의 또 다른 해석이다. RCM 과제로 인해 적은 수준의 PM 지출만으로도 직접적인 유지 보수 비용을 충분히 감소시킬 수 있었다. PM 개선에 추가적으로 소요되는 지출 비용에서 나오는 그 비용은 단지 15달러로 계산된다. 이는 큰 수치이다. 적절하게 시행된 PM은 결국 돈을 만들어내는 수익의 원천이 되며, 기업 자원의 매우 건전한 지출로서 직접적인 수익성을 개선시킬 수 있다는 의미를 보여 준다. 연간 증가하는 PM 비용이 31,000달러로, 분석

RCM-세계적 수준의 유지 보수 기술

Category	Current	Change
PM labor	3,497	15,171
PM spares	3,001	15,915
Breakdown labor	244,339	-135,300
Breakdown spares	316,139	-175,058
Total Maintenance Direct Cost	566,976	-282,274
Total EVA	-315,118	430,946
PM leverage		x 15.34

그림 C.4 Direct maintenance costs, EVA, and leverage of the PM programs.

결과 나온 기존의 유지 보수 직접 비용의 약 6% 미만이라는 것에 주목하기 바란다.

그러나 이 기계는 소프트웨어와 물류 배분의 복합적 문제들로 인해 수익성을 해치고 있어서 아직도 많은 손실을 내고 있다. 그림 C.5는

METRICS FOR DATA INPUT PERIOD

	Current	Proposed	Proposed minus Current
Maintenance Unavailability (R)	22.8%	7.6%	-15.2%
Machine Breakdown Unavailability (R)	27.6%	12.3%	-15.3%
Operations Unavailability (R)	14.7%	18.0%	3.2%
Hardware Breakdown Man-Hours (T)	2284	1019	-1265
Preventive Maintenance Man-Hours (T)	33	175	142
Number Of Good Units Produced (R)	1502	1796	295
Units Needing To Be Reprocessed (R)	0.0	0.0	0.0
Number Of Units Scrapped (R)	6.4	4.5	-1.9
Operations Makeup Cost (R)	$713,531	$439,334	-$274,197
Makeup Cost Index	3.53	2.32	-1.21
Average Cost Ratio	3.82	2.29	-1.54
Economic Value Added (T)	-$137,552	$50,560	$188,112

In this table (R) refers to results for regular shifts, (T) to total shifts.

그림 C.5 Metrics for the sample asset.

데이터 입력 기간 동안 제안된(최적화된) PM 프로그램에 대한 측정 내용을 보여 준다. 만회 비용이 아직도 EVA보다 훨씬 크다. 왜냐하면 운용의 비가동성이 새롭게 개선된 유지 보수 비가동성을 훨씬 넘기 때문이다. 만회 비용 지수와 평균 비용 비율은 크게 감소하고 있지만 실질적인 최저 비용인 1.5 근방을 크게 넘고 있다. 이러한 계산을 RCM 과제 이전에 했었다면 아마도 자원 분배 결정에 대해 필요한 조처를 했을 것이고 과제의 우선 배정이나 일정을 변경했을 것이다.

C.7 결론

ProCost에 내장된 생산-비용과 유지 보수 모델은 자산이 가치를 창출하고 있는지, 또 PM 프로그램을 개선함으로써 수익을 낼 수 있는지 여부를 정확하게 보여 준다. 이러한 방법이 없으면, 소프트웨어 오류와 작업자 오류, 비계획적인 물류 배분, PM 작업 효율성 변경, 추가 근무 시간 동안 생산 손실을 만회하기 위한 비용 산출, 세금 효과, 그리고 자산 비용에 대한 비율과 같은 요소들로 인해 PM 개선으로 인한 장점을 살릴 수가 없다.

이는 기업 자원에 대한 지속적인 경쟁 상황을 쉽게 줄일 수 있다. ProCost 분석이 다양한 자산에 대한 각기 다른 개선 방법에 의해 기업이 얻을 수 있는 수익성 순위를 결정하는 일에 대하여 독특한 과정을 제공한다는 것에는 달리 이견이 없다.

설비 유지 보수 회사는 PM 개선에 의해 가장 큰 수익을 낼 수 있는 자산이 무엇인지를 결정하는 작업에 ProCost를 사용하고 있다. 그리고 적합한 측정 기준을 사용하기만 한다면 PM을 그 선택된 자산으로 선정하는 데에 큰 도움이 될 것이다. 이보다 더 중요한 것으로서, PM 레버리지가 갖고 있는 가장 큰 가치는 설비 공급 조직에 의해 만들어지는 사전 행위 가치라는 것이다. 시간이 흐르면서, 예방적 유지 보수의 부가가치 측면에 대한 모든 수준의 관리 내에 이러한 인식은 더욱 널리 퍼지게 될 것이다. 그리고 그 조직이 기업 자원에 대한 경쟁에서 이길 수 있게 도와줄 것이다.

1. Smith, Anthony M., *Reliability-Centered Maintenance*, McGraw Hill, 1993, ISBN 0-07-059046-X.
2. Hudiberg, John J., *Winning with Quality: The FPL Story*, Quality Resources—A Division of the Krause Organization Ltd, 1991, ISBN 0-527-91646-3.
3. Hartmann, Ed, "Prescription for Total TPM Success," *Maintenance Technology*, April 2000.
4. Ellis, Herman, *Principles of the Transformation of the Maintenance Function to World Class Standards of Performance*, TWI Press, 1999.
5. Mitchell, John S., "Producer Value — A Proposed Economic Model for Optimizing (Asset) Management and Utilization," *MARCON 98*, 1998.
6. Westbrook, Dennis, Ladner, Robert, and Smith, Anthony M., "RCM Comes Home to Boeing," *Maintenance Technology*, January 2000.
7. Koch, Richard, *The 80/20 Principle — The Secret of Achieving More with Less*, Currency Doubleday, 1998.
8. Mobley, R. Keith, *Introduction to Predictive Maintenance*, 2nd Edition, Butterworth–Heinemann, October 2002, ISBN 0-7506753-1-4.
9. Nicholas, J., and Young, R. Keith, *Predictive Maintenance Management*, 1st Edition, Maintenance Quality Systems LLC, January 2003, ISBN 0-9719801-3-6.
10. Corio, Marie R., and Costantini, Lynn P., *Frequency and Severity of Forced Outages Immediately Following Planned or Maintenance Outages*, Generating Availability Trends Summary Report, North American Electric Reliability Council, May 1989.
11. Flores, Carlos, Heuser, Robert E., Sales, Johnny R., and Smith, Anthony M. (Mac), "Lessons Learned from Evaluating Launch-site Processing Problems of Space Shuttle Payloads," *Proceedings of the Annual Reliability & Maintainability Symposium*, January 1992.
12. *RADC Reliability Engineer's Toolkit*, Systems Reliability and Engineering Division, Rome Air Development Center, Grifiss AFB, NY 13441, July 1988.
13. *Reliability, Maintainability and Supportability Guidebook*, Society of Automotive Engineers, 2nd Edition, June 1992, Library of Congress Catalog Card No. 92-60526, ISBN 1-56091-244-8.

14. Kuehn, Ralph E., "Four Decades of Reliability Experience," *Proceedings of the Annual Reliability & Maintainability Symposium*, January 1991, Library of Congress Catalog Card No. 78-132873, ISBN 0-87942-661-6.

15. Knight, C. Raymond, "Four Decades of Reliability Progress," *Proceedings of the Annual Reliability & Maintainability Symposium*, January 1991, Library of Congress Catalog Card No. 78-132873, ISBN 0-87942-661-6.

16. Nowlan, F. Stanley and Heap, Howard F., *Reliability-Centered Maintenance*," National Technical Information Service, Report No. AD/A066-579, December 29, 1978.

17. *Reliability Centered Maintenance Guide for Facilities and Collateral Equipment*, National Aeronautics and Space Administration, February 2000.

18. Matteson, Thomas D., "The Origins of Reliability-Centered Maintenance," *Proceedings of the 6th International Maintenance Conference*, Institute of Industrial Engineers, October 1989.

19. Personal communications between A. M. Smith and T. D. Matteson in the period 1982-1985.

20. Bradbury, Scott J., "MSG-3 Revision 1 as Viewed by the Manufacturer (A Cooperative Effort)," *Proceedings of the 6th International Maintenance Conference*, Institute of Industrial Engineers, October 1989.

21. Glenister, R. T., "Maintaining Safety and Reliability in an Efficient Manner," *Proceedings of the 6th International Maintenance Conference*, Institute of Industrial Engineers, October 1989.

22. *Reliability-Centered Maintenance for Aircraft Engines and Equipment*, MIL-STD 1843 (USAF), 8 February 1985.

23. *Reliability-Centered Maintenance Handbook*, Department of the Navy, Naval Sea Systems Command, S 9081-AB-GIB-010/MAINT, January 1983 (revised).

24. *Application of Reliability-Centered Maintenance to Component Cooling Water System at Turkey Point Units 3 and 4*, Electric Power Research Institute, EPRI Report NP-4271, October 1985.

25. *Use of Reliability-Centered Maintenance for the McGuire Nuclear Station Feed-water System*, Electric Power Research Institute, EPRI Report NP-4795, September 1986.

26. *Application of Reliability-Centered Maintenance to San Onofre Units 2 and 3 Auxiliary Feed-water Systems*, Electric Power Research Institute, EPRI Report NP-5430, October 1987.

27. Fox, Barry H., Snyder, Melvin G., Smith, Anthony M. (Mac), and Marshall, Robert M., "Experience with the Use of RCM at Three Mile Island," *Proceedings of the 17th Inter-RAM Conference for the Electric Power Industry*, June 1990.

28. Gaertner, John P., "Reliability-Centered Maintenance Applied in the U.S. Commercial Nuclear Power Industry," *Proceedings of the 6th International Maintenance Conference*, Institute of Industrial Engineers, October 1989.

29. Paglia, Alfred M., Barnard, Donald D., and Sonnett, David E., "A Case Study of the RCM Project at V.C. Summer Nuclear Generating Station," *Proceedings of the Inter-RAMQ Conference for the Electric Power Industry*, August 1992.

30. Crellin, G. L., Labott, R. B. and Smith, A. M., "Further Power Plant Application and Experience with Reliability-Centered Maintenance," *Proceedings of the 14th Inter-RAM Conference for the Electric Power Industry*, May 1987.

RCM-세계적 수준의 유지 보수 기술

31. Smith, A. M. (Mac), and Worthy, R. D., "RCM Application to the Air Cooled Condenser System in a Combined Cycle Power Plant," *Proceedings of the Inter-RAMQ Conference for the Electric Power Industry*, August 1992.

32. *Commercial Aviation Experience of Value to the Nuclear Industry*, Electric Power Research Institute, EPRI Report NP-3364, January 1984.

33. Moubray, John, *Reliability-Centered Maintenance; RCM II*, Second Edition, Industrial Press, 1997, ISBN 0-8311-3078-4.

34. *RCM Cost–Benefit Evaluation*, Electric Power Research Institute, Interim EPRI Report, January 1992.

35. *Comprehensive Low-Cost Reliability Centered Maintenance*," Electric Power Research Institute, EPRI TR-105365, September 1995.

36. *Innovators with EPRI Technology*, Electric Power Research Institute, Bulletin IN-105194, June 1955.

37. Moubray, John, "Is Streamlined RCM Worth the Risk?" *Maintenance Technology*, January 2001.

38. Hefner, Rod, and Smith, Anthony M. (Mac), "The Application of RCM to Optimizing a Coal Pulverizer Preventative Maintenance Program," *Society of Maintenance and Reliability Professionals 10th Annual Conference Proceedings*, Nashville, TN, October 2002.

39. Fox, B. H., Snyder, M. G. (Pete), and Smith, A. M. (Mac), "Reliability-centered maintenance improves operations at TMI nuclear plant," *Power Engineering*, November 1994.

영 문

역자소개

윤기봉
- 현, 중앙대학교 기계공학부 교수, 지식경제부 지정 차세대 에너지안전연구단 단장, Georgia Institute of Technology 기계공학 박사
- 관심분야: 플랜트 설비의 안전 및 수명관리위험도 기반 에너지안전관리시스템에너지안전 정책 및 제도

최정우
- 중앙대학교 차세대 에너지안전연구소, 중앙대학교 기계공학 박사
- 관심분야: 플랜트 설비 신뢰도 기반 정비관리 및 수명관리기술

박교식
- 한국가스안전공사 가스안전연구원 팀장, 한국과학기술원(KAIST) 화학공학 박사
- 관심분야: 에너지/장치산업의 예방적 안전관리기술 및 에너지안전정책

김범신
- 한국전력 전력연구원, 수화력발전연구소 선임연구원
- 관심분야: 화력발전설비 위험도 평가, 고온고압설비의 성능향상 및 수명연장기술

RCM-세계적 수준의 유지 보수 기술

초판 1쇄 발행	2009년 9월 22일
초판 2쇄 인쇄	2011년 1월 31일
초판 2쇄 발행	2011년 2월 7일

저 자	Anthony M. Smith · Glenn R. Hinchcliffe
역 자	윤기봉 · 최정우 · 박교식 · 김범신
발 행 인	김호석
발 행 처	도서출판 대가
등 록	제 311-47호
주 소	서울시 마포구 상수동 6-1 대한실업빌딩 301호
전 화	(02) 305-0210/306-0210
팩 스	(02) 305-0224
E-mail	dga1023@hanmail.net
Homepage	www.bookdaega.com

ISBN 978-89-90999-74-0 93500   정가 30,000원

■ 파손 및 잘못 만들어진 책은 교환해 드립니다.
■ 역자와의 협의 하에 인지는 생략합니다.
■ 이 책의 무단전재와 불법복제를 금합니다.